C#으로 배우는

네트워크
프로그래밍

조호묵 · 이정호 공저

네트워크 모니터링 시스템 구현을 위한
C# 네트워크 프로그래밍

C# 네트워크 프로그램 개발을 위한 기초부터 응용까지 완벽한 예제 제공
퍼즐 조각처럼 구성된 예제를 조립하면 완성되는 Network Monitoring System 구현
프로젝트형 네트워크 어플리케이션 구현을 위한 그래픽, Log 관리, Win API 등 관련 기능 구현
NativeAPI와 Spy++를 이용하는 프로세스 제어 기법 구현
이론 바탕의 네트워크 프로그래밍 서적을 탈피한 실전형 C# 네트워크 프로그래밍

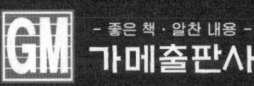
- 좋은 책 · 알찬 내용 -
가메출판사

프로그래밍 공부를 조금이라도 해본 독자분이라면 처음 생각나는 것이 'Hello World', 'Hello C' 일 것입니다. 이 책으로 공부하는 독자분들도 모두 공감하리라 생각합니다. 필자 역시 처음 프로그래밍 공부를 시작할 때 지금 이 책으로 공부하는 독자분들과 같은 상황, 고민, 방법 등으로 프로그램 공부를 시작하였습니다.

프로그래밍의 개념을 잡기 위해서 코딩이 선행되어야 한다는 선배님들의 조언에 따라 코딩부터 공부했고 그것이 지금의 필자를 있게 해주지 않았나 생각됩니다. 필자는 현재도 새로운 개발 언어를 공부할 때 이론적인 개념 이해보다 직접 코딩하여 개발 언어를 공부하는 방식을 선호합니다. 꼭 모두 이 방법을 통해 프로그래밍 공부를 하라고 강요하는 것은 아니지만, 개발자가 되기 위해서는 많은 코딩 연습이 선행되어야 한다는 것이 분명한 진실이라는 것입니다.

프로그래밍 공부를 처음 시작하는 독자분 중 이 책뿐만 아니라 다른 개발 서적의 예제를 무소선 따라 한다고 실력이 늘어닐까라는 의문을 깊는 독자가 많으리라 생각됩니다. 사실 프로그래밍 관련 서적의 앞부분은 여간 지루하거나 따라 하기 귀찮은 것이 사실입니다. 하지만, 처음부터 끝까지 성실히 모든 예제를 따라 구현해 보고 공부를 한다면 본인 스스로 놀라울 정도로 프로그래밍 실력이 부쩍 늘어난 것을 느낄 수 있을 것이다. 또한, 이런 방법으로 이 책 또는 다른 개발 서적을 공부한다면 상당한 실력을 갖추리라 필자는 감히 단언합니다.

책을 집필할 때마다 항상 고민하는 것은 이 책이 과연 독자분들께 도움이 될까라는 고민입니다. 다른 책의 저자분들도 저와 같은 고민을 하셨으리라 생각됩니다. 이 책을 모든 독자분들의 눈높이에 맞춰 집필하고 모든 분께 도움이 되도록 집필하고 싶지만 다양한 제한 사항 및 한계가 있기 때문에 책에서 전달하고자 하는 궁극적인 목표 컨셉에 맞춰 예제를 선정하였고 프로그램 설명하였습니다.

이 책 한 권으로 독자 여러분을 Visual C# 또는 네트워크 프로그래밍 전문가로 만들어 드릴 수 없지만, 전문가가 되기 위한 길에 한걸음 가까이 다가설 수 있도록 이정표 역할을 하리라 확신합니다.

이 책을 집필하면서 필자도 여러 개발 가이드를 참고하고, 다른 서적을 뒤적이며 어떻게 하면 독자분들께 좋은 지식을 전달할까, 조금이라도 더 쉽게 문법 및 기능에 대해 전달할 수 있을까 하는 마음으로 집필하였습니다. 하지만, 필자도 사람인지라 부족한 부분이 있을 수 있고 실수한 부분이 있을 것입니다. 이런 부분과 다른 의문 사항은 mook9900@yahoo.co.kr로 메일을 보내주시면 성심성의껏 답변해 드리겠습니다.

끝으로 항상 부족한 필자 곁에서 응원과 격려를 해주는 사랑하는 아내와 딸, 어머님, 친구들, 선·후배님들, 원팀 그리고 이 책이 출간될 수 있도록 수고해주신 가메출판사 직원분들께 진심으로 감사드립니다.

언제나 노력하는 개발자 **조호묵**
문의처 : mook9900@yahoo.co.kr

CHAPTER **03**　**파일 다루기**

CHAPTER **04**   **WinAPI 사용하기**

CHAPTER **07** 네트워크 응용

CHAPTER 08 네트워크 모니터링 시스템

CHAPTER 01

스레드 · 델리게이트 · 이벤트

이 장에서는 네트워크 프로그래밍을 위해서 기본적으로 알고 있어야 할 C# 언어의 문법과 기능 그리고 이를 사용하는 예제에 대해 설명한다. 이는 8장에서 살펴볼 NMS(Network Monitoring System)를 궁극적으로 구현하기 위한 기본 지식이라 할 수 있다.

이 책의 구성상 C#의 기본 문법에 대해 자세한 설명은 생략하고 네트워크 프로그래밍을 위한 필수 문법 및 기능에 대해서만 설명한다. 책에서 다루는 예제에 대한 C#의 기본 문법은 예제 소스를 살펴볼 때 대부분 설명하겠지만, C# 언어의 기초 지식에 대해서는 생략하는 경우가 생길 수 있으므로 기초 문법에 대해서는 다른 참고 서적이나 MSDN을 참고하면서 공부한다면 쉽게 이해할 수 있을 것으로 생각한다.

이 장에서 살펴볼 기본 문법은 한 프로그램에서 여러 작업을 수행할 수 있도록 스레드를 관리하는 스레딩(threading) 문법과 이벤트가 발생할 때 메서드를 변수처럼 사용하여 호출하는 이벤트 및 델리게이트(delegate)에 대해 예제를 통해 살펴보도록 한다.

01 스레드

기본적으로 모든 C# 프로그램에는 하나의 스레드가 있다. 이를 기본 스레드라 하며, 기본 스레드는 Main 메서드를 사용하여 응용 프로그램을 시작하고 끝내는 코드를 실행한다. Main 메서드를 통해 직접 또는 간접적으로 실행되는 모든 명령은 기본 스레드에서 수행하며, 이 스레드는 Main 메서드가 값을 반환할 때 종료된다. 이러한 기본 스레드와 함께 병렬 방식으로 코드를 실행하는 데 사용할 보조 스레드를 만들 수도 있다. 이러한 스레드를 일반적으로 작업자 스레드라고 한다.

작업자 스레드를 사용하면 기본 스레드를 사용하지 않고도 시간이 오래 걸리는 작업이나 빨리 끝내야 할 작업을 수행할 수 있다. 예를 들어, 작업자 스레드는 이전 요청이 완료되기를 기다리지 않고 들어오는 다른 요청을 처리해야 하는 서버 응용 프로그램에 자주 사용된다. 작업자 스레드는 데스크톱 응용 프로그램에서 "백그라운드" 작업을 수행하는 데도 사용된다. 이렇게 하면 사용자 인터페이스 요소를 관리하는 기본 스레드가 사용자 작업에 계속 응답할 수 있다.

다중 스레딩을 사용하면 처리량과 응답성에 관련된 문제를 해결할 수 있지만 교착 상태나 경쟁 조건 같은 리소스(resource) 공유 문제가 새롭게 발생할 수도 있다. 다중 스레드는 파일 핸들, 네트워크 연결과 같은 서로 다른 리소스를 필요로 하는 작업에 가장 적합하다. 그러나 한 리소스에 여러 스레드를 할당하면 동기화 문제가 발생할 수 있으며 다른 스레드의 작업이 완료되기를 기다리게 되어 스레드가 자주 차단되기 때문에 다중 스레드를 사용하는 의미가 사라진다.

일반적으로 작업자 스레드는 다른 스레드에 사용되는 리소스를 많이 필요로 하지 않으며 시간이 오래 걸리거나 빨리 끝내야 할 작업을 수행하는 데 사용된다.

대개 프로그램의 일부 리소스는 여러 스레드에서 접근하여 사용해야 하는 리소스 공유 관리가 필요하다. 이를 위해 System.Threading 네임스페이스에서는 스레드를 동기화하기 위한 클래스를 제공한다.

스레드는 다음과 같은 세 가지 특징이 있다.

- 스레드를 사용하면 C# 프로그램에서 동시 처리 작업을 수행할 수 있다.
- 스레드는 응용 프로그램의 리소스를 공유한다.
- .Net Framework의 System.Threading 네임스페이스를 사용하면 스레드를 더 쉽게 사용할 수 있다.

1.1 스레드 생성과 실행

스레드를 만들기에 앞서 작업자 스레드가 실행하면서 사용할 메서드를 정의한다.

```
private void DoWork()
{
    while(true)
    {
        Console.WriteLine("Working....");
    }
}
```

작업자 스레드를 실행하기 위해 Thread 개체를 생성한다.

```
Thread WorkThread = new Thread(DoWork);
```

스레드 개체는 존재하지만, 실제 작업자 스레드는 아직 실행되지 않았다. 다음과 같이 작업자 스레드 개체의 Start() 메서드를 호출하여 작업자 스레드를 실행한다.

```
WorkThread.Start();
```

1.2 스레드 종료

실행된 작업자 스레드를 종료하기 위해서는 Abort() 메서드를 호출한다. 하지만, Abort() 메서드는 스레드를 강제로 종료하기 때문에 스레드 작업이 완료되는 시점에서 정확하게 사용해야 한다.

```
WorkThread.Abort();
```

스레드를 종료하는 또 다른 방법으로 Join() 메서드를 사용할 수 있다. Abort() 메서드가 스레드를 강제로 종료하는 반면, Join() 메서드는 실행된 작업자 스레드의 작업이 완료되었는지 확인하고 리소스를 정리할 수 있도록 하기 때문에 스레드 관리에 더욱 안전하다.

```
WorkThread.Join()
```

스레드 생성과 종료에 대해 간단히 소스 코드로 구문을 정의하면서 살펴보았다. 스레드를 사용하는 프로그램은 위와 같이 간단하게 구현할 수 있지만, 실행과 종료 시점을 정확하게 구현하지 않으면 리소스 낭비와 의도하지 않은 에러가 발생할 수 있기 때문에 주의할 필요가 있다.

스레드 프로그램의 기본 문법에 대한 설명은 위의 코드를 살펴보는 것으로 마무리하고 예제를 통해 스레드 프로그램에 대해 좀 더 상세히 살펴보도록 한다.

O2   Thread Life 프로그램

Thread Life 프로그램은 주(기본) 스레드와 작업자 스레드의 수행 생명 주기를 보여주는 프로그램으로 스레드 프로그램의 특성상 주(기본) 스레드와 작업자 스레드가 병렬로 수행되기 때문에 프로그램을 실행할 때마다 결과가 달라진다. 이는 스레드 수행을 CPU에서 담당하기 때문에 프로그램이 실행될 때마다 결과가 달라지는 것이다.

2.1 프로젝트 생성 및 구현

Thread Life 프로그램을 구현하기에 앞서 이 절에서 구현할 콘솔 응용 프로그램인 "mook_ThreadLife" 프로젝트 생성에 대해 알아본다. 콘솔 응용 프로젝트 생성 방법은 이후에는 생략하므로 주의 깊게 살펴보도록 하자.

Visual Studio 2015(이후 "VS2015")를 실행하면 다음 그림과 같은 첫 화면이 나타나고, [새 프로젝트...] 링크 버튼을 클릭하면 [새 프로젝트] 대화 상자가 나타난다.

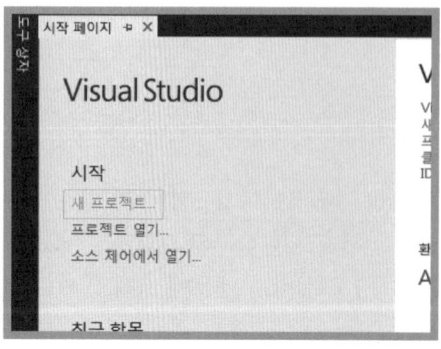

다음 그림과 같이 [새 프로젝트] 대화 상자가 나타나면 ① Visual C# 선택, ② .Net
Framework 4.6 선택, ③ 콘솔 응용 프로그램 선택, ④ mook_ThreadLife 입력, ⑤
[찾아보기] 버튼을 클릭하여 프로젝트를 저장할 경로 지정, ⑥ [확인] 버튼을 클릭하여
"mook_ThreadLife" 프로젝트를 생성한다.

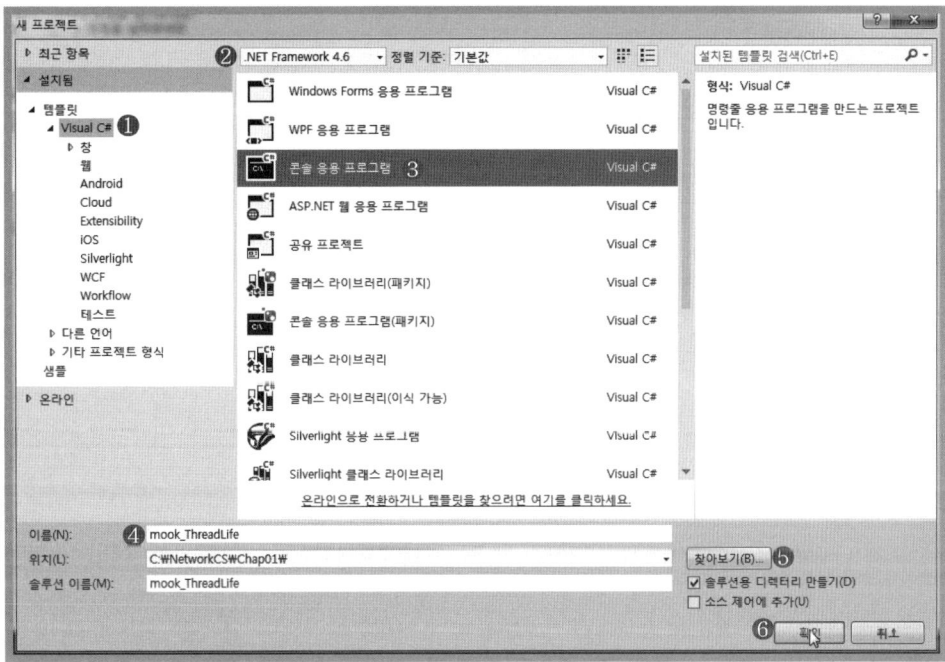

프로젝트 생성이 완료되면 "Program.cs" 파일을 열어 다음 소스 코드와 같이 코드를 추
가한다.

```
01:  using System;
02:  using System.Collections.Generic;
03:  using System.Linq;
04:  using System.Text;
05:  using System.Threading.Tasks;

06:  using System.Threading;

07:  namespace mook_ThreadLife
08:  {
09:    class Program
10:    {
11:      static void Main(string[] args)
12:      {
13:        Thread LifeThread = new Thread(DoStop);
14:        LifeThread.Start();
15:        for (int i = 0; i < 3; i++)
```

```
16:      {
17:        Console.WriteLine("주(기본) 스레드 카운터 : {0}", i);
18:        Thread.Sleep(5);
19:      }
20:      LifeThread.Join();
21:      Console.WriteLine("스레드가 종료됩니다.");
22:    }

23:    private static void DoStop()
24:    {
25:      for(int i=0;i<10;i++)
26:      {
27:        Console.WriteLine("외부 스레드 카운터 : {0}", i);
28:        Thread.Sleep(5);
29:      }
30:    }
31:  }
32: }
```

06행	.Net Framework의 System.Threading 네임스페이스를 지정하여 스레드를 더 쉽게 사용할 수 있게 하는 구문이다.
13행	Thread 개체 LifeThread를 생성하는 구문으로 스레드가 실행될 때 동작할 메서드인 DoStop을 참조하도록 Thread 생성자에 메서드 이름을 대입한다.
14행	LifeThread.Start() 메서드를 사용하여 13행에서 생성한 스레드를 실행하는 작업을 수행한다.
15-19행	주(기본) 스레드에서 실행될 for 문으로 0~2까지 카운트를 화면에 나타내는 구문이다.
18행	Thread.Sleep() 메서드를 이용하여 5밀리 초 동안 스레드 실행을 잠시 중단하는 작업을 수행한다.
20행	작업자 스레드를 종료하는 작업을 수행하는 구문으로 주(기본) 스레드가 종료될 때 함께 종료되도록 한다.
23-30행	LifeThread 작업자 스레드에서 동작할 메서드로 for 문을 이용하여 0~9까지 카운트를 화면에 나타내는 구문이다.

2.2 예제 실행

콘솔 응용 프로그램을 실행하기 위해서 단축키 Ctrl+F5를 눌러 실행한다. 이는 F5 키를 눌러 Windows Forms 응용 프로그램을 실행하는 방법과 달리 콘솔이 실행되고 결과를 확인할 수 있도록 하기 위함이다. 스레드를 이용하여 프로그램을 실행할 때마다 처리되는 스레드 생명 주기가 달라지는 것을 확인할 수 있을 것이다.

스레드 생명 주기를 보여주는 프로그램을 구현하여 스레드에 대해 간단히 살펴보았다. 아직은 스레드가 정확히 어떻게 사용되며, 사용하면 무엇이 효과적인지 정확하게 알지 못할 수도 있다. 스레드에 대하여 조금 더 정확하게 살펴보려면 스레드를 이용하여 윈도우 응용 프로그램을 구현하면 그 쓰임새에 대해 더욱 쉽게 이해할 수 있을 것이다.

O3 프로그램 간 데이터 전달과 수신

이 절의 예제 프로그램은 스레드의 쓰임새에 대해 정확히 이해를 돕고자 구현한 프로그램으로 프로세스 간의 데이터 참조를 통해 문자를 전달하고 그 값을 다른 프로세스의 화면에 나타내는 기능을 구현하였다.

프로세스 간 데이터를 수신하는 프로그램은 두 가지 방법으로 구현하였는데 먼저 스레드를 사용하지 않고 구현하여 데이터를 받고, 두 번째는 스레드를 이용하여 데이터를 받는 기능을 구현하였다.

스레드를 이용하지 않고 데이터를 받는 프로그램은 데이터를 전달받기까지 주(기본) 스레드가 데이터 수신을 위해 무한히 기다려야 하기 때문에 프로그램이 멈추는 듯한 문제가 발생한다. 이러한 문제를 해결하기 위해 스레드 기능을 이용하면 데이터를 수신하는 기능을 작업자 스레드에서 동작하기 때문에 프로그램이 멈추는 문제를 쉽게 해결할 수 있다.

프로그램의 전체 프로세스 이해는 다음 그림을 참고하면 쉽게 이해할 수 있다.

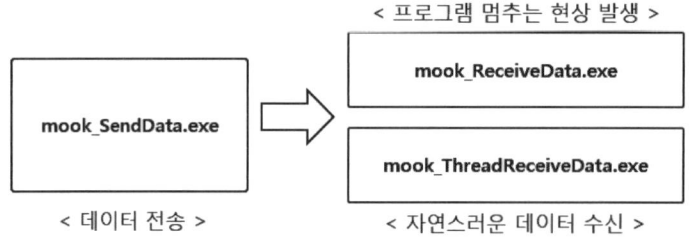

3.1 데이터 전달 프로그램

데이터 전달 프로그램은 사실 데이터를 전달하는 기능을 갖는 프로그램이 아닌 static 변수를 이용하여 미리 변수의 값으로 데이터를 저장하여 데이터 공유가 가능하도록 하는 간단한 프로그램이다.

다음 그림은 데이터 전달 프로그램을 구현하고 실행한 결과 화면으로 그림과 같이 폼을 디자인한다.

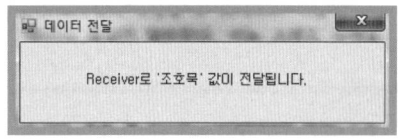

[결과 미리 보기]

(1) 인터페이스 디자인

프로젝트 이름을 'mook_SendData'로 하여 'C:\NetworkCS\Chap1' 경로에 프로젝트를 생성한다. 다음 그림과 같이 윈도우 폼에 각 컨트롤을 위치시키고 표를 참고하여 각 컨트롤의 속성값을 설정한다.

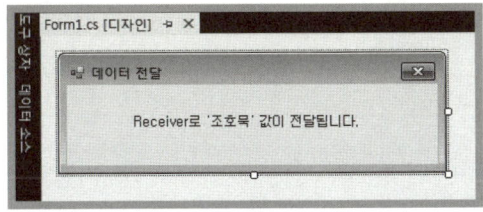

폼 컨트롤	속성	값
Form1	Name	Form1
	Text	데이터 전달
	FormBorderStyle	FixedSingle
	MaximizeBox	False
	MinimumBox	False
Label1	Name	lblSend
	Text	Receiver로 문자열 "조호묵" 값이 전달됩니다.

(2) 코드 구현

다음과 같이 static 변수를 클래스 내부에 추가한다.

```
static public string SendName = "조호묵";
```

(3) 예제 실행

다음 그림은 단축키 Ctrl+F5를 눌러 데이터 전달 예제를 실행한 결과 화면이다.

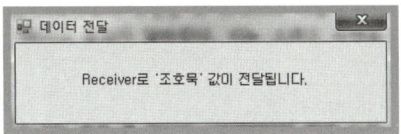

3.2 스레드 이용 없는 외부 데이터 받기(Without Thread)

스레드 이용 없는 외부 데이터 받기(Without Thread) 프로그램은 앞서 구현한 데이터 전달 프로그램에서 전달받은 문자 데이터를 화면에 출력하는 프로그램으로 스레드를 이용하지 않고 주(기본) 스레드에서 데이터를 가져오기 때문에 앞서 언급했던 것처럼 전달받기까지 프로그램이 멈추는 듯한 문제가 발생한다.

다음 그림은 스레드 이용 없는 외부 데이터 받기(Without Thread) 프로그램을 구현하고 실행한 결과 화면으로 그림과 같이 폼을 디자인한다.

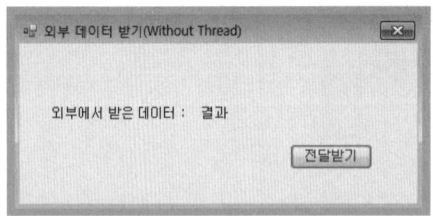

[결과 미리 보기]

(1) 인터페이스 디자인

프로젝트 이름을 'mook_ReceiveData'로 하여 'C:\NetworkCS\Chap1' 경로에 프로젝트를 생성한다. 다음 그림과 같이 윈도우 폼에 각 컨트롤을 위치시키고 표를 참고하여 각 컨트롤의 속성값을 설정한다.

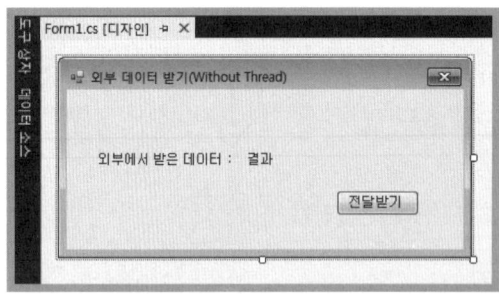

폼 컨트롤	속성	값
Form1	Name	Form1
	Text	외부 데이터 받기(Without Thread)
	FormBorderStyle	FixedSingle
	MaximizeBox	False
	MinimumBox	False
Label1	Name	lblReceive01
	Text	외부에서 받은 데이터 :
Label2	Name	lblReceive02
	Text	결과
Button1	Name	btnReceive
	Text	전달받기

외부 프로세스에 데이터를 전달하는 기능을 구현하기 위해서는 WinAPI를 이용해야 하지만 이 절에서는 간단히 프로세스의 공유된 데이터를 전달하고 수신하는 기능만 구현하는 것이기 때문에 프로세스를 참조로 추가하여 데이터를 전달받는 기능을 구현한다.

다음 그림과 같이 [참조 관리자] 대화 상자를 열고 [찾아보기] 버튼을 클릭하여 앞서 구현한 'mook_SendData.exe'를 찾아 참조 목록에 추가하고 [확인] 버튼을 클릭하여 [참조 관리자] 대화 상자를 종료한다. [참조 관리자] 대화 상자는 솔루션 탐색기에서 [참조] 메뉴를 마우스 오른쪽 버튼으로 눌러 표시되는 단축 메뉴에서 [참조 추가] 메뉴를 선택하여 실행할 수 있다.

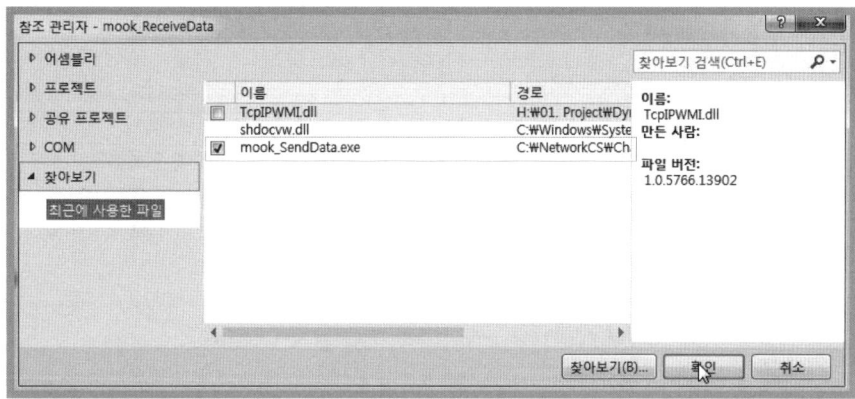

(2) 코드 구현

다음과 같이 using 키워드를 이용하여 필요한 네임스페이스를 추가한다.

```
using System.Diagnostics; // Process 클래스 사용
```

System.Diagnostics 네임스페이스는 Process 클래스를 쉽게 사용할 수 있도록 해주며, 프로세스 관련 메서드와 속성 등의 인터페이스를 제공한다.

다음과 같이 멤버 변수를 클래스 내부에 추가한다.

```
bool Runflags = true;
```

다음의 btnReceive_Click() 이벤트 핸들러는 [전달받기] 버튼을 더블클릭하여 생성한 함수로 데이터 전달 프로그램(mook_SendData.exe)에 정의된 static 변수의 문자 데이터를 수신하는 작업을 수행한다.

```
01:   private void btnReceive_Click(object sender, EventArgs e)
02:   {
03:     while (Runflags)
04:     {
05:       System.Threading.Thread.Sleep(1);
06:       foreach (var proc in Process.GetProcesses())
07:       {
08:         if (proc.ProcessName.ToString() == "mook_SendData")
```

```
09:       {
10:         Runflags = false;
11:         this.lblReceive02.Text = "실행되었고 값은 "
               + mook_SendData.Form1.SendName;
12:       }
13:     }
14:   }
15: }
```

03-14행	while 구문으로 데이터 전달 프로그램(mook_SendData.exe)에서 전달하는 데이터를 수신하기 위한 작업을 수행하며, 05행의 Thread.Sleep() 메서드를 이용하여 1밀리 초 간격으로 한 번씩 루프를 수행하도록 한다.
06-13행	foreach 구문을 이용하여 mook_SendData.exe 프로세스의 실행 여부를 모니터링 하는 작업을 수행한다.
06행	Process.GetProcesses() 메서드를 이용하여 사용 중인 컴퓨터에서 실행되고 있는 프로세스 목록 정보를 가져와 proc 변수에 저장하는 작업을 수행한다.
08행	proc.ProcessName 속성을 이용하여 프로세스의 이름을 가져오는 작업을 수행한다. mook_SendData.exe 프로세스가 실행되었다면 10행과 11행을 수행하여 while 루프를 종료할 수 있도록 조건을 변경하고, lblReceive02 컨트롤의 [Text] 속성에 전달받은 데이터를 입력하는 작업을 수행한다. mook_SendData.exe 프로세스에서 전달받는 static 변수의 값은 mook_SendData.Form1.SendName 형식으로 가져온다. mook_SendData 프로세스의 Form1에 있는 변수명 SendName의 값을 가져오는 것이다.

(3) 예제 실행

다음 그림은 스레드 이용 없는 외부 데이터 받기(Without Thread) 예제를 단축키 Ctrl +F5를 눌러 실행한 결과 화면이다. 파일 탐색기에서 mook_SendData.exe 파일을 찾아 먼저 실행한 뒤에, 이 예제를 실행해야 한다.

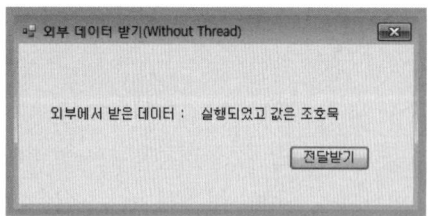

이 프로그램은 'mook_SendData.exe' 프로그램을 실행하기 전에 실행하여 [전달받기] 버튼을 클릭하면 프로그램이 멈춘 듯하게 "응답 없음" 메시지가 창 제목에 출력된다. 이는 주(기본) 스레드에서 데이터가 수신되지 않으면 while 루프를 무한으로 수행하기 때문에 주(기본) 스레드에서 다른 작업을 할 수 있는 리소스가 점차 없어지게 된다. 따라서 리소스 부족으로 다른 작업을 할 수 없어 다음 그림과 같이 멈춘 듯 한 에러 메시지("응답 없음")를 나타내는 것이다. 이 문제 해결은 스레드를 이용하여 구현하면 쉽게 해결된다.

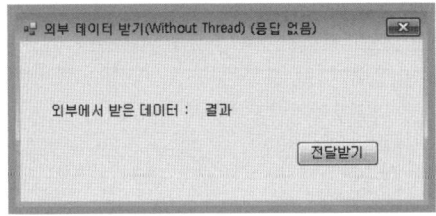

3.3 스레드를 이용한 외부 데이터 받기(With Thread)

스레드를 이용한 외부 데이터 받기(With Thread) 프로그램은 앞서 구현한 스레드 이용 없는 외부 데이터 받기(Without Thread) 프로그램에서 외부 데이터를 가져올 때 멈추는 듯 한 문제를 해결하기 위해 스레드 기능을 이용하여 외부 데이터를 참조하는 프로그램이다. 스레드 이용 없는 외부 데이터 받기(Without Thread) 프로그램 코드와 어떻게 다르게 구현하는지 비교하면서 구현하도록 하자.

다음 그림은 스레드를 이용한 외부 데이터 받기(With Thread) 프로그램을 구현하고 실행한 결과 화면으로 그림과 같이 폼을 디자인한다.

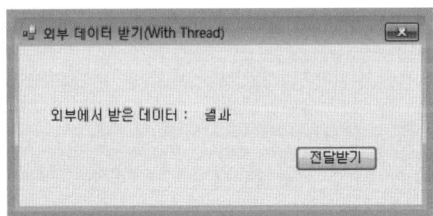

[결과 미리 보기]

(1) 인터페이스 디자인

프로젝트 이름을 'mook_ThreadReceiveData'로 하여 'C:\NetworkCS\Chap1' 경로에 프로젝트를 생성한다. 다음 그림과 같이 윈도우 폼에 각 컨트롤을 위치시키고 표를 참고하여 각 컨트롤의 속성값을 설정한다.

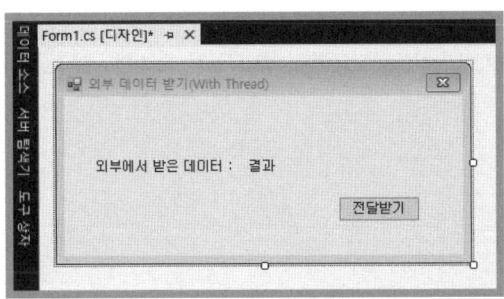

폼 컨트롤	속성	값
Form1	Name	Form1
	Text	외부 데이터 받기(With Thread)
	FormBorderStyle	FixedSingle
	MaximizeBox	False
	MinimumBox	False
Label1	Name	lblReceive01
	Text	외부에서 받은 데이터 :
Label2	Name	lblReceive02
	Text	결과
Button1	Name	btnReceive
	Text	전달받기

앞에서 외부 프로세스의 데이터를 전달받기 위해서 참조 추가를 했던 것처럼 [참조 관리자] 대화상자를 열어 'mook_SendData.exe'를 찾아 참조로 추가한다.

(2) 코드 구현

다음과 같이 using 키워드를 이용하여 필요한 네임스페이스를 추가한다.

```
using System.Diagnostics; // Process 클래스 사용
using System.Threading;
```

System.Threading 네임스페이스는 스레드 관련 클래스, 메서드 속성을 쉽게 사용하기 위해 추가한다.

다음과 같이 멤버 변수를 클래스 내부에 추가한다.

```
01:  Thread ReceThread = null;
02:  bool Runflags = true;
```

01행	Thread 클래스의 개체를 생성하는 구문으로 개체는 생성되었지만, 초기화는 하지 않았다.
02행	작업자 스레드에서 수행될 메서드의 while 구문이 무한 루프에서 빠져나오기 위한 멤버 변수로 사용된다.

다음의 btnReceive_Click() 이벤트 핸들러는 [전달받기] 버튼을 더블클릭하여 생성한 프로시저로 작업자 스레드를 초기화하고 작업자 스레드를 시작하는 작업을 수행한다.

```
01:  private void btnReceive_Click(object sender, EventArgs e)
02:  {
03:    ReceThread = new Thread(ReceiveData);
04:    ReceThread.Start();
05:  }
```

03행	new 키워드를 이용하여 멤버 개체로 추가된 ReceThread를 초기화하는 구문으로 작업자 스레드에 ReceiveData 메서드를 추가하여 초기화한다.
04행	Start() 메서드를 이용하여 주(기본) 스레드와 별개로 작업자 스레드의 실행을 시작한다.

다음의 ReceiveData() 메서드는 외부 프로세스에서 전달받은 문자 데이터를 화면에 나타내는 구문으로 앞서 자세히 설명하였기 때문에 구문에 대한 설명은 생략한다.

```
01:  private void ReceiveData()
02:  {
03:    while (Runflags)
04:    {
05:      Thread.Sleep(1);
06:      foreach (var proc in Process.GetProcesses())
07:      {
08:        if (proc.ProcessName.ToString() == "mook_SendData")
09:        {
10:          Runflags = false;
11:          this.lblReceive02.Text = "실행되었고 값은 "
12:              + mook_SendData.Form1.SendName;
13:        }
14:      }
15:    }
16:    ReceThread.Abort();
17:  }
```

다음의 Form1_FormClosing() 이벤트 핸들러는 폼을 선택한 후 이벤트 목록 창에서 [FormClosing] 이벤트 란을 더블클릭하여 생성한 프로시저로 프로세스가 종료될 때 호출되며 ReceThread 스레드가 종료되지 않았으면 Abort() 메서드를 이용하여 스레드를 종료하는 작업을 수행한다.

```
01:  private void Form1_FormClosing(object sender, FormClosingEventArgs e)
02:  {
03:    if (ReceThread != null)
04:      ReceThread.Abort();
05:  }
```

(3) 예제 실행

다음 그림은 스레드를 이용한 외부 데이터 받기(With Thread) 예제를 단축키 Ctrl + F5 를 눌러 실행한 결과 화면이다.

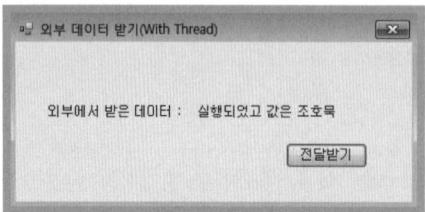

> **NOTE**
> **프로젝트 실행은 반드시 단축키 Ctrl + F5 를 눌러 실행,**
> **F5 키를 눌러 프로젝트를 실행하면 크로스 스레드 에러 발생**
>
> 위에서 구현한 스레드를 이용한 외부 데이터 받기(With Thread) 프로그램은 주(기본) 스레드와
> 작업자 스레드가 별개로 수행되는 구조로 되어 있다. 따라서 작업자 스레드에서 주(기본) 스레드에
> 인터페이스 디자인을 위해 정의되어 있는 윈도우 컨트롤(btnSum, lblResult 등)에 직접적으로
> 접근하면 크로스 스레드 에러(Cross Thread Error)가 발생한다. F5 키를 눌러 프로젝트를 실
> 행하면 디버그 모드로 수행되기 때문에 크로스 스레드 에러를 탐지하여 프로젝트가 정상적으로 실
> 행되지 않는다. 이 문제 해결은 다음 절에서 살펴볼 것이므로 이 절에서는 단축키 Ctrl + F5 를 눌
> 러 프로젝트를 실행한다.

다음 그림과 같이 스레드 프로그램을 이용하는 코드와 사용하지 않는 코드를 비교하면 스레드를 이용하면 코드의 길이가 길어진다. 하지만, 몇 줄의 코드의 추가로 프로그램을 더욱 안정적으로 구현할 수 있다. 또한, 네트워크 프로그램을 구현하기 위해서는 백그라운드에서 수행되는 작업이 많아 스레드를 사용하는 프로그래밍이 거의 필수라 할 수 있다. 이 장에서 스레드 사용에 대해 개념을 확실히 이해하고 다음 장으로 넘어가길 바란다.

```csharp
private void btnReceive_Click(object sender, EventArgs e)
    {
        while (Runflags)
        {
            System.Threading.Thread.Sleep(1);
            foreach (var proc in Process.GetProcesses())
            {
                if (proc.ProcessName.ToString() == "mook_SendData")
                {
                    Runflags = false;
                    this.lblReceive02.Text = "실행되었고 값은 "
                        + mook_SendData.Form1.SendName;
                }
            }
        }
    }
```

[Thread를 사용하지 않은 프로그램]

```csharp
private void btnReceive_Click(object sender, EventArgs e)
    {
        ReceThread = new Thread(ReceiveData);
        ReceThread.Start();
    }


private void ReceiveData()
    {
        while (Runflags)
        {
            Thread.Sleep(1);
            foreach (var proc in Process.GetProcesses())
            {
                if (proc.ProcessName.ToString() == "mook_SendData")
                {
                    Runflags = false;
                    this.lblReceive02.Text = "실행되었고 값은 "
                        + mook_SendData.Form1.SendName;
                }
            }
        }
        ReceThread.Abort();
    }
```

[Thread를 사용하는 프로그램]

O4 대리자(Delegate)

앞에서 기본 스레드 사용에 대해 살펴보기 위해 프로그램 간 데이터를 전달하고 수신하는 프로그램을 구현해 보았고, 스레드를 사용하는 것과 사용하지 않고 구현한 프로그램이 어떻게 다른 결과가 나타나는지 살펴보았다.

대리자는 특정 매개변수 목록 및 반환 형식이 있는 메서드에 대한 참조를 나타내는 형식이다. 대리자를 개체화하면 호환되는 시그니처와 반환 형식을 가진 모든 메서드를 대리자 개체에 연결하여 대리자 개체를 통해 연결된 메서드를 호출할 수 있다.

대리자는 메서드를 다른 메서드에 인수로 전달하는데 사용된다. 이벤트 처리기는 대리자를 통해 호출되는 메서드라고 할 수 있다. 사용자 지정 메서드를 만들면 Windows 컨트롤과 같은 클래스가 특정 이벤트가 발생했을 때 해당 메서드를 호출할 수 있다.

다음 코드는 대리자 선언을 보여주는 기본 선언 구문이다.

```
public delegate int OnDelegateCalc(int x, int y);
```

액세스 가능한 클래스 또는 대리자 형식과 일치하는 구조의 모든 메서드는 대리자에 할 당할 수 있다. 메서드는 정적 메서드이거나 개체화된 메서드일 수 있다. 메서드를 대리 자에 할당하면 프로그래밍 방식으로 메서드 호출을 변경하고 기존 클래스에 새 코드를 삽입할 수 있다.

대리자에서는 이와 같이 메서드를 매개변수로 취급할 수 있으므로 대리자는 콜백 메서드 정의에 이상적이다. 예를 들어 두 개체를 비교하는 메서드에 대한 참조를 정렬 알고리즘 에 인수로 전달할 수 있다. 비교 코드는 별도의 절차이기 때문에 정렬 알고리즘을 보다 일반적인 방식으로 작성할 수 있다.

대리자에는 다음과 같은 특징이 있다.

- 대리자는 C++의 함수 포인터와 유사하지만 형식이 안전하다.
- 대리자를 통해 메서드를 매개변수로 전달할 수 있다.
- 대리자를 사용하여 콜백 메서드를 정의할 수 있다.
- 여러 대리자를 연결할 수 있다.

대리자(Delegate)에 대해 개념적 정의를 살펴보았다. 스레드 프로그램에 익숙한 독자는 쉽게 이해하리라 생각된다. 하지만, 스레드 프로그램에 대해 익숙하지 않은 독자들은 위 에서 설명한 개념을 이해하는 데 어려움이 있을 수 있다. 대리자(Delegate)에 대한 기능 과 사용을 모두 살펴보기 위해서는 다양한 예제와 설명이 필요하기 때문에 이 절에서는 네트워크 프로그램에서 자주 사용되며 이 책에서 다루는 예제를 구현하기 위해 반드시 필요한 내용 위주로 살펴보도록 한다.

4.1 파라미터가 있는 스레드

앞에서는 파라미터 없이 작업자 스레드를 생성하고 시작 및 종료하는 프로그램을 구현하 였다. 구현하고자 하는 프로그램의 종류에 따라 작업자 스레드에서 수행될 메서드에 파 라미터 값을 전달해야 하는 경우가 발생할 수 있다. 이는 클래스 멤버 변수를 이용하여 작업자 스레드에서 주(기본) 스레드의 클래스 멤버 변수를 참조하는 방식으로 처리할 수 있지만 안전한 스레드 프로그램을 구현하기 위해서는 파라미터 값을 전달하여 처리하는 방식을 권고하고 있다.

다음은 파라미터가 있는 스레드를 생성하고 시작하는 코드이다.

```
01:    Thread ParaThre = new Thread(new ParameterizedThreadStart(SumMethod));
02:    ParaThre.Start(Number);
```

01행   파라미터가 없는 스레드 선언과 다르게 파라미터가 있는 스레드 선언은 new ParameterizedThreadStart 선언문을 포함하여 스레드를 선언한다.

02행   파라미터가 있는 스레드는 Start() 메서드에 작업자 스레드에서 수행될 메서드에 전달할 인자 값을 대입하여 작업자 스레드를 시작한다.

다음은 앞에서 생성한 스레드 개체인 ParaThre 작업자 스레드에서 수행될 메서드이다.

```
01:  private void SumMethod(object n)
02:  {
03:    long k = Convert.ToInt64(n);
04:    int num = (int)n;
05:  }
```

01행   작업자 스레드에서 수행될 메서드의 형식으로 인자값의 형식은 object형으로 전달받아야 한다. 따라서 03행, 04행과 같이 Convert 클래스 또는 명시적 형변환을 이용하여 실제 사용할 형식으로 형변환을 해주어야 한다.

파라미터가 있는 스레드는 위의 몇 가지 다른 부분 외에는 파라미터가 없는 스레드와 구현 방법 및 사용법은 모두 같다.

4.2 대리자 없는 숫자 합계 구하기(Without Delegate)

대리자 없는 숫자 합계 구하기(Without Delegate) 프로그램은 숫자를 입력하여 그 숫자의 합을 계산하는 프로그램으로 계산되는 과정을 화면에 나타내기 위해서 스레드를 이용한다.

프로그램을 실행할 때 디버그 모드를 사용하지 않으면 크로스 스레드 에러가 발생하지 않는 프로그램이지만, 숫자의 합을 계산하여 그 값을 나타내는 부분에서 작업자 스레드가 윈도우 컨트롤에 접근하므로 내부적으로는 크로스 스레드 에러를 발생시키는 문제가 있다. 이 문제를 해결하기 위해서는 대리자(Delegate)를 이용하여 크로스 스레드 에러를 처리하는데 이 절에서는 대리자(Delegate)를 사용하지 않고 숫자의 합계를 계산하는 프로그램을 구현한 뒤에, 대리자(Delegate)를 이용한 프로그램과 비교해 보면서 살펴보도록 하자.

다음 그림은 대리자 없는 숫자 합계 구하기(Without Delegate) 프로그램을 구현하고 실행한 결과 화면으로 그림과 같이 폼을 디자인한다.

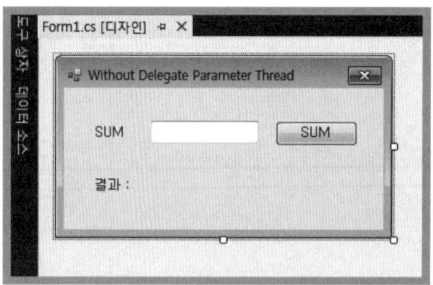

[결과 미리 보기]

(1) 인터페이스 디자인

프로젝트 이름을 'mook_ParameterThread'로 하여 'C:\NetworkCS\Chap1' 경로에 프로젝트를 생성한다. 다음 그림과 같이 윈도우 폼에 각 컨트롤을 위치시키고 표를 참고하여 각 컨트롤의 속성값을 설정한다.

폼 컨트롤	속성	값
Form1	Name	Form1
	Text	Without Delegate Parameter Thread
	FormBorderStyle	FixedSingle
	MaximizeBox	False
	MinimumBox	False
Label1	Name	lblSum
	Text	SUM
Label2	Name	lblResult
	Text	결과 :
TextBox1	Name	txtNum
Button1	Name	btnSum
	Text	SUM

(2) 코드 구현

다음과 같이 using 키워드를 이용하여 필요한 네임스페이스를 추가한다.

```
using System.Threading;
```

다음과 같이 멤버 객체 선언문을 클래스 내부에 추가한다.

```
Thread SumThread = null;
```

다음의 btnSum_Click() 이벤트 핸들러는 [SUM] 버튼을 더블클릭하여 생성한 프로시 저로 파라미터가 있는 스레드를 초기화하고 Start() 메서드를 이용하여 시작하는 작업을 수행한다.

```
01:  private void btnSum_Click(object sender, EventArgs e)
02:  {
03:    SumThread = new Thread(new ParameterizedThreadStart(NumSum));
04:    SumThread.Start(this.txtNum.Text);
05:  }
```

04행	Start() 메서드를 이용하여 03행에서 생성한 작업자 스레드 SumThread를 시작하는 작업을 수행하는 구문으로 파라미터로 전달할 데이터로 txtNum 컨트롤에 입력된 숫자 값을 전달한다.

다음의 NumSum() 메서드는 작업자 스레드에서 수행될 메서드로 인자 값으로 전달받 은 숫자의 합을 계산하는 작업을 수행한다.

```
01:  private void NumSum(object n)
02:  {
03:    long sum = 0;
04:    long k = Convert.ToInt64(n);
05:    for (long i = 0; i <= k; i++)
06:    {
07:      Thread.Sleep(1);
08:      sum += i;
09:      this.lblResult.Text = "계산중 : " + sum.ToString();
10:    }
11:    this.lblResult.Text = "완료 결과 : " + sum.ToString();
12:  }
```

01행	object형으로 합계를 계산할 숫자 값을 전달받는다.
04행	object형을 long형으로 변환하는 구문이다.
05-10행	for 문을 이용하여 0부터 입력된 숫자까지의 합계를 계산하는 구문으로 계산 중인 결과 값을 09행의 문장을 이용하여 화면에 나타낸다.
11행	for 문 수행이 완료되면 결과 값을 lblResult에 나타내는 작업을 수행한다.

다음의 Form1_FormClosing() 이벤트 핸들러는 폼을 선택하고 이벤트 목록 창에서 [FormClosing] 이벤트 란을 더블클릭하여 생성한 프로시저로 작업자 스레드 SumThread 가 종료되지 않았다면 Abort() 메서드를 이용하여 종료하는 작업을 수행한다.

```
01:  private void Form1_FormClosing(object sender, FormClosingEventArgs e)
02:  {
03:    if (SumThread != null)
04:      SumThread.Abort();
05:  }
```

(3) 예제 실행

다음 그림은 대리자 없는 숫자 합계 구하기(Without Delegate) 예제를 단축키 Ctrl + F5 를 눌러 실행한 결과 화면이다.

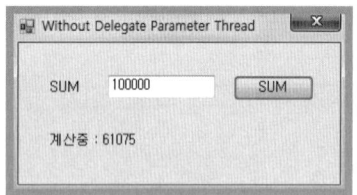

위 프로젝트를 실행하면 아주 잘 되는 것처럼 보이지만 단축키 Ctrl + F5 를 누르면 디버그 모드를 실행하지 않고 프로젝트를 빌드하여 실행하기 때문에 코드의 이상 유무 체크를 하지 않는다. 만약 F5 키를 눌러 프로젝트를 실행하고, 숫자 값을 위와 동일하게 입력한 다음 [SUM] 버튼을 누르면 다음과 같은 에러 메시지가 나타난다.

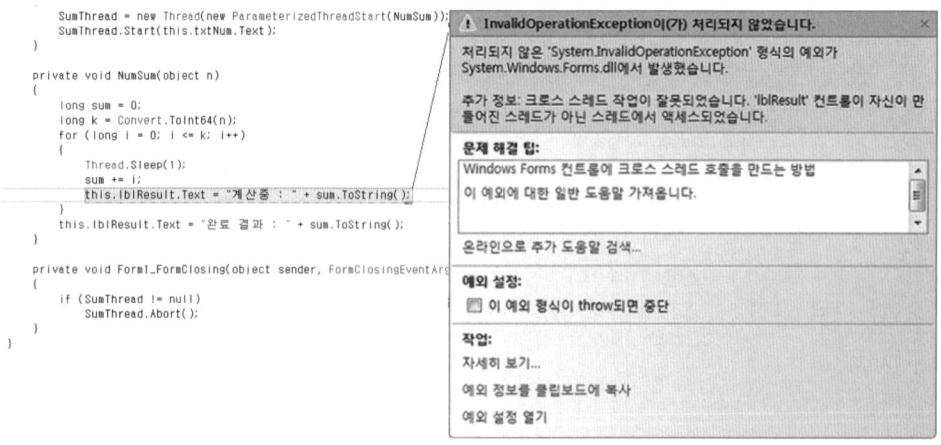

다음의 그림은 크로스 스레드 에러를 나타내는 것으로 작업자 스레드에서 주(기본) 스레드에서 정의된 윈도우 컨트롤을 직접 참조하는 경우 발생하는 에러에 대해 알기 쉽게 나타낸 것이다. 이 문제는 다음 절에서 살펴볼 Delegate를 이용하여 쉽게 해결할 수 있다.

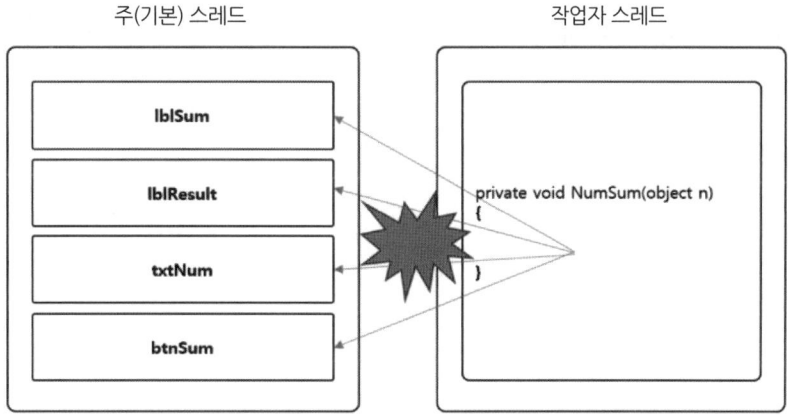

4.3 대리자를 이용한 숫자 합계 구하기(With Delegate)

대리자를 이용한 숫자 합계 구하기(With Delegate) 프로그램은 앞에서 구현한 대리자 없는 숫자 합계 구하기(Without Delegate) 프로그램에서 나타난 크로스 스레드 에러 문제를 해결하기 위해 대리자(Delegate)를 이용한 예제이다. 대리자를 사용하는 코드와 사용하지 않는 코드를 비교하면서 살펴보도록 하자.

다음 그림은 대리자를 이용한 숫자 합계 구하기(With Delegate) 프로그램을 구현하고 실행한 결과 화면으로 그림과 같이 폼을 디자인한다.

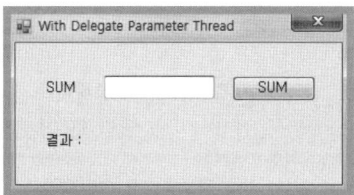

[결과 미리 보기]

(1) 인터페이스 디자인

프로젝트 이름을 'mook_DelegateParameterThread'로 하여 'C:\NetworkCS\Chap1' 경로에 프로젝트를 생성한다. 다음 그림과 같이 윈도우 폼에 각 컨트롤을 위치시키고 표를 참고하여 각 컨트롤의 속성값을 설정한다.

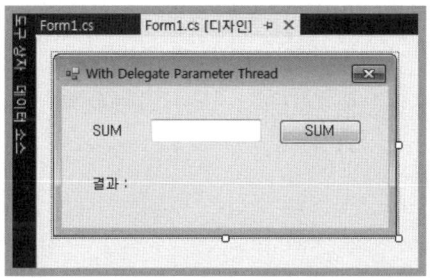

폼 컨트롤	속성	값
Form1	Name	Form1
	Text	With Delegate Parameter Thread
	FormBorderStyle	FixedSingle
	MaximizeBox	False
	MinimumBox	False
Label1	Name	lblSum
	Text	SUM
Label2	Name	lblResult
	Text	결과 :
TextBox1	Name	txtNum
Button1	Name	btnSum
	Text	SUM

(2) 코드 구현

다음과 같이 using 키워드를 이용하여 필요한 네임스페이스를 추가한다.

```
using System.Threading;
```

다음과 같이 멤버 객체 선언문을 클래스 내부에 추가한다.

```
01:  Thread SumThread = null;
02:  private delegate void OnResultDelegate(string strText); // 델리게이트 선언
03:  private OnResultDelegate ResultView = null;              // 델리게이트 개체 생성
```

02행	대리자를 선언하는 구문으로 string 타입의 인자 값을 전달받도록 선언하였다.
03행	대리자(Delegate) 개체를 생성하는 구문이다.

다음의 Form1_Load() 이벤트 핸들러는 폼을 선택하고 이벤트 목록 창에서 [Load] 이벤트 란을 더블클릭하여 생성한 프로시저로 폼이 실행될 때 발생하는 이벤트를 처리한다.

```
01:  private void Form1_Load(object sender, EventArgs e)
02:  {
03:    ResultView = new OnResultDelegate(ResultSum);
04:  }
```

03행	대리자(Delegate) 개체인 ResultView를 초기화하는 구문으로 대리자 메서드로 ResultSum을 대입하여 초기화한다.

다음의 ResultSum() 메서드는 대리자 메서드로 실제로 주(기본) 스레드의 윈도우 컨트롤을 참조하는 구문은 다음과 같이 구현한다.

```
01:  private void ResultSum(string NumSum)
02:  {
03:    this.lblResult.Text = NumSum;
04:  }
```

다음의 btnSum_Click() 이벤트 핸들러는 [SUM] 버튼을 더블클릭하여 생성한 프로시저로 스레드 개체인 SumThread를 파라미터가 있는 스레드로 초기화하고 Start() 메서드를 이용하여 작업자 스레드를 시작한다.

```
01:  private void btnSum_Click(object sender, EventArgs e)
02:  {
03:    SumThread = new Thread(new ParameterizedThreadStart(NumSum));
04:    SumThread.Start(this.txtNum.Text);
05:  }
```

다음의 NumSum() 메서드는 작업자 스레드에서 수행될 메서드로 인자 값으로 전달빋은 숫자의 합을 계산하는 작업을 수행한다.

```
01:  private void NumSum(object n)
02:  {
03:    long sum = 0;
04:    long k = Convert.ToInt64(n);
05:    for (long i = 0; i <= k; i++)
06:    {
07:      Thread.Sleep(1);
08:      sum += i;
09:      Invoke(ResultView, "계산중 : " + sum.ToString());
10:    }
11:    Invoke(ResultView, "완료 결과 : " + sum.ToString());
12:    SumThread.Abort();
13:  }
```

09행   Invoke() 메서드를 이용해서 대리자(Delegate) 개체인 ResultView를 호출하여 작업자 스레드에서 주(기본) 스레드의 윈도우 컨트롤 참조하는 작업을 수행한다.

대리자 메서드를 호출하는 구문의 형식은 다음과 같다.

```
Invoke([Delegate 개체], [인자값]);
```

다음의 Form1_FormClosing() 이벤트 핸들러는 폼을 선택하고 이벤트 목록 창에서 [FormClosing] 이벤트 란을 더블클릭하여 생성한 프로시저로 작업자 스레드인 SumThread가 종료되지 않았다면 Abort() 메서드를 이용하여 종료하는 작업을 수행한다.

```
01:  private void Form1_FormClosing(object sender, FormClosingEventArgs e)
02:  {
03:    if (SumThread != null)
04:      SumThread.Abort();
05:  }
```

(3) 예제 실행

다음 그림은 With Delegate Parameter Thread 예제를 F5 키를 눌러 실행한 화면이다. F5 키를 눌러 디버그 모드로 프로젝트를 실행해도 Without Delegate Parameter Thread 예제에서 나타나던 크로스 스레드 에러(Cross Thread Error)가 발생하지 않는다.

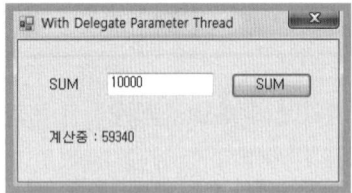

O5 이벤트

앞에서 스레드(Thread)와 대리자(Delegate)에 대해 살펴보았다. 이 절에서는 네트워크 프로그램 또는 기본적인 윈도우 프로그램을 구현할 때 필수적으로 사용되는 이벤트에 대해 살펴본다.

이벤트는 클래스나 개체에서 특정 상황이 발생하는 것으로 이벤트를 통해 다른 클래스나 개체에 특정 상황이 발생한 것을 알려 줄 수 있다. 이는 앞에서 살펴본 대리자(Delegate) 또한 특정 상황에서 Invoke 구문을 이용하여 알려주는 기능과 유사하지만, 기능적으로 다르게 구현되므로 비교하면서 살펴보도록 한다.

이벤트를 보내거나 발생시기는 클래스를 게시자라고 하며 이벤트를 받거나 처리하는 클래스를 구독자라고 한다. 일반적인 C# Windows Forms 또는 응용 프로그램에서 버튼 및 콤보박스와 같은 컨트롤에서 발생하는 이벤트를 처리하는 코드는 구독자가 된다. Visual C# IDE(통합 개발 환경)를 사용하여 컨트롤이 게시하는 이벤트를 찾고 처리할 이벤트를 선택할 수 있으며, IDE에서는 빈 이벤트 처리기 메서드와 이벤트를 구독할 수 있는 코드를 자동으로 추가한다.

이벤트에는 다음과 같은 특징이 있다.

- 게시자는 이벤트가 발생하는 시기를 결정하고 구독자는 이벤트에 대한 응답으로 수행되는 동작을 결정한다.
- 한 이벤트에 여러 개의 구독자가 있을 수 있다. 구독자는 여러 게시자의 이벤트를 처리할 수 있다.
- 구독자가 없는 이벤트는 발생하지 않는다.
- 이벤트는 일반적으로 그래픽 사용자 인터페이스에서 단추를 클릭하거나 메뉴를 선택하는 것과 같은 사용자 동작을 알리는데 사용된다.
- 이벤트에 여러 구독자가 있으면 해당 이벤트가 발생할 때 여러 이벤트 처리기가 동기적으로 호출된다.

이 절에서는 두 개의 프로그램을 구현하면서 이벤트의 사용 방법 및 대리자(Delegate)와 어떻게 다른지 살펴보도록 한다.

5.1 숫자 판단하기

숫자 판단하기는 콘솔 응용 프로그램으로 1~10까지 숫자에 대해 짝수와 3의 배수를 판단하는 프로그램이다. 간단한 프로그램이지만 이벤트 사용에 대해 개념적으로 이해할 수 있는 예제이다.

(1) 프로젝트 생성 및 소스 구현

프로젝트 이름을 'mook_EventNumCatch'로 하여 'C:\NetworkCS\Chap1' 경로에 프로젝트를 생성한다. 프로젝트 생성이 완료되면 "Program.cs" 파일을 열어 다음과 같이 소스 코드를 추가한다.

```
01: using System;
02: using System.Collections.Generic;
03: using System.Linq;
04: using System.Text;
05: using System.Threading.Tasks;

06: namespace mook_EventNumCatch
07: {
08:   class Program
09:   {
```

```
10:      static void Catch1(object sender, EventArgs e)
11:      {
12:        Console.Write("짝수 : ");
13:      }

14:      static void Catch2(object sender, EventArgs e)
15:      {
16:         Console.Write("3의 배수 : ");
17:      }

18:      static void Main(string[] args)
19:      {
20:        CatchClass Ctc = new CatchClass();
21:        Ctc.NumCatch += new CatchClass.OnEventHandler(Catch1);

22:        for (int i = 1; i < 10; ++i)
23:        {
24:          if (i % 2 == 0 && i < 5)
25:          {
26:            Ctc.GoEvent();
27:          }
28:          if (i == 5)
29:          {
30:            Ctc.NumCatch -= new CatchClass.OnEventHandler(Catch1);
31:            Ctc.NumCatch += new CatchClass.OnEventHandler(Catch2);
32:          }
33:          if (i % 3 == 0 && i > 5)
34:          {
35:            Ctc.GoEvent();
36:          }
37:          Console.WriteLine("{0}", i);
38:        }
39:      }
40:    }

41:    class CatchClass
42:    {
43:      public delegate void OnEventHandler(object sender, EventArgs e);
44:      public event OnEventHandler NumCatch;
45:      public void GoEvent()
46:      {
47:        if (NumCatch != null)
48:        {
49:          EventArgs e = new EventArgs();
50:          NumCatch(this, e);
51:        }
```

```
52:     }
53:   }
54: }
```

10-13행 14-17행	Catch1과 Catch2는 게시자의 NumCatch 이벤트가 발생하면 호출되는 메서드로 화면에 그 값이 짝수인지 또는 3의 배수인지 선택하여 나타내는 작업을 수행한다.
20행	게시자 클래스의 개체 Ctc를 생성하는 구문이다.
21행	구독자는 게시자의 NumCatch 이벤트를 구독하도록 하는데, NumCatch 이벤트가 발생하면 Catch1 메서드를 호출하라는 의미이다. 이벤트 핸들러를 등록하려면 "+=" 키워드를 이용하여 등록한다. 반대로 등록을 해제하려면 "-=" 키워드를 이용하여 이벤트 등록을 해제한다.
22-38행	for 구문을 이용하여 1~9까지 숫자의 의미를 해석하는 작업을 수행한다.
26행	변수 i의 값이 2의 배수이면서 5보다 작은 숫자이면 Ctc.GoEvent() 메서드를 호출하여 게시자의 NumCatch 이벤트를 발생시킨다.
30-31행	변수 i의 값이 5일 경우 현재 이벤트에 등록된 이벤트 핸들러 Catch1을 해제하고 Catch2를 등록하는 작업을 수행한다.
35행	변수 i의 값이 3의 배수이면서 5보다 클 때 Ctc.GoEvent() 이벤트를 발생하는 구문이다.
41-53행	게시사 클래스를 정의하는 구문으로 이벤트를 처리하기 위해시 43행에시 Delegate를 이용하고, 44행에서 NumCatch 이벤트를 정의한다.
43행	이벤트를 처리를 위한 Delegate를 정의하는 구문이다.
44행	NumCatch 이벤트를 정의하는 구문이다.
47행	이벤트 개체의 이벤트를 구독하는 구독자가 있는지 검사하는 구문으로 21행과 31행의 "+=" 키워드를 이용하여 이벤트 구독을 신청하는 작업을 수행한다.
49-50행	이벤트를 발생시키고 구독자 개체에 이벤트를 통지하는 작업을 수행하는데 이벤트 통지는 대리자(Delegate)를 이용하여 이벤트를 통지한다.

(2) 예제 실행

다음 그림은 mook_EventNumCatch 예제를 단축키 Ctrl+F5를 눌러 실행한 화면이다.

5.2 메시지 알림창

이 절에서 살펴볼 메시지 알림창 프로그램은 이벤트와 Delegate를 이용하여 화면 하단에서 천천히 올라오는 폼을 구현한 예제이다. 메신저나 백신 프로그램에서 공지사항 또는 업데이트 사항 등을 표시할 때 많이 사용되는 방법이다.

다음 그림은 메시지 알림창 프로그램을 구현하고 실행한 결과 화면으로 그림과 같이 폼을 디자인한다.

[결과 미리 보기]

(1) 인터페이스 디자인

프로젝트 이름을 'mook_MsgForm'로 하여 'C:\NetworkCS\Chap1' 경로에 프로젝트를 생성한다. 이 프로젝트에서 사용할 이미지 파일을 저장하기 위해서 솔루션 하위에 'img' 폴더를 생성하고 사용할 이미지 파일을 저장한다.

다음 그림과 같이 윈도우 폼에 각 컨트롤을 위치시키고 표를 참고하여 각 컨트롤의 속성값을 설정한다.

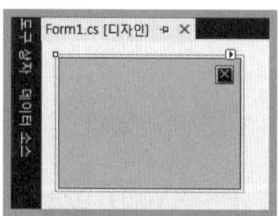

폼 컨트롤	속성	값
Form1	Name	Form1
	Text	
	FormBorderStyle	None
	ShowIcon	False
	ShowToLeftLayout	False
	Size	170, 120
	TopMost	True

	Name	plBack
	BackColor	LightBlue
	BorderStyle	FixedSingle
Panel1	Dock	Fill
	Location	0, 0
	Size	170, 120
PictureBox	Name	picClose
	Image	[이미지 설정]

(2) 코드 구현

다음과 같이 using 키워드를 이용하여 필요한 네임스페이스를 추가한다.

```
using System.Timers;
```

System.Timers 네임스페이스를 추가하는 것은 Timers 클래스의 속성, 메서드 등 하위 인터페이스를 쉽게 사용하기 위함이다.

다음과 같이 클래스 내부에 멤버 개체를 생성하는 구문을 추가한다.

```
private static System.Timers.Timer TimerEvent;    // Timer 개체 생성
private delegate void OnDelegateHeight(int Flag);
private OnDelegateHeight OnHeight = null;
```

다음의 picClose_Click() 등 이벤트 핸들러는 picClose 컨트롤을 선택하고 이벤트 목록 창에서 각 이벤트 란을 더블클릭하여 생성한 프로시저로 폼 종료 작업과 마우스 위치에 따라 이미지를 변경하는 작업을 수행한다. 코드에 대한 설명은 주석으로 대신한다.

```
01:  private void picClose_Click(object sender, EventArgs e)
02:  {
03:    this.Close(); // 폼 종료
04:  }

05:  private void picClose_MouseDown(object sender, MouseEventArgs e)
06:  {
07:    // 마우스 누름 이미지 설정
08:    this.picClose.Image = Image.FromFile(@"..\..\img\Close_Down.jpg");
09:  }

10:  private void picClose_MouseLeave(object sender, EventArgs e)
11:  {
12:    // 마우스 떠남 이미지 설정
```

```
13:      this.picClose.Image = Image.FromFile(@"..\..\img\Close_Normal.jpg");
14:  }

15:  private void picClose_MouseMove(object sender, MouseEventArgs e)
16:  {
17:    // 마우스 오버 이미지 설정
18:    this.picClose.Image = Image.FromFile(@"..\..\img\Close_Over.jpg");
19:  }
```

다음의 Form1_Load() 이벤트 핸들러는 폼을 더블클릭하여 생성한 프로시저로 폼이 로드될 때 발생하는 이벤트를 처리하는 작업을 수행한다.

```
01:  private void Form1_Load(object sender, EventArgs e)
02:  {
03:    OnHeight = new OnDelegateHeight(MsgView);
04:    this.Size = new System.Drawing.Size(170, 0);
05:    this.Location =
             new System.Drawing.Point(Screen.PrimaryScreen.WorkingArea.Width
             - this.Width - 20, Screen.PrimaryScreen.WorkingArea.Height - this.Height);
06:    TimerEvent = new System.Timers.Timer(2);
07:    TimerEvent.Elapsed += new ElapsedEventHandler(OnPopUp);
08:    TimerEvent.Start();
09:  }
```

03행	OnDelegateHeight 델리게이트를 초기화하는 구문으로 MsgView 메서드를 대입하여 초기화한다.
04행	메시지 알림창이 처음에는 보이지 말아야 하기 때문에 폼의 사이즈를 조절하는 작업을 수행한다.
05행	폼의 Location 속성을 설정하는 작업을 수행한다. 가로 위치는 Screen.PrimaryScreen.WorkingArea.Width 속성값에서 폼의 가로 길이와 20픽셀을 감산하여 계산하고, 세로 위치는 Screen.PrimaryScreen.WorkingArea.Height 속성값에서 폼의 세로 길이를 감산해서 폼의 위치를 설정한다.
06행	new 키워드를 이용하여 Timer 개체 TimerEvent를 초기화하는데 Interval 속성을 2밀리 초로 설정한다.
07행	TimerEvent 컨트롤의 Elapsed 이벤트에 new ElapsedEventHandler(OnPopUp) 구문을 이용하여 이벤트 핸들러를 등록한다. OnPopUp 이벤트 핸들러는 폼을 서서히 올리는 작업을 수행한다.
08행	Start() 메서드를 이용하여 TimerEvent 컨트롤을 2밀리 초마다 실행하는 작업을 수행한다.

다음의 MsgView() 메서드는 Delegate에 의해 처리되는 메서드로 Flag 인자 값에 따라 폼을 올리거나 내리거나 종료하는 작업을 수행한다.

```
01:  private void MsgView(int Flag)
02:  {
03:    if (Flag == 0)
04:    {
05:      Height++;
06:      Top--;
07:    }
08:    else if (Flag == 1)
09:    {
10:      Height--;
11:      Top++;
12:    }
13:    else if (Flag == 2)
14:    {
15:      this.Close();
16:    }
17:  }
```

03-07행 Flag 값이 0일 때마다 폼의 Height 값을 1픽셀씩 늘려주며 Top 값을 1픽셀씩 줄여주는 작업을 수행한다. 이는 폼을 올리는 작업을 수행한다.

08-12행 Flag 값이 1일 때마다 폼의 Height 값을 1픽셀씩 줄여주며 Top 값을 1픽셀씩 늘려주는 작업을 수행한다. 이는 폼을 내리는 작업을 수행한다.

다음의 OnPopUp() 메서드는 이벤트가 구독될 때 사용되는 이벤트 핸들러로 폼을 올리는 작업을 수행한다.

```
01:  private void OnPopUp(object sender, ElapsedEventArgs e)
02:  {
03:    if (Height < 120)
04:    {
05:      Invoke(OnHeight, 0);
06:    }
07:    else
08:    {
09:      TimerEvent.Stop();
10:      TimerEvent.Elapsed -= new ElapsedEventHandler(OnPopUp);
11:      TimerEvent.Elapsed += new ElapsedEventHandler(OnPopOut);
12:      TimerEvent.Interval = 3000;
13:      TimerEvent.Start();
14:    }
15:    Application.DoEvents();
16:  }
```

03–06행	Height 값이 120보다 작을 때를 판단하여 수행하는 구문으로 Invoke() 메서드를 이용하여 Delegate와 연결된 OnHeight 메서드를 호출하여 폼을 올리는 작업을 수행한다.
07–14행	폼의 Height 값이 120보다 커질 때 TimerEvent 컨트롤의 Elapsed 이벤트에서 OnPopUp 이벤트 핸들러 등록을 해제하고, OnPopOut 이벤트 핸들러를 등록하여 폼을 내리는 작업을 수행한다.
09행	Stop() 메서드를 이용하여 TimerEvent 컨트롤의 수행을 중단한다.
12행	TimerEvent 컨트롤의 Interval 속성값을 3000으로 설정하여 3초 동안 정지하는 효과 즉, 메시지 알림창이 정지된 효과를 나타내는 작업을 수행한다.
13행	Start() 메서드를 이용하여 폼을 내리는 동작 즉, 11행에서 등록한 이벤트 핸들러를 수행하는 작업을 한다.
15행	Application.DoEvents() 메서드는 현재 수행되어야 하는 이벤트를 처리하는 구문이다.

다음의 OnPopOut() 이벤트 핸들러는 폼을 서서히 내리는 작업을 수행하며, 내리는 작업이 끝나면 폼을 종료하는 작업을 수행한다.

```
01:  private void OnPopOut(object sender, ElapsedEventArgs e)
02:  {
03:    while (Height > 2)
04:    {
05:      Invoke(OnHeight, 1);
06:    }
07:    TimerEvent.Stop();
08:    Application.DoEvents();
09:    Invoke(OnHeight, 2);
10:  }
```

03–06행	Height 값이 2보다 클 때 Invoke() 메서드를 호출하여 폼의 Height 값을 내리고 Top을 늘리는 작업을 통해 폼을 서서히 내리는 작업을 수행한다.
09행	Height 값이 2보다 같거나 작을 때 Invoke() 메서드를 호출하여 폼을 종료하는 작업을 수행한다.

(3) 예제 실행

다음 그림은 메시지 알림창 예제를 F5 키를 눌러 실행한 화면이다. 메시지 알림창이 서서히 올라갔다가 서서히 내려와 사라지는 것을 확인할 수 있을 것이다.

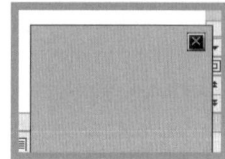

이 예제를 끝으로 1장을 마무리한다. 1장에서는 스레드와 델리게이트 그리고 이벤트에 대해 살펴보면서 간단한 프로그램을 구현해 보았다. 1장에서 살펴본 스레드, 델리게이트, 이벤트는 네트워크 프로그래밍뿐만 아니라 윈도우 프로그래밍에서는 필수적으로 사용되는 기능이므로 완벽하게 이해하자.

2장에서는 GDI+ 프로그램에 대해 살펴보면서 그래픽 관련 예제를 구현해 보도록 하자.

그래픽 다루기

이 장에서는 네트워크 모니터링 시스템(NMS, Network Monitoring System)을 구현하는 데 필요한 그래픽 프로그래밍에 대해 살펴본다. 그래픽 처리를 제대로 살펴보기 위해 그래픽 프로그래밍을 다루려면 영상처리 및 그래픽 관련 기본 지식과 복잡한 알고리즘 지식이 바탕이 되어야 한다. 따라서 이 장에서는 우리가 최종 목표로 하는 NMS를 구현하는 데 필요한 그래픽 관련 지식 및 기능에 한정적 범위에 대해서 살펴보도록 하며, 그 이상의 그래픽 관련 지식은 관련 전문 서적을 참고하도록 한다.

01 라인 및 도형 그리기

이 절에서는 폼 위에 라인과 도형을 그리는 예제를 구현할 것이다.

다음 그림은 라인 및 도형 그리기 어플리케이션을 구현하고 실행한 결과 화면으로 그림과 같이 폼을 디자인한다.

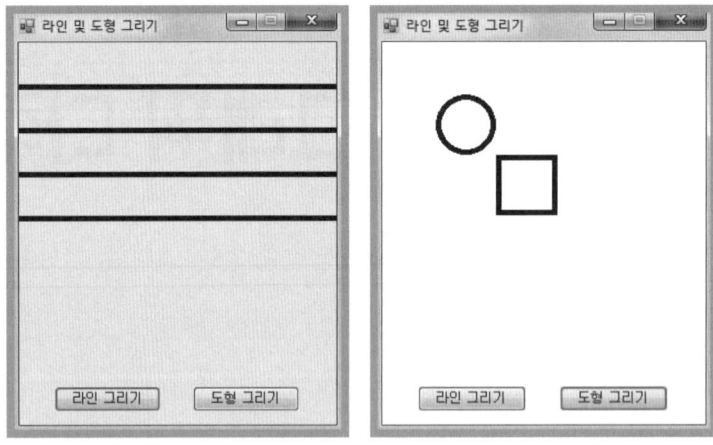

[결과 미리 보기]

1.1 인터페이스 디자인

프로젝트 이름을 'mook_LineRect'로 하여 'C:\NetworkCS\Chap2' 경로에 프로젝트를 생성한다. 다음 그림과 같이 윈도우 폼에 각 컨트롤을 위치시키고 표를 참고하여 각 컨트롤의 속성값을 설정한다.

폼 컨트롤	속성	값
Form1	Name	Form1
	Text	라인 및 도형 그리기
	FormBorderStyle	FixedSingle
	MaximizeBox	False
Button1	Name	btnLine
	Text	라인 그리기
Button2	Name	btnRect
	Text	도형 그리기

1.2 코드 구현

다음의 btnLine_Click() 이벤트 핸들러는 [라인 그리기] 버튼을 더블클릭하여 생성한 프로시저로 폼에 라인을 그려주는 작업을 수행한다.

```
01:  private void btnLine_Click(object sender, EventArgs e)
02:  {
03:    Graphics g = this.CreateGraphics();
04:    Pen pen = new Pen(Color.Black, 5);
05:    g.Clear(Color.AntiqueWhite);
06:    Point pt1 = new Point(0, 40);
07:    Point pt2 = new Point(300, 40);
08:    PointF ptF1 = new PointF(0F, 80F);
09:    PointF ptF2 = new PointF(300F, 80F);
10:    g.DrawLine(pen, pt1, pt2);
11:    g.DrawLine(pen, ptF1, ptF2);
12:    g.DrawLine(pen, 0, 120, 300, 120);
13:    g.DrawLine(pen, 0F, 160F, 300F, 160F);
14:  }
```

03행 Graphics 클래스의 개체 g를 생성하는 구문으로 Control.CreateGraphics() 메서드를 이용하여 Graphics 개체를 생성하는 작업을 수행한다.

04행 Pen 클래스의 개체 pen을 생성하는 구문으로 클래스의 생성자 Pen(Color, Single)을 이용하며, [Color] 및 [Width] 속성을 사용하여 개체를 초기화한다.

구문	설명
Color	펜의 색상
Single	펜의 굵기

※ 참고 : 펜의 색상값은 다음 URL을 참조한다.
https://msdn.microsoft.com/ko-kr/library/system.drawing.color(v=vs.110).aspx

05행 g.Clear() 메서드를 이용하여 전체 그리기 화면을 지우고, 지정한 배경색(Color.AntiqueWhite)으로 화면을 채우는 작업을 수행한다.

06–09행   DrawLine() 메서드의 매개변수에 대입하기 위한 Point() 구조체의 개체를 생성하는 구문이다.

10–13행   g.DrawLine() 메서드(TIP 2–1 참고)를 이용하여 폼에 라인을 그리는 작업을 수행한다.

[TIP 2–1] Graphics.DrawLine() 메서드는 어떻게 사용하나요?

Graphics.DrawLine(Pen pen, Point p1, Point p2) 메서드
두 개의 Point 구조체 p1과 p2를 연결하는 선을 그린다.

– pen : 선의 색, 너비 및 스타일을 결정하는 Pen 클래스의 개체
– p1　 : 선을 연결할 시작점의 위치를 정수로 나타내는 Point 구조체
– p2　 : 선을 연결할 끝점의 위치를 정수로 나타내는 Point 구조체

Graphics.DrawLine(Pen pen, PointF p1, PointF p2) 메서드
두 개의 PointF 구조체를 연결하는 선을 그린다.

– pen : 선의 색, 너비 및 스타일을 결정하는 Pen 클래스의 개체
– p1　 : 선을 연결할 시작점의 위치를 부동소수점(실수)으로 나타내는 PointF 구조체
– p2　 : 선을 연결할 끝점의 위치를 부동소수점(실수)으로 나타내는 PointF 구조체

Graphics.DrawLine(Pen pen, Single x1, Single y1, Single x2, Single y2) 메서드
좌표 쌍에 의해 지정된 두 개의 점을 연결하는 선을 그린다.

– pen : 선의 색, 너비 및 스타일을 결정하는 Pen 클래스의 개체
– x1　 : 선을 연결할 첫 번째 점의 X 좌표
– y1　 : 선을 연결할 첫 번째 점의 Y 좌표
– x2　 : 선을 연결할 두 번째 점의 X 좌표
– y2　 : 선을 연결할 두 번째 점의 X 좌표

다음의 btnRect_Click() 이벤트 핸들러는 [도형 그리기] 버튼을 더블클릭하여 생성한 프로시저로 폼에 도형을 그리는 작업을 수행한다.

```
01:   private void btnRect_Click(object sender, EventArgs e)
02:   {
03:     Graphics g = this.CreateGraphics();
04:     Pen p = new Pen(Color.Black, 5);
05:     g.Clear(Color.White);
06:     Rectangle rectC = new Rectangle(50, 50, 50, 50);
07:     Rectangle rectR = new Rectangle(105, 105, 50, 50);
08:     g.DrawArc(p, rectC, 0, 365);
09:     g.DrawRectangle(p, rectR);
10:   }
```

06–07행   원과 사각형을 그리기 위하여 지정된 위치와 크기로 Rectangle 클래스의 개체를 생성하는 구문이다.

08행   g.DrawArc() 메서드(TIP 2–2 참고)를 이용하여 지정된 각 매개변수에 의하여 폼 위에 원을 그린다.

| 09행 | g.DrawRectangle() 메서드(TIP 2-2 참고)를 이용하여 지정된 각 매개변수에 의하여 폼 위에 사각형을 그린다. |

[TIP 2-2] 폼에 원과 사각형은 어떻게 그리나요?

Rectangle(Int32 x, Int32 y, Int32 width, Int32 height) 생성자
지정된 위치(x, y)와 지정된 크기(width, height)의 사각형 개체를 생성한다.

- x : 사각형의 왼쪽 위 모퉁이의 X 좌표
- y : 사각형의 왼쪽 위 모퉁이의 Y좌표
- width : 사각형의 너비
- height : 사각형의 높이

Graphics.DrawArc(Pen pen, Rectangle rect,
float startAngle, float sweepAngle) 메서드
Rectangle 구조체에서 지정한 타원의 부분을 나타내는 호를 그린다.

- pen : 호의 색, 너비 및 스타일을 결정하는 Pen 클래스의 개체
- rect : 디원의 경계를 정의하는 Rectangle 또는 RectangleF 구조체
- startAngle : X 축에서 호의 시작점까지 시계 방향으로 측정된 각도(단위 : 도)
- sweepAngle : startAngle 매개변수에서 호의 끝점까지 시계 방향으로 측정된 각도 (단위 : 도)

Graphics.DrawRectangle(Pen pen, Rectangle rect) 메서드
Rectangle 구조체에 의해 지성된 사각형을 그린다.

- pen : 사각형의 색, 너비 및 스타일을 결정하는 Pen 클래스의 개체
- rect : 그릴 사각형의 위치와 크기를 나타내는 Rectangle 구조체

1.3 예제 실행

다음 그림은 라인 및 도형 그리기 예제를 F5 키를 눌러 실행한 뒤 [라인 그리기]와 [도형 그리기] 버튼을 클릭한 결과 화면이다.

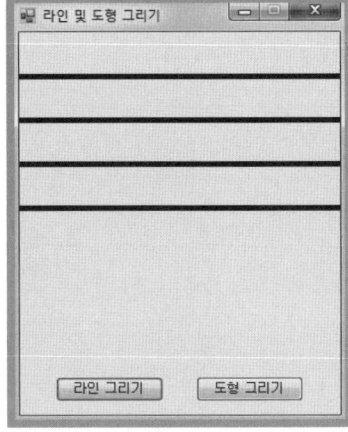
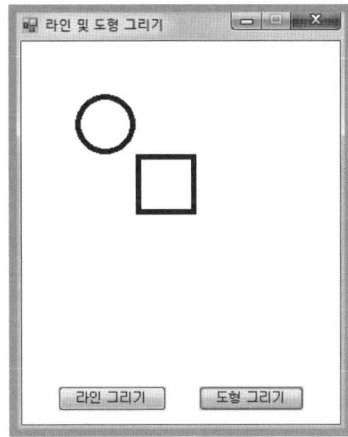

O2   마우스를 이용한 라인 및 사각형 그리기

앞 절에서는 버튼을 클릭할 때 그에 해당하는 그림을 화면의 정적인 영역에 그리는 간단한 프로그램을 구현하면서 그래픽에 대한 기본 개념에 대해 살펴보았다. 이 절에서는 앞의 예제와 거의 유사한 형태에 마우스를 이용하여 폼의 원하는 위치에 라인과 사각형을 그리는 프로그램을 구현한다.

다음 그림은 마우스를 이용하는 라인 및 사각형 그리기 어플리케이션을 구현하고 실행한 결과 화면으로 그림과 같이 폼을 디자인한다.

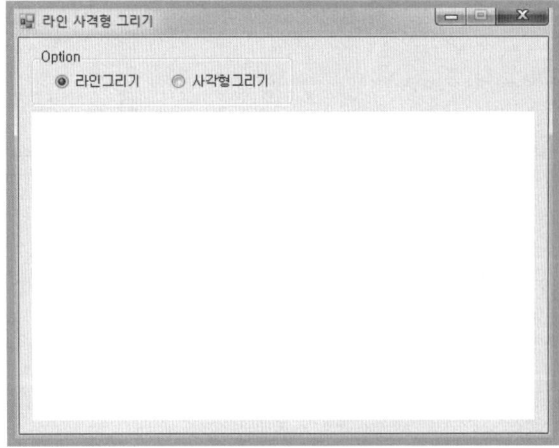

[결과 미리 보기]

2.1 인터페이스 디자인

프로젝트 이름을 'mook_ShapeDraw'로 하여 'C:\NetworkCS\Chap2' 경로에 프로젝트를 생성한다. 다음 그림과 같이 윈도우 폼에 각 컨트롤을 위치시키고 표를 참고하여 각 컨트롤의 속성값을 설정한다.

폼 컨트롤	속성	값
Form1	Name	Form1
	Text	라인 사각형 그리기
	FormBorderStyle	FixedSingle
	MaximizeBox	False
GroupBox1	Name	gbOption
	Text	Option
RadioButton1	Name	rbLine
	Text	라인그리기
	Checked	True
RadioButton2	Name	rbRect
	Text	사각형그리기
Panel1	Name	plPaint
	BackColor	White

2.2 코드 구현

다음과 같이 using 키워드를 이용하여 필요한 네임스페이스를 추가한다.

```
using System.Drawing.Drawing2D;
```

System.Drawing.Drawing2D 네임스페이스는 2D 관련 그래픽을 처리하기 위해 사용하는 Drawing2D 클래스 하위의 메서드와 속성 등의 인터페이스를 쉽게 사용할 수 있게 해준다.

다음의 Form1_Load() 이벤트 핸들러는 폼을 더블클릭하여 생성한 프로시저로 폼이 실행될 때 필요한 클래스의 개체를 생성하고 이벤트를 등록하는 작업을 수행한다.

```
01:  private void Form1_Load(object sender, EventArgs e)
02:  {
03:    clsLineRectangle im = new clsLineRectangle();
04:    this.plPaint.MouseDown +=
          new MouseEventHandler(im.clsLineRectangle_OnMouseDown);
05:    this.plPaint.MouseMove +=
          new MouseEventHandler(im.clsLineRectangle_OnMouseMove);
06:    this.plPaint.MouseUp +=
          new MouseEventHandler(im.clsLineRectangle_OnMouseUp);
07:  }
```

03행   clsLineRectangle 클래스의 개체 im을 생성하는 구문이다.

04-06행   plPaint 컨트롤의 MouseDown, MouseMove, MouseUp 이벤트 각각에 해당하는 이벤트 핸들러를 대입하여 이벤트를 등록하는 작업을 수행한다.

다음의 rbLine_CheckedChanged() 이벤트 핸들러는 rbLine 컨트롤을 더블클릭하여 생성한 프로시저로 rbLine 컨트롤을 선택하면 clsLineRectangle 클래스의 static 멤버 변수 checkflags 값을 true로 지정하여 라인을 그리는 작업을 수행한다.

```
01:  private void rbLine_CheckedChanged(object sender, EventArgs e)
02:  {
03:    if (this.rbLine.Checked == true)
         clsLineRectangle.checkflags = true;
04:  }
```

다음의 rbRec_CheckedChanged() 이벤트 핸들러는 rbRec 컨트롤을 더블클릭하여 생성한 프로시저로 rbRec 컨트롤을 선택하면 clsLineRectangle 클래스의 static 멤버 변수 checkflags 값을 false로 지정하여 사격형을 그리는 작업을 수행한다.

```
01:  private void rbRec_CheckedChanged(object sender, EventArgs e)
02:  {
03:    if (this.rbRec.Checked == true)
         clsLineRectangle.checkflags = false;
04:  }
```

다음과 같이 public 타입의 clsLineRectangle 클래스를 생성하고 클래스 내부에 멤버 변수 및 개체를 생성한다.

```
01:  public class clsLineRectangle
02:  {
03:    public static bool checkflags = true;
04:    Rectangle selectRect = new Rectangle();
05:    Point ps = new Point();
06:    Point pe = new Point();
07:  }
```

03행	라인 및 사각형을 선택적으로 그리기 위한 멤버 변수이다.
04행	사각형을 그리기 위해 Rectangle 클래스의 개체를 생성하는 구문이다.
05-06행	Point 클래스의 개체를 생성하는 구문이다.

다음의 clsLineRectangle_OnMouseDown() 이벤트 핸들러는 plPaint 컨트롤 위에서 마우스를 클릭하였을 때 발생하는 이벤트를 처리하는 작업을 수행한다. 이 이벤트 핸들러를 clsLineRectangle 클래스 내부에 추가한다.

```
01:  public void clsLineRectangle_OnMouseDown(Object sender, MouseEventArgs e)
02:  {
03:    selectRect.Width = 0;
04:    selectRect.Height = 0;
05:    selectRect.X = e.X;
06:    selectRect.Y = e.Y;
07:    ps.X = e.X;
08:    ps.Y = e.Y;
09:    pe = ps;
10:  }
```

03-06행	Rectangle 클래스를 속성을 설정하는 구문으로 selectRect 개체를 초기화한다.
07-09행	Point 클래스의 개체인 ps와 pe의 값을 설정하는 구문으로 그리기 영역인 plPaint 컨트롤에서 마우스가 클릭되었을 때 X, Y축의 좌표를 설정하는 작업을 수행한다.

다음의 clsLineRectangle_OnMouseMove() 이벤트 핸들러는 plPaint 컨트롤 위에서 마우스가 움직일 때 발생하는 이벤트를 처리하는 작업을 수행한다. 이 이벤트 핸들러를 clsLineRectangle 클래스 내부에 추가한다.

```
01:  public void clsLineRectangle_OnMouseMove(Object sender, MouseEventArgs e)
02:  {
03:    if (e.Button == MouseButtons.Left)
04:    {
05:      Panel Paintform = (Panel)sender;
06:      if (checkflags)
07:      {
08:        ControlPaint.DrawReversibleLine(Paintform.PointToScreen(ps),
                Paintform.PointToScreen(pe), Color.Black);
```

```
09:        pe = new Point(e.X, e.Y);
10:        ControlPaint.DrawReversibleLine(Paintform.PointToScreen(ps),
               Paintform.PointToScreen(pe), Color.Black);
11:     }
12:     else
13:     {
14:        ControlPaint.DrawReversibleFrame(Paintform.RectangleToScreen(SelectRect),
               Color.Black, FrameStyle.Dashed);
15:        SelectRect.Width = e.X - SelectRect.X;
16:        SelectRect.Height = e.Y - SelectRect.Y;
17:        ControlPaint.DrawReversibleFrame(Paintform.RectangleToScreen(SelectRect),
18:              Color.Black, FrameStyle.Dashed);
19:     }
20:   }
21: }
```

03행　　마우스 왼쪽 버튼을 누른 상태에서 마우스를 움직일 때만 수행되게 하려고 마우스 왼쪽 버튼이 눌려진 것을 점검하는 if 구문이다.

05행　　가상의 Panel 개체를 생성하는 구문으로 Object 타입의 인자 sender를 명시적으로 Panel 타입으로 변형하는 작업을 수행한다. 이는 마우스가 움직일 때 임시로 라인을 그리기 위함이다.

06-11행　인터페이스의 [Option]에서 [라인그리기]가 선택되었음을 확인하여 마우스가 움직일 때마다 가상의 Panel Paintform 개체에 임시로 라인을 그리는 작업을 수행한다.

08, 10행　ControlPaint.DrawReversibleLine() 메서드(TIP 2-3 참고)를 이용하여 지정된 범위 내에 선을 그리는 작업을 수행한다.

09행　　마우스 포인터가 움직일 때마다 X, Y 좌표값을 pe 개체에 저장하는 작업을 수행하여 라인의 끝 좌표를 설정하는 구문이다.

12-18행　인터페이스에서 [사각형그리기]가 선택된 경우로 ControlPaint.DrawReversibleFrame() 메서드(TIP 2-3 참고)를 이용하여 지정된 범위 내에 사각형을 그리는 작업을 수행한다.

15-16행　마우스가 움직일 때 SelectRect 개체의 With, Height 속성값을 설정하는 작업을 수행한다.

[TIP 2-3] 지정된 범위 내에 라인과 사각형은 어떻게 그리나요?

ControlPaint.DrawReversibleLine(Point start, Point end, Color backColor) 메서드

화면의 지정된 범위 내에 지정된 배경색으로 복구 가능한 선을 그린다.

- start : 화면 좌표로 나타낸 선의 시작 Point
- end : 화면 좌표로 나타낸 선의 끝 Point
- backColor : 선 뒤에 나타나는 배경 색상을 지정하는 Color

ControlPaint.DrawReversibleFrame(Rectangle rect, Color backColor, FrameStyle style) 메서드

화면의 지정된 범위 내에 지정된 배경색 및 상태로 복구 가능 프레임을 그린다.

- rect : 그릴 사각형의 크기를 화면 좌표로 나타내는 Rectangle
- backColor : 프레임 뒤에 나타나는 배경의 Color
- style : 프레임의 스타일을 지정하는 FrameStyle 값 중 하나

FrameStyle 열거형

멤버 이름	설명
Dashed	얇은 파선 테두리
Thick	굵은 실선 테두리

다음의 clsLineRectangle_OnMouseUp() 이벤트 핸들러는 plPaint 컨트롤 위에서 마우스 클릭을 해제할 때 발생하는 이벤트를 처리하는 작업을 수행한다. 이 이벤트 핸들러를 clsLineRectangle 클래스 내부에 추가한다.

```
01: public void clsLineRectangle_OnMouseUp(Object sender, MouseEventArgs e)
02: {
03:    Panel Paintform = (Panel)sender;
04:    Graphics g = Paintform.CreateGraphics();
05:    Pen p = new Pen(Color.Blue, 2);
06:    if (checkflag3)
07:    {
08:      ControlPaint.DrawReversibleLine(Paintform.PointToScreen(ps),
                 Paintform.PointToScreen(pe), Color.Black);
09:      g.DrawLine(p, ps, pe);
10:    }
11:    else
12:    {
13:      ControlPaint.DrawReversibleFrame(Paintform.RectangleToScreen(SelectRect),
                 Color.Black, FrameStyle.Dashed);
14:      g.DrawRectangle(p, SelectRect);
15:    }
16:    g.Dispose();
17: }
```

04행　Paintform.CreateGraphics() 메서드를 이용하여 Graphics 개체 g를 초기화하는 구문이다.

05행　Pen 클래스의 개체 p를 생성하고 초기화하는 작업이다.

06-10행　라인을 그리는 작업을 수행하며, 09행은 g.DrawLine() 메서드를 이용하여 plPaint 컨트롤에 라인을 그린다.

11-15행　사각형을 그리는 작업을 수행하며, g.DrawRectangle() 메서드를 이용하여 plPain 컨트롤에 사각형을 그린다.

16행　g.Dispose() 메서드를 이용하여 04행에서 생성한 Graphics 클래스의 개체 g가 사용한 리소스를 해제하는 작업을 수행한다.

2.3 예제 실행

다음 그림은 마우스 라인 및 도형 그리기 예제를 F5 키를 눌러 실행한 결과 화면으로 라인 그리기와 사각형 그리기를 몇 차례 수행한 결과이다.

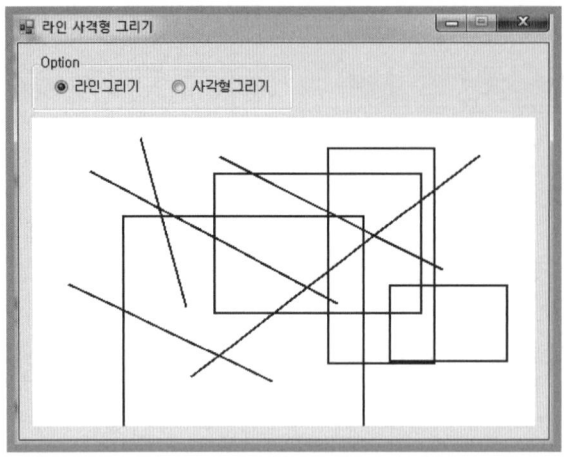

03 CPU 사용량 보기

이 절에서 살펴보는 CPU 사용량 보기 프로그램은 윈도우 작업관리자의 CPU 전체 사용량을 실시간으로 나타내주는 기능을 구현한 예제로 Panel 컨트롤을 CPU 사용량에 따라 색상을 달리하며 채우는 기능을 갖는다. 이러한 기능은 오디오 플레이어의 이퀄라이저, 실시간 사용률 계산기 등에서 자주 사용한다.

다음 그림은 CPU 사용량 보기 어플리케이션을 구현하고 실행한 결과 화면으로 그림과 같이 폼을 디자인한다.

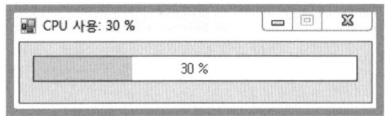

[결과 미리 보기]

3.1 인터페이스 디자인

프로젝트 이름을 'mook_CPUCapacity'로 하여 'C:\NetworkCS\Chap2' 경로에 프로젝트를 생성한다. 다음 그림과 같이 윈도우 폼에 각 컨트롤을 위치시키고 표를 참고하여 각 컨트롤의 속성값을 설정한다.

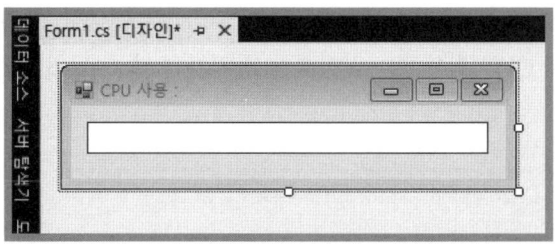

폼 컨트롤	속성	값
Form1	Name	Form1
	Text	CPU 사용 :
	FormBorderStyle	FixedSingle
	TopMost	True
Panel1	Name	plBar
	BackColor	White
	BorderStyle	FixedSingle
	Size	300, 24

3.2 코드 구현

다음과 같이 using 키워드를 이용하여 필요한 네임스페이스를 추가한다.

```
using System.Threading;
using System.Diagnostics;
```

System.Diagnostics 네임스페이스는 시스템 프로세스, 이벤트 로그 및 성능 카운터를 관리할 수 있는 클래스, 메서드, 속성 등을 쉽게 사용할 수 있도록 인터페이스를 제공한다.

다음과 같이 멤버 변수와 스레드 등 이 예제 전체에서 사용할 수 있는 코드를 클래스 내부 상단에 추가한다. 코드에 대한 설명을 주석으로 대신한다.

```
01:  // 시스템 성능 카운터
02:  private PerformanceCounter oCPU =
         new PerformanceCounter("Processor", "% Processor Time", "_Total");
03:  private bool bExit = false;              // 실시간 체크를 위한 While 조건
04:  private int iCPU = 0;                    // CPU 초기 사용률
05:  private Font F = new Font("굴림", 9); // 폰트 모양
06:  private Thread checkThread;              // 스레드 개체 생성
07:  private delegate void ProcessEventHandler(int Current); // 델리게이트 개체 생성
08:  private ProcessEventHandler ResultView = null;          // 델리게이트 개체 생성
```

다음의 Form1_Load() 이벤트 핸들러는 폼을 더블클릭하여 생성한 프로시저로 폼이 실행될 때 이벤트를 등록하고 CPU 사용량을 감시하는 작업자 스레드를 초기화하여 실행한다.

```
01:  private void Form1_Load(object sender, EventArgs e)
02:  {
03:    ResultView += new ProcessEventHandler(Current);

04:    checkThread = new Thread(getCPU_Info);
05:    checkThread.Start();   // checkThread 스레드 프로세스 시작
06:  }
```

03행　ProcessEventHandler 델리게이트 개체를 초기화하는 구문으로 Current 메서드를 대입하여 델리게이트 개체인 ResultView를 초기화한다.

04-05행　CPU 사용량을 감시하는 작업자 스레드를 초기화하는 구문으로 작업자 스레드에서 동작하는 getCPU_Info 메서드를 대입한다.

다음의 getCPU_Info() 메서드는 작업자 스레드에서 동작하며 while 반복문을 이용하여 CPU 사용량을 감시하는 작업을 수행한다.

```
01:  private void getCPU_Info()
02:  {
03:    while (!bExit)
04:    {
05:      iCPU = (int)oCPU.NextValue();
06:      Invoke(ResultView, iCPU);
07:      Thread.Sleep(1000);
08:    }
09:  }
```

05행　oCPU 개체의 NextValue() 메서드를 이용하여 시스템의 CPU 사용량에 대한 계산값(각 프로세스 당 사용하는 총 합계)을 반환하여 나타낸다. NextValue() 메서드 호출 사이의 권장 지연 시간은 1초이며, 카운터가 다음 값을 계산할 수 있도록 시간적 여유를 부여한다.

06행　Invoke() 메서드를 호출하여 작업자 스레드에서 델리게이트 개체를 호출하여 주(기본) 스레드의 컨트롤에 CPU 사용량을 나타내는 작업을 수행한다.

다음의 Current() 메서드는 int형의 인수(CPU 사용량)를 받아 폼에 나타내는 작업을 수행하며 델리게이트에 의해 동작한다.

```
01:  private void Current(int Current)
02:  {
03:    this.Text = "CPU 사용: " + Current.ToString() + " %";
04:    iCPU = Current * 3;
05:    plBar.Invalidate();
06:  }
```

03행	폼의 제목 표시줄에 CPU 사용량을 나타내주는 작업을 수행한다.
04행	CPU 사용률에 따라 좀 더 자세한 작업을 수행하도록 편차를 높여주는 구문이다.
05행	Panel 개체인 plBar의 Invalidate() 메서드를 이용하여 해당하는 컨트롤의 그림을 다시 그리는 작업을 수행한다. 이는 CPU 사용량에 따라 plBar 컨트롤에 채워지는 색상과 길이가 다르기 때문이다.

다음의 plBar_Paint() 이벤트 핸들러는 plBar 컨트롤을 선택하고 이벤트 목록 창의 Paint 이벤트 란을 더블클릭하여 생성한 프로시저로 CPU 사용량에 따라 사각형의 길이와 색상을 달리하여 plBar 컨트롤을 채우는 작업을 수행한다. 이는 CPU 사용량을 시각적으로 보여주기 위함이다.

```
01:  private void plBar_Paint(object sender, PaintEventArgs e)
02:  {
03:    Graphics G = e.Graphics;
04:    if (iCPU <= 60)
05:      G.FillRectangle(Brushes.BlanchedAlmond, 0, 0, iCPU, plBar.Height);
06:    else if (iCPU <= 120)
07:      G.FillRectangle(Brushes.Wheat, 0, 0, iCPU, plBar.Height);
08:    else if (iCPU <= 180)
09:      G.FillRectangle(Brushes.NavajoWhite, 0, 0, iCPU, plBar.Height);
10:    else if (iCPU <= 240)
11:      G.FillRectangle(Brushes.Orange, 0, 0, iCPU, plBar.Height);
12:    else
13:      G.FillRectangle(Brushes.DarkOrange, 0, 0, iCPU, plBar.Height);
14:    iCPU = iCPU / 3;
15:    G.DrawString(iCPU.ToString() + " %", F,
        Brushes.DarkRed, plBar.Width / 2 - 17, plBar.Height / 4);
16:  }
```

03행	Graphics 클래스의 개체 G를 생성하는 구문으로 plBar 컨트롤의 속성을 상속받는다.
04행	CPU 사용량을 확인하는 if 구문으로 60 이하의 사용량일 때 05행을 수행하여 사용량에 대해 시각적으로 나타낸다.
05행	FillRectangle() 메서드(TIP 2-4 참고)를 이용하여 사각형을 만드는 작업을 수행하는데, 비교적 CPU 사용량이 적어 색상이 흐리고 사각형은 백분율을 적용하여 생성된다. 따라서 사각형도 가로 길이가 비교적 짧다.
15행	DrawString() 메서드(TIP 2-4 참고)를 이용하여 plBar 컨트롤의 정중앙에 CPU 사용량을 백분율 형식의 문자로 나타내는 작업을 수행한다.

[TIP 2-4] Graphics.FillRectangle(), Graphics.DrawString() 메서드 사용하기

**Graphics.FillRectangle(Brush brush, Int32 x, Int32 y,
　　　　　Int32 width, Int32 height) 메서드**
좌표 쌍, 너비 및 높이로 지정된 사각형의 내부를 Brush 개체를 이용하여 채운다.

- brush : 채우기의 특징을 결정하는 Brush
- x 　 : 채울 사각형의 왼쪽 위 모퉁이에 대한 X 좌표
- y 　 : 채울 사각형의 왼쪽 위 모퉁이에 대한 Y 좌표
- width : 채울 사각형의 너비
- height : 채울 사각형의 높이

**Graphics.DrawString(String s, Font font, Brush brush,
　　　　　Single x, Single y) 메서드**
지정된 위치에 지정된 Brush 및 Font 개체를 이용하여 지정된 텍스트 문자열을 그린다.

- s 　 : 나타낼 문자열
- font : 문자열의 텍스트 형식을 정의하는 Font
- brush : 나타낼 텍스트의 색과 질감을 결정하는 Brush
- x 　 : 나타낼 텍스트의 왼쪽 위 모퉁이에 대한 X 좌표
- y 　 : 나타낼 텍스트의 왼쪽 위 모퉁이에 대한 Y 좌표

다음의 FormClosing() 이벤트 핸들러는 폼을 선택하고 이벤트 목록 창에서 FormClosing 이벤트를 더블클릭하여 생성한 프로시저로 폼이 종료될 때 추가 실행된 작업자 스레드를 종료하여야 하기 때문에 Abort() 메서드를 사용하여 스레드를 강제 종료시킨다.

```
01: private void Form1_FormClosing(object sender, FormClosingEventArgs e)
02: {
03:   checkThread.Abort(); // checkThread 스레드 프로세스 종료
04: }
```

3.3 예제 실행

다음 그림은 CPU 사용량 보기 예제를 F5 키를 눌러 실행한 결과 화면이다.

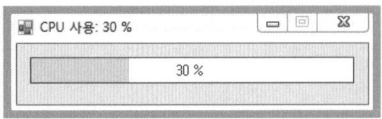

이 프로젝트의 실행 결과와 윈도우 운영체제에서 제공되는 작업관리자의 결과는 같지 않다. 윈도우 작업관리자와 동일하게 구현하기 위해서는 CPU의 코어를 각각 계산하여야 하고 프로세스별 CPU 사용량을 실시간(이벤트 단위)으로 계산하여 합산하여야 한다. 우

리가 구현하는 CPU 사용량 보기 프로젝트는 .NET Framework에서 지원하는 시스템 성능 카운터를 이용하여 전체 프로세스의 CPU 사용량을 나타내고 실시간이 아닌 1초 단위로 사용량을 가져와 나타내므로 윈도우 작업관리자에서 확인하게 되는 CPU 사용량과는 그 값이 다를 수 있다.

04　그래프 그리기

이 절에서는 네트워크 상태나 CPU의 성능을 나타내는 그래프나 막대로 그리는 기능에 대해 사용자 정의 컨트롤을 이용하여 구현한 그래프 그리기 프로그램에 대해 살펴본다.

이 예제는 실제 네트워크 상태나 CPU 성능을 나타내는 그래프가 아니라 단순히 어떤 방법으로 그래프를 구현하는지를 살펴보는 것이다.

네트워크 프로그램에서 빠지지 않고 구현되는 성능 그래프는 네트워크나 시스템의 상태 등을 힌눈에 획인할 수 있도록 정량화해서 나타내는 방식인데 윈도우 작업 관리자에서는 CPU, 메모리, 네트워킹의 상태를 나타낼 때 이와 같은 방법으로 표현한다.

그래프 그리기 예제의 특징은 사용자 정의 컨트롤을 만들어 그래프를 표현하는데 사용자 정의 컨트롤은 개발자 나름의 컨트롤을 만들어 놓고 해당 컨트롤을 프로그램의 핵심 부품으로 활용하여 구현하는 방식이다. 물론 Visual Studio C#에서 기본적으로 제공되는 컨트롤을 이용하여 구현할 수 있다. 하지만, 사용자 정의 컨트롤을 생성해 놓으면 개발자가 필요할 때 컴포넌트처럼 해당 컨트롤을 가져다 사용할 수 있다.

Visual Studio에서 기본적으로 제공되는 컨트롤은 각각의 고유 기능으로 구성되지만, 사용자 정의 컨트롤은 여러 개의 컨트롤을 그룹핑하여 사용할 수 있으므로 더욱 편하게 사용할 수 있다. 또한, 이는 라이브러리 형태(*.dll) 또는 실행 파일 형태(*.exe)로 만들어져 레퍼런스로 참조 추가하여 사용되기 때문에 컨트롤 관리가 편리해진다.

다음 그림은 그래프 그리기 어플리케이션을 구현하고 실행한 결과 화면으로 그림과 같이 폼을 디자인한다.

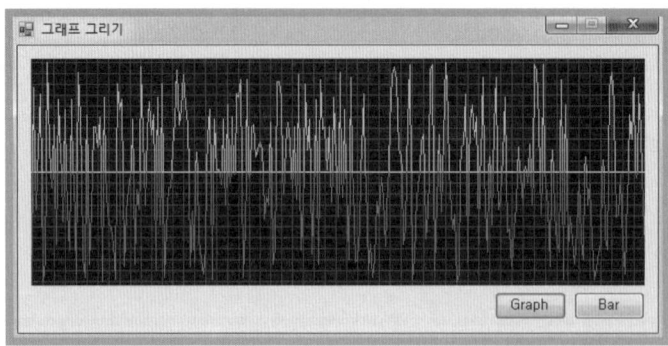

[결과 미리 보기]

4.1 프로젝트 생성

프로젝트 이름을 'mook_GraphPaint'로 하여 'C:\NetworkCS\Chap2' 경로에 프로젝트를 생성한 뒤에, 사용자 정의 컨트롤을 만들기 위해 솔루션에 새 프로젝트를 추가한다. 솔루션 탐색기에서 솔루션 이름을 마우스 오른쪽 버튼으로 클릭하여 [추가]-[새 프로젝트] 메뉴를 클릭하여 다음 그림과 같이 [새 프로젝트 추가] 대화 상자가 나타나면 [Visual C#]-[클래스 라이브러리]를 차례로 누르고 추가되는 프로젝트의 이름을 'mook_GraphCore'로 하여 새로운 프로젝트를 추가한다.

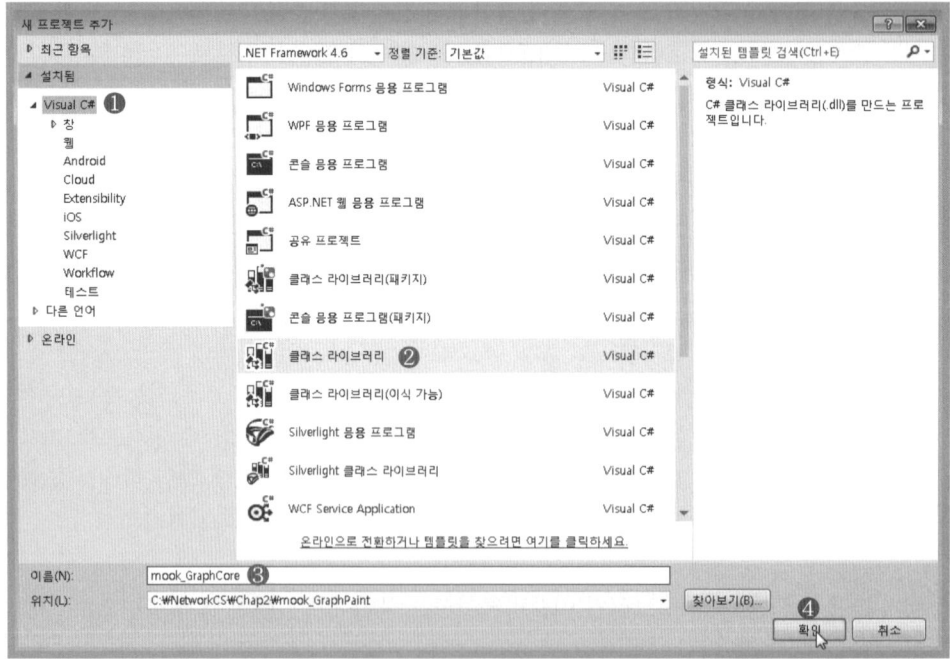

위 작업이 완료되면 [솔루션 탐색기] 창에 새로운 프로젝트로 'mook_GraphCore'가 추가된 것을 확인할 수 있고, 사용자 정의 컨트롤을 생성하기 위해 추가된 'mook_GraphCore' 프로젝트를 마우스 오른쪽 버튼을 클릭해서 [추가]-[새 항목] 메뉴를 차례

로 클릭한다.

다음과 같이 [새 항목 추가] 대화 상자가 나타나면 [Visual C# 항목]–[사용자 정의 컨트롤] 메뉴를 선택하고 'mook_GraphCore.cs' 이름으로 새 항목을 추가한다.

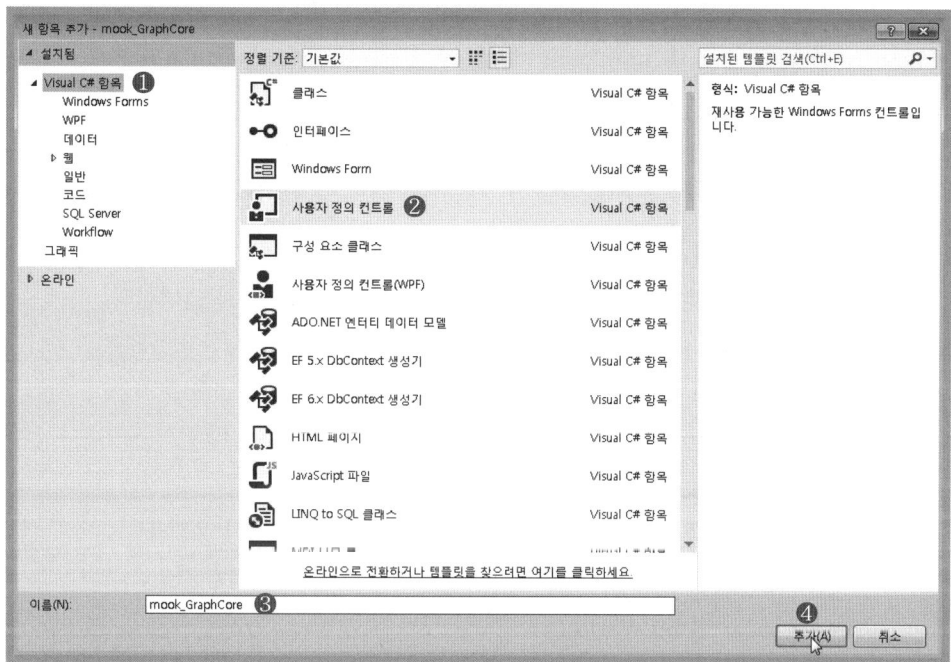

4.2 사용자 정의 컨트롤 인터페이스 디자인

'mook_GraphCore' 프로젝트에 추가된 'mook_GraphCore.cs'를 더블클릭하여 다음 그림과 같이 윈도우 폼에 컨트롤을 위치시키고 표를 참고하여 컨트롤의 속성값을 설정한다.

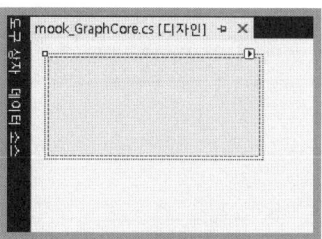

폼 컨트롤	속성	값
UserControl1	Name	mook_GraphCore
	Size	192, 91
Panel1	Name	plChart
	Dock	Fill

4.3 사용자 정의 컨트롤 코드 구현

다음과 같이 그래프를 종류를 나타내기 위한 enum 키워드를 이용하여 열거자 멤버를 추가한다.

```
01:  public enum ChartControlOpenType
02:  {
03:    Bar,
04:    Graph
05:  };
```

다음과 같이 클래스 내부 전체에서 사용할 수 있도록 멤버 변수를 추가한다. 멤버 변수의 쓰임은 멤버 변수 및 개체를 사용하는 메서드를 살펴보면서 설명한다.

```
01:  public int LineWidth;
02:  public int PixelsPer;
03:  public int LineDifference;
04:  public float ValueMultiplier;
05:  public Color AboveColor, UnderColor, GridColor, ChartBackColor, AxesColor;
06:  public ChartControlOpenType OpenType;
07:  private Graphics g;
08:  private float[] Values;
09:  private float m_Maximum, m_Minimum;
10:  private int CurrentYGridStart;
11:  private int CurrentNumberOfValues;
12:  private Size CurrentSize = new Size(0, 0);
```

다음과 같이 get 접근자를 이용하여 클래스 외부에서 private 타입의 멤버 변수를 참조할 수 있도록 한다.

```
01:  public float Maximum
02:  {
03:    get
04:    {
05:      return m_Maximum;
06:    }
07:  }
08:  public float Minimum
09:  {
10:    get
11:    {
12:      return m_Minimum;
13:    }
14:  }
```

다음의 mook_GraphCore()는 클래스의 생성자로 클래스가 초기화되면서 우선적으로 반영되어야 하는 멤버 변수의 값 또는 메서드 호출을 추가한다.

```
01:  public mook_GraphCore()
02:  {
03:    InitializeComponent();
04:    OpenType = ChartControlOpenType.Bar;
05:    LoadDefaultValues();
06:    InitChart();
07:  }
```

| 04행 | 초기 그래프 형식을 막대그래프 형태로 반영하기 위해 열거자 목록의 ChartControl OpenType.Bar를 멤버 변수 OpenType에 저장하는 구문이다. |
| 05-06행 | 그래프를 그리기 위한 배경색과 멤버 변수 초기값 등을 설정하는 메서드를 호출하는 작업을 수행한다. |

다음의 LoadDefaultValues() 메서드는 멤버 변수를 초기값으로 설정하는 작업을 수행한다.

```
01:  private void LoadDefaultValues()
02:  {
03:    g = plChart.CreateGraphics();
04:    PixelsPer = 10;
05:    ChartBackColor = Color.Black;
06:    GridColor = Color.Green;
07:    AboveColor = Color.Chartreuse;
08:    UnderColor = Color.Red;
09:    AxesColor = Color.White;
10:    CurrentYGridStart = 0;
11:    ValueMultiplier = 1;
12:    m_Maximum = plChart.Size.Height / 2;
13:    m_Minimum = (-1) * (plChart.Size.Height / 2);
14:    LineDifference = 1;

15:    if (OpenType == ChartControlOpenType.Bar)
16:      Values = new float[plChart.Size.Width];
17:    else
18:      Values = new float[plChart.Size.Width / 2];

19:    for (int i = 0; i < Values.Length; i++)
20:      Values[i] = 0;

21:    CurrentNumberOfValues = 0;
22:  }
```

03행	plCart 컨트롤의 CreateGraphics() 메서드를 이용하여 그래픽 개체를 생성하는 구문으로 컨트롤에 배경 화면과 그래픽을 그리기 위한 작업을 수행하는 기반이 된다.
04행	PixelsPer 멤버 변수는 그래프를 그리기 위한 10픽셀 단위의 라인을 그리기 위한 설정 값이다.
05-09행	그래프 라인과 배경 화면의 색상을 설정하는 멤버 변수를 초기화하는 작업을 수행한다.
12-13행	그래프 막대의 높이를 설정하는 작업을 수행하는데 12행은 그래프의 최대 높이의 값을 나타내고 13행은 그래프의 최소 높이 값을 나타낸다.
15-18행	막대 또는 그래프의 넓이 속성을 float형 배열에 저장하는 작업을 수행한다.
19-20행	for 문은 배열의 길이에 따라 배열 요소의 초기값을 0으로 초기화하는 작업을 수행한다.

다음의 InitChart()와 PostInitChart() 메서드는 화면의 초기 배경화면을 그리는 작업을 수행하는 메서드이다.

```
01:   public void InitChart()
02:   {
03:     CurrentYGridStart = 0;
04:     PostInitChart();
05:   }

06:   public void PostInitChart()
07:   {
08:     if ((plChart.Height != 0) && (plChart.Width != 0))
09:     {
10:       g.Clear(ChartBackColor);
11:       DrawGrid();
12:     }
13:   }
```

08행	plChart 컨트롤의 가로와 세로 길이가 0 값이 아닐 때를 점검하여 10행에서 화면의 배경 색상을 검은색으로 설정하고, 11행에서 DrawGrid() 메서드를 호출하여 그리드 스타일의 라인을 그리는 작업을 수행한다.

다음의 DrawGrid() 메서드는 배경 화면에 가로와 세로의 라인을 나타내는 작업을 수행한다.

```
01:   private void DrawGrid()
02:   {
03:     for (int i = (plChart.Size.Height / 2) + PixelsPer * LineDifference;
           i < plChart.Size.Height; i += PixelsPer * LineDifference)
04:       g.DrawLine(new Pen(GridColor), 0, i, plChart.Size.Width, i);
05:     for (int i = (plChart.Size.Height / 2) - PixelsPer * LineDifference;
           i > 0; i -= PixelsPer * LineDifference)
06:       g.DrawLine(new Pen(GridColor), 0, i, plChart.Size.Width, i);

07:     for (int i = CurrentYGridStart; i < plChart.Size.Width;
           i += PixelsPer * LineDifference)
```

```
08:     g.DrawLine(new Pen(GridColor), i, 0, i, plChart.Size.Height);

09:     g.DrawLine(new Pen(AxesColor), 0, (int)(plChart.Size.Height / 2),
            plChart.Size.Width, (int)(plChart.Size.Height / 2));

10:  }
```

03–04행	화면을 세로로 중간을 나누어 아래쪽 영역에 10픽셀 간격으로 반복하여 가로 라인을 그리는 작업을 수행한다. 라인을 그리는 작업은 g.DrawLine() 메서드를 이용한다.
05–06행	화면을 세로로 중간을 나누어 위쪽 영역에 10픽셀 간격으로 반복하여 가로 라인을 그리는 작업을 수행한다.
07–08행	CurrentYGridStart부터 plChart.Size.width 크기 만큼 10픽셀 간격으로 세로 라인을 그리는 작업을 수행한다.
09행	세로 방향의 중간에 가로 라인을 그리는 작업을 수행하는 g.DrawLine() 메서드로 그래프의 세로 중간, 즉 0을 의미 라인을 그린다. 라인의 색상은 Color.White로 한다.

다음의 DrawChart() 메서드는 화면에 차트를 그리는 작업을 수행한다.

```
01:  private void DrawChart()
02:  {
03:     PostInitChart();

04:     Pen AbovePen = new Pen(AboveColor);
05:     Pen UnderPen = new Pen(UnderColor);

06:     if (OpenType == ChartControlOpenType.Bar)
07:     {

08:       for (int i = Values.Length - CurrentNumberOfValues; i < Values.Length; i++)
09:       {
10:         if (Values[i] > 0)
11:         {
12:           g.DrawLine(AbovePen, Values.Length - i - 1,
                  (int)(plChart.Size.Height / 2) - 1,
                  Values.Length - i - 1,
                  (int)(plChart.Size.Height / 2) - Values[i]);
13:         }
14:         if (Values[i] < 0)
15:         {
16:           g.DrawLine(UnderPen, Values.Length - i - 1,
                  (int)(plChart.Size.Height / 2) + 1,
                  Values.Length - i - 1,
                  (int)(plChart.Size.Height / 2) - Values[i]);
17:         }
18:       }
```

```
19:    }
20:    else if (OpenType == ChartControlOpenType.Graph)
21:    {
22:      for (int i = Values.Length - CurrentNumberOfValues;
           i < Values.Length; i++)
23:      {
24:        if (Values[i] >= 0)
25:        {
26:          if (IntCmp(Values[i], Values[i - 1]) > 0)
27:          {
28:            g.DrawLine(UnderPen, (Values.Length - i) * 2,
               (int)(plChart.Size.Height / 2) - Values[i - 1],
               (Values.Length - i) * 2 - 1, (int)(plChart.Size.Height / 2));
29:            g.DrawLine(AbovePen, (Values.Length - i) * 2 - 1,
               (int)(plChart.Size.Height / 2), (Values.Length - i - 1) * 2,
               (int)(plChart.Size.Height / 2) - Values[i]);
30:          }
31:          else
32:          {
33:            g.DrawLine(AbovePen, (Values.Length - i) * 2,
               (int)(plChart.Size.Height / 2) - Values[i - 1],
               (Values.Length - i - 1) * 2,
               (int)(plChart.Size.Height / 2) - Values[i]);
34:          }
35:        }
36:        if (Values[i] < 0)
37:        {
38:          if (IntCmp(Values[i], Values[i - 1]) < 0)
39:          {
40:            g.DrawLine(AbovePen, (Values.Length - i) * 2,
               (int)(plChart.Size.Height / 2) - Values[i - 1],
               (Values.Length - i) * 2 - 1, (int)(plChart.Size.Height / 2));
41:            g.DrawLine(UnderPen, (Values.Length - i) * 2 - 1,
               (int)(plChart.Size.Height / 2), (Values.Length - i - 1) * 2,
               (int)(plChart.Size.Height / 2) - Values[i]);
42:          }
43:          else
44:          {
45:            g.DrawLine(UnderPen, (Values.Length - i) * 2,
               (int)(plChart.Size.Height / 2) - Values[i - 1],
               (Values.Length - i - 1) * 2,
               (int)(plChart.Size.Height / 2) - Values[i]);
46:          }
47:        }
48:      }
49:    }
```

```
50:    UnderPen.Dispose();
51:    AbovePen.Dispose();
52: }
```

04–05행	Pen 개체를 생성하는 구문으로 Color를 Color.Chartreuse, Color.Red로 설정하여 초기화한다.
06–19행	ChartControlOpenType 열거형 타입이 Bar일 때, 즉 막대그래프로 지정할 때 그래프를 그리는 작업을 수행한다.
08–18행	for 구문을 이용하여 막대그래프를 그리는 작업을 수행한다. 범위는 Values 배열의 길이에 따라 그린다.
10–13행	Color.Chartreuse 색상으로 세로 중간 위쪽의 막대그래프를 그리는 작업을 수행한다.
14–17행	Color.Red 색상으로 세로 중간 아래쪽의 막대그래프를 그리는 작업을 수행한다.
20–49행	차트그래프를 그리는 작업을 수행한다. 범위는 막대그래프를 그리는 Values 배열의 길이에 따라 그려진다. 막대그래프는 이전 막대와 연관성 없이 자신의 높이만을 그리지만, 차트그래프는 이전 차트그래프의 높이에서 현재 차트그래프의 높이를 잇는 모양으로 그려지기 때문에 IntCmp() 메서드를 이용하여 기능을 구현한다.
26행	IntCmp() 메서드를 호출하여 차트그래프의 모양을 그리는 기본 옵션을 선택하는 작업을 수행한다. 인자 값으로 현재 높이와 이전 높이를 float 타입으로 설정한다.
28–29행	차트그래프의 현재와 이전 높이가 세로 중간 위아래 두 가지의 값을 갖는 상태로 g.DrawLine() 메서드를 두 번 호출하여 차트그래프를 그려준다.
33행	차트그래프의 현재와 이전 높이 값이 세로 위쪽으로만 형성되기 때문에 하나의 g.DrawLine() 메서드를 호출하여 차트그래프를 그린다.
50–51행	Dispose() 메서드를 호출하여 Pen 개체 리소스를 해제하는 작업을 수행한다.

다음의 IntCmp() 메서드는 현재 차트그래프의 높이와 이전 차트그래프의 높이를 인자 값으로 받아 그래프 모양을 설정하기 위한 선택 값을 반환하는 작업을 수행한다. 만약 num1과 num2의 값이 0보다 클 때 반환 값은 0으로 그래프가 그려질 때는 세로 위쪽에 차트그래프기 형성된다.

```
01:  public int IntCmp(float num1, float num2)
02:  {
03:    if ((num1 >= 0) && (num2 >= 0))
04:      return 0;
05:    if ((num1 < 0) && (num2 < 0))
06:      return 0;
07:    if ((num1 >= 0) && (num2 < 0))
08:      return 1;
09:    if ((num1 < 0) && (num2 >= 0))
10:      return -1;
11:    return 0;
12:  }
```

다음의 plChart_Paint() 이벤트 핸들러는 plChart 컨트롤을 선택하고 이벤트 목록 창에서 [Paint] 이벤트 란을 더블클릭하여 생성한 프로시저로 plChart 컨트롤이 그려질 때 발생하는 이벤트를 처리하는 작업을 수행한다.

```
01:  private void plChart_Paint(object sender, PaintEventArgs e)
02:  {
03:    if (this.plChart != null)
04:      OnResize(new EventArgs());
05:  }
```

04행   plChart 컨트롤이 그려질 때 mook_GraphCore 사용자 정의 컨트롤의 사이즈를 재구성하기 위한 작업을 수행한다.

다음의 OnResize() 메서드는 override 키워드를 이용하여 부모 클래스로부터 받은 메서드를 재정의하는 자식 메서드로 mook_GraphCore 사용자 정의 컨트롤의 사이즈를 설정하는 작업을 수행한다.

```
01:  protected override void OnResize(EventArgs e)
02:  {
03:    base.OnResize(e);

04:    if (plChart != null)
05:    {

06:      if ((Size.Height == 0) || (Size.Width == 0))
07:        return;

08:      if ((CurrentSize.Height == 0) && (CurrentSize.Width == 0))
09:      {
10:        CurrentSize = Size;
11:        return;
12:      }

13:      RecalculateSize();
14:      CurrentSize = Size;
15:    }
16:  }
```

03행   상속하는 컨트롤의 이벤트를 실제로 수신할 수 있도록 대기하기 위해 base.OnResize() 메서드를 사용한다. plChart 컨트롤이 그려질 때 전체 mook_GraphCore 사용자 정의 컨트롤이 그려질 수 있도록 이벤트를 발생시키는 작업을 수행한다.

13~14행   RecalculateSize() 메서드 호출과 폼의 Size를 설정을 통해 사용자 정의 컨트롤을 Form1에 정상적으로 나타낼 수 있도록 한다.

다음의 RecalculateSize() 메서드는 사용자 정의 컨트롤이 정상적으로 그려질 수 있도록 가로와 세로의 사이즈를 설정하는 작업을 수행한다.

```
01:  private void RecalculateSize()
02:  {
03:    if ((CurrentSize.Height != 0) && (CurrentSize.Width != 0))
04:    {
05:      m_Maximum = plChart.Size.Height / 2;
06:      m_Minimum = (-1) * (plChart.Size.Height / 2);

07:      float SizeChange = ((float)Size.Height / (float)CurrentSize.Height);

08:      if (Size.Height != 0)
09:        ValueMultiplier *= SizeChange;

10:      int i, j;

11:      float[] NewValues = new float[Size.Width];

12:      for (i = Values.Length - 1, j = NewValues.Length - 1;
         ((i >= 0) && (j >= 0)); i--, j--)
13:      {
14:        if (SizeChange != 0)
15:          NewValues[j] = Values[i] * SizeChange;
16:      }

17:      Values = NewValues;

18:      g.Dispose();
19:      g = plChart.CreateGraphics();

20:      DrawChart();
21:    }
22:  }
```

05–06행	차트그래프의 세로 중간을 기준으로 위아래 높이를 구하는 구문이다.
07–09행	사용자 정의 컨트롤이 주기적으로 왼쪽에서 오른쪽으로 움직이며 차트그래프를 그려주어야 하기 때문에 이 주기에 맞춰 plChart 및 사용자 정의 컨트롤의 가로와 세로의 사이즈를 재정의하여야 한다.
12–16행	for 문을 이용하여 그래프를 그릴 때 그래프의 높이가 plChart 세로 중간의 위아래 높이 보다 커지지 않도록 높이를 재정의하는 구문으로 높이를 한정하기 위해서 07행에서 재정의한 높이를 가져와 for 구문의 15행에서 새로운 float 배열 변수에 그래프 높이 값을 저장하며 20행에서 그래프를 출력하는 작업을 수행한다.
20행	DrawChar() 메서드를 호출하여 차트그래프를 그리는 작업을 수행한다.

다음의 RefreshControl() 메서드는 그래프가 다시 그려질 수 있도록 PostInitChat()와 DrawChart() 메서드를 호출하여 그래프를 출력하는 작업을 수행한다.

```
01:  public void RefreshControl()
02:  {
03:    PostInitChart();
04:    DrawChart();
05:  }
```

다음의 AddValue() 메서드는 Form1에서 그래프 높이 값을 인자 값으로 설정하여 호출하면 그래프를 그리기 위해 Values 배열 변수에 값을 저장하는 작업을 수행한다.

```
01:  public void AddValue(float val)
02:  {
03:    if ((Minimum != 0) && (Maximum != 0))
04:      if ((val * ValueMultiplier > Maximum) || (val * ValueMultiplier < Minimum))
05:        return;
06:    for (int i = 0; i < Values.Length - 1; i++)
07:      Values[i] = Values[i + 1];
08:    Values[Values.Length - 1] = val * ValueMultiplier;

09:    if (CurrentNumberOfValues < Values.Length)
10:      CurrentNumberOfValues++;

11:    if (CurrentYGridStart < PixelsPer * LineDifference - 1)
12:    {
13:      if (OpenType == ChartControlOpenType.Bar)
14:        CurrentYGridStart++;
15:      else
16:        CurrentYGridStart += 2;
17:    }
18:    else
19:    {
20:      CurrentYGridStart = 0;
21:    }
22:    DrawChart();
23:  }
```

4.4 사용자 정의 컨트롤 빌드

성능 그래프 그리기 사용자 정의 컨트롤은 빌드 결과가 '*.dll'로 만들어지기 때문에 단축 키 Ctrl+F5 또는 F5 키를 이용해서 빌드하지 않는다. 사용자 정의 컨트롤을 빌드하기 위해서는 먼저 솔루션 탐색기에서 'mook_GraphCore' 프로젝트를 마우스 오른쪽 버튼으로 클릭하여 표시되는 단축 메뉴에서 [시작 프로젝트 설정] 메뉴를 선택한다. Visual Studio의 [빌드(B)]-[mook_GraphCore 빌드] 메뉴를 클릭하여 빌드한 뒤에 파일 탐색기를 이용하여 확인해보면 다음과 같이 'mook_GraphCore.dll' 파일이 생성된 것을 확인할 수 있다.

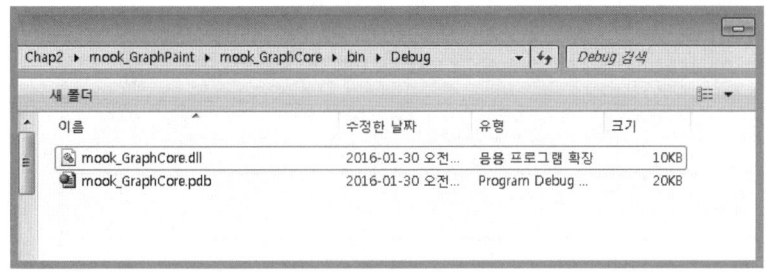

4.5 메인 폼 인터페이스 디자인

그래프 그리기 메인 폼을 디자인하기에 전에 앞서 생성한 'mook_GraphCore.dll' 파일을 레퍼런스로 추가하기 위해 참조 관리자를 이용하여 참조 추가해야 한다. [솔루션 탐색기]에서 [참조] 항목을 마우스 오른쪽 버튼으로 클릭하여 [참조 추가] 메뉴를 선택하면 다음과 같이 [참조 관리자] 대화 상자가 나타나고 'mook_GraphCore.dll' 파일을 찾아서 추가하고 [확인] 버튼을 클릭하여 참조 관리자 대화 상자를 종료한다.

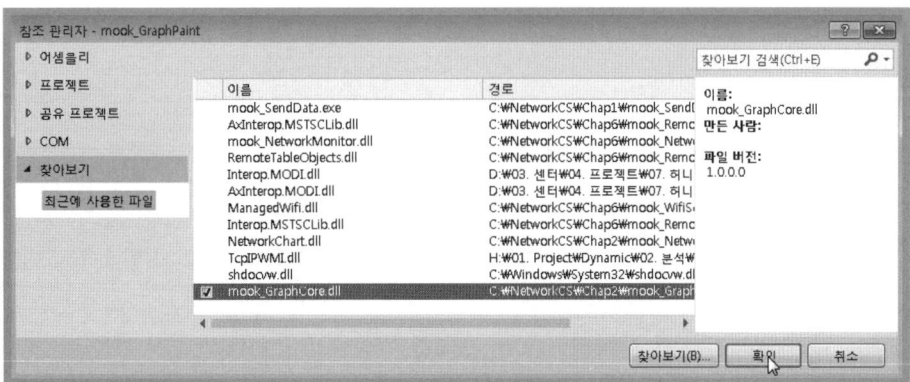

다시 솔루션 탐색기에서 메인 폼을 포함하는 프로젝트를 마우스 오른쪽 버튼으로 클릭하여 [시작 프로젝트 설정] 메뉴를 선택하여 메인 폼을 시작 프로젝트로 설정한다.

다음 그림과 같이 윈도우 폼에 각 컨트롤을 위치시키고 표를 참고하여 각 컨트롤의 속성 값을 설정한다.

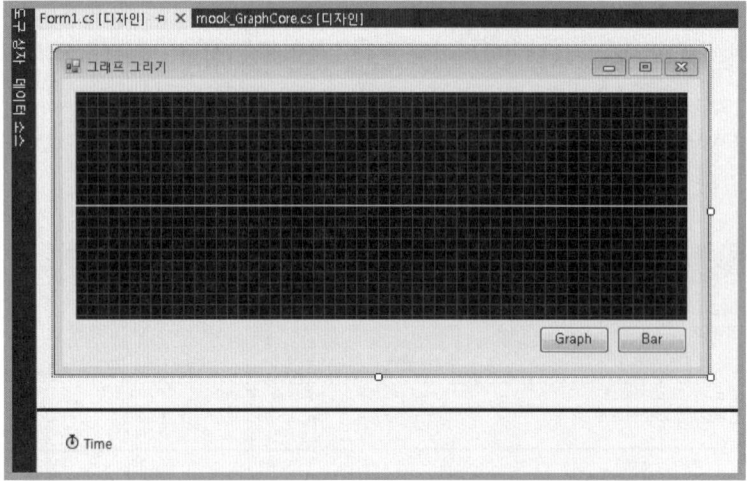

폼 컨트롤	속성	값
Form1	Name	Form1
	Text	그래프 그리기
	FormBorderStyle	FixedSingle
	TopMost	True
NetworkGraph1	Name	GraphCore
Button1	Name	btnGraph
	Text	Graph
Button2	Name	btnBar
	Text	Bar

4.6 메인 폼 코드 구현

다음과 같이 멤버 개체를 클래스 내부 상단에 추가한다. Random 클래스는 난수 생성기에 의해 난수를 생성하는 기능을 제공하는 클래스이다. 실제 환경에서는 네트워크 상태 또는 CPU 사용량 등의 데이터를 사용해야 하지만, 예제에서는 그래프 그리기에 중점을 두기 위해 다음과 같이 Random 개체를 생성하고 난수를 만들어 이용할 것이다.

```
Random r = new Random();
```

다음의 Form1_Load() 이벤트 핸들러는 폼을 더블클릭하여 생성한 프로시저로 폼이 실행될 때 그래프의 기본 형태를 설정하는 구문으로 막대그래프를 기본으로 설정한다.

```
01:   private void Form1_Load(object sender, EventArgs e)
02:   {
03:     GraphCore.OpenType =
```

```
                mook_GraphCore.mook_GraphCore.ChartControlOpenType.Bar;
04:  }
```

다음의 Time_Tick() 이벤트 핸들러는 1초마다 주기적으로 호출하여 그래프의 높이를 설정하는 작업을 수행한다.

```
01:  private void Time_Tick(object sender, EventArgs e)
02:  {
03:      double ValueAdd;
04:      int n = r.Next(1, 45);
05:      int s = r.Next(1, 3);
06:      try
07:      {
08:        if (s / 2 == 0)
09:            ValueAdd = Convert.ToDouble(n);
10:        else
11:            ValueAdd = Convert.ToDouble(-n);
12:        GraphCore.AddValue((float)ValueAdd);
13:        GraphCore.RefreshControl();
14:      }
15:    catch
16:    {
17:        return;
18:    }
19:  }
```

04–05행	그래프를 그리기 위한 랜덤 숫자를 얻는 구문으로 04행은 그래프의 높이를 구하며, 05행은 그래프 모양이 위 또는 아래가 될지를 결정하는 작업을 수행한다. next() 메서드에 전달하는 두 가지 인수는 생성할 난수의 범위를 의미한다. 즉, next(1, 45)는 1부터 45까지의 범위 내에서 난수를 생성한다.
08–09행	세로 중간 위쪽에 그래프가 형성되도록 값을 설정한다.
10–11행	세로 중간 아래쪽에 그래프가 형성되도록 값을 설정한다.
12행	AddValue() 메서드에 그래프 높이를 인자 값으로 설정하고 호출하여 그래프를 그리는 작업을 수행한다.

다음의 btnGraph_Click() 이벤트 핸들러는 [Graph] 버튼을 더블클릭하여 생성한 프로시저로 차트그래프를 그릴 수 있도록 설정하는 작업을 수행한다.

```
01:  private void btnGraph_Click(object sender, EventArgs e)
02:  {
03:    GraphCore.OpenType =
            mook_GraphCore.mook_GraphCore.ChartControlOpenType.Graph;
04:  }
```

다음의 btnBar_Click() 이벤트 핸들러는 [Bar] 버튼을 더블클릭하여 생성한 프로시저로 막대그래프를 그릴 수 있도록 설정하는 작업을 수행한다.

```
01:  private void btnBar_Click(object sender, EventArgs e)
02:  {
03:    GraphCore.OpenType =
            mook_GraphCore.mook_GraphCore.ChartControlOpenType.Bar;
04:  }
```

4.7 예제 실행

다음 그림은 그래프 그리기 예제를 F5 키를 눌러 실행한 화면이다. 실행 화면에서 [Graph] 버튼과 [Bar] 버튼을 클릭하면서 표시되는 그래프를 확인해 보자.

O5 이미지 맵 그리기

이 절에서 살펴보는 이미지 맵 그리기 프로그램은 이미지를 이용하여 맵을 그리는 기능을 구현한 예제로 8장에서 구현할 NMS의 네트워크 맵을 나타내는 주요 기능으로 활용된다.

서버, 네트워크 등의 장비를 선택하여 화면에 그려 주고, 선택된 장비의 정보를 관리하는 기능으로 구현된다. NMS를 구현하기 위한 필수 기능으로 이 절의 예제에서 완벽하게 살펴보고 다음으로 넘어가길 바란다.

다음 그림은 이미지 맵 그리기 어플리케이션을 구현하고 실행한 결과 화면으로 그림과 같이 폼을 디자인한다.

[결과 미리 보기]

5.1 인터페이스 디자인

프로젝트 이름을 'mook_NetworkMap'으로 하여 'C:\NetworkCS\Chap2' 경로에 프로젝트를 생성한다. 이 프로젝트에서 사용할 이미지 파일을 저장하기 위해서 솔루션 하위에 'img' 폴더를 생성하고 사용할 이미지 파일을 저장한다.

다음 그림과 같이 윈도우 폼에 각 컨트롤을 위치시키고 표를 참고하여 각 컨트롤의 속성값을 설정한다.

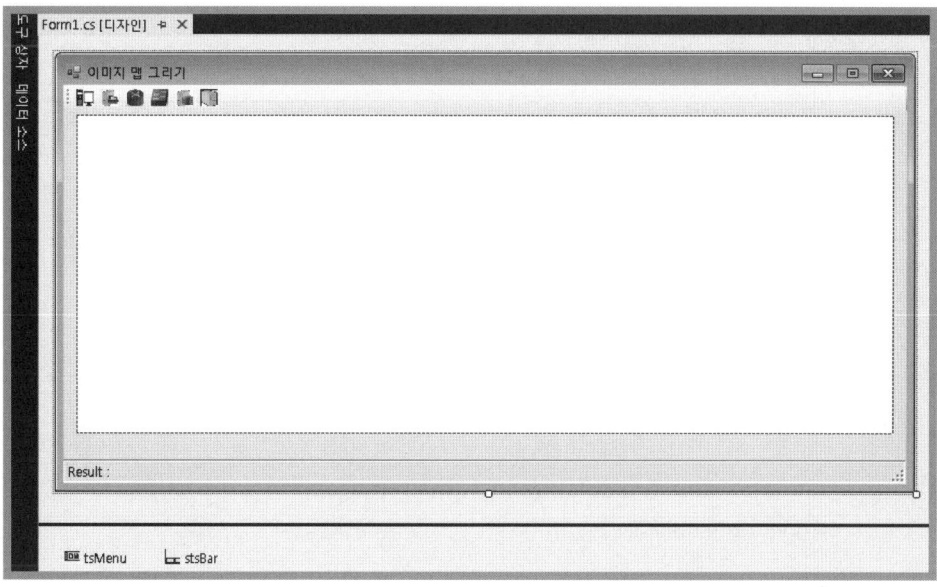

폼 컨트롤	속성	값
Form1	Name	Form1
	Text	이미지 맵 그리기
	FormBorderStyle	FixedSingle
	TopMost	True
Panel1	Name	plMap
	BackColor	White
ToolStrip1	Name	tsMenu
StatusStrip1	Name	stsBar

다음 그림과 같이 tsMenu에 버튼 메뉴를 추가하고, 아래 표를 참고하여 컨트롤의 속성을 설정한다. 이미지 설정은 [TIP 2-5] 이미지 설정하기를 참고한다.

폼 컨트롤	속성	값
ToolStripButton1	Name	tsbtnPC
	DisplayStyle	Image
	Image	[이미지 설정]
	Tag	0
	ToolTipText	UserPC
ToolStripButton2	Name	tsbtnSVF
	DisplayStyle	Image
	Image	[이미지 설정]
	Tag	1
	ToolTipText	FileServer
ToolStripButton3	Name	tsbtnR
	DisplayStyle	Image
	Image	[이미지 설정]
	Tag	2
	ToolTipText	Router
ToolStripButton4	Name	tsbtnS
	DisplayStyle	Image
	Image	[이미지 설정]
	Tag	3
	ToolTipText	Switch

	Name	tsbtnD
	DisplayStyle	Image
ToolStripButton5	Image	[이미지 설정]
	Tag	4
	ToolTipText	DBServer
	Name	tsbtnW
	DisplayStyle	Image
ToolStripButton6	Image	[이미지 설정]
	Tag	5
	ToolTipText	WorkStation

[TIP 2-5] 이미지 설정하기

생성할 아이콘 버튼을 추가하기 위해서 ToolStrip 컨트롤을 선택하고 다음 그림과 같이 ToolStripButton 컨트롤을 선택하여 ToolStrip 컨트롤에 추가한다.

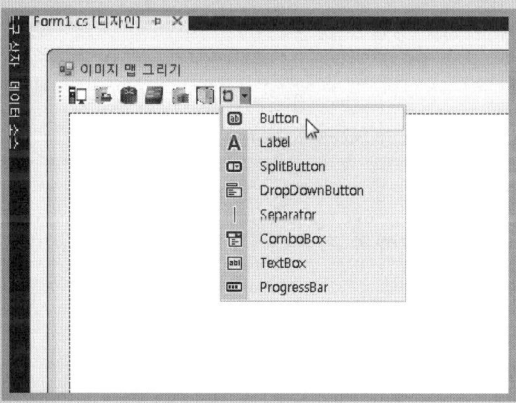

추가된 ToolStripButton 컨트롤을 선택하고 [속성] 창에서 [Image] 란의 버튼을 눌러 이미지를 추가할 수 있도록 [리소스 선택] 대화 상자를 호출한다.

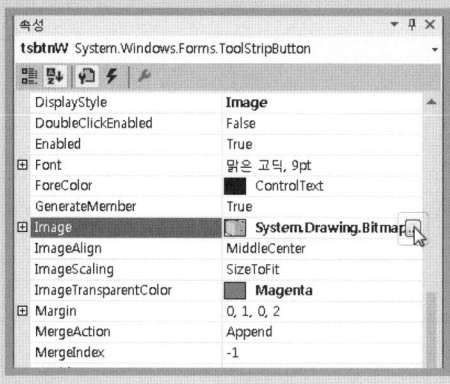

[리소스 선택] 대화 상자가 호출되면 [로컬 리소스] 옵션을 선택하고 [가져오기] 버튼을 눌러 아이콘 이미지로 사용될 이미지를 선택하고 [확인] 버튼을 눌러 적용한다.

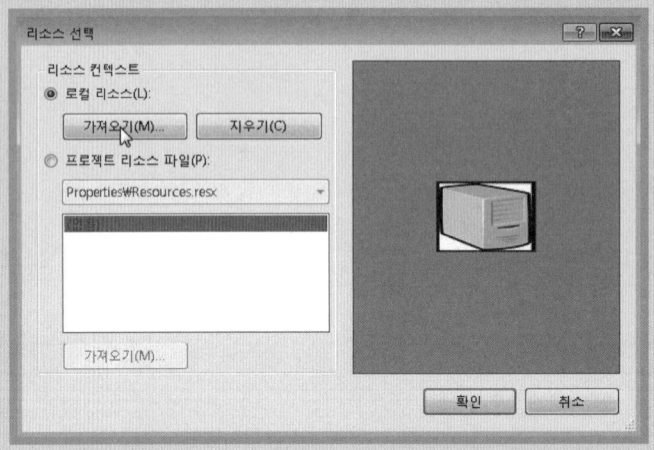

위 [리소스 선택] 대화 상자에서 로컬 리소스와 프로젝트 리소스는 모두 이미지 파일을 여는 작업을 통해 아이콘 버튼에 이미지를 나타내는데, 로컬 리소스는 이미지 파일을 가져와 다른 형태가 아닌 이미지 리소스 형태로 사용되는 것이고, 프로젝트 리소스는 이미지 파일를 가져와 리소스 파일(.resx) 형태로 프로젝트에 추가되어 Visual Studio에서 리소스를 편집할 수 있도록 편집 기능을 제공한다.

다음 그림과 같이 stsBar에 상태 라벨을 추가하고, 표를 참고하여 컨트롤의 속성을 설정한다.

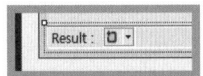

폼 컨트롤	속성	값
ToolStripStatusLabel1	Name	tsslblItem
	Text	Result :

5.2 코드 구현

다음과 멤버 변수와 멤버 개체를 예제 전체에서 사용할 수 있도록 클래스 내부 상단에 추가한다.

```
01:  PictureBox frmPic = null;   // Item 관리를 위한 개체
02:  bool Dragging = false;      // 드래그 여부
03:  int mouseX, mouseY;         // 마우스 포인터 좌표
```

다음의 tsMenu_ItemClicked() 이벤트 핸들러는 tsMenu 컨트롤을 선택하고 이벤트 목록 창에서 [ItemClicked] 이벤트 란을 더블클릭하여 생성한 프로시저로 이미지 아이콘 메뉴를 클릭할 때 발생하는 이벤트를 처리하는 작업을 수행한다.

```
01: private void tsMenu_ItemClicked(object sender, ToolStripItemClickedEventArgs e)
02: {
03:   if (this.tsMenu.Items.Count > 0)
04:   {
05:     PictureBox myPicBox = new PictureBox();
06:     myPicBox.MouseDown += new MouseEventHandler(MyMouseClick);
07:     myPicBox.MouseMove += new MouseEventHandler(MyMouseMove);
08:     myPicBox.MouseUp += new MouseEventHandler(MyMouseUp);
09:     myPicBox.MouseDoubleClick += new MouseEventHandler(MyMouseDoubleClick);

10:     this.plMap.Controls.Add(myPicBox);
11:     myPicBox.Location = new Point(plMap.Location.X, plMap.Location.Y);
12:     myPicBox.BringToFront();
13:     myPicBox.BackgroundImageLayout = ImageLayout.Stretch;

14:     int tagId = Convert.ToInt32(e.ClickedItem.Tag);
15:     myPicBox.BackgroundImage = tsMenu.Items[tagId].Image;
16:     myPicBox.Name = tsMenu.Items[tagId].ToolTipText;
17:     myPicBox.Tag = tsMenu.Items[tagId].Tag;
18:     myPicBox.Size = new System.Drawing.Size(80, 60);
19:     myPicBox.Invalidate();
20:   }
21: }
```

03행	메뉴 클릭 여부를 판단하기 위한 구문으로 0보다 크면 메뉴를 클릭한 것으로 판단한다.
05행	PictureBox 컨트롤의 개체를 생성하는 구문으로 이 컨트롤에 이미지 아이템을 출력하는 작업을 수행한다.
06-09행	05행에서 생성한 PictureBox 컨트롤의 개체에 이벤트를 설정하는 구문으로 마우스 클릭, 드래그, 더블클릭 등의 이벤트를 등록하는 작업을 수행한다.
10행	plMap.Controls.Add() 메서드를 이용하여 05행에서 생성한 myPicBox 개체를 plMap 컨트롤에 추가하는 작업을 수행한다.
11행	myPicBox 컨트롤의 Location 속성을 설정하는 구문이다.
13행	myPicBox 컨트롤의 BackgroundImageLayout 속성값을 ImageLayout.Stretch로 설정하는 작업을 수행한다. Stretch 속성은 이미지의 크기를 컨트롤의 크기에 맞추도록 한다.
14행	선택한 이미지 아이콘 메뉴의 Tag 값을 가져와 int 타입의 변수에 저장하는 작업을 수행한다.
15-18행	myPicBox 컨트롤의 BackgroundImage, Name, Tag, Size 속성의 값을 설정하는 작업을 수행한다. 이는 선택된 이미지 아이콘을 새로 추가된 myPicBox로 설정하는 작업이다.
19행	myPicBox.Invalidate() 메서드를 이용하여 컨트롤을 plMap에 그리는 작업을 수행한다.

다음의 MyMouseClick() 이벤트 핸들러로 마우스를 클릭할 때 발생하는 이벤트를 처리한다.

```
01:   private void MyMouseClick(object sender, MouseEventArgs e)
02:   {
03:     PictureBox pic = (PictureBox)sender;
04:     if (e.Button == MouseButtons.Right)
05:     {
06:       int X = pic.Location.X + pic.Width + 50 + Location.X;
07:       int Y = pic.Location.Y + Location.Y;

08:       Form2 frm2 = new Form2();
09:       frm2.ItemId = pic.Tag.ToString();
10:       frm2.ItemName = pic.Name.ToString();
11:       frm2.ItemDesc = pic.TabIndex;
12:       frm2.Itemxy = new Point(X, Y);
13:       frmPic = pic;
14:       frm2.btnOk.Click += new EventHandler(btnOk_Click);
15:       frm2.ShowDialog();
16:     }
17:     else if (e.Button == MouseButtons.Left)
18:     {
19:       pic.Cursor = Cursors.Hand;
20:       Dragging = true;
21:       mouseX = -e.X;
22:       mouseY = -e.Y;
23:       int clipleft = this.plMap.PointToClient(MousePosition).X
                 - pic.Location.X;
24:       int cliptop = this.plMap.PointToClient(MousePosition).Y
                 - pic.Location.Y;
25:       int clipwidth = this.plMap.ClientSize.Width -
                 (pic.Width - clipleft);
26:       int clipheight = this.plMap.ClientSize.Height -
                 (pic.Height - cliptop);
27:       Cursor.Clip = this.plMap.RectangleToScreen(new Rectangle
                 (clipleft, cliptop, clipwidth, clipheight));
28:       pic.Invalidate();
29:     }
30:   }
```

03행	myPicBox에 설정된 이미지를 클릭했을 때 받은 sender 변수를 (PictureBox) 키워드를 통해 PictureBox 개체로 명시적으로 변환한다.
04행	마우스 오른쪽 버튼을 눌렀을 때 if 구문의 내부 블록을 수행하기 위한 구문이다.
06-07행	Form 개체인 frm2의 Location 값을 설정하기 위해 X, Y 좌표값을 구하는 구문이다. 이 코드는 이미시에서 마우스 오른쪽 버튼으로 클릭했을 때 frm2를 이미시 오른쪽에 나타나도록 frm2의 위치를 설정하는 것이다.

09-11행	ItemId, ItemName, ItemDesc 값을 설정하여 frm2의 TextBox에 나타내도록 하는 작업을 수행한다. ItemDesc 값은 아이템에 대한 설명을 배열에 저장하기 위한 첨자로 사용되는 값이다.
14행	frm2의 버튼 개체 btnOk에 Click 이벤트를 추가하는 구문이다. 이 이벤트 핸들러는 frm2에서 [확인] 버튼을 클릭할 때 이미지의 정보를 수정하는 작업을 수행한다.
17-29행	마우스 왼쪽 버튼을 클릭할 때 지정된 작업을 수행한다.
20행	마우스 왼쪽 버튼을 클릭할 때 드래그를 수행할 수 있도록 bool 타입의 Dragging 변수를 true로 설정한다.
21-26행	이미지의 Location과 Size를 설정하는 것으로, plMap 컨트롤 범위에서 움직여야 하기 때문에 범위를 한정하는 작업이다.
27행	plMap.RectangleToScreen() 메서드를 이용하여 마우스 커서를 plMap 범위에서 움직이도록 하는 작업을 수행한다.
28행	pic.Invalidate() 메서드를 호출하여 pic를 다시 그리는 작업을 수행한다.

다음의 btnOk_Click() 이벤트 핸들러는 이미지의 정보를 수정하는 작업을 수행한다.

```
01: private void btnOk_Click(object sender, EventArgs e)
02: {
03:   string fId = ItemManage.ItemId;
04:   string fName = ItemManage.ItemName;

05:   frmPic.Name = fName;
06:   frmPic.Tag = Convert.ToInt32(fId);
07: }
```

03-04행	ItemManage 클래스에 static 타입으로 설정된 ItemId와 ItemName 변수의 값을 가져와 frmPic 컨트롤의 아이디와 이름을 변경하는 작업을 수행한다.

다음의 MyMouseDoubleClick() 이벤트 핸들러는 이미지를 더블클릭하였을 때 발생하는 이벤트를 처리하는 작업을 수행한다.

```
01: private void MyMouseDoubleClick(object sender, MouseEventArgs e)
02: {
03:   PictureBox pic = (PictureBox)sender;
04:   Dragging = false;
05:   Cursor.Clip = Rectangle.Empty;
06:   this.tsslblItem.Text = "아이디 : " + pic.Tag.ToString() +
        " 이름 : " + pic.Name.ToString();
07: }
```

04행	Dragging 변수를 false로 설정하여 마우스를 드래그하지 못하도록 하는 구문이다.
05행	Cursor.Clip을 무효화하는 작업을 수행한다.
06행	이미지 정보에 대해 tsslblItem에 나타내는 작업을 수행한다.

다음의 MyMouseMove() 이벤트 핸들러는 이미지를 클릭하고 마우스를 움직이면 이미지가 움직이도록 하는 작업을 수행한다.

```
01:  private void MyMouseMove(object sender, MouseEventArgs e)
02:  {
03:    PictureBox pic = (PictureBox)sender;
04:    if (Dragging)
05:    {
06:      Point MPostion = new Point();
07:      MPostion = this.plMap.PointToClient(MousePosition);
08:      MPostion.Offset(mouseX, mouseY);
09:      pic.Location = MPostion;
10:    }
11:  }
```

04행	Dragging 변수의 값이 true일 때 즉, 마우스를 드래그할 때 if 구문 내부의 코드 블록을 수행한다.
07행	plMap.PointToClient() 메서드를 이용하여 특정 화면의 위치를 클라이언트 좌표로 계산하는 구문이다.
09행	이미지의 위치를 07행에서 얻은 좌표대로 설정하는 작업을 수행한다.

다음의 MyMouseUp() 이벤트 핸들러는 마우스 버튼을 놓을 때 발생하는 이벤트를 처리하는 작업을 수행한다.

```
01:  private void MyMouseUp(object sender, MouseEventArgs e)
02:  {
03:    PictureBox pic = (PictureBox)sender;
04:    if (Dragging)
05:    {
06:      Dragging = false;
07:      Cursor.Clip = Rectangle.Empty;
08:      pic.Invalidate();
09:    }
10:    pic.Cursor = Cursors.Arrow;
11:  }
```

06행	Dragging 변수의 값을 false로 설정하여 마우스 드래그 기능을 해제하는 작업을 수행한다.
07행	Cursor.Clip 속성의 범위를 해제하여 마우스가 움직이는 범위를 화면 전체로 한다.
08행	이미지 개체를 다시 그리는 작업을 수행한다.

5.3 Item 정보 관리 클래스 생성 및 코드 구현

Item 정보 관리 클래스에서 Map에 추가된 Item의 아이디와 이름, 설명을 관리할 수 있
도록 static 타입의 멤버 변수를 지정하여 정보를 관리한다.

솔루션 탐색기에서 프로젝트명을 마우스 오른쪽 버튼으로 눌러 [추가]-[클래스] 메뉴를
선택한 후 다음 그림과 같이 [새 항목 추가] 대화 상자가 나타나면 [Visual C# 항목]-[클
래스] 항목을 선택하고, 'ItemManage.cs' 이름을 입력하고 [추가] 버튼을 눌러 클래스를
생성한다.

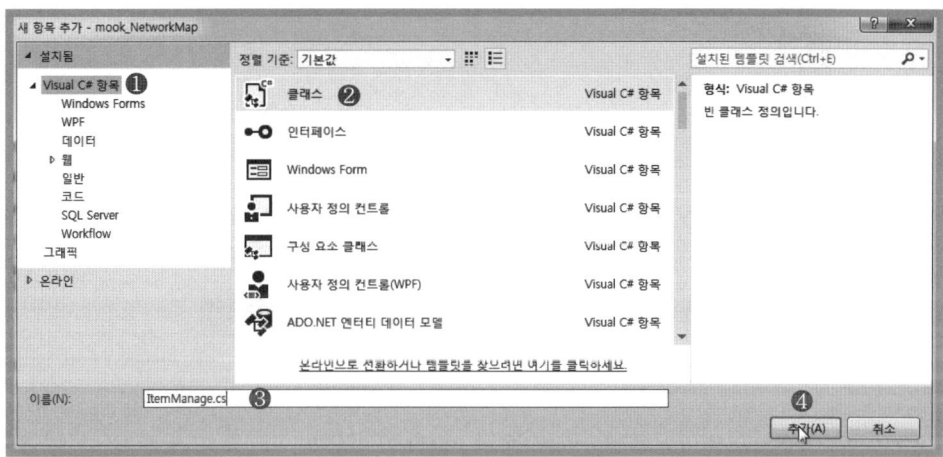

다음과 같이 클래스 내부에 Item 정보를 관리하기 위한 코드를 추가한다.

```
01:  class ItemManage
02:  {
03:    static public string ItemId = "";          // Item 아이디 관리
04:    static public string ItemName = "";      // Item 이름 관리
05:    static public string[] ItemDesc = new string[100];  // Item 설명 관리
06:  }
```

5.4 Item Manager 인터페이스 디자인

Item Manger는 Map에 추가된 아이템에 대한 아이디, 이름, 설명을 관리하는 기능으로
마우스 오른쪽 버튼으로 아이템을 누르면 Item Manger가 나타나고 해당하는 내용이 표
시된다.

프로젝트 이름을 마우스 오른쪽 버튼으로 클릭하여 [추가]-[Windows Form] 메뉴를 선
택하여 Item Manager로 사용할 Form2를 생성한다.

추가된 'Form2.cs'를 더블클릭하여 다음 그림과 같이 윈도우 폼에 컨트롤을 위치시키고 표를 참고하여 컨트롤의 속성값을 설정한다.

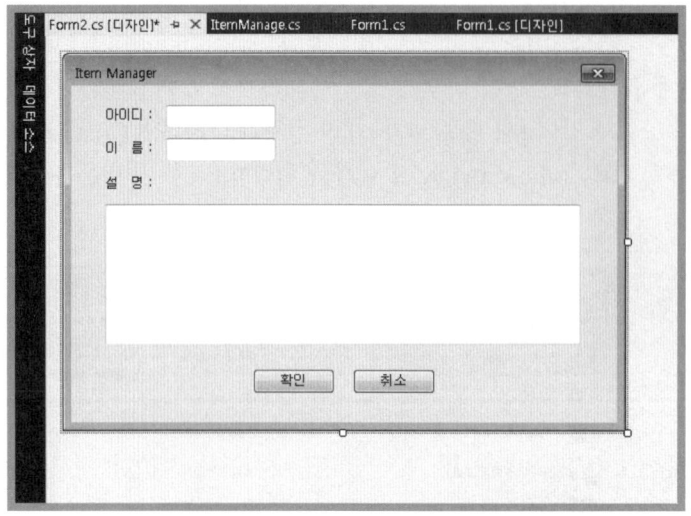

폼 컨트롤	속성	값
Form2	Name	Form2
	Text	Item Manager
	FormBorderStyle	FixedSingle
	MaximizeBox	False
	MinimizeBox	False
	ShowIcon	False
	ShowInTaskbar	False
Label1	Name	lblId
	Text	아이디 :
Label2	Name	lblName
	Text	이 름 :
Label3	Name	lblDesc
	Text	설 명 :
TextBox1	Name	txtId
TextBox2	Name	txtName
TextBox3	Name	txtDesc
	Mutiline	True
Button1	Name	btnOk
	Text	확인
	Modifiers	Internal
Button2	Name	btnCancel
	Text	취소

5.5 Item Manager 코드 구현

다음과 같이 멤버 변수와 다른 클래스에서 클래스 내부 속성에 접근하기 위해서 set 접근자를 정의하는 코드를 클래스 내부 상단 추가한다.

```
01:  public string ItemId    // Item의 아이디를 설정
02:  {
03:    set
04:    {
05:      this.txtId.Text = value;
06:    }
07:  }

08:  public string ItemName    // Item의 이름을 설정
09:  {
10:    set
11:    {
12:      this.txtName.Text = value;
13:    }
14:  }

15:  public int ItemDesc    // Item의 설명을 설정
16:  {
17:    set
18:    {
19:      this.txtDesc.Text = ItemManage.ItemDesc[value];
20:      Num = value;
21:    }
22:  }

23:  private int Num = 0;    // Item의 TabIndex
24:  public Point Itemxy      // Location 설정을 위한 Set 접근자
25:  {
26:    set
27:    {
28:      LocationXY = value;
29:    }
30:  }

31:  Point LocationXY = new Point(); // Form2의 Location 설정을 위한 Point
```

다음의 Form2_Load() 이벤트 핸들러는 폼을 더블클릭하여 생성한 프로시저로 앞서 set 접근자를 이용하여 설정된 좌표를 폼의 Location으로 설정하는 작업을 수행한다.

```
01:  private void Form2_Load(object sender, EventArgs e)
02:  {
03:    this.Location = LocationXY;
04:  }
```

다음의 Form2_FormClosing() 이벤트 핸들러는 폼에서 [닫기] 버튼을 눌렀을 때 닫히지 않도록 하기 위함이고, btnCancel_Click() 이벤트 핸들러는 [취소] 버튼을 더블클릭하여 생성한 프로시저로 this.Dispose() 메서드를 통해 폼을 종료하는 작업을 수행한다.

```
01:  private void Form2_FormClosing(object sender, FormClosingEventArgs e)
02:  {
03:    e.Cancel = true;
04:  }

05:  private void btnCancel_Click(object sender, EventArgs e)
06:  {
07:    this.Dispose();
08:  }
```

다음의 btnOk_Click() 이벤트 핸들러는 [확인] 버튼을 더블클릭하여 생성한 프로시저로 이미지 정보를 설정하는 작업을 수행한다.

```
01:  private void btnOk_Click(object sender, EventArgs e)
02:  {
03:    ItemManage.ItemId = this.txtId.Text;
04:    ItemManage.ItemName = this.txtName.Text;
05:    ItemManage.ItemDesc[Num] = this.txtDesc.Text;

06:    var dlr = MessageBox.Show("Item 정보를 저장합니다.",
           "저장", MessageBoxButtons.YesNo, MessageBoxIcon.Information);
07:    switch (dlr)
08:    {
09:      case DialogResult.Yes:
10:        this.Dispose();
11:        break;
12:      case DialogResult.No:
13:        break;
14:    }
15:  }
```

03–05행	TextBox에 입력된 값을 Form1의 컨트롤에 반영하기 위해 ItemManage 클래스 정의된 static 타입의 변수인 ItemId, ItemName, ItemDesc에 저장한다.
06행	YesNo 메시지 박스를 출력하는 구문으로, 메시지 박스의 응답에 따라 switch 구문을 이용하여 10행과 같이 폼을 종료하거나 13행과 같이 취소하는 작업을 수행한다.

5.6 예제 실행

다음 그림은 이미지 맵 그리기 예제를 F5 키를 눌러 실행한 화면이다.

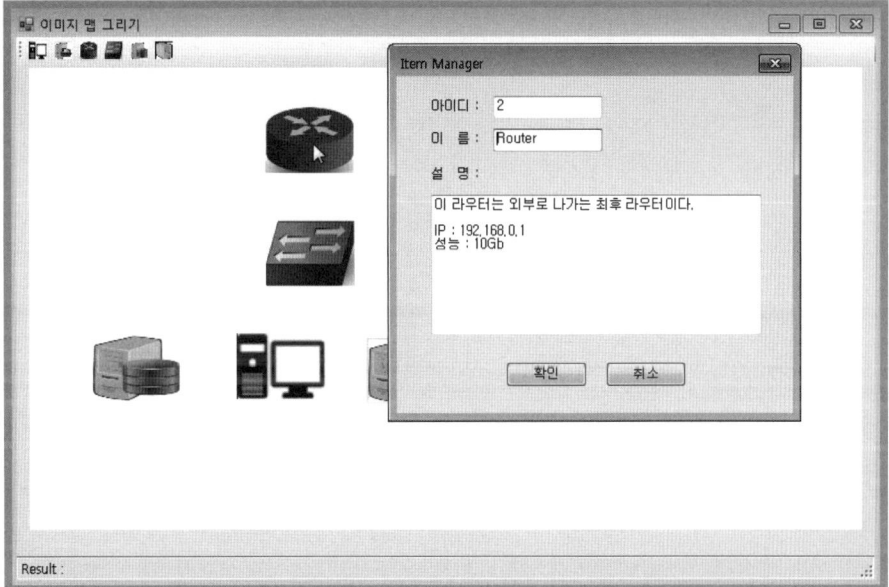

CHAPTER 03

파일 다루기

이 장에서는 로그나 시스템 설정 정보를 저장하기 위해 자주 사용하는 방식인 파일 관리에 대해 살펴본다. 물론 로그 또는 시스템 설정 값 등은 데이터베이스를 이용하여 저장할 수 있지만, 정보의 양이 많지 않을 때나 특수하게 서버에 저장하여 변경 관리를 요하지 않는 경우 데이터베이스를 사용하는 것은 상당한 리소스 낭비를 가져올 수 있다. 반면에 파일을 이용하여 어플리케이션의 간단한 설정 정보 등을 저장 관리하는 것은 데이터베이스보다 빠르고 간편하기 때문에 많은 윈도우 프로그램에서 파일을 이용하여 데이터를 저장하고 관리한다.

01　파일 읽기

이 절에서는 텍스트 파일이나 일반적으로 메모장으로 읽을 수 있는 파일을 File 클래스를 이용하여 파일 전체 또는 행 단위로 읽는 프로그램에 대해 살펴본다.

다음 그림은 파일 읽기 어플리케이션을 구현하고 실행한 결과 화면으로 그림과 같이 폼을 디자인한다.

[결과 미리 보기]

1.1 인터페이스 디자인

프로젝트 이름을 'mook_FileReader'로 하여 'C:\NetworkCS\Chap3' 경로에 프로젝트를 생성한다. 다음 그림과 같이 윈도우 폼에 각 컨트롤을 위치시키고 표를 참고하여 각 컨트롤의 속성값을 설정한다.

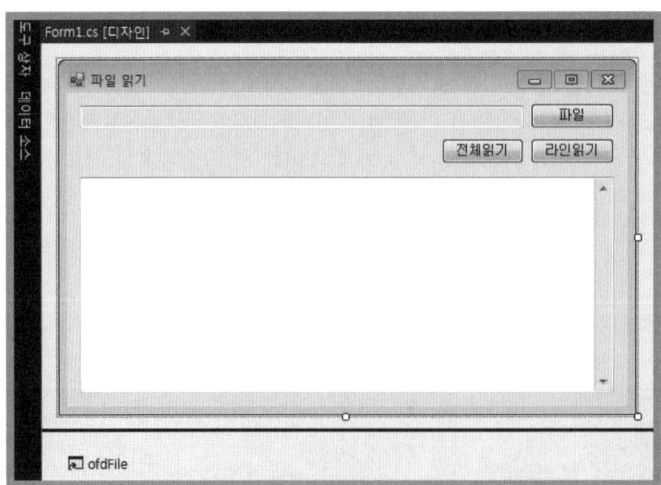

폼 컨트롤	속성	값
Form1	Name	Form1
	Text	파일 읽기
	FormBorderStyle	FixedSingle
	MaximizeBox	False
TextBox1	Name	txtPath
	ReadOnly	False
TextBox2	Name	txtView
	Multiline	True
	ScrollBars	Both
Button1	Name	btnFile
	Text	파일
Button2	Name	btnAllRead
	Text	전체읽기
Button3	Name	btnLineRead
	Text	라인읽기
OpenFileDialog1	Name	ofdFile
	Text	텍스트 파일 (*.txt)|*.txt| 모든 파일 (*.*)|*.*

1.2 코드 구현

다음과 같이 파일을 읽고 쓰는 데 필요한 클래스 및 메서드 그리고 속성을 쉽게 사용할 수 있도록 using 키워드를 이용하여 필요한 네임스페이스를 추가한다.

```
using System.IO;
```

다음의 btnPath_Click() 이벤트 핸들러는 [파일] 버튼을 더블클릭하여 생성한 프로시저로 [열기] 대화 상자를 열고 파일을 선택하는 작업을 수행한다.

```
01:  private void btnPath_Click(object sender, EventArgs e)
02:  {
03:    if (this.ofdFile.ShowDialog() == DialogResult.OK)
04:    {
05:      this.txtPath.Text = this.ofdFile.FileName;
06:    }
07:  }
```

03행   ofdFile.ShowDialog() 메서드를 이용하여 [열기] 대화 상자를 열고 파일을 선택한 뒤 대화 상자에서 [확인] 버튼을 클릭하였으면 05행을 실행하도록 한다.

05행 · ofdFile.FileName 속성을 이용하여 파일의 전체 경로 정보를 txtPath 컨트롤의 Text 속성에 저장한다.

다음의 btnAllRead_Click() 이벤트 핸들러는 [전체읽기] 버튼을 더블클릭하여 생성한 프로시저로 선택된 파일의 내용을 한 번에 모두 읽어 txtView 컨트롤에 나타내는 작업을 수행한다.

```
01:  private void btnAllRead_Click(object sender, EventArgs e)
02:  {
03:    if (txtCheck() == false)
04:      return;
05:    if (File.Exists(this.txtPath.Text))
06:    {
07:      using (StreamReader sr = new StreamReader(this.txtPath.Text))
08:      {
09:        this.txtView.Text = sr.ReadToEnd();
10:      }
11:    }
12:    else
13:    {
14:      MessageBox.Show("읽을 파일이 없습니다.", "에러",
              MessageBoxButtons.OK, MessageBoxIcon.Error);
15:    }
16:  }
```

03~04행	txtCheck() 메서드를 호출하여 선택된 파일이 있는지를 검사하는 유효성 검사 구문이다. 선택된 파일이 없으면 아무것도 실행하지 않도록 return 문을 실행한다.
05행	File.Exists() 메서드를 이용하여 지정된 파일 경로에 파일이 존재하는지를 검사하고 존재하면 06행~11행을 수행하고, 존재하지 않으면 12행~15행을 수행하여 에러 메시지를 출력한다.
07행	using 키워드를 이용하여 파일 읽기가 가능하도록 StreamReader 클래스의 개체를 생성하는 구문으로, using 키워드는 파일, 메모리, 소켓 등 관리되지 않는 리소스를 명시적으로 해제하는 작업을 수행한다. using 블록 내에서 생성한 개체는 읽기 전용으로 사용되며 외부에서 수정하거나 다시 할당할 수 없게 하여 안전하게 개체를 사용할 수 있게 해준다. StreamReader 생성자는 읽고자 하는 파일의 경로를 인수로 전달하여 개체를 생성한다.
09행	sr.ReadToEnd() 메서드를 이용하여 개체의 내용을 모두 읽어 txtView 컨트롤에 나타내는 작업을 수행한다.

다음의 txtCheck() 메서드는 txtPath 컨트롤의 Text 속성값에 내용이 있는지 여부를 검사하여 파일 선택의 유효성을 검사한다.

```
01:  private bool txtCheck()
02:  {
03:    if (this.txtPath.Text == "")
04:      return false;
05:    else
06:      return true;
07:  }
```

다음의 btnLineRead_Click() 이벤트 핸들러는 [라인읽기] 버튼을 더블클릭하여 생성한 프로시저로 선택된 파일을 행 단위로 읽어서 txtView 컨트롤에 출력하는 작업을 수행한다.

```
01:  private void btnLineRead_Click(object sender, EventArgs e)
02:  {
03:    if (txtCheck() == false)
04:      return;
05:    this.txtView.Clear();
06:    if (File.Exists(this.txtPath.Text))
07:    {
08:      using (StreamReader sr = new StreamReader(this.txtPath.Text))
09:      {
10:        string line = null;
11:        while ((line = sr.ReadLine()) != null)
12:        {
13:          this.txtView.AppendText(line + "\r\n");
14:        }
15:      }
16:    }
17:    else
18:    {
19:      MessageBox.Show("읽을 파일이 없습니다.", "에러",
                MessageBoxButtons.OK, MessageBoxIcon.Error);
20:    }
21:  }
```

11~14행	while 구문을 이용하여 StreamReader 개체의 정보를 행 단위로 읽어서. txtView 컨트롤에 나타내는 작업을 수행하는 구문이다.
11행	sr.ReadLine() 메서드를 이용하여 while 구문을 반복할 때마다 다음 행을 읽어 변수 line에 저장한다.
13행	txtView.AppendText() 메서드를 이용하여 txtView 컨트롤의 내용 뒤에 sr 개체에서 읽어온 텍스트를 추가하는 작업을 수행한다.

1.3 예제 실행

다음 그림은 파일 읽기 예제를 F5 키를 눌러 실행한 화면이다.

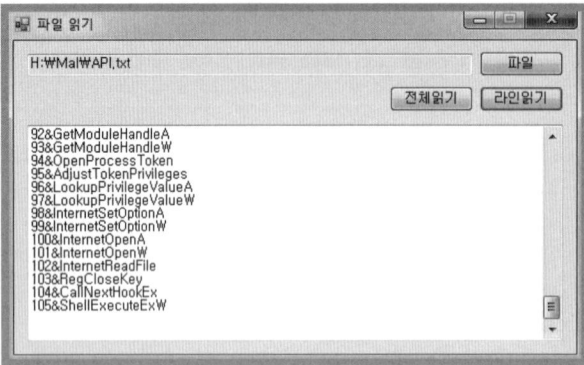

O2 파일 쓰기

앞 절에서는 파일을 읽어 TextBox에 보여주는 프로그램을 살펴보았다. 이 절에서는 TextBox에 쓰여진 문자열을 파일로 저장하는 프로그램 살펴볼 것이다. 파일 읽기 프로그램과 구조는 거의 유사하기 때문에 쉽게 이해할 수 있을 것이다.

다음 그림은 파일 쓰기 어플리케이션을 구현하고 실행한 결과 화면으로 그림과 같이 폼을 디자인한다.

[결과 미리 보기]

2.1 인터페이스 디자인

프로젝트 이름을 'mook_FileWriter'로 하여 'C:\NetworkCS\Chap3' 경로에 프로젝트를 생성한다. 다음 그림과 같이 윈도우 폼에 각 컨트롤을 위치시키고 표를 참고하여 각 컨트롤의 속성값을 설정한다.

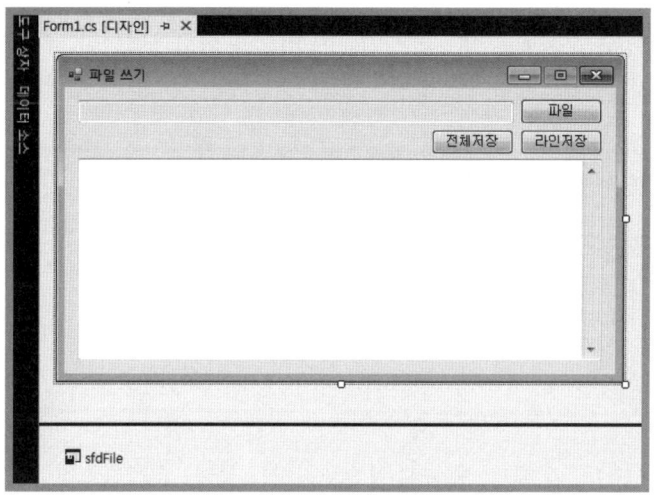

폼 컨트롤	속성	값
Form1	Name	Form1
	Text	파일 쓰기
	FormBorderStyle	FixedSingle
	MaximizeBox	False
TextBox1	Name	txtPath
	ReadOnly	False
TextBox2	Name	txtSave
	Multiline	True
	ScrollBars	Both
Button1	Name	btnFile
	Text	파일
Button2	Name	btnSave
	Text	전체저장
Button3	Name	btnLineSave
	Text	라인저장
SaveFileDialog1	Name	sfdFile
	Filter	텍스트 파일(*.txt)|*.txt

2.2 코드 구현

다음과 같이 파일을 읽고 쓰는 데 필요한 클래스 및 메서드 그리고 속성을 쉽게 사용할 수 있도록 using 키워드를 이용하여 필요한 네임스페이스를 추가한다.

```
using System.IO;
```

다음의 btnPath_Click() 이벤트 핸들러는 [파일] 버튼을 더블클릭하여 생성한 프로시저로 [저장] 대화 상자를 열어 파일이 저장될 경로를 설정하는 작업을 수행한다.

```
01:  private void btnPath_Click(object sender, EventArgs e)
02:  {
03:    if (this.sfdFile.ShowDialog() == DialogResult.OK)
04:    {
05:      this.txtPath.Text = this.sfdFile.FileName;
06:    }
07:  }
```

다음의 btnSave_Click() 이벤트 핸들러는 [전체저장] 버튼을 더블클릭하여 생성한 프로시저로 txtSave에 입력된 데이터를 파일로 전체 저장하는 작업을 수행한다.

```
01:  private void btnSave_Click(object sender, EventArgs e)
02:  {
03:    try
04:    {
05:      using (StreamWriter sw = new StreamWriter(this.txtPath.Text))
06:      {
07:        sw.WriteLine(this.txtSave.Text);
08:      }
09:    }
10:    catch { return; }
11:    MessageBox.Show("파일이 정상적으로 저장되었습니다.", "알림",
          MessageBoxButtons.OK, MessageBoxIcon.Information);
12:  }
```

05행	using 구문을 이용하여 파일에 내용을 쓰는 데 필요한 StreamWriter 개체를 생성하는 구문으로 StreamWriter 생성자에 저장될 파일의 전체 경로를 대입하여 개체 sw를 생성한다.
07행	sw.WriteLine() 메서드를 이용하여 05행에서 지정한 파일 경로에 파일을 저장하는 구문으로 저장할 데이터를 메서드의 인수로 전달한다.

다음의 btnLineSave_Click() 이벤트 핸들러는 [라인저장] 버튼을 더블클릭하여 생성한 프로시저로 txtSave에 입력된 데이터를 행 단위로 지정된 파일 경로에 저장하는 작업을 수행한다.

```
01: private void btnLineSave_Click(object sender, EventArgs e)
02: {
03:   try
04:   {
05:     using (StreamWriter sw = new StreamWriter(this.txtPath.Text))
06:     {
07:       foreach (var str in this.txtSave.Lines)
08:       {
09:         sw.WriteLine(str);
10:       }
11:     }
12:   }
13:   catch { return; }
14:   MessageBox.Show("파일이 정상적으로 저장되었습니다.", "알림",
         MessageBoxButtons.OK, MessageBoxIcon.Information);
15: }
```

07–10행   foreach 구문을 이용하여 txtSave에 저장된 문자열을 행 단위로 읽어와 09행의 sw.WriteLine() 메서드를 이용하여 지정된 경로의 파일에 저장하는 작업을 수행한다.

2.3 예제 실행

다음 그림은 파일 쓰기 예제를 F5 키를 눌러 실행한 결과 화면이다.

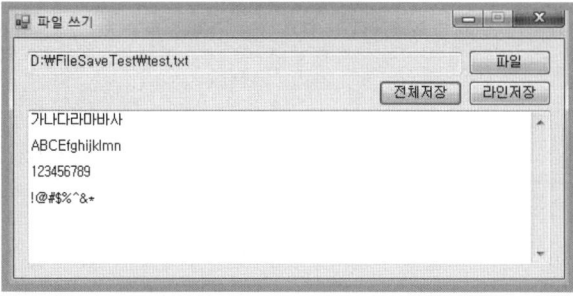

파일 탐색기를 이용하면 다음 그림과 같이 파일이 정상적으로 저장되어 있으며, 메모장을 이용하여 해당 파일을 열어 보면 파일의 내용도 이상 없이 열리는 것을 확인할 수 있다.

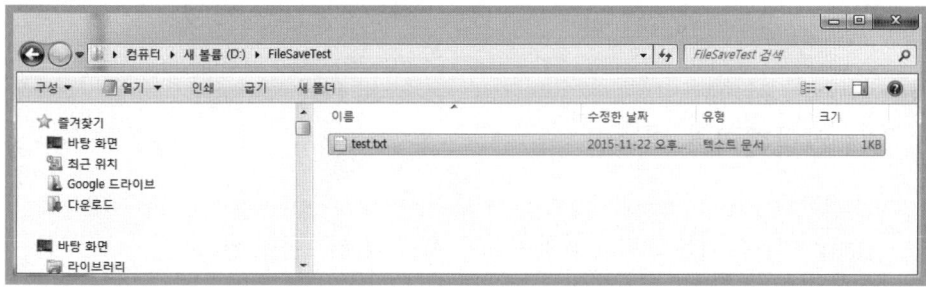

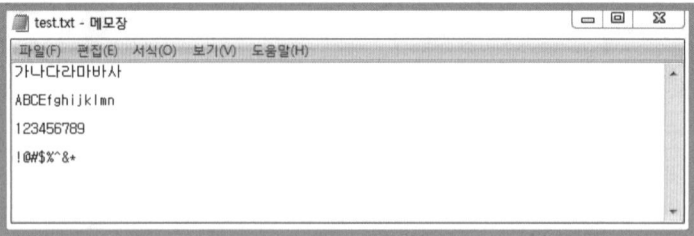

O3   파일 찾기

이 절에서 살펴볼 파일 찾기 프로그램은 지정된 경로에 파일을 일반 파일과 숨김 (hidden) 파일을 구분하여 찾는 예제이다. File 관련 클래스의 FileAttributes 특성을 이용하여 숨김 파일을 구별한다. FileAttributes 특성은 파일이 숨겨져 있는지, 시스템 파일인지, 압축되어 있는지를 구별하는 데 사용한다.

다음 그림은 파일 찾기 어플리케이션을 구현하고 실행한 결과 화면으로 그림과 같이 폼을 디자인한다.

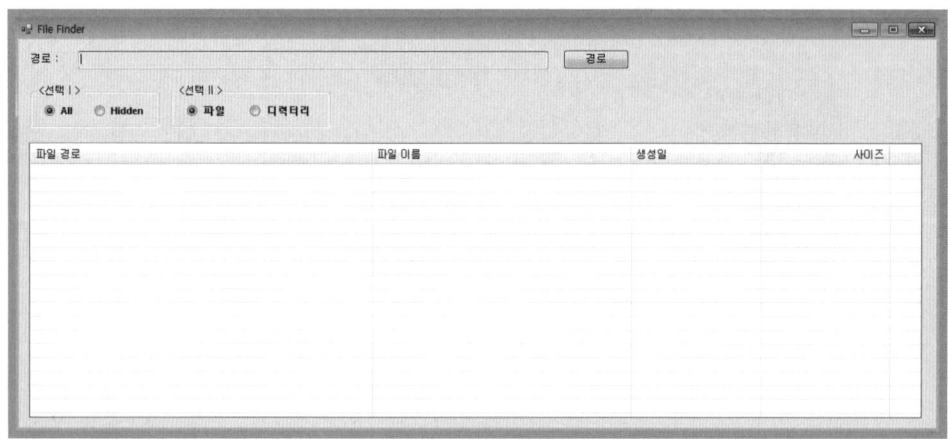

[결과 미리 보기]

3.1 인터페이스 디자인

프로젝트 이름을 'mook_FileFinder'로 하여 'C:\NetworkCS\Chap3' 경로에 프로젝트를 생성한다. 다음 그림과 같이 윈도우 폼에 각 컨트롤을 위치시키고 표를 참고하여 각 컨트롤의 속성값을 설정한다.

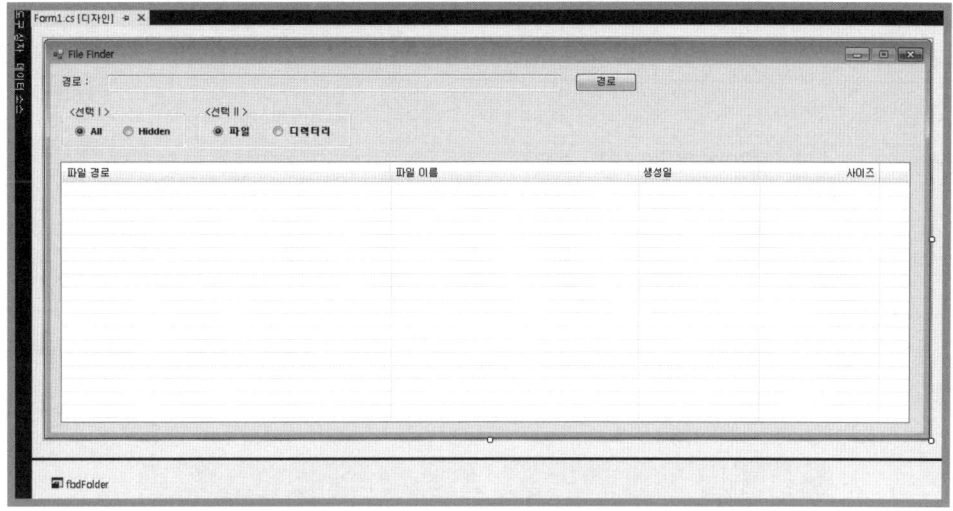

폼 컨트롤	속성	값
Form1	Name	Form1
	Text	Find File
	FormBorderStyle	FixedSingle
	MaximizeBox	False
Label1	Name	lblPath
	Text	경로 :
TextBox1	Name	txtPath
Button1	Name	btnPath
	Text	경로
GroupBox1	Name	gbOption1
	Text	〈 선택 I 〉
GroupBox2	Name	gbOption2
	Text	〈 선택 II 〉
RadioButton1	Name	rbtnAll
	Text	All
	Checked	True
RadioButton2	Name	rbtnHidden
	Text	Hidden
RadioButton1	Name	rbFile
	Text	파일
	Checked	True
RadioButton2	Name	rbDire
	Text	디렉터리

ListView1	Name	lvFile
	GridLines	True
	View	Details
FolderBrowserDialog1	Name	fbdFolder

다음 그림과 표에서 제공하는 정보를 이용하여 lvFile 컨트롤에 멤버를 추가하고 속성을 설정한다.

폼 컨트롤	속성	값
ColumnHeader1	Name	chFilePath
	Text	파일 경로
	Width	400
ColumnHeader2	Name	chFileName
	Text	파일 이름
	Width	300
ColumnHeader3	Name	chFileTime
	Text	생성일
	Width	150
ColumnHeader4	Name	chFileSize
	Text	사이즈
	Width	150

3.2 코드 구현

다음과 같이 using 키워드를 이용하여 필요한 네임스페이스를 추가한다.

```
using System.IO;
using System.Threading;
```

다음과 같이 클래스 내부의 제일 상단에 멤버 개체 및 변수를 추가한다.

```
01: Thread threadFileView = null; // 스레드 개체 생성

02: private delegate void OnDelegateFile(string fn, string fl, string fc);
03: private OnDelegateFile OnFile = null; // 델리게이트 생성
```

```
04:  bool Flag01 = true; // 일반 파일과 히든 파일 구분
05:  bool Flag02 = true; // 디렉토리와 파일 구분
```

다음의 Form1_Load() 이벤트 핸들러는 폼을 더블클릭하여 생성한 프로시저로 위에서 생성한 델리게이트 개체에 대리자 메서드를 대입하여 초기화하는 작업을 수행한다.

```
01:  private void Form1_Load(object sender, EventArgs e)
02:  {
03:    OnFile = new OnDelegateFile(FileResult);
04:  }
```

다음의 FileResult() 메서드는 델리게이트를 통해 호출되는 메서드로 lvFile 컨트롤에 정보를 나타내는 작업을 수행한다.

```
01:  private void FileResult(string fn, string fl, string fc, bool flag)
02:  {
03:    if (flag == true)
04:    {
05:      string fSize = GetFileSize(Convert.ToDouble(fl));
06:      FileInfo fi = new FileInfo(fn);
07:      this.lvFile.Items.Add(new ListViewItem(new string[] {
           fi.DirectoryName, fi.Name, fc, fSize }));
08:    }
09:    else
10:      this.lvFile.Items.Add(new ListViewItem(new string[] { fn, "", fc, "" }));

11:  }
```

03행	파일과 디렉터리를 구분하여 선택하기 위한 if 구문이다.
05행	GetFileSize() 메서드를 호출하여 파일의 사이즈를 Bytes, KB, MB, GB로 분류하여 나타내는 작업을 수행한다.
06행	파일의 정보를 가져오기 위해 FileInfo 클래스의 개체 fi를 생성하는 구문이다.
07행	lvFile 컨트롤에 나타낼 항목이 파일일 때 lvFile.Items.Add() 메서드를 이용하여 lvFile 컨트롤에 파일 경로, 파일 이름, 파일 생성 일 그리고 파일 사이즈를 나타내는 작업을 수행한다.
10행	lvFile 컨트롤에 나타낼 항목이 디렉터리일 때 lvFile.Items.Add() 메서드를 이용하여 lvFile 컨트롤에 디렉터리 경로, 디렉터리 생성일을 나타내는 작업을 수행한다.

다음의 GetFileSize() 메서드는 double형인 파일 사이즈의 표현 방법을 표준 형식으로 변경하는 작업을 수행한다. 파일 사이즈 변경은 String.Format() 메서드를 이용하여 표준화하여 변경한다.

```
01:   private string GetFileSize(double byteCount)
02:   {
03:     string size = "0 Bytes";
04:     if (byteCount >= 1073741824.0)
05:       size = String.Format("{0:##.##}", byteCount / 1073741824.0) + " GB";
06:     else if (byteCount >= 1048576.0)
07:       size = String.Format("{0:##.##}", byteCount / 1048576.0) + " MB";
08:     else if (byteCount >= 1024.0)
09:       size = String.Format("{0:##.##}", byteCount / 1024.0) + " KB";
10:     else if (byteCount > 0 && byteCount < 1024.0)
11:       size = byteCount.ToString() + " Bytes";

12:     return size;
13:   }
```

다음의 btnPath_Click() 이벤트 핸들러는 [경로] 버튼을 더블클릭하여 생성한 프로시저로 [폴더 찾아보기] 대화 상자를 호출하고 선택된 폴더 경로를 파라미터로 전달하며 스레드를 호출하는 작업을 수행한다.

```
01:   private void btnPath_Click(object sender, EventArgs e)
02:   {
03:     if (this.fbdFolder.ShowDialog() == DialogResult.OK)
04:     {
05:       this.lvFile.Items.Clear();
06:       this.txtPath.Text = this.fbdFolder.SelectedPath;
07:       threadFileView = new Thread(
              new ParameterizedThreadStart(FileView));
08:       threadFileView.Start(this.fbdFolder.SelectedPath);
09:     }
10:   }
```

03행　　ShowDialog() 메서드를 이용하여 [폴더 찾아보기] 대화 상자를 호출하고 [확인] 버튼이 눌리면 if 구문 블록 내부의 코드를 실행하는 작업을 수행한다.

07행　　파일을 검색하는 스레드를 초기화하는 구문으로 파라미터가 필요하기 때문에 ParameterizedThreadStart 키워드를 이용하여 FileView() 메서드를 설정한다.

08행　　Start() 메서드를 이용하여 초기화된 threadFileView 스레드를 실행하는 작업을 수행한다.

다음의 FileView() 메서드는 파라미터 값으로 넘겨받은 폴더 경로 하위의 파일을 검색하는 작업을 수행하는 메서드로 전체 파일을 검색하거나 숨김 파일을 선택하여 검색한다.

```
01:   private void FileView(object path)
02:   {
03:     DirectoryInfo di = new DirectoryInfo((string)path);
```

```
04:    DirectoryInfo[] dti = di.GetDirectories();

05:    if (Flag02 == true)
06:    {
07:      foreach (var f in di.GetFiles())
08:      {
09:        if (Flag01 == true)
10:        {
11:          Invoke(OnFile, f.FullName, f.Length.ToString(),
                   f.CreationTime.ToString(), Flag02);
12:        }
13:        else
14:        {
15:          if (f.Attributes.ToString().Contains(FileAttributes.Hidden.ToString()))
16:          {
17:            Invoke(OnFile, f.FullName, f.Length.ToString(),
                     f.CreationTime.ToString(), Flag02);
18:          }
19:        }
20:      }
21:    }
22:    else
23:    {
24:      if (Flag01 == true)
25:      {
26:        Invoke(OnFile, (string)path, "",
               di.CreationTime.ToString(), Flag02);
27:      }
28:      else
29:      {
30:        if (di.Attributes.ToString().Contains(FileAttributes.Hidden.ToString()))
31:        {
32:          Invoke(OnFile, (string)path, "",
                 di.CreationTime.ToString(), Flag02);
33:        }
34:      }
35:    }

36:    for (int i = 0; i < di.GetDirectories().Length; i++)
37:    {
38:      try
39:      {
40:        FileView(dti[i].FullName);
41:      }
42:      catch
43:      {
44:        continue;
```

```
45:    }
46:  }
47: }
```

03행	DirectoryInfo 클래스의 개체 di를 생성하면서 초기화하는 구문으로 파라미터 값으로 전달 받은 폴더 경로를 di 개체의 초기값으로 설정한다.
04행	GetDirectories() 메서드를 이용하여 지정된 디렉터리에 있는 하위 디렉터리(경로 포함)를 DirectoryInfo 클래스의 개체 dti에 저장하는 작업을 수행한다.
05행	파일과 디렉터리를 구분하는 if 구문이다.
07행	GetFiles() 메서드를 이용하여 FileInfo 클래스 개체 f에 저장된 컬렉션의 수만큼 반복하며 foreach 블록 내부의 코드를 수행한다.
09-12행	[All] 라디오 버튼이 체크되면 모든 파일의 정보를 나타내 주는 작업을 수행한다.
11행	Invoke() 메서드를 이용히여 델리게이트를 호출하고 주(기본) 스레드에 있는 lvFile 컨트롤에 정보를 나타내 주는 작업을 수행한다. 파일 정보는 f.FullName, f.Length, f.CreationTime 속성 (TIP 3-1 참고)을 이용하여 얻는다.
15행	검색되는 파일의 속성이 FileAttributes 멤버(TIP 3-2 참고) 특성 'Hidden' 값 즉, 숨김 파일이면 파일의 정보를 Invoke() 메서드를 이용하여 lvFile에 나타낸다.
22-35행	Flag02 값이 false로 디렉터리의 정보를 Invoke() 메서드를 이용하여 lvFile에 나타낸다.
36-46행	선택된 경로 하위의 디렉터리 수만큼 반복하여 FileView() 메서드를 호출하여 모든 디렉터리의 파일 및 하위 디렉터리를 검색한다.

[TIP 3-1] FileInfo 속성

속성	설명
Attributes	현재 FileSystemInfo의 FileAttributes를 가져오거나 설정함
CreationTime	현재 FileSystemInfo 개체를 만든 시간을 가져오거나 설정함
CreationTimeUtc	현재 FileSystemInfo 개체를 만든 시간을 UTC 기준으로 가져오거나 설정함
Directory	부모 디렉터리의 인스턴스를 가져옴
DirectoryName	디렉터리의 전체 경로를 나타내는 문자열을 가져옴
Exists	파일이 있는지를 나타내는 값을 가져옴
Extension	파일의 확장명 부분을 나타내는 문자열을 가져옴
FullName	파일이나 디렉터리의 전체 경로를 가져옴
IsReadOnly	현재 파일이 읽기 전용인지 여부를 결정하는 값을 가져오거나 설정함
LastAccessTime	현재 파일이나 디렉터리에 마지막으로 액세스한 시간을 가져오거나 설정함
LastAccessTimeUtc	현재 파일이나 디렉터리를 마지막으로 액세스한 시간을 UTC 기준으로 가져오거나 설정함
LastWriteTime	현재 파일이나 디렉터리에 마지막으로 쓴 시간을 가져오거나 설정함
LastWriteTimeUtc	현재 파일이나 디렉터리에 마지막으로 쓴 시간을 UTC 기준으로 가져오거나 설정함
Length	현재 파일의 크기(바이트)를 가져옴
Name	파일 이름을 가져옴

[TIP 3-2] FileAttributes 멤버

멤버 이름	설명
ReadOnly	읽기 전용 파일
Hidden	숨겨져 있는 파일
System	시스템 파일 ※ 파일이 운영 체제의 일부이거나 운영 체제에 의해 단독으로 사용됨
Directory	디렉터리
Archive	파일의 보관 상태 ※ 응용 프로그램은 이 특성을 사용하여 백업하거나 제거할 파일을 표시
Normal	일반 파일 ※ 이 특성은 단독으로 사용되는 경우에만 유효합니다.
Temporary	임시 파일 ※ 파일 시스템은 신속한 액세스를 위해 데이터를 대용량 저장소로 다시 플러시하지 않고 모든 데이터를 메모리에 보관하려 함
SparseFile	스파스 파일
Compressed	압축 파일
Offline	파일이 오프라인(데이터를 즉시 사용할 수 없음) 상태
Encrypted	파일 또는 디렉터리가 암호화됨 ※ 파일의 경우 파일의 모든 데이터가 암호화됨을 의미

다음의 rbtnAll_CheckedChanged() 이벤트 핸들러는 [All] 라디오 비튼을 선택한 후 이벤트 목록 창에서 CheckedChanged 항목을 더블클릭하여 생성한 프로시저로 파일을 검색하는 스레드를 실행하는 작업을 수행한다.

```
01:  private void rbtnAll_CheckedChanged(object sender, EventArgs e)
02:  {
03:    Flag01 = true;
04:    if (threadFileView != null)
05:      threadFileView.Abort();
06:    if (this.txtPath.Text != "")
07:    {
08:      this.lvFile.Items.Clear();
09:      threadFileView = new Thread(
           new ParameterizedThreadStart(FileView));
10:      threadFileView.Start(this.fbdFolder.SelectedPath);
11:    }
12:  }
```

04–05행   이미 threadFileView 스레드가 실행되어 있다면 강제 종료하는 구문으로 threadFileView 스레드를 실행하여야 하기 때문에 종료 작업을 수행한다.

09–10행   threadFileView 스레드에 파일 및 디렉터리를 검색하는 FileView() 메서드를 설정하여 스레드를 실행하는 작업을 수행한다.

다음의 rbtnHidden_CheckedChanged() 이벤트 핸들러는 [Hidden] 라디오 버튼을 선택 후 이벤트 목록 창에서 CheckedChanged 항목을 더블 클릭하여 생성한 프로시저로 rbtnAll_CheckedChanged() 이벤트 핸들러와 같은 작업을 수행한다.

```
01: private void rbtnHidden_CheckedChanged(object sender, EventArgs e)
02: {
03:   Flag01 = false;
04:   if (threadFileView != null)
05:     threadFileView.Abort();
06:   if (this.txtPath.Text != "")
07:   {
08:     this.lvFile.Items.Clear();
09:     threadFileView = new Thread(new ParameterizedThreadStart(FileView));
10:     threadFileView.Start(this.fbdFolder.SelectedPath);
11:   }
12: }
```

다음의 Form1_FormClosing() 이벤트 핸들러는 Form1 개체의 이벤트 목록 창에서 [FormCloseing] 란을 더블클릭하여 생성한 프로시저로 threadFileView 스레드가 종료되지 않았으면 폼을 종료할 때 Abort() 메서드를 이용하여 종료하는 작업을 수행한다.

```
01: private void Form1_FormClosing(object sender, FormClosingEventArgs e)
02: {
03:   if (threadFileView != null)
04:     threadFileView.Abort();
05: }
```

다음의 rbDire_CheckedChanged()와 rbFile_CheckedChanged() 이벤트 핸들러는 〈선택 II〉 그룹 박스에 위치한 라디오 버튼을 더블클릭하여 생성한 프로시저로 파일과 디렉터리를 구분하는 작업을 수행한다.

```
06: private void rbDire_CheckedChanged(object sender, EventArgs e)
07: {
08:   Flag02 = false;
09: }

10: private void rbFile_CheckedChanged(object sender, EventArgs e)
11: {
12:   Flag02 = true;
13: }
```

3.3 예제 실행

다음 그림은 파일 찾기 예제를 F5 키를 눌러 실행한 화면이다. [All] 또는 [Hdden] 라디오 버튼을 눌러 결과 출력을 확인한다.

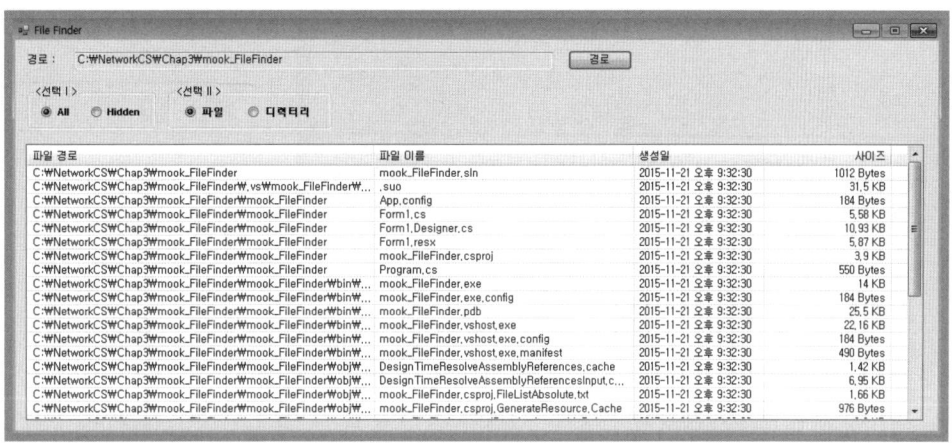

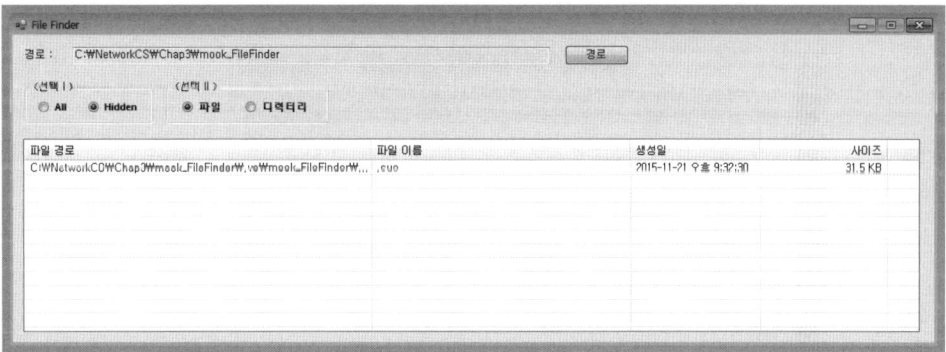

참고로 숨김 파일 중 시스템 관리자 권한 및 별도의 권한이 요구되는 파일의 목록은 이 예제에서 확인할 수 없다. 하지만, 사용자가 의도적으로 파일 속성을 숨김(hidden)으로 설정한 파일은 목록 확인이 가능하다.

04 메모리 읽기 쓰기

이 절에서는 파일을 메모리에 쓰고, 다시 메모리를 읽어서 파일로 생성하는 프로그램을 살펴보도록 한다. 메모리를 읽고 쓰는 것은 네트워크 프로그래밍에서 많이 구현되는 기능으로 이 절에서 확실히 이해하고 넘어가도록 하자.

다음 그림은 메모리 읽기 쓰기 어플리케이션을 구현하고 실행한 결과 화면으로 그림과 같이 폼을 디자인한다.

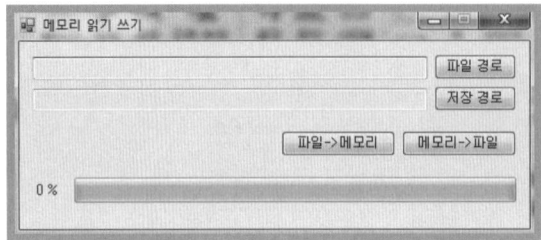

[결과 미리 보기]

4.1 인터페이스 디자인

프로젝트 이름을 'mook_MemoryReaderWriter'로 하여 'C:\NetworkCS\Chap3' 경로에 프로젝트를 생성한다. 다음 그림과 같이 윈도우 폼에 각 컨트롤을 위치시키고 표를 참고하여 각 컨트롤의 속성값을 설정한다.

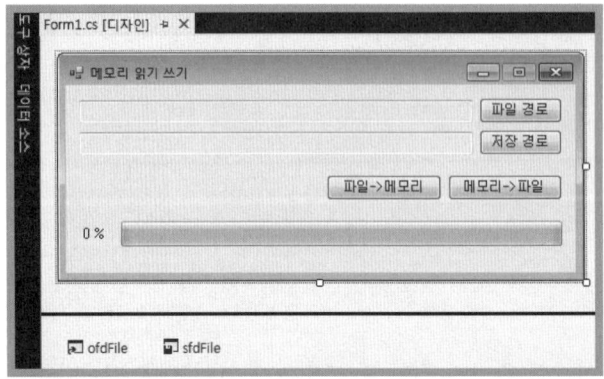

폼 컨트롤	속성	값
Form1	Name	Form1
	Text	메모리 읽기 쓰기
	FormBorderStyle	FixedSingle
	MaximizeBox	False
TextBox1	Name	txtOpenPath
	ReadOnly	True
TextBox2	Name	txtSavePath
	ReadOnly	True
Button1	Name	btnOpenPath
	Text	파일 경로
Button2	Name	btnSavePath
	Text	저장 경로

Button3	Name	btnMemLoad
	Text	파일—〉메모리
Button4	Name	btnFileSave
	Text	메모리—〉파일
Label1	Name	lblPer
	Text	0 %
Progress1	Name	pgbLoad
	Step	1
OpenFileDialog1	Name	ofdFile
	Filter	모든 파일(*.*)|*.*
SaveFileDialog1	Name	sfdFile
	Filter	모든 파일(*.*)|*.*

4.2 코드 구현

다음과 같이 using 키워드를 이용하여 필요한 네임스페이스를 추가한다.

```
using System.IO;
using System.Threading;
```

다음과 같이 멤버 개체와 멤버 변수를 클래스 내부 상단에 추가한다.

```
01:  FileStream fsr = null;
02:  FileStream fsw = null;
03:  MemoryStream ms = new MemoryStream(); // 메모리 스트림 개체 생성
04:  byte[] bt = new byte[4096];     // 바이트 배열

05:  Thread FileMemThre = null;     // 스레드 개체 생성(파일—〉메모리)
06:  Thread MemFileThre = null;     // 스레드 개체 생성(메모리—〉파일)
07:  private delegate void OnDelegateView(int n); // 델리게이트 선언
08:  private OnDelegateView OnView = null;       // 델리게이트 개체 생성
```

다음의 btnOpenPath_Click() 이벤트 핸들러는 [파일 경로] 버튼을 더블클릭하여 생성한 프로시저로 [열기] 대화 상자를 열어 파일을 선택하고 FileStream 개체를 초기화하는 작업을 수행한다.

```
01:  private void btnOpenPath_Click(object sender, EventArgs e)
02:  {
03:    if (this.ofdFile.ShowDialog() == DialogResult.OK)
04:    {
```

```
05:     this.txtOpenPath.Text = this.ofdFile.FileName;
06:     fsr = new FileStream(this.txtOpenPath.Text, FileMode.Open, FileAccess.Read);
07:   }
08: }
```

03행   ofdFile.ShowDialog() 메서드를 이용하여 [열기] 대화 상자를 호출하고 파일을 선택하면 if 문 내부 코드를 수행한다.

06행   FileStream 클래스 생성자(TIP 3-3 참고)를 이용하여 FileStream 개체 fsr을 초기화하는 작업을 수행한다. 매개변수로 파일의 경로와 파일을 열거나 만드는 방법을 결정하는 상수, 파일에 접근하는 방법을 나타내는 상수를 대입하여 개체를 초기화한다.

[TIP 3-3] FileStream 생성자

FileStream(string path, FileMode mode, FileAccess access) 생성자
지정된 경로, 생성 모드 및 읽기/쓰기 권한을 사용하여 FileStream 클래스의 새로운 개체를 초기화한다.

- path : 현재 FileStream 개체가 캡슐화할 파일의 상대 또는 절대 경로를 나타내는 문자열
- mode : 파일을 열거나 만드는 방법을 결정하는 상수
- access : FileStream 개체에서 파일에 액세스할 수 있는 방법을 결정하는 상수

FileMode 열거형
운영 체제에서 파일을 여는 방법을 지정한다.

멤버 이름	설명
Append	해당 파일이 있을 경우 파일을 열고 파일의 끝까지 검색하거나 새 파일을 만든다.
Create	운영 체제에서 새 파일을 만들도록 지정한다. 파일이 이미 있으면 해당 파일을 덮어쓴다.
CreateNew	운영 체제에서 새 파일을 만들도록 지정한다.
Open	운영 체제에서 기존 파일을 열도록 지정한다.
OpenOrCreate	파일이 있으면 운영 체제에서 파일을 열고 그렇지 않으면 새 파일을 만들도록 지정한다.
Truncate	운영 체제에서 기존 파일을 열도록 지정한다.

FileAccess 열거형
파일에 대한 읽기, 쓰기 또는 읽기/쓰기 액세스에 사용하는 상수를 정의한다.

멤버 이름	설명
Read	파일에 대한 읽기 액세스
ReadWrite	파일에 대한 읽기 및 쓰기 액세스
Write	파일에 대한 쓰기 액세스

다음의 btnSavePath_Click() 이벤트 핸들러는 [저장 경로] 버튼을 더블클릭하여 생성한 프로시저로 [저장] 대화 상자를 호출하여 저장할 파일의 경로를 txtSavePath에 나타내는 작업을 수행한다.

```
01:   private void btnSavePath_Click(object sender, EventArgs e)
02:   {
03:     if (this.sfdFile.ShowDialog() == DialogResult.OK)
04:     {
05:       this.txtSavePath.Text = this.sfdFile.FileName;
06:     }
07:   }
```

다음의 btnMemLoad_Click() 이벤트 핸들러는 [파일–〉메모리] 버튼을 더블클릭하여 생성한 프로시저로 파일의 내용을 읽어 메모리에 쓰는 작업을 수행한다.

```
01:   private void btnMemLoad_Click(object sender, EventArgs e)
02:   {
03:     this.pgbLoad.Value = 0;
04:     FileInfo fi = new FileInfo(this.txtOpenPath.Text);
05:     FileMemThre = new Thread(new ParameterizedThreadStart(FileMem));
06:     FileMemThre.Start(fi);
07:   }
```

| 04행 | FileInfo 클래스의 개체 fi를 생성하는 구문으로 FileInfo() 생성자의 매개변수에는 선택한 파일의 경로를 지정한다. |
| 05–06행 | 스레드 개체를 초기화하는 구문으로 파일을 메모리에 쓰는 작업을 수행하는 FileMem() 메서드를 매개변수로 대입한다. |

다음의 FileMem() 메서드는 파일을 메모리에 쓰는 작업을 하며, FileMemThre 스레드에서 동작한다.

```
01:   private void FileMem(object o)
02:   {
03:     FileInfo fi = (FileInfo)o;
04:     long FlengthC = fi.Length / 4096;
05:     long FlengthL = fi.Length % 4096;
06:     long n = 0;
07:     for (n = 0; n < FlengthC; n++)
08:     {
09:       Thread.Sleep(10);
10:       fsr.Seek(4096 * n, SeekOrigin.Begin);
11:       fsr.Read(bt, 0, 4096);
12:       ms.Seek(4096 * n, SeekOrigin.Begin);
13:       ms.Write(bt, 0, 4096);
```

```
14:    int v = (int)(ms.Length * 100 / fsr.Length);
15:    Invoke(OnView, v);
16:  }
17:  if ((int)FlengthL != 0)
18:  {
19:    fsr.Seek(4096 * n, SeekOrigin.Begin);
20:    fsr.Read(bt, 0, (int)FlengthL);
21:    ms.Seek(4096 * n, SeekOrigin.Begin);
22:    ms.Write(bt, 0, (int)FlengthL);
23:    Invoke(OnView, 100);
24:  }
25:  fsr.Close();
26:  FileMemThre.Abort();
27: }
```

03행	매개변수로 넘겨받은 FileInfo 클래스의 개체를 object형에서 FileInfo형으로 명시적으로 변환하는 구문이다.
04–05행	fi 개체를 이용하여 파일을 바이트 단위로 읽기 위한 작업을 수행한다. 즉 fi.Length 속성을 이용하여 파일의 크기를 구하고 4096으로 나누어 바이트 배열에 파일을 조각내어 저장할 수 있도록 한다.
10행	fsr.Seek() 메서드(TIP 3–4 참고)를 이용하여 파일 스트림의 검색할 위치를 설정하는 구문이다.
11행	fsr.Read() 메서드(TIP 3–4 참고)를 이용하여 파일 스트림에서 바이트 블록을 읽어 해당 데이터를 제공된 버퍼 bt에 쓰는 작업을 수행한다.
12행	ms.Seek() 메서드를 이용하여 메모리 스트림의 검색할 위치를 설정하는 구문이다.
13행	ms.Write() 메서드(TIP 3–4 참고)를 이용하여 버퍼에서 읽은 데이터를 사용하여 메모리 스트림에 쓰는 작업을 수행한다.
14행	파일의 내용을 메모리에 쓰는 작업의 진행률을 구하는 구문으로 ms.Length는 현재 메모리 크기를 나타낸다.
15행	Invoke() 메서드를 이용 대리자를 호출하여 파일의 내용을 메모리에 쓰는 진행률을 pgbLoad 컨트롤에 나타내는 작업을 수행한다.
17–24행	파일을 4096으로 분할하였을 때 나머지 데이터가 생겼을 때 그만큼만 메모리에 쓰는 작업을 수행한다.

[TIP 3-4] FileStream 메서드

FileStream.Seek(long offset, SeekOrigin origin) 메서드
스트림의 현재 위치를 설정한다.

– offset : 검색을 시작할 origin에 상대적인 위치
– origin : SeekOrigin 형식의 값을 사용하여 시작, 끝 또는 현재 위치를 offset에 대한 참조 지점으로 설정

SeekOrigin 열거형
탐색에 사용할 스트림 내의 위치 지정

멤버 이름	설명
Begin	스트림의 맨 앞 지정
Current	스트림 내의 현재 위치 지정
End	스트림의 맨 끝 지정

FileStream.Read(byte[] array, int offset, int count) 메서드
스트림에서 바이트 블록을 읽어서 해당 데이터를 제공된 버퍼에 쓴다.

- array : 이 메서드는 지정된 바이트 배열의 값이 offset과 (offset + count − 1) 사이에서 현재 원본으로부터 읽어온 바이트로 교체된 상태로 반환
- offset : 읽은 바이트를 넣을 array의 바이트 오프셋
- count : 읽을 최대 바이트 수

MemoryStream.Write(byte[] buffer, int offset, int count) 메서드
버퍼에서 읽은 데이터를 사용하여 현재 스트림에 바이트 블록을 쓴다.

- buffer : 데이터를 쓸 버퍼
- offset : 현재 스트림으로 비이트를 복사하기 시작할 buffer의 바이드 오프셋(0부터 시작)
- count : 쓸 최대 바이트 수

다음의 btnFileSave_Click() 이벤트 핸들러는 [메모리→파일] 버튼을 더블클릭하여 생성한 프로시저로 메모리에서 파일로 쓰는 작업을 수행하는 스레드를 생성하는 작업을 수행한다.

```
01: private void btnFileSave_Click(object sender, EventArgs e)
02: {
03:   this.pgbLoad.Value = 0;
04:   ms.Position = 0;
05:   fsw = new FileStream(this.txtSavePath.Text, FileMode.Create, FileAccess.Write);
06:   MemFileThre = new Thread(MemFile);
07:   MemFileThre.Start();
08: }
```

05행 FileStream() 클래스 생성자를 이용하여 파일을 쓰기 위한 개체 fsw를 초기화하는 구문이다.

다음의 MemFile() 메서드는 메모리를 읽어 파일을 쓰는 작업을 수행하며, MemFileThre 스레드에서 동작한다.

```
01: private void MemFile()
02: {
03:   long FlengthC = ms.Length / 4096;
04:   long FlengthL = ms.Length % 4096;
05:   long n = 0;
06:   for (n = 0; n < FlengthC; n++)
```

```
07:    {
08:      Thread.Sleep(10);
09:      ms.Seek(4096 * n, SeekOrigin.Begin);
10:      ms.Read(bt, 0, 4096);
11:      fsw.Seek(4096 * n, SeekOrigin.Begin);
12:      fsw.Write(bt, 0, 4096);

13:      int v = (int)(fsw.Length * 100 / ms.Length);
14:      Invoke(OnView, v);
15:    }
16:    if ((int)FlengthL != 0)
17:    {
18:      ms.Seek(4096 * n, SeekOrigin.Begin);
19:      ms.Read(bt, 0, (int)FlengthL);
20:      fsw.Seek(4096 * n, SeekOrigin.Begin);
21:      fsw.Write(bt, 0, (int)FlengthL);
22:      Invoke(OnView, 100);
23:    }
24:    fsw.Close();
25:    MemFileThre.Abort();
26:  }
```

09행	ms.Seek() 메서드를 이용하여 메모리 스트림을 읽을 위치를 설정하는 구문이다.
10행	ms.Read() 메서드를 이용하여 메모리에 스트림에서 데이터를 읽어와 바이트 배열 즉, 버퍼에 쓰는 작업을 수행한다.
11행	fsw.Seek() 메서드를 이용하여 파일 스트림에 쓰기 위한 위치를 설정하는 구문이다.
12행	fsw.Write() 메서드를 이용하여 버퍼에서 읽어온 데이터를 파일 스트림에 쓰는 작업으로 파일을 생성한다.

다음의 Form1_Load() 이벤트 핸들러는 폼을 더블클릭하여 생성한 프로시저로 OnView 델리게이트 개체의 초기화 작업을 수행하며, OnProView() 메서드는 델리게이트를 호출하면 실행되어 pgbLoad, lblPer 컨트롤에 작업의 진행률을 나타내는 작업을 수행한다.

```
01: private void Form1_Load(object sender, EventArgs e)
02: {
03:    OnView = new OnDelegateView(OnProView);
04: }

05: private void OnProView(int n)
06: {
07:    this.pgbLoad.Value = n;
08:    this.lblPer.Text = n.ToString() + " %";
09: }
```

4.3 예제 실행

다음 그림은 메모리 읽기 쓰기 예제를 F5 키를 눌러 실행한 화면이다.

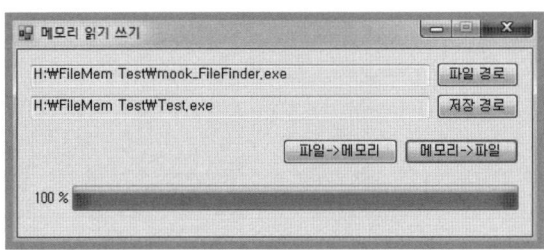

다음 그림과 같이 파일 탐색기를 이용하여 파일이 정상적으로 생성된 것을 확인할 수 있다.

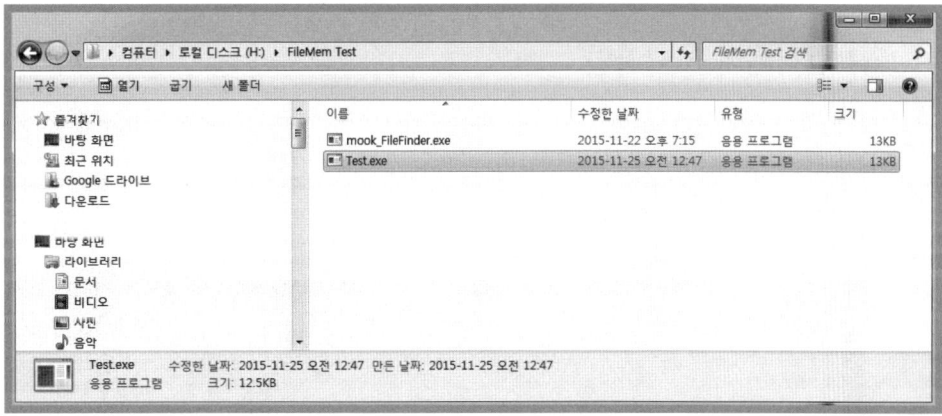

05 파일 복사 및 이동

이 절에서는 파일을 복사하고 이동하는 예제에 대해 살펴본다. 파일을 복사하고 이동하는 작업은 윈도우 상에서 클릭 몇 번으로 가능하지만, 이 기능을 프로그램으로 구현하기 위해서는 여러 기능을 추가적으로 구현해주어야 하며, 앞 절에서 살펴본 스트림에 대해 적절하게 사용할 수 있어야 한다.

다음 그림은 파일 복사 및 이동 어플리케이션을 구현하고 실행한 결과 화면으로 그림과 같이 폼을 디자인한다.

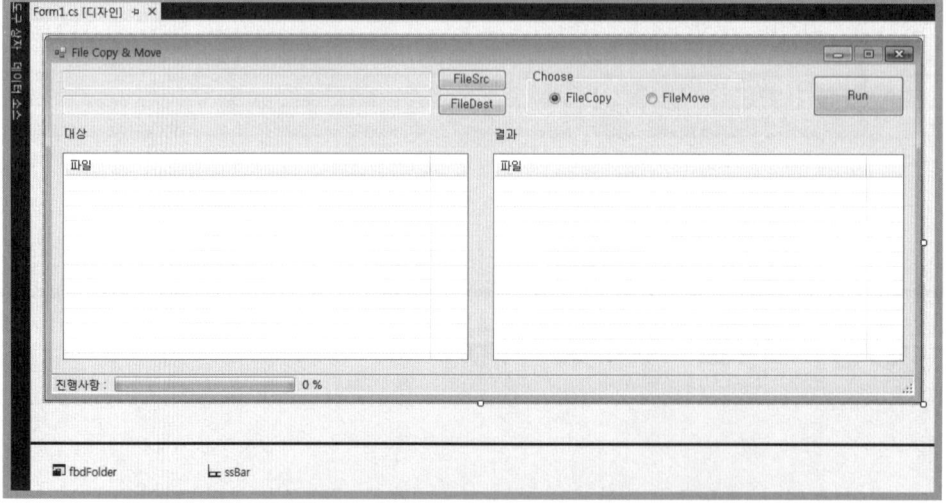

[결과 미리 보기]

5.1 인터페이스 디자인

프로젝트 이름을 'mook_FileCopyMove'로 하여 'C:\NetworkCS\Chap3' 경로에 프로젝트를 생성한다. 다음 그림과 같이 윈도우 폼에 각 컨트롤을 위치시키고 표를 참고하여 각 컨트롤의 속성값을 설정한다.

폼 컨트롤	속성	값
Form1	Name	Form1
	Text	File Copy & Move
TextBox1	Name	txtSrc
	ReadOnly	True
TextBox2	Name	txtDest
	ReadOnly	True

Button1	Name	btnSrc
	Text	FileSrc
Button2	Name	btnDest
	Text	FileDest
Button3	Name	btnRun
	Text	Run
GroupBox1	Name	gbBox
	Text	Choose
RadioButton1	Name	rbCopy
	Text	FileCopy
	checked	True
RadioButton2	Name	rbMove
	Text	FileMove
	Checked	False
Label1	Name	lblSrc
	Text	대상
Label2	Name	lblDest
	Text	결과
ListView1	Name	lvSrc
	GridLines	True
	View	Details
ListView2	Name	lvDest
	GridLines	True
	View	Details
StatusStrip1	Name	ssBar
FolderBrowserDialog1	Name	fbdFolder

다음 그림과 표에서 제공하는 정보를 이용하여 lvSrc 컨트롤에 멤버를 추가하고 속성을 설정한다.

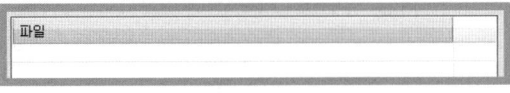

폼 컨트롤	속성	값
ColumnHeader1	Name	chFileSrc
	Text	파일
	Width	400

다음 그림과 표에서 제공하는 정보를 이용하여 lvDest 컨트롤에 멤버를 추가하고 속성을 설정한다.

폼 컨트롤	속성	값
ColumnHeader1	Name	chFileDest
	Text	파일
	Width	400

다음 그림과 표에서 제공하는 정보를 이용하여 ssBar 컨트롤에 멤버를 추가하고 속성을 설정한다.

폼 컨트롤	속성	값
ToolStripStatusLabel1	Name	tsslbl
	Text	진행사항 :
ToolStripStatusLabel2	Name	tsslblStatus
	Text	0 %
ToolStripProgressBar1	Name	tspgrbar

5.2 코드 구현

다음과 같이 using 키워드를 이용하여 필요한 네임스페이스를 추가한다.

```
using System.IO;
```

다음과 같이 멤버 변수를 클래스 내부 제일 상단에 추가한다.

```
01:  string FileSrc = "";  // 복사 및 이동 소스 파일의 경로
02:  string FileDest = ""; // 복사 및 이동 목적지 파일의 경로
```

다음의 btnSrc_Click() 이벤트 핸들러는 [FileSrc] 버튼을 더블클릭하여 생성한 프로시저로 파일을 복사하거나 이동할 경로를 설정하는 작업을 수행한다.

```
01:  private void btnSrc_Click(object sender, EventArgs e)
02:  {
03:    if(this.fbdFolder.ShowDialog() == DialogResult.OK)
04:    {
05:      this.lvSrc.Items.Clear();
06:      this.txtSrc.Text = this.fbdFolder.SelectedPath;
07:      FileSrc = this.fbdFolder.SelectedPath;
08:      DirectoryInfo di = new DirectoryInfo(this.txtSrc.Text);
09:      foreach(var fs in di.GetFiles())
10:      {
11:        this.lvSrc.Items.Add(new ListViewItem(new string[] { fs.Name }));
12:      }
13:    }
14:  }
```

03행	fbdFolder.ShowDialog() 메서드를 이용하여 [폴더 찾기] 대화 상자를 열고 폴더를 선택하면 04~13행을 수행한다.
08행	DirectoryInfo 클래스의 개체 di를 생성하는 구문으로 생성자에 복사 및 이동 소스 파일의 경로를 매개변수로 대입하여 초기화한다.
09행	foreach 문 내에서 di.GetFiles() 메서드를 이용하여 di 개체에 지정된 경로의 파일 목록을 가져오는 작업을 수행한다
11행	lvSrc.Items.Add() 메서드를 이용하여 파일의 이름을 lvSrc 컨트롤에 나타내는 작업을 수행한다.

다음의 btnDest_Click() 이벤트 핸들러는 [FileDest] 버튼을 더블클릭하여 생성한 프로시저로 복사 및 이동 목적지 파일 경로를 선택하고 그 경로의 파일을 lvDest 컨트롤에 나타내는 작업을 수행한다.

```
01:  private void btnDest_Click(object sender, EventArgs e)
02:  {
03:    if (this.fbdFolder.ShowDialog() == DialogResult.OK)
04:    {
05:      this.lvDest.Items.Clear();
06:      this.txtDest.Text = this.fbdFolder.SelectedPath;
07:      FileDest = this.fbdFolder.SelectedPath;
08:      DirectoryInfo di = new DirectoryInfo(FileDest);
09:      foreach (var fs in di.GetFiles())
10:      {
11:        this.lvDest.Items.Add(new ListViewItem(new string[] { fs.Name }));
12:      }
13:    }
14:  }
```

다음의 btnRun_Click() 이벤트 핸들러는 [Run] 버튼을 더블클릭하여 생성한 프로시저로 파일을 복사 및 이동하는 작업을 수행한다.

```
01:  private void btnRun_Click(object sender, EventArgs e)
02:  {
03:    if(this.txtDest.Text == this.txtSrc.Text)
04:    {
05:      MessageBox.Show("경로가 같을 수 없습니다.", "에러",
              MessageBoxButtons.OK, MessageBoxIcon.Error);
06:      return;
07:    }
08:    int i = 0;
09:    int sum = this.lvSrc.Items.Count;
10:    for (int n = this.lvSrc.Items.Count -1; n >= 0; n--)
11:    {
12:      i++;
13:      if(File.Exists(FileSrc + @"\" +
              this.lvSrc.Items[n].SubItems[0].Text) == false)
14:      {
15:        MessageBox.Show("존재하지 않는 파일입니다.", "에러",
              MessageBoxButtons.OK, MessageBoxIcon.Error);
16:        continue;
17:      }
18:      FileInfo fi = new FileInfo(FileSrc + @"\" +
              this.lvSrc.Items[n].SubItems[0].Text);
19:      FileLoad fd = new FileLoad(FileSrc + @"\" +
              this.lvSrc.Items[n].SubItems[0].Text, FileDest + @"\" +
              this.lvSrc.Items[n].SubItems[0].Text);
20:      if(fd.ShowDialog() == DialogResult.OK)
21:      {
22:        fd.Close();
23:        int Flag = 0;
24:        for(int k=0;k<this.lvDest.Items.Count;k++)
25:        {
26:          if (this.lvDest.Items[k].SubItems[0].Text ==
                this.lvSrc.Items[n].SubItems[0].Text)
27:            Flag++;
28:        }
29:        if (Flag == 0)
30:          this.lvDest.Items.Add(new ListViewItem(new string[]
                { this.lvSrc.Items[n].SubItems[0].Text }));
31:        if (rbMove.Checked == true)
32:        {
33:          fi.Delete();
34:          this.lvSrc.Items.RemoveAt(n);
35:        }
```

```
36:     }
37:     int v = (int)(i * 100 / sum);
38:     this.tspgrbar.Value = v;
39:     this.tsslblStatus.Text = " " + v.ToString() + " %";
40:   }
41: }
```

18행	FileInfo 클래스의 개체 fi를 생성하는 구문으로 파일을 이동할 때 소스 경로에서 목적지 경로에 파일 복사가 완료되면 소스 경로의 파일을 삭제하기 위하여 파일 정보를 File 개체 fi에 설정하는 구문이다.
19행	FileLoad 클래스의 개체 fd를 생성하는 구문으로 매개변수로 소스 파일의 전체 경로와 목적지 파일의 전체 경로를 대입하여 생성한다.
20행	fd.ShowDialog() 메서드를 호출하여 FileLoad 폼을 실행한다.
24-28행	파일이 복사될 때 목적지에 같은 파일이 있는지를 판단하는 구문으로 for 문을 수행할 때 Flag 변수의 값이 0보다 커지면 같은 파일이 존재하는 것이기 때문에 lvDest 컨트롤에 파일 이름을 추가할 필요가 없다. 하지만, Flat 변수의 값이 0일 때는 29~30행을 수행하여 lvDest 컨트롤에 파일명을 추가하는 작업을 수행한다.
31-35행	rbMove.Checked 값이 true일 때 즉, 파일을 이동할 때 소스 경로에서 파일을 삭제하고 lvSrc 컨트롤에서 삭제하는 작업을 수행해야 한다. 파일 삭제는 fi.Delete() 메서드를 이용하여 삭제하고, lvSrc.Items.RemoveAt() 메서드를 이용하여 컨트롤에 표시된 파일명을 삭제한다.
37-39행	파일을 복사하거나 이동하는데 진행률을 tspgrbar, tsslblStatus 컨트롤에 나타내는 작업을 수행한다.

5.3 FileLoad 폼 생성 및 인터페이스 디자인

솔루션 탐색기 창에서 프로젝트 이름을 마우스 오른쪽 버튼으로 클릭하여 표시되는 메뉴에서 [추가]-[Windows Form] 메뉴를 선택하여 'FileLoad.cs'를 프로젝트에 추가한다. 다음 그림과 같이 윈도우 폼에 각 컨트롤을 위치시키고 표를 참고하여 각 컨트롤의 속성 값을 설정한다.

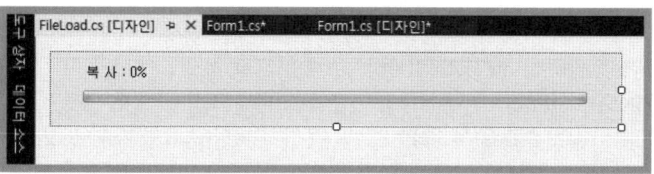

폼 컨트롤	속성	값
Form2	Name	FileLoad
	Text	파일 복사
	FormBorderStyle	None
	MaximizeBox	False
	MinimizeBox	False
	ShowIcon	False
	ShowInTaskbar	False
	StartPosition	CenterScreen
	TopMost	True
Label1	Name	lblCopy
	Text	복사 : 0%
ProgressBar1	Name	pgbCopy
	Step	1

5.4 FileLoad 코드 구현

다음과 같이 using 키워드를 이용하여 필요한 네임스페이스를 추가한다.

```
using System.Threading;
using System.IO;
```

다음과 같이 멤버 개체 및 변수를 클래스 내부 상단에 추가한다.

```
01:  public delegate void SetProgCallBack(int vy);      // 진행률 Progress
02:  public delegate void SetLabelCallBack(string str); // 진행률 텍스트

03:  private Thread t1;                          // 스레드 개체 생성
04:  private byte[] bts = new byte[4096]; // 파일 분할 저장
05:  private FileStream fsSrc = null;        // 소스 파일 스트림 개체 생성
06:  private FileStream fsDest = null;       // 목적지 파일 스트림 개체 생성
```

다음의 FileLoad() 메서드는 Form1에서 호출될 때 처음 수행되며, 파일 스트림 개체인 fsSrc와 fsDest를 초기화하는 작업을 수행한다.

```
01:  public FileLoad(string src, string dest)
02:  {
03:    InitializeComponent();
```

```
04:    fsSrc = new FileStream(src, FileMode.Open, FileAccess.Read);
05:    fsDest = new FileStream(dest, FileMode.Create, FileAccess.Write);
06: }
```

다음의 FileLoad_Load() 폼을 더블클릭하여 생성한 프로시저로 pgbCopy 컨트롤의 초기화 및 스레드 개체 t1을 초기화하고 실행하는 작업을 수행한다.

```
01:  private void FileLoad_Load(object sender, EventArgs e)
02:  {
03:    this.pgbCopy.Maximum = 100;
04:    t1 = new Thread(new ThreadStart(FileCopy));
05:    t1.Start();
06:  }
```

다음의 FileCopy() 메서드를 외부 스레드에서 수행되는 메서드로 지정된 소스 경로에서 목적지 경로로 파일을 복사하는 작업을 수행한다.

```
01:  private void FileCopy()
02:  {
03:    int vv = 1;
04:    int cnt - 0;
05:    int kk = (int)(fsSrc.Length / 4096) − 1;
06:    int ss = (int)(fsSrc.Length % 4096);

07:    while (true)
08:    {
09:      Thread.Sleep(10);
10:      if (vv >= 100)
11:      {
12:        break;
13:      }

14:      bts = new byte[4096];

15:      if (cnt <= kk)
16:      {
17:        fsSrc.Seek(4096 * cnt, SeekOrigin.Begin);
18:        fsSrc.Read(bts, 0, 4096);

19:        fsDest.Seek(4096 * cnt, SeekOrigin.Begin);
20:        fsDest.Write(bts, 0, 4096);
21:      }
22:      else
23:      {
```

```
24:        fsSrc.Seek(4096 * cnt, SeekOrigin.Begin);
25:        fsSrc.Read(bts, 0, ss);

26:        fsDest.Seek(4096 * cnt, SeekOrigin.Begin);
27:        fsDest.Write(bts, 0, ss);
28:      }

29:      cnt++;

30:      vv = (int)(fsDest.Length * 100 / fsSrc.Length);
31:      if (vv > 100)
32:      {
33:        SetProgBar(100);
34:      }
35:      else
36:      {
37:        SetProgBar(vv);
38:      }
39:      SetLabel("복사 : " + vv.ToString() + "%");
40:    }
41:    est.Close();
42:    fsSrc.Close();
43:    DialogResult = DialogResult.OK;
44:  }
```

05-06행	스트림 버퍼에 파일을 분할하여 저장하기 위해 파일을 4096으로 나누어 몫과 나머지를 구하는 구문이다.
17-18행	소스 파일 경로의 파일 스트림 fsSrc 개체의 Seek(), Read() 메서드를 이용하여 파일의 데이터를 버퍼에 저장하는 작업을 수행한다.
19-20행	목적지 파일 경로의 파일 스트림 fsDest 개체의 Seek(), Write() 메서드를 이용하여 버퍼에서 읽은 데이터를 파일에 쓰는 작업을 수행한다.
31-38행	SetProgBar() 메서드를 호출하여 현재 파일 복사 진행률을 pgbCopy 컨트롤에 나타내는 작업을 수행한다.
39행	SetLable() 메서드를 호출하여 현재 파일 복사 진행률을 lblCopy 컨트롤에 나타내는 작업을 수행한다.
43행	DialogResult = DialogResult.OK 구문을 이용하여 Form1에 종료 이벤트를 전달하고 폼을 닫는 작업을 수행한다.

다음의 SetProgBar() 메서드는 델리게이트 개체를 생성하고 보조 스레드에서 호출되어 pgbCopy 컨트롤에 파일 복사 진행률을 나타내는 작업을 수행한다.

```
01:  private void SetProgBar(int vv)
02:  {
03:    if (this.pgbCopy.InvokeRequired)
04:    {
```

```
45:     SetProgCallBack del = new SetProgCallBack(SetProgBar);
46:     this.Invoke(del, new object[] { vv });
47:   }
48:   else
49:     this.pgbCopy.Value = vv;
50: }
```

03행   pgbCopy.InvokeRequired 속성을 이용하여 호출자가 컨트롤이 만들어진 스레드와 같은지 혹은 다른 스레드인지 판단하여 다르면 04~07행을 수행하여 델리게이트를 생성하고 Invoke를 수행하여 pgbCopy 컨트롤에 진행률을 나타낸다. 만약 같다면 09행을 수행하여 pgbCopy 컨트롤에 진행률을 나타낸다.

다음의 SetLabel() 메서드는 델리게이트 개체를 생성하고 보조 스레드에서 호출되어 lblCopy 컨트롤에 파일 복사 진행률을 나타내는 작업을 수행한다.

```
01: private void SetLabel(string str)
02: {
03:   if (this.lblCopy.InvokeRequired)
04:   {
05:     SetLabelCallBack del = new SetLabelCallBack(SetLabel);
06:     this.Invoke(del, new object[] { str });
07:   }
08:   else
09:     this.lblCopy.Text = str;
10: }
```

다음의 FileLoad_FormClosing() 이벤트 핸들러는 폼을 선택하고 이벤트 목록 창에서 [FormClosing] 란을 더블클릭하여 생성한 프로시저로 스레드 활성화되어 있다면 Abort() 구문을 이용하여 종료하는 작업을 수행한다.

```
01: private void FileLoad_FormClosing(object sender, FormClosingEventArgs e)
02: {
03:   if (t1 != null) { t1.Abort(); }
04: }
```

5.5 예제 실행

다음 그림은 파일 복사 및 이동 예제를 F5 키를 눌러 실행한 화면이다.

· 파일 복사

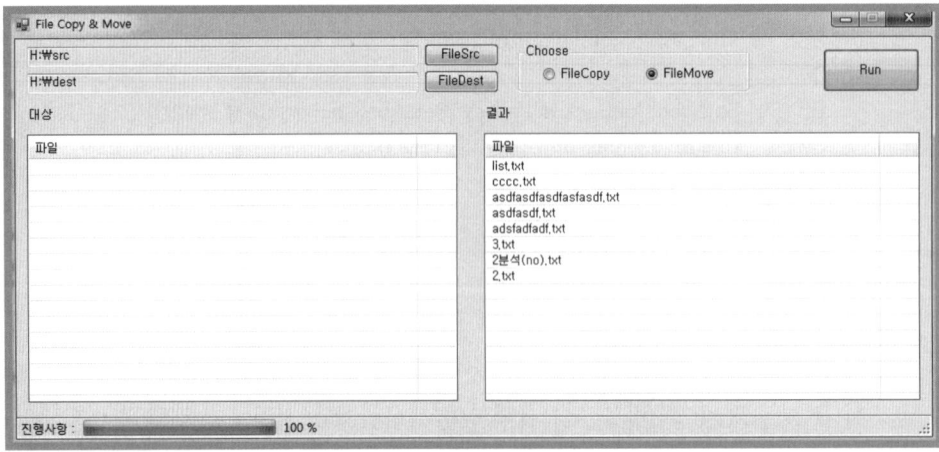

· 파일 이동

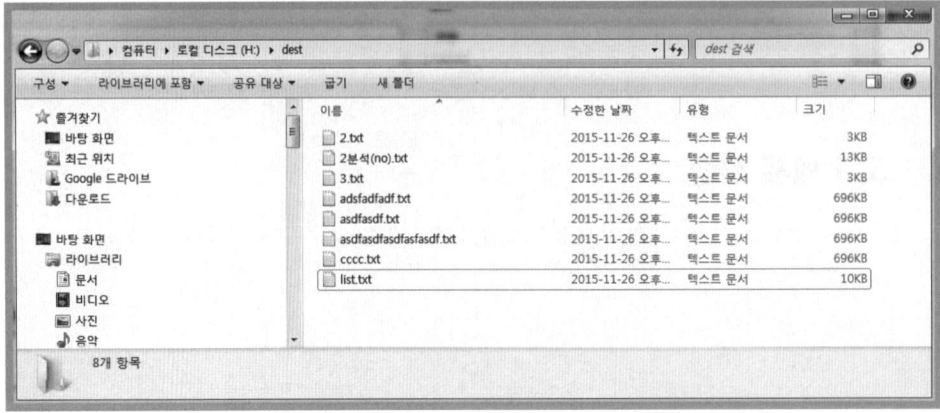

파일 탐색기를 이용해 보면 다음 그림과 같이 실제 경로에 파일이 정상적으로 복사 또는 이동된 것을 확인할 수 있다.

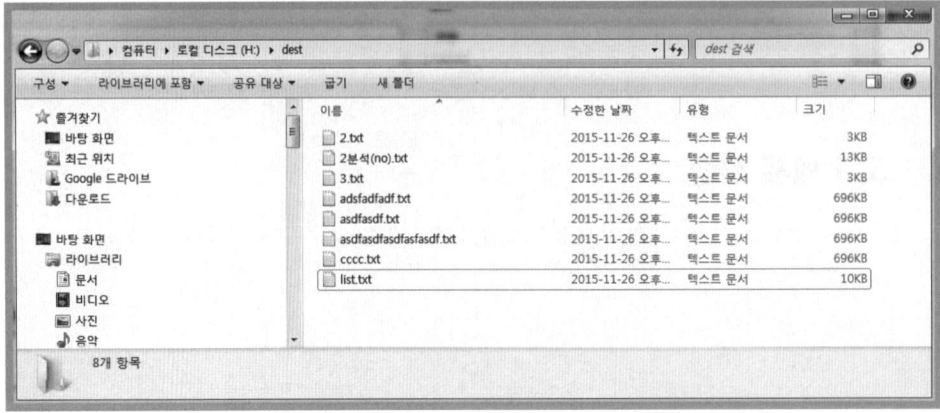

WinAPI 사용하기

C#을 이용하여 윈도우 어플리케이션을 구현하다 보면 Low-Level의 API를 사용해야 하는 경우가 발생한다. 본래 C#은 .NET Framework에서 제공하는 많은 라이브러리를 이용하여 어플리케이션을 구현하지만, 순수 .NET Framework에서 제공하는 라이브러리만으로는 구현하기 어렵거나 좀 더 강력한 기능을 구현하기 위해서 WinAPI를 사용한다.

WinAPI는 DLL(Dynamic Linking Library)로 구성되어 있는데 DLL은 작은 프로그램들의 집합으로서, 컴퓨터 내에서 실행되고 있는 큰 프로그램에서 필요로 할 때 그중 어떤 것이라도 호출될 수 있다. 예를 들어, 대형 프로그램이 프린터나 스캐너 등과 같은 특정 장치와 통신을 할 수 있게 하는 작은 프로그램은 종종 DLL 프로그램으로 구성된다. (보통 'DLL 파일'이라고 불림)

DLL 파일들의 장점은 주프로그램과 함께 램에 적재되지 않기 때문에 램 공간을 절약하는 데 있다. 따라서 DLL 파일은 필요한 경우에만 적재되어 실행된다. 예를 들어, 마이크로소프트 워드 사용자가 문서를 편집하고 있는 동안에, 프린터의 DLL 파일은 램에 적재될 필요가 없다. 만약 사용자가 문서를 출력하려고 할 때 워드 프로그램은 그 시점에서 프린터 DLL 파일을 적재하고 실행한다.

O1 WinAPI 호출

WinAPI는 Windows 운영 체제의 일부인 DLL이다. 직접 프로시저를 작성하기 어려울 때 WinAPI를 참조하여 사용할 수 있다. 예를 들어, Windows가 제공하는 FlashWindowEx 함수를 사용하여 응용 프로그램의 제목 표시 줄을 밝은 음영과 어두운 음영 중에서 선택적으로 표시할 수 있다.

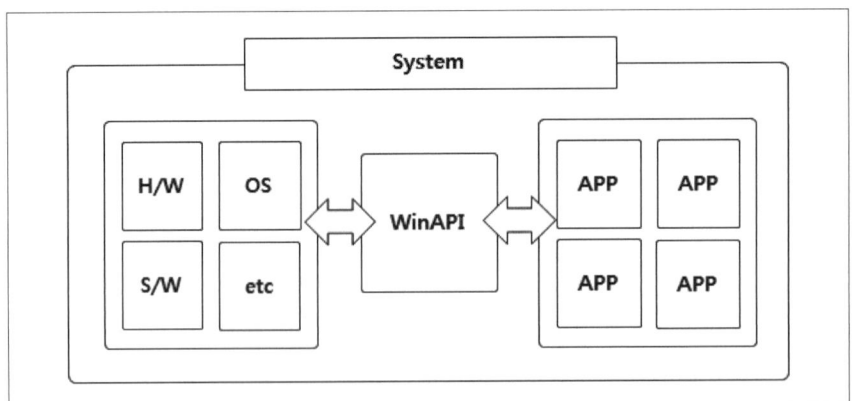

WinAPI에는 윈도우 기능을 바로 사용할 수 있는 여러 가지 유용한 함수가 포함되어 있기 때문에 이를 코드 작성에 사용하면 개발 시간을 절약할 수 있다는 장점이 있다. 하지만, WinAPI 자체적으로 문제가 발생하는 경우 WinAPI를 수정하지 않는 한 문제의 해결이 쉽지 않다는 단점이 있다.

전통적으로 WinAPI는 크게 Kernel API, User API, GDI API, 멀티미디어 API 등 4개로 분류되며, 간단한 정의는 다음과 같다.

- **Kernel API (정의 파일 : Kernel32.dll)**
  메모리와 외부 기억장치 등 OS의 가장 하단부에 있는 메서드로 하드웨어적인 접근과 제어를 위해 사용하며, 파일과 폴더 등에 관련된 작업도 담당한다.

- **User API (정의 파일 : User32.dll)**
  창, 버튼, 메뉴 등을 다루는 메서드들을 제공하며, GDI API와 함께 사용한다.

- **GDI API (정의 파일 : GDI32.dll)**
  선을 그리거나 색을 칠하는 등의 그리기 메서드들이 정의되어 있으며, 그래픽에 관련된 메서드들을 관리한다.

- **멀티미디어 API (정의 파일 : Winmm.dll)**
  동영상, 소리 등을 다룰 수 있는 메서드들이 정의되어 있다.

WinAPI는 관리 코드를 사용하지 않고 형식 라이브러리가 기본 제공되지 않으며 Visual Studio에서 사용되는 것과 다른 데이터 형식을 사용한다. 이 WinAPI 함수 호출은 다음과 같이 DllImport 구문을 이용하여 호출하고 사용한다.

WinAPI 함수는 다음과 같은 형식으로 호출한다.

```
[DllImport("DLL이름.dll")] // API 함수를 포함하고 있는 DLL
public static extern int Function(string A, string B); // API 함수 원형 기재
```

O2　Wav 파일 재생

이 절에서는 Wav 파일을 재생하는 어플리케이션을 살펴본다. Wav 파일 재생 기능은 'winmm.dll' 라이브러리에 구현된 Wav 파일 재생 기능(PlaySound 함수)을 참조하여 구현된다.

다음 그림은 Wav 재생 어플리케이션을 구현하고 실행한 결과 화면으로 그림과 같이 폼을 디자인한다.

[결과 미리 보기]

2.1 인터페이스 디자인

프로젝트 이름을 'mook_WavPlayer'로 하여 'C:\NetworkCS\Chap4' 경로에 프로젝트를 생성한다. 다음 그림과 같이 윈도우 폼에 각 컨트롤을 위치시키고 표를 참고하여 각 컨트롤의 속성값을 설정한다.

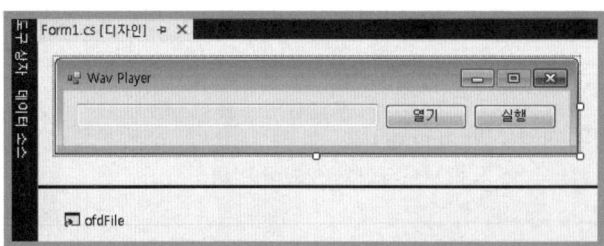

폼 컨트롤	속성	값
Form1	Name	Form1
	Text	Wav Player
	FormBorderStyle	FixedSingle
	MaximizeBox	False
TextBox1	Name	txtPath
	ReadOnly	True
Button1	Name	btnFile
	Text	열기
Button2	Name	btnPlay
	Text	실행
OpenFileDialog1	Name	ofdFile
	Filter	웨이브 파일(*.wav)|*.wav

2.2 코드 구현

다음과 같이 using 키워드를 이용하여 필요한 네임스페이스를 추가한다.

```
using System.Runtime.InteropServices;
using System.IO;
using System.Threading;
```

System.Runtime.InteropServices 네임스페이스는 WinAPI를 쉽게 이용할 수 있도록 인터페이스를 제공한다.

다음과 같이 스레드 멤버 개체를 클래스 내부 제일 상단에 추가한다.

```
Thread PlayThre = null;
```

다음과 같이 'winmm.dll' 라이브러리에 정의되어 있는 PlaySound 함수를 사용하기 위해서 DllImport 구문을 이용하여 함수 호출 구문을 선언한다.

```
01:  [DllImport("winmm.DLL")]
02:  public static extern bool PlaySound(string szSound,
         System.IntPtr hMod, PlaySoundFlags flags);
03:  public enum PlaySoundFlags : int
04:  {
05:    SND_SYNC = 0x0000,
06:    SND_ASYNC = 0x0001,
07:    SND_NODEFAULT = 0x0002,
08:    SND_LOOP = 0x0008,
09:    SND_NOSTOP = 0x0010,
10:    SND_NOWAIT = 0x00002000,
11:    SND_FILENAME = 0x00020000,
12:    SND_RESOURCE = 0x00040004
13:  }
```

01-02행   DllImport 구문을 이용하여 'winmm.dll' 라이브러리에 정의되어 있는 PlaySound 함수 호출을
           선언하는 구문이나.

03-13행   PlaySoundFlags 열거형을 정의하는 구문으로 PlaySound 함수의 세 번째 매개변수에 열거형
           값 중 하나를 대입하여 Wav 파일을 어떻게 재생할지를 결정하는 작업을 수행한다.

다음의 btnFile_Click() 이벤트 핸들러는 [열기] 버튼을 더블클릭하여 생성한 프로시저로 [열기] 대화 상자를 호출하여 Wav 파일의 경로를 설정하는 구문이다.

```
01:  private void btnFile_Click(object sender, EventArgs e)
02:  {
03:    if (this.ofdFile.ShowDialog() == DialogResult.OK)
04:    {
05:      this.txtPath.Text = this.ofdFile.FileName;
06:    }
07:  }
```

다음의 btnPlay_Click() 이벤트 핸들러는 [실행] 버튼을 더블클릭하여 생성한 프로시저로 스레드를 초기화하여 Wav 파일을 실행하는 작업을 수행한다.

```
01:  private void btnPlay_Click(object sender, EventArgs e)
02:  {
03:    FileInfo fi = new FileInfo(this.txtPath.Text);
04:    if(fi.Exists == true)
05:    {
06:      PlayThre = new Thread(new ParameterizedThreadStart(PlaySoundRun));
07:      PlayThre.Start(this.txtPath.Text);
08:    }
09:    else
10:    {
11:      MessageBox.Show("실행할 Wav 파일이 없습니다.", "알림",
            MessageBoxButtons.OK, MessageBoxIcon.Error);
12:    }
13:  }
```

03행   FileInfo 클래스의 개체를 생성하는 구문으로 Wav 파일의 존재 여부를 점검하는 작업을 수행한다.

04행   fi.Exists 속성을 이용하여 선택된 Wav 파일이 존재하면 05~08행을 수행하여 Wav 파일을 실행하는 스레드를 초기화하는 작업을 수행한다.

06행   PlayThre 스레드를 초기화하는 작업으로 실제 Wav 파일을 실행하는 외부 함수인 PlaySound 함수를 호출하는 메서드의 이름인 PlaySoundRun을 인자로 대입한다.

다음의 PlaySoundRun() 메서드는 Wav 파일을 실행하기 위한 WinAPI의 PlaySound 함수를 호출하는 작업을 수행한다.

```
01:  private void PlaySoundRun(object o)
02:  {
03:    string FilePath = (string)o;
04:    PlaySound(FilePath, new System.IntPtr(), PlaySoundFlags.SND_SYNC);
05:    PlayThre.Abort();
06:  }
```

03행   object 타입의 매개변수를 string 타입으로 명시적으로 변환하는 작업을 수행한다.

04행   'winmm.dll' 라이브러리에 정의되어 있는 PlaySound 함수를 호출하는 구문이다. 첫 번째 매개변수에는 Wav 파일의 전체 경로를 대입해주고, 두 번째 매개변수에는 시스템 모듈 값을 대입한다. 세 번째 매개변수에는 PlaySoundFlags 열거형 중 하나를 대입하여 Wav 파일을 실행한다.

다음의 Form1_FormClosing() 이벤트 핸들러는 폼을 선택한 후 이벤트 목록 창에서
[FormClosing] 란을 더블클릭하여 생성한 프로시저로 폼을 종료될 때 추가된 스레드
PlayThre가 활성화되어 있으면 Abort() 메서드를 호출하여 강제 종료하는 작업을 수행
한다.

```
01:   private void Form1_FormClosing(object sender, FormClosingEventArgs e)
02:   {
03:     if (PlayThre != null)
04:       PlayThre.Abort();
05:   }
```

2.3 예제 실행

다음 그림은 Wav 파일 재생 예제를 F5 키를 눌러 실행한 화면이다.

03 휴지통 복원

이 절에서는 'Shell32.dll' 라이브러리를 이용하여 휴지통을 비우거나 휴지통에 있는 파
일을 삭제하기 전의 경로에 복원하는 휴지통 복원 프로그램을 살펴보도록 한다.

DllImport 구문으로 'Shell32.dll' 라이브러리의 함수 사용을 선언하고, 라이브러리를 레
퍼런스로 추가하여 휴지통 비우기와 파일 복원하는 기능을 구현한다.

다음 그림은 휴지통 복원 어플리케이션을 구현하고 실행한 결과 화면으로 그림과 같이
폼을 디자인한다.

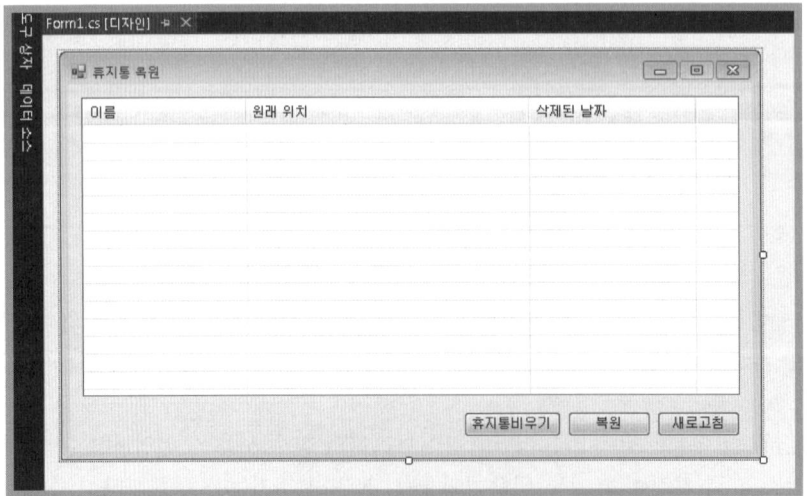

[결과 미리 보기]

3.1 인터페이스 디자인

프로젝트 이름을 'mook_FileRestore'로 하여 'C:\NetworkCS\Chap4' 경로에 프로젝트를 생성한다. 다음 그림과 같이 윈도우 폼에 각 컨트롤을 위치시키고 표를 참고하여 각 컨트롤의 속성값을 설정한다.

폼 컨트롤	속성	값
Form1	Name	Form1
	Text	휴지통 복원
	FormBorderStyle	FixedSingle
	MaximizeBox	False

	Name	lvRcbFile
ListView1	FullRowSelect	True
	GridLines	True
	View	Details
Button1	Name	btnDel
	Text	휴지통비우기
Button2	Name	btnRestore
	Text	복원
Button3	Name	btnRefresh
	Text	새로고침

다음 그림과 표에서 제공하는 정보를 이용하여 lvRcbFile 컨트롤에 멤버를 추가하고 속성을 설정한다.

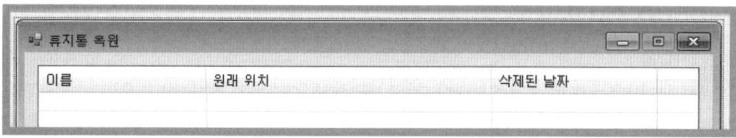

폼 컨트롤	속성	값
ColumnHeader1	Name	chName
	Text	이름
	Width	150
ColumnHeader2	Name	chPath
	Text	원래 위치
	Width	260
ColumnHeader3	Name	chDel
	Text	삭제된 날짜
	Width	150

3.2 코드 구현

'Shell32.dll' 라이브러리의 레퍼런스를 추가하기 위해 솔루션 탐색기의 [참조]–[참조 추가] 항목을 마우스 오른쪽 버튼으로 눌러 [참조 관리자] 대화 상자를 호출하고 'C:\ Windows\System32\' 경로에서 해당 라이브러리를 찾아 레퍼런스로 추가한다.

다음과 같이 using 키워드를 이용하여 필요한 네임스페이스를 추가한다.

```
using System.IO;
using Shell32;
using System.Runtime.InteropServices;
```

Shell32 네임스페이스는 'Shell32.dll'에 정의되어 있는 메서드 등을 쉽게 사용할 수 있도록 하기 위한 구문이다.

다음과 같이 'Shell32.dll' 라이브러리에 정의되어 있는 SHEmptyRecycleBin 함수를 사용하기 위해서 DllImport 구문을 이용하여 함수 호출 구문을 선언한다.

```
01:  [DllImport("Shell32.dll", CharSet = CharSet.Unicode)]
02:  private static extern uint SHEmptyRecycleBin(IntPtr hwnd,
         string pszRootPath, RecycleFlags dwFlags);

03:  private enum RecycleFlags : uint
04:  {
05:    SHERB_NOCONFIRMATION = 0x00000001,
06:    SHERB_NOPROGRESSUI = 0x00000002,
07:    SHERB_NOSOUND = 0x00000004
08:  }
```

01-02행 DllImport 구문을 이용하여 'Shell32.dll' 라이브러리에 정의되어 있는 SHEmptyRecycleBin 함수 호출을 선언하는 구문이다.

03-08행 RecycleFlags 열거형을 정의하는 구문으로 SHEmptyRecycleBin 함수의 세 번째 매개변수에 열거형의 하나를 대입하여 휴지통을 비울 때 어떻게 비울지에 대한 방법을 설정한다.

다음의 Form1_Load() 이벤트 핸들러는 폼을 더블클릭하여 생성한 프로시저로 폼이 실행될 때 휴지통에 담겨 있는 파일에 대한 정보를 가져오는 Load_RecycleBinFile() 메서드를 호출하는 작업을 수행한다.

```
01:  private void Form1_Load(object sender, EventArgs e)
02:  {
03:    Load_RecycleBinFile();
04:  }

05:  private void Load_RecycleBinFile()
06:  {
07:    this.lvRcbFile.Items.Clear();
08:    Shell Shl = new Shell();
09:    Folder Recycler = Shl.NameSpace(10);
10:    for (int i = 0; i < Recycler.Items().Count; i++)
11:    {
12:      FolderItem FI = Recycler.Items().Item(i);
13:      string FileName = Recycler.GetDetailsOf(FI, 0);
14:      if (Path.GetExtension(FileName) == "")
            FileName += Path.GetExtension(FI.Path);
15:      string FilePath = Recycler.GetDetailsOf(FI, 1);
16:      string FileDelDate = Recycler.GetDetailsOf(FI, 2);
```

```
17:     var lvt = new ListViewItem(new string[] {
            FileName, FilePath, FileDelDate });
18:     this.lvRcbFile.Items.Add(lvt);
19:   }
20: }
```

07행   lvRcbFile 컨트롤의 [Items] 속성값을 초기화하는 구문으로 초기화하지 않고 새로 고침하면 기존 데이터 뒤에 덧붙여 휴지통 리스트를 추가하기 때문에 초기화를 먼저 한다.

08행   'Shell32.dll' 라이브러리 하위에 존재하는 Shell 클래스의 개체를 생성하는 구문이다. 하위의 Folder 및 FolderItem 인터페이스를 사용할 수 있다.

09행   Shl.NameSpace(10) 메서드(TIP 4-1 참고)를 이용하여 휴지통 폴더를 Folder 클래스의 개체인 Recycle에 저장한다. Shell.NameSpace() 메서드에 인자 값으로 전달되는 정수 값은 시스템에서 지정된 특정 폴더를 나타내고 'C:\'와 같이 경로를 직접 지정하면 폴더 하위의 정보에 접근할 수 있다.

10-19행   for 문을 이용하여 Recycler 개체가 포함하고 있는 Items 수만큼 반복하여 개체에 포함된 정보를 lvRcbFile 컨트롤에 나타내는 작업을 수행한다.

12행   Recycler.Items().Item(i) 구문을 이용하여 반복적으로 폴더 및 파일의 정보를 FolderItem 클래스의 개체인 FI에 저장하는 작업을 수행한다.

13행   Recycler.GetDetatilsOf() 메서드를 이용하여 FI 개체에 첫 번째에 저장된 정보 즉, 폴더 및 파일의 이름을 얻는 작업을 수행한다.

14행   피일 이름과 확장지를 결합히는 작업을 수행한다.

15행   Recycler.GetDetailsOf() 메서드를 이용하여 FI 개체에 두 번째에 저장된 정보 즉, 폴더 및 파일의 삭제 전 원래 위치 정보를 얻는 작업을 수행한다.

16행   Recycler.GetDetailsOf() 메서드를 이용하여 FI 개체에 세 번째에 저장된 정보 즉, 폴더 및 파일의 삭제 시간을 얻는 작업을 수행한다.

17-18행   폴더 및 파일의 정보를 lvRcbFile 컨트롤에 나타내는 작업을 수행한다.

[TIP 4-1] Shell.NameSpace() 메서드

Shell.NameSpace() 메서드에 지정된 상수 또는 문자열 경로 하위의 폴더 및 파일의 정보를 가져오기 위한 Folder 인터페이스와 FolderItem 인터페이스를 제공한다.

구분	설명
0	바탕화면의 폴더 및 파일
2	C:\Users\username\AppData\Roaming\Microsoft\Windows\Start Menu\Programs
3	제어판 어플리케이션
4	설치된 프린터 목록
5	C:\Users\username\Documents
6	C:\Documents and Settings\username\Favorites
7	C:\Users\username\AppData\Roaming\Microsoft\Windows\Start Menu\Programs\StartUp
8	C:\Users\username\AppData\Roaming\Microsoft\Windows\Recent
9	C:\Users\username\AppData\Roaming\Microsoft\Windows\SendTo

10	휴지통
11	C:\Users\username\AppData\Roaming\Microsoft\Windows\Start Menu
16	C:\Documents and Settings\username\Desktop
17	저장소 목록(파일 탐색기에서 내PC의 하위 항목)
18	동일 네트워크에 연결된 장치 목록
19	C:\Users\username\AppData\Roaming\Microsoft\Windows\Network Shortcuts
21	내 PC\문서
22	C:\Documents and Settings\All Users\Start Menu. (Windows NT 시스템에서만 유효)
23	C:\Documents and Settings\All Users\Start Menu\Programs
24	C:\Documents and Settings\All Users\Microsoft\Windows\Start Menu\Programs\StartUp
25	C:\Documents and Settings\All Users\Desktop
26	C:\Documents and Settings\username\Application Data
27	C:\Users\username\AppData\Roaming\Microsoft\Windows\Printer Shortcuts
28	C:\Users\username\AppData\Local
29	시작 프로그램 그룹의 목록

다음의 btnDel_Click() 이벤트 핸들러는 [휴지통비우기] 버튼을 더블클릭하여 생성한 프로시저로 'Shell32.dll' 라이브러리에 정의되어 있는 SHEmptyRecycleBin 함수를 호출하여 휴지통을 비우는 작업을 수행한다.

```
01:  private void btnDel_Click(object sender, EventArgs e)
02:  {
03:    try
04:    {
05:      SHEmptyRecycleBin(IntPtr.Zero, null, RecycleFlags.SHERB_NOCONFIRMATION);
06:      MessageBox.Show(this, "휴지통을 비웠습니다.", "알림",
              MessageBoxButtons.OK, MessageBoxIcon.Information);
07:    }
08:    catch (Exception ex)
09:    {
10:      MessageBox.Show(this, "휴지통 비우는 작업이 실패하였습니다." + ex.Message,
              "알림", MessageBoxButtons.OK, MessageBoxIcon.Stop);
11:      return;
12:    }
13:    finally
14:    {
15:      Load_RecycleBinFile();
16:    }
17:  }
```

05행   'Shell32.dll' 라이브러리 하위의 SHEmptyRecycleBin() 함수를 호출하여 휴지통을 비우는 작업을 수행한다. 세 번째 인자 값으로 RecycleFlags.SHERB_NOCONFIRMATION을 설정하여 휴지통을 비우면서 아무런 알림이 없이 휴지통의 내용이 삭제된다.

15행   휴지통을 비울 때 정상 수행되거나 에러가 발생하더라도 휴지통에 담겨 있는 폴더 및 파일의 리스트를 새로고침하는 작업을 수행한다.

다음의 btnRestore_Click() 이벤트 핸들러는 [복원] 버튼을 더블클릭하여 생성한 프로시저로 FileRestore() 메서드를 호출하여 휴지통에 있는 파일을 복원한다.

```
01:  private void btnRestore_Click(object sender, EventArgs e)
02:  {
03:    if (this.lvRcbFile.SelectedItems.Count != 0)
04:    {
05:      FileRestore(this.lvRcbFile.SelectedItems[0].SubItems[1].Text
          + @"\" + this.lvRcbFile.SelectedItems[0].SubItems[0].Text);
06:    }
07:    else
08:    {
09:      MessageBox.Show("복원할 파일을 선택하세요", "알림",
          MessageBoxButtons.OK, MessageBoxIcon.Warning);
10:    }
11:  }
```

05행   사용자 정의 메서드인 FileRestore()에 해당 항목이 삭제되기 전, 즉 휴지통으로 이동하기 전의 경로와 파일 이름을 매개변수로 전달하여 파일을 복원한다.

다음의 FileRestore() 메서드는 휴지통에 있는 파일을 복원하는 작업을 수행한다.

```
01:  private bool FileRestore(string Item)
02:  {
03:    Shell shl = new Shell();
04:    Folder Recycler = shl.NameSpace(10);
05:    for (int i = 0; i < Recycler.Items().Count; i++)
06:    {
07:      FolderItem FI = Recycler.Items().Item(i);
08:      string FileName = Recycler.GetDetailsOf(FI, 0);
09:      if (Path.GetExtension(FileName) == "") FileName
          += Path.GetExtension(FI.Path);
10:      string FilePath = Recycler.GetDetailsOf(FI, 1);

11:      if (Item == Path.Combine(FilePath, FileName))
12:      {
13:        DoVerb(FI, "복원(&E)");
14:        return true;
15:      }
```

```
16:   }
17:   return false;
18: }
```

05–16행	for 문을 이용하여 휴지통에 담겨 있는 폴더 및 파일의 정보를 검색하는 작업을 수행한다.
11행	if 구문은 Path.Combine() 메서드로 연결된 파일 경로와 매개변수를 비교하여 같으면 14행을 수행하여 삭제되기 전의 경로로 복원하는 작업을 수행한다.
13행	사용자 정의 메서드 DoVerb()에 삭제된 파일 및 폴더 정보의 FolderItem 개체와 실행 명령 인자 값을 대입하여 호출한다.

DoVerb() 메서드의 명령 인자 값으로는 다음과 같은 네 가지가 있다.

- 복원(&E)
- 잘라내기(&T)
- 삭제(&D)
- 속성(&R)

다음의 DoVerb() 메서드는 매개변수로 전달받은 파일 및 폴더를 복원하는 작업을 수행한다.

```
01: private bool DoVerb(FolderItem Item, string Verb)
02: {
03:   foreach (FolderItemVerb FIVerb in Item.Verbs())
04:   {
05:     if (FIVerb.Name.ToUpper().Contains(Verb.ToUpper()))
06:     {
07:       FIVerb.DoIt();
08:       Load_RecycleBinFile();
09:       return true;
10:     }
11:   }
12:   return false;
13: }
```

03–11행	foreach 구문을 이용하여 폴더 및 파일의 명령 인자 값과 매개변수로 전달받은 매개변수가 일치할 때 07행을 수행하여 삭제되기 전 경로에 복원하는 작업을 수행한다.
05행	if 구문을 이용하여 FIVerb.Name.ToUpper() 메서드의 결과가 Verb 매개변수 값과 일치할 때 즉, '복원(&E)'일 때 삭제되기 전 경로로 복원하는 작업을 수행한다.
07행	FIVerb.DoIt() 메서드를 이용하여 지정된 경로 즉, 삭제되기 전의 경로로 복원하는 작업을 수행한다.

3.3 예제 실행

다음 그림은 휴지통 복원 예제를 F5 키를 눌러 실행한 화면이다.

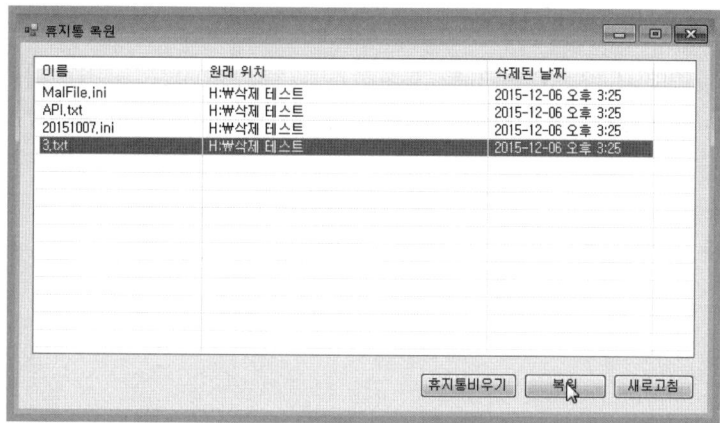

다음과 같이 '3.txt' 파일이 원래의 경로에 정상적으로 복원된 것을 확인할 수 있다.

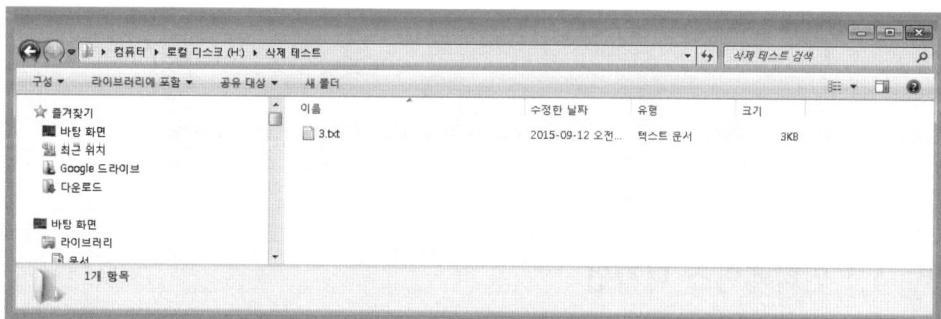

다음과 같이 [휴지통비우기] 버튼을 누르면 휴지통에 있는 파일이 삭제된 것을 확인할 수 있다.

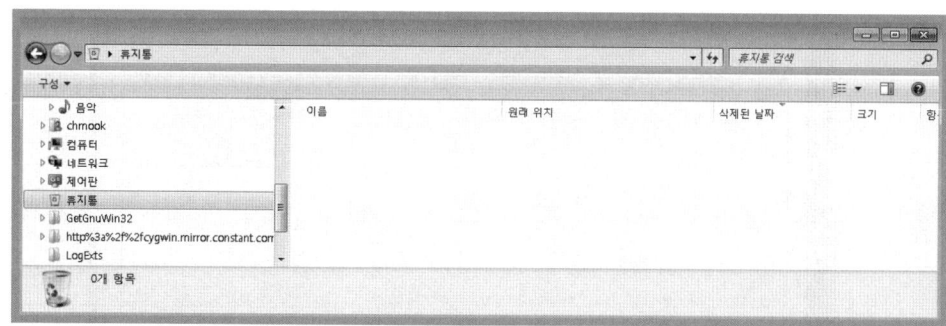

O4 Internet Explorer 제어

이 절에서는 인터넷 익스플로러를 제어하기 위해 'SHDocVw.dll' 라이브러리와 'wininet.dll' 라이브러리 이용에 대해 살펴보도록 한다. 'wininet.dll' 라이브러리는 인터넷 익스플로러의 프록시 설정을 제어하기 위해 사용되며, 'SHDocVw.dll' 라이브러리는 인터넷 익스플로러를 실행하고 실행에 대한 웹 컨텐츠 다운로드 상태 확인 등을 구현하기 위한 클래스를 제공한다.

다음 그림은 IE Control 어플리케이션을 구현하고 실행한 결과 화면으로 그림과 같이 폼을 디자인한다.

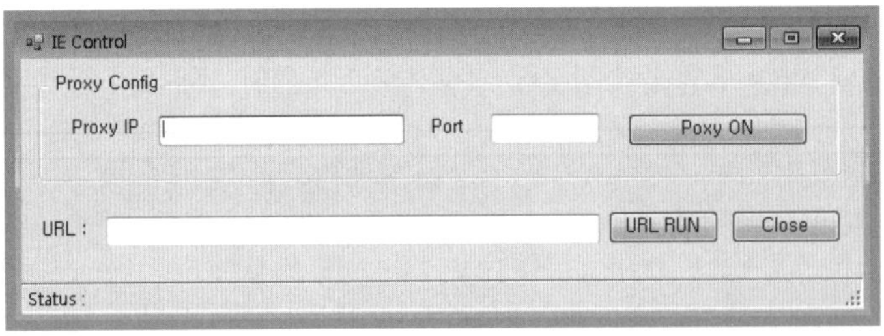

[결과 미리 보기]

4.1 인터페이스 디자인

프로젝트 이름을 'mook_IEControl'로 하여 'C:\NetworkCS\Chap4' 경로에 프로젝트를 생성한다. 다음 그림과 같이 윈도우 폼에 각 컨트롤을 위치시키고 표를 참고하여 각 컨트롤의 속성값을 설정한다.

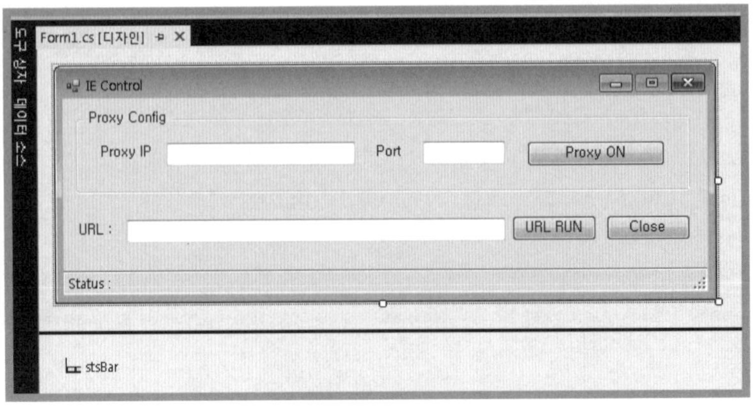

폼 컨트롤	속성	값
Form1	Name	Form1
	Text	IE Control
	FormBorderStyle	FixedSingle
	MaximizeBox	False
GroupBox1	Name	gbConfig
	Text	Proxy Config
Label1	Name	lblIp
	Text	Proxy IP
Label2	Name	lblPort
	Text	Port
Label3	Name	lblUrl
	Text	URL :
TextBox1	Name	txtProxy
TextBox2	Name	txtPort
TextBox3	Name	txtUrl
Button1	Name	btnProxy
	Tcxt	Proxy ON
Button2	Name	btnRun
	Text	URL RUN
Button3	Name	btnClose
	Text	Close
StatusStrip1	Name	stsBar
ToolStripStatusLabel1	Name	tsslblStatus
	Text	Status :

4.2 코드 구현

'SHDocVw.dll' 라이브러리의 레퍼런스를 추가하기 위해 솔루션 탐색기의 [참조] 항목을 마우스 오른쪽 버튼으로 눌러 [참조 관리자] 대화 상자를 호출하고 'C:\Windows\System32\' 경로에서 해당 라이브러리 파일을 찾아 레퍼런스로 추가한다.

다음과 같이 using 키워드를 이용하여 필요한 네임스페이스를 추가한다.

```
using System.Runtime.InteropServices;
using SHDocVw;
using Microsoft.Win32;
```

SHDocVw 네임스페이스는 'SHDocVw.dll'에 정의되어 있는 메서드 등을 쉽게 사용할 수 있도록 하기 위한 구문이며, Microsoft.Win32 네임스페이스는 레지스트리를 관리할 수 있도록 하기 위한 메서드, 속성 등 인터페이스 사용을 편하게 하기 위한 구문이다.

다음과 같이 'wininet.dll' 라이브러리에 정의되어 있는 InternetSetOption() 함수를 사용하기 위해서 DllImport 구문을 이용하여 함수 호출 구문을 선언한다.

```
01: [DllImport("wininet.dll")]
02: private static extern bool InternetSetOption(IntPtr hInternet,
            int dwOption, IntPtr lpBuffer, int dwBufferLength);
03: private const int INTERNET_OPTION_SETTINGS_CHANGED = 39;
04: private const int INTERNET_OPTION_REFRESH = 37;
05: private bool settingsReturn, refreshReturn;
```

01행	DllImport 구문을 이용하여 'wininet.dll' 라이브러리를 사용할 수 있도록 선언하는 구문이다.
02행	'wininet.dll' 라이브러리에 선언된 인터넷 익스플로러 환경을 설정하는 데 사용하는 InternetSetOption() 함수를 호출하기 위한 선언문이다. 이 선언문은 인터넷 익스플로러 프록시 설정을 위해 레지스트리를 편집하고 이 선언문을 호출하면 레지스트리 설정에 대한 적용이 인터넷 익스플로러를 재실행하지 않고도 시스템에 적용되는 효과가 있다.
03-05행	함수 선언문의 매개변수 설정을 위하여 상수를 선언하는 구문이다.

다음과 같이 멤버 개체를 클래스 내부 상단에 추가한다.

```
01: // 프록시 설정을 위한 레지스트리 개체 생성
    RegistryKey registry = Registry.CurrentUser.OpenSubKey(
    "Software\\Microsoft\\Windows\\CurrentVersion\\Internet Settings", true);
02: // 인터넷 익스플로러를 제어하기 위한 개체 생성
    InternetExplorer ie = new InternetExplorer();
```

01행	인터넷 익스플로러의 프록시 설정을 위하여 레지스트리 수정에 대한 개체를 생성하고 이 개체를 이용하여 인터넷 익스플로러 프록시를 설정한다.
02행	인터넷 익스플로러를 실행하고 제어하기 위한 개체를 생성하는 구문이다.

다음의 Form1_Load() 이벤트 핸들러는 폼을 더블클릭하여 생성한 프로시저로 폼이 실행될 때 프록시 설정 정보를 레지스트리에서 가져오는 작업을 수행한다.

```
01: private void Form1_Load(object sender, EventArgs e)
02: {
03:   if (registry.GetValue("ProxyEnable").ToString() == "0")
04:   {
05:     btnProxy.Text = "Poxy ON";
06:     this.txtProxy.Text = "";
07:     this.txtPort.Text = "";
```

```
08:    }
09:    else
10:    {
11:      btnProxy.Text = "Proxy OFF";
12:      string proxystr = registry.GetValue("ProxyServer").ToString();
13:      this.txtProxy.Text = proxystr.Split(':')[0];
14:      this.txtPort.Text = proxystr.Split(':')[1];
15:    }
16:  }
```

03행	registry.GetValue() 메서드를 이용하여 지정한 레지스트리 경로의 값을 가져오는 작업을 수행한다. 레지스트리 값이 0일 때는 프록시 설정이 지정되어 있지 않음을 뜻하고, 레지스트리 값이 1일 때는 프록시 설정이 지정된 것을 뜻하므로 그 정보를 가져와 컨트롤에 나타내는 작업을 수행한다.
12행	registry.GetValue() 메서드를 이용하여 레지스트리에서 프록시 정보를 가져오는 구문으로, 이 정보는 ':' 구분자를 이용하여 프록시 아이피(IP)와 포트(port)로 구성되어 있다.

다음의 btnProxy_Click() 이벤트 핸들러는 [Proxy ON] 버튼을 더블클릭하여 생성한 프로시저로 인터넷 익스플로러의 프록시 설정 및 해제 작업을 수행한다.

```
01:  private void btnProxy_Click(object sender, EventArgs e)
02:  {
03:    if (btnProxy.Text == "Proxy OFF")
04:    {
05:      btnProxy.Text = "Poxy ON";
06:      registry.SetValue("ProxyServer", "");
07:      registry.SetValue("ProxyEnable", 0);
08:      settingsReturn = InternetSetOption(IntPtr.Zero,
             INTERNET_OPTION_SETTINGS_CHANGED, IntPtr.Zero, 0);
09:      refreshReturn = InternetSetOption(IntPtr.Zero,
             INTERNET_OPTION_REFRESH, IntPtr.Zero, 0);
10:    }
11:    else
12:    {
13:      btnProxy.Text = "Proxy OFF";
14:      registry.SetValue("ProxyServer", txtProxy.Text + ":" + txtPort.Text);
15:      registry.SetValue("ProxyEnable", 1);
16:      settingsReturn = InternetSetOption(IntPtr.Zero,
             INTERNET_OPTION_SETTINGS_CHANGED, IntPtr.Zero, 0);
17:      refreshReturn = InternetSetOption(IntPtr.Zero,
             INTERNET_OPTION_REFRESH, IntPtr.Zero, 0);
18:      this.txtProxy.Text = "";
19:      this.txtPort.Text = "";
20:    }
21:  }
```

03-10행	프록시 설정을 지우는 작업을 수행하는 구문으로 btnProxy 버튼의 [Text] 값을 'Proxy ON'으로 설정하고, registry.SetValue() 메서드를 이용하여 레지스트리의 값을 수정하여 프록시 서버 설정을 해제하는 작업을 수행한다. 즉, ProxyServer 값에는 ""(널)을 지정하고 ProxyEnable 값에는 0을 지정한다.
08행	'wininet.dll' 라이브러리에 선언된 InternetSetOption()을 호출하여 프록시 설정을 위해 레지스트리에 추가된 설정 값을 시스템에 적용하는 작업을 수행한다. 이는 InternetSetOption() 함수의 두 번째 매개변수에 39를 지정하여 시스템에 즉시 적용되도록 한다.
09행	'wininet.dll' 라이브러리에 선언된 InternetSetOption()을 호출하여 프록시 설정을 시스템에 적용을 위한 08행의 작업을 인터넷 익스플로러에 적용하기 위해 새로고침해 준다. 이는 두 번째 매개변수 값을 37로 지정하여 적용한다.
11-20행	프록시 서버를 설정하기 위해 레지스트리를 편집하고 설정을 시스템에 적용하여 프록시 서버를 설정하는 구문이다.
14행	registry.SetValue() 메서드를 이용하여 ProxyServer 레지스트리에 "아이피:포트" 정보를 추가하여 프록시 서버의 정보를 설정하는 작업을 수행한다.
15행	registry.SetValue() 메서드를 이용하여 ProxyEnable 레지스트리에 1을 설정하여 프록시 설정을 시스템에서 사용하도록 지정한다. 하지만, 레지스트리 설정만으로는 시스템에 적용되지 않기 때문에 'wininet.dll' 라이브러리에 선언된 InternetSetOption() 함수를 이용하여 시스템과 인터넷 익스플로러의 프록시 설정 값을 변경한다.
16-17행	InternetSetOption() 함수를 이용하여 변경된 레지스트리 정보를 시스템에 적용하여 프록시를 이용할 수 있도록 한다.

다음의 btnRun_Click() 이벤트 핸들러는 [URL RUN] 버튼을 더블클릭하여 생성한 프로시저로 인터넷 익스플로러를 실행하는 작업을 수행한다.

```
01:  private void btnRun_Click(object sender, EventArgs e)
02:  {
03:    try
04:    {
05:      ie.DocumentComplete +=
            new DWebBrowserEvents2_DocumentCompleteEventHandler(
                ie_DocumnetComplete);
06:      ie.Visible = true;
07:      ie.Navigate(this.txtUrl.Text);
08:    }
09:    catch
10:    {
11:      ie = new InternetExplorer();
12:      ie.DocumentComplete +=
13:        new DWebBrowserEvents2_DocumentCompleteEventHandler(
                ie_DocumnetComplete);
14:      ie.Visible = true;
15:      ie.Navigate(this.txtUrl.Text);
16:    }
17:  }
```

05행	ie 개체의 DocumentComplete 이벤트에 "+" 키워드를 이용하여 대리자를 지정하는 구문으로 ie.DocumentComplete 이벤트는 ie 개체에서 수행되는 HTML 파일의 다운로드가 정상적으로 완료되면 대리자로 지정된 ie_DocumnetComplete() 이벤트 핸들러가 수행되어 진행 상황을 tsslblStatus 컨트롤에 나타내는 작업을 수행한다.
06행	ie.Visible 속성에 true 값을 대입하여 인터넷 익스플로러를 실행하는 작업을 수행한다.
07행	실행된 인터넷 익스플로러가 어떤 웹 사이트를 열어야 할지 설정하는 구문으로 ie.Navigate() 메서드를 이용하여 지정된 웹 사이트 주소로 이동한다.
09-16행	멤버 개체로 생성한 ie 개체에 대한 사용이 불가능할 때 다시 ie 개체를 초기화하고 초기화된 ie 개체를 이용하여 이벤트 대리자 지정, 웹 사이트 이동 등을 설정하는 작업을 수행한다.

다음의 ie_DocumnetComplete() 메서드는 웹 페이지 컨텐츠의 다운로드가 완료되었는 지를 확인하는 작업을 수행한다.

```
01: private void ie_DocumnetComplete(object pDisp, ref object e)
02: {
03:   if (ie.ReadyState == SHDocVw.tagREADYSTATE.READYSTATE_COMPLETE)
04:   {
05:     this.tsslblStatus.Text = "진행 : 완료(" + this.txtUrl.Text + ")";
06:   }
07: }
```

03행	ie 개체에서 웹 페이지 컨텐츠의 다운로드가 완료되었는지 확인하는 구문으로 ie.ReayState 속성을 이용하여 그 값을 확인하다. 만약 ie.ReadyState 값이 SHDocVw.tagREADYSTATE. READYSTATE_COMPLETE라면 웹 컨텐츠 다운로드가 완료된 것임으로 tsslblStatus 컨트롤 에 진행 완료 메시지를 나타내 준다.

다음의 btnClose_Click() 이벤트 핸들러는 [Close] 버튼을 더블클릭하여 생성한 프로시 저로 실행된 인터넷 익스플로러를 종료하는 작업을 수행한다.

```
01: private void btnClose_Click(object sender, EventArgs e)
02: {
03:   ie.DocumentComplete -=
          new DWebBrowserEvents2_DocumentCompleteEventHandler(
              ie_DocumnetComplete);
04:   ie.Quit();
05: }
```

03행	ie.DocumentComplete 이벤트에서 "-" 키워드를 이용하여 대리자를 해제하는 작업을 수행한다.
04행	ie.Quit() 메서드는 인터넷 익스플로러를 종료하는 작업과 ie 개체 리소스를 해제하는 작업을 수행한다.

4.3 예제 실행

다음 그림은 IE Control 예제를 [F5] 키를 눌러 실행한 화면이다.

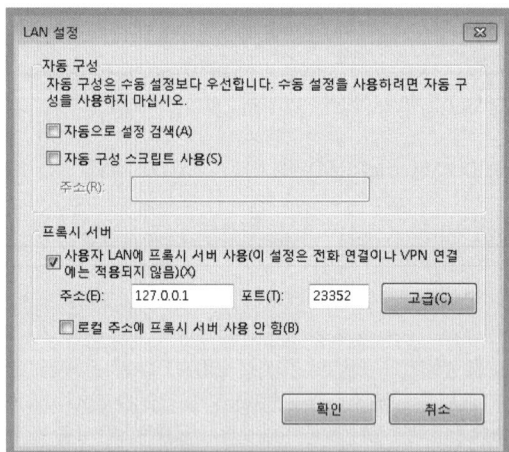

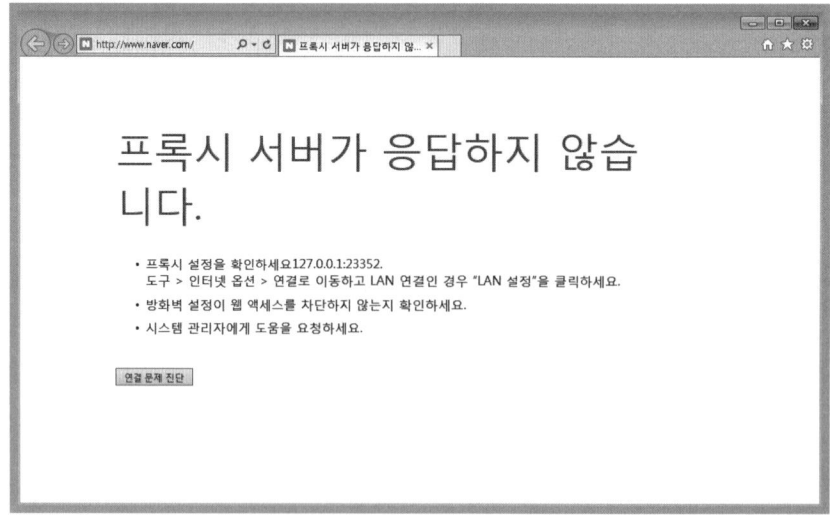

05 Network Drive 연결

이 절에서는 'mpr.dll' 라이브러리에 정의된 WNetCancelConnection 함수와 WNetCancelConnection2 함수를 이용하여 네트워크 드라이브 연결과 해제에 대해 살펴보도록 한다. WNetCancelConnection 함수는 네트워크 드라이브를 연결하는 작업을 수행하고, WNetCancelConnection2 함수는 연결된 네트워크 드라이브를 해제하는데 사용된다.

다음 그림은 Net Drive 연결 어플리케이션을 구현하고 실행한 결과 화면으로 그림과 같이 폼을 디자인한다.

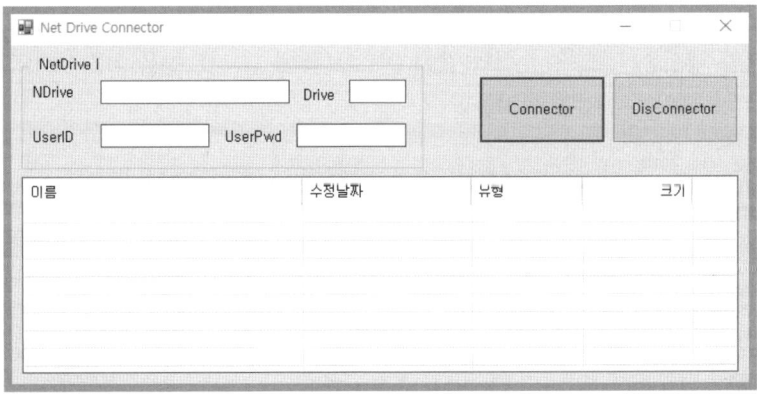

[결과 미리 보기]

5.1 네트워크 드라이브 설정

네트워크 드라이브를 설정하기 위해서 필자는 D: 드라이브에 'NetDriveTest'라는 폴더를 만들고, 폴더의 공유 속성을 열어 [네트워크 파일 및 폴더 공유] 설정을 다음과 같이 설정하였다.

- 공유 이름 : NetShared
- 공유 권한 : 읽기 / 쓰기
- 사용자/비밀번호 : test / p12345

5.2 인터페이스 디자인

프로젝트 이름을 'mook_NetDriveConnector'로 하여 'C:\NetworkCS\Chap4' 경로에 프로젝트를 생성한다. 다음 그림과 같이 윈도우 폼에 각 컨트롤을 위치시키고 표를 참고하여 각 컨트롤의 속성값을 설정한다.

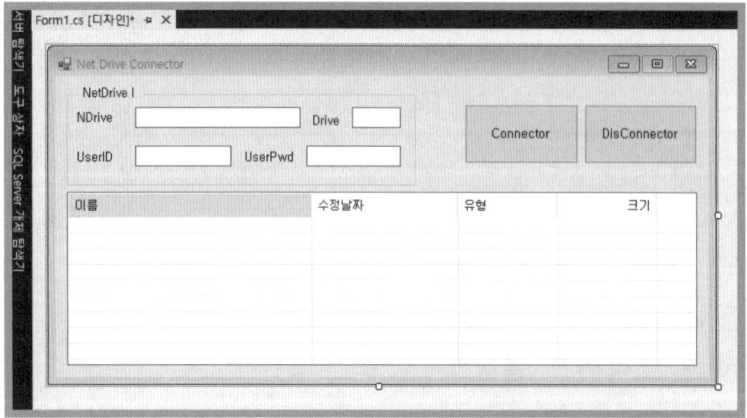

폼 컨트롤	속성	값
Form1	Name	Form1
	Text	Net Drive Connector
	FormBorderStyle	FixedSingle
	MaximizeBox	False
GroupBox1	Name	gbConfig
	Text	NetDrive Config
Label1	Name	lblNDrive
	Text	NDrive
Label2	Name	lblDrive
	Text	Drive

Label3	Name	lblId
	Text	UserID
Label4	Name	lblPwd
	Text	UserPwd
TextBox1	Name	txtNDrive
TextBox2	Name	txtDrive
TextBox3	Name	txtUserID
TextBox4	Name	txtUserPwd
Button1	Name	btnConnector
	Text	Connector
Button2	Name	btnDisConn
	Text	DisConnector
ListView1	Name	lvFile
	FullRowSelect	True
	GridLines	True
	View	Details

5.3 코드 구현

다음과 같이 using 키워드를 이용하여 필요한 네임스페이스를 추가한다.

```
using System.IO;
using System.Runtime.InteropServices;
using System.Threading;
```

다음과 같이 'mpr.dll' 라이브러리에 정의된 WNetUseConnection 함수와 WNetUseConnection2 함수를 사용하기 위해서 DllImport 구문을 이용하여 함수 호출 구문을 선언한다.

```
01: [DllImport("mpr.dll", CharSet = CharSet.Auto)]
02: public static extern int WNetUseConnection(
        IntPtr hwndOwner,
        [MarshalAs(UnmanagedType.Struct)] ref NETRESOURCE lpNetResource,
        string lpPassword,
        string lpUserID,
        uint dwFlags,
        StringBuilder lpAccessName,
        ref int lpBufferSize,
        out uint lpResult);

03: [DllImport("mpr.dll")]
```

```
04:  public static extern int WNetCancelConnection2(string lpName,
        Int32 dwFlags, bool fForce);

05:  private const int CONNECT_UPDATE_PROFILE = 0x1;
06:  private const int NO_ERROR = 0;

07:  [StructLayout(LayoutKind.Sequential, CharSet = CharSet.Auto)]
08:  public struct NETRESOURCE
09:  {
10:      public uint dwScope;
11:      public uint dwType;
12:      public uint dwDisplayType;
13:      public uint dwUsage;
14:      public string lpLocalName;
15:      public string lpRemoteName;
16:      public string lpComment;
17:      public string lpProvider;
18:  }
```

01행	DllImport 구문을 이용하여 'mpr.dll' 라이브러리를 사용할 수 있도록 지정하는 구문이다.
02행	'mpr.dll' 라이브러리에 선언된 WNetUseConnection() 함수로 네트워크 드라이브를 연결하기 위해 선언하는 함수이다.
04행	'mpr.dll' 라이브러리에 선언된 WNetCancelConnection2() 함수로 연결된 네트워크 드라이브의 연결을 해제하는 작업을 수행한다.
07-18행	네트워크 드라이브 연결을 위한 구조체를 선언하는 구문이다.

다음과 같이 멤버 변수 및 개체를 클래스 내부 상단에 추가한다.

```
01:  string NetDrive = "";  // 네트워크 드라이브
02:  string NDrive = "";    // 네트워크 드라이브
03:  string UserID = "";    // 사용자 아이디
04:  string UserPwd = "";   // 사용자 비밀번호
05:  string Drive = "";     // 드라이브

06:  Thread ConnThre = null;
07:  private delegate void OnDelegateConn(bool Flag);
08:  private OnDelegateConn OnConn = null;

09:  Thread FileThre = null;
10:  private delegate void OnDelegateFile(string fn, string fd, string ft, double fs);
11:  private OnDelegateFile OnFile = null;
```

다음의 Form1_Load() 이벤트 핸들러는 폼을 더블클릭하여 생성한 프로시저로 델리게 이트 개체를 초기화하는 작업을 수행한다.

```
01:  private void Form1_Load(object sender, EventArgs e)
02:  {
03:    OnConn = new OnDelegateConn(OnDelConn);
04:    OnFile = new OnDelegateFile(OnDelFile);
05:  }
```

다음의 btnConnector_Click() 이벤트 핸들러는 [Connector] 버튼을 더블클릭하 여 생성한 프로시저로 입력된 네트워크 드라이브 설정 정보를 멤버 변수에 저장하고 ConnThre 스레드를 초기화하여 네트워크 드라이브를 연결하는 작업을 수행한다.

```
01:  private void btnConnector_Click(object sender, EventArgs e)
02:  {
03:    NDrive = this.txtNDrive.Text;
04:    UserID = this.txtUserID.Text;
05:    UserPwd = this.txtUserPwd.Text;
06:    Drive = this.txtDrive.Text;
07:    NetDrive = Drive + @"\";
08:    ConnThre = new Thread(NetDriveCheck);
09:    ConnThre.Start();
10:  }
```

다음의 NetDriveCheck() 메서드는 WNetUseConnection 함수를 호출하여 네트워크 드라이브를 연결하는 작업을 수행한다.

```
01:  private void NetDriveCheck()
02:  {
03:    int capacity = 64;
04:    uint resultFlags = 0;
05:    uint flags = 0;

06:    string strRemoteConnectString = NDrive;
07:    string strRemoteUserID = UserID;
08:    string strRemotePWD = UserPwd;

09:    StringBuilder sb = new StringBuilder(capacity);
10:    NETRESOURCE ns = new NETRESOURCE();

11:    ns.dwType = 1;    // 공유디스크
12:    ns.lpLocalName = Drive;    // 로컬 드라이브 지정하지 않음
13:    ns.lpRemoteName = strRemoteConnectString;
```

```
14:    ns.lpProvider = null;
15:    int result = 100;
16:    while (true)
17:    {
18:      result = WNetUseConnection(IntPtr.Zero, ref ns,
                  strRemotePWD, strRemoteUserID, flags,
                  sb, ref capacity, out resultFlags);
19:      if (result == 0)
20:      {
21:        break;
22:      }
23:      Thread.Sleep(100);
24:    }
25:    Invoke(OnConn, true);
26:    ConnThre.Abort();
27:  }
```

03-15행	네트워크 드라이브를 연결하는 위한 아이피(IP), 아이디(id), 포트(port) 등의 정보를 변수에 설정하는 구문이다.
16-24행	while 구문을 이용하여 네트워크 드라이브 연결이 완료될 때까지 WNetUseConnection() 함수를 호출하여 네트워크 드라이브를 연결하는 작업을 수행한다.
18행	WNetUseConnection() 함수를 호출하여 네트워크 드라이브를 연결한다.
19행	WNetUseConnection() 함수의 결과값이 0일 때 네트워크 드라이브가 연결된 것으로 간주하고 21행의 break 구문을 이용하여 while 구문을 벗어난다.
25행	델리게이트를 호출하여 네트워크 드라이브에 존재하는 파일의 정보를 lvFile 컨트롤에 나타내는 작업을 수행한다.
26행	ConnThre 스레드를 Abort() 메서드를 호출하여 종료하는 작업을 수행한다.

다음의 OnDelConn() 메서드는 델리게이트에서 호출하며 네트워크 드라이브가 연결되면 FileThre 스레드를 실행하여 연결된 네트워크 드라이브에 있는 파일 정보를 lvFile 컨트롤에 나타내는 작업을 수행한다.

```
01:  private void OnDelConn(bool Flag)
02:  {
03:    if (Flag == true)
04:    {
05:      FileThre = new Thread(FileList);
06:      FileThre.Start();
07:    }
08:    else
09:      MessageBox.Show("네트워크 드라이브 연결에 실패하였습니다.", "알림",
10:          MessageBoxButtons.OK, MessageBoxIcon.Error);
11:  }
```

다음의 FileList() 메서드는 연결된 네트워크 드라이브의 파일 속성을 lvFile 컨트롤에 나타내는 작업을 수행한다.

```
01: private void FileList()
02: {
03:   DirectoryInfo di = new DirectoryInfo(NetDrive);
04:   foreach(var fs in di.GetFiles())
05:   {
06:     Invoke(OnFile, fs.Name,
          fs.LastWriteTime.ToString(),
          fs.Extension, (double)fs.Length);
07:   }
08:   FileThre.Abort();
09: }
```

03행	디렉토리에 존재하는 파일의 정보를 가져오기 위해서 DirectoryInfo 클래스의 개체 di를 생성하고 NetDrive 변수 즉, 네트워크 드라이브 경로를 지정하여 di 개체를 초기화한다.
04행	foreach 구문을 이용하여 di 개체에 포함된 파일의 속성값을 가져오는 작업을 수행한다. di.GetFiles() 메서드를 이용하여 FileInfo 개체 fs에 정보를 저장한다.
06행	Invoke() 메서드를 이용하여 델리게이트를 호출하고 매개변수에 fs.Name, fs.LastWriteTime, fs.Extension, fs.Length 속성을 이용하여 파일의 이름과 수정날짜, 확장자, 파일 사이즈 정보를 가져와 lvFile 컨트롤에 나타내는 작업을 수행한다.

다음의 OnDelFile() 메서드는 델리게이트에서 호출되며, lvFile.Items.Add() 메서드를 호출하여 파일 정보를 lvFile에 추가하는 작업을 수행한다.

```
01: private void OnDelFile(string fn, string fd, string ft, double fs)
02: {
03:   string FSize = GetFileSize(fs);
04:   this.lvFile.Items.Add(new ListViewItem(new string[] { fn, fd, ft, FSize }));
05: }
```

다음의 GetFileSize() 메서드는 파일 사이즈의 표현을 정규화하는 작업을 수행한다.

```
01: private string GetFileSize(double byteCount)
02: {
03:   string size = "0 Bytes";
04:   if (byteCount >= 1073741824.0)
05:     size = String.Format("{0:##.##}", byteCount / 1073741824.0) + " GB";
06:   else if (byteCount >= 1048576.0)
07:     size = String.Format("{0:##.##}", byteCount / 1048576.0) + " MB";
08:   else if (byteCount >= 1024.0)
09:     size = String.Format("{0:##.##}", byteCount / 1024.0) + " KB";
10:   else if (byteCount > 0 && byteCount < 1024.0)
```

```
11:    size = byteCount.ToString() + " Bytes";

12:  return size;
13: }
```

다음의 btnDisConn_Click() 이벤트 핸들러는 [DisConnector] 버튼을 더블클릭하여 생성한 프로시저로 WNetCancelConnection2 함수를 호출하여 연결된 네트워크 드라이브를 해제하는 작업을 수행한다.

```
01:  private void btnDisConn_Click(object sender, EventArgs e)
02:  {
03:    Drive = this.txtDrive.Text;
04:    int result = WNetCancelConnection2(Drive, CONNECT_UPDATE_PROFILE, true);
05:    if(result == 0)
06:    {
07:      this.lvFile.Items.Clear();
08:      MessageBox.Show("네트워크 드라이브가 정상적으로 끊어졌습니다.",
             "알림", MessageBoxButtons.OK, MessageBoxIcon.Information);
09:    }
10:    else
11:      MessageBox.Show("장애가 발생하였습니다.", "알림",
             MessageBoxButtons.OK, MessageBoxIcon.Error);
12:  }
```

04행 'wininet.dll' 라이브러리에 선언된 WNetCancelConnection2() 함수를 호출하여 연결된 네트워크 드라이브를 해제하는 작업을 수행한다. 결과는 int 타입으로 반환된다. 반환되는 결과값이 0일 경우는 네트워크 드라이브 연결을 해제하는 작업을 수행하며, 0이 아닐 때는 네트워크 드라이브 해제 작업이 에러가 발생한 것이다.

5.4 예제 실행

다음 그림은 Net Drive 연결 예제를 F5 키를 눌러 실행한 화면이다.

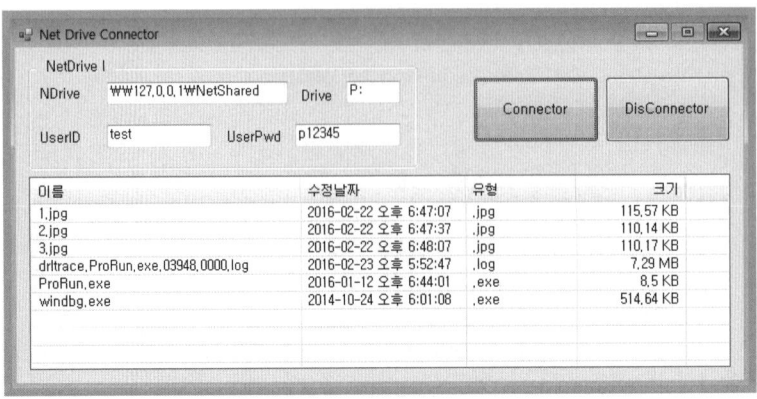

다음과 같이 네트워크 드라이브 연결이 정상적으로 되어 있는 것을 확인할 수 있다.

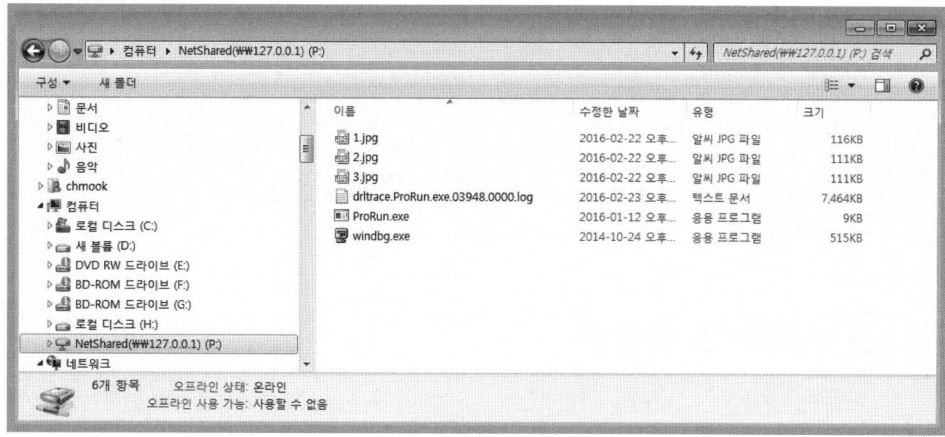

[DisConnector] 버튼을 누르면 다음과 같이 연결된 네트워크 드라이브가 해제되는 것을 확인할 수 있다.

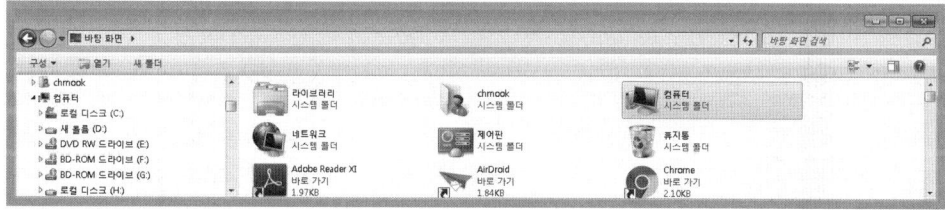

06 CMD 창 제어

이 절에서는 'User32.dll' 라이브러리에 정의되어 있는 FindWindows() 함수, SendMessage() 함수, PostMessage() 함수를 이용하여 CMD 창을 제어하는 방법에 대해 살펴보도록 한다. 이 기능을 이용하면 CMD 뿐만 아니라 실행되는 대부분의 어플리케이션을 제어할 수 있다.

다음 그림은 CMD Control 창 제어 어플리케이션을 구현하고 실행한 결과 화면으로 그림과 같이 폼을 디자인한다.

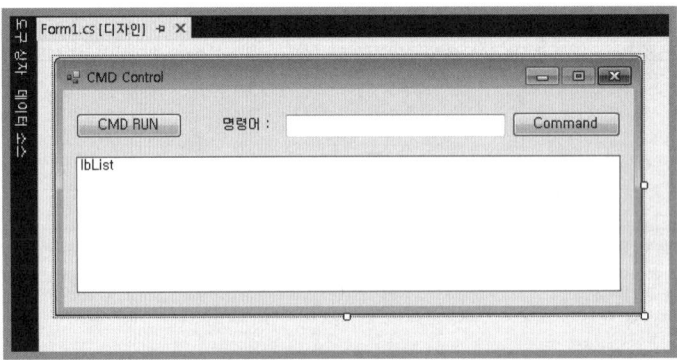

[결과 미리 보기]

6.1 인터페이스 디자인

프로젝트 이름을 'mook_CMDControl'로 하여 'C:\NetworkCS\Chap4' 경로에 프로젝트를 생성한다. 다음 그림과 같이 윈도우 폼에 각 컨트롤을 위치시키고 표를 참고하여 각 컨트롤의 속성값을 설정한다.

폼 컨트롤	속성	값
Form1	Name	Form1
	Text	CMD Control
	FormBorderStyle	FixedSingle
	MaximizeBox	False
Button1	Name	btnCMD
	Text	CMD RUN
Button2	Name	btnCommand
	Text	Command
Label1	Name	lblCommand
	Text	명령어 :
TextBox1	Name	txtCommand
ListBox1	Name	lbList

6.2 코드 구현

다음과 같이 using 키워드를 이용하여 필요한 네임스페이스를 추가한다.

```
using System.Runtime.InteropServices;
using System.Diagnostics;
using System.Threading;
```

다음과 같이 CMD를 제어하기 위해서 'User32.dll' 라이브러리에 정의된 FindWindow 함수 등을 호출하기 위한 구문을 클래스 내부 상단에 선언한다.

```
01:   [DllImport("user32.dll")]
02:   public static extern int FindWindow(string lpClassName, string lpWindowName);

03:   [DllImport("user32.dll")]
04:   public static extern int SendMessage(
            int hWnd, uint Msg, int wParam, int lParam);

05:   [DllImport("user32.dll")]
06:   public static extern int PostMessage(
            int hwnd, int wMsg, int wParam, int lParam);

07:   private const int WM_CHAR = 0x0102;
08:   private const int WM_KEYDOWN = 0x100;
09:   private const int VK_RETURN = 0x0D;
```

02행	'user32.dll' 라이브러리에 선언된 FindWindow 함수 호출 선언문을 정의하는 구문으로 매개변수는 윈도우 폼의 전체 클래스명과 윈도우 폼의 Text 속성을 지정한다.
04행	'user32.dll' 라이브러리에 선언된 SendMessage 함수 호출 선언문을 정의하는 구문으로 매개변수는 윈도우 폼의 핸들 값과 명령어 입력 형태를 지정하는 int 타입의 첫 번째 매개변수와 두 번째 매개변수에 따라 지정되는 명령어 타입에 해당하는 세 번째 int 매개변수 그리고 마지막 매개변수는 '0'으로 선언한다.
06행	'user32.dll' 라이브러리에 선언된 PostMessage 함수 호출 선언문을 정의하는 구문으로 4행의 SendMessage 함수 호출과 거의 유사한 작업을 수행한다.

다음과 같이 멤버 개체 및 변수를 클래스 내부 상단에 추가한다.

```
01:   Process cmdprocess = new Process(); // CMD 실행을 위한 개체 생성

02:   int iHandle; // CMD 핸들값
03:   int CurrentiHandle;

04:   Thread CmdThre = null;
05:   private delegate void OnDelegateCmd(string SiHandle);
```

```
06:   private OnDelegateCmd OnCmd = null;

07:   Thread CmmThre = null;
```

다음의 Form1_Load() 이벤트 핸들러는 폼을 더블클릭하여 생성한 프로시저로 델리게이트 개체를 초기화 하는 작업을 수행한다.

```
01:   private void Form1_Load(object sender, EventArgs e)
02:   {
03:     OnCmd = new OnDelegateCmd(OnDelCmd);
04:   }
```

다음의 OnDelCmd() 메서드는 델리게이트에서 호출되며 CMD 창의 핸들 값을 lbList 컨트롤에 나타내는 작업을 수행한다.

```
01:   private void OnDelCmd(string SiHandle)
02:   {
03:     lbList.Items.Add(SiHandle);
04:   }
```

다음의 btnCMD_Click() 이벤트 핸들러는 [CMD RUN] 버튼을 더블클릭하여 생성한 프로시저로 CMD를 실행하고 FindWindow 함수를 이용하여 CMD의 핸들 값을 lbList 컨트롤에 나타내는 작업을 수행한다.

```
01:   private void btnCMD_Click(object sender, EventArgs e)
02:   {
03:     CmdThre = new Thread(CmdThreRun);
04:     CmdThre.Start();
05:   }

06:   private void CmdThreRun()
07:   {
08:     cmdprocess.StartInfo.FileName = "cmd.exe";
09:     cmdprocess.Start();
10:     Thread.Sleep(500);
11:     iHandle = FindWindow(null, @"C:\Windows\system32\cmd.exe");
12:     Invoke(OnCmd, iHandle.ToString());
13:     CmdThre.Abort();
14:   }
```

08행   cmdprocess.StartInfo.FileName 속성에 실행할 파일명을 입력한다. 이는 실행하고자 하는 파일의 이름을 전체 경로로 지정하거나 시스템 Path가 지정된 실행 파일의 이름으로 지정한다.

09행	cmdprocess.Start() 메서드를 호출하여 08행에서 지정된 파일을 실행하는 작업을 수행한다.
11행	'user32.dll' 라이브러리에 선언된 FindWindow() 함수를 호출하여 매개변수로 주어진 프로그램의 핸들 값을 가져오는 작업을 수행한다.

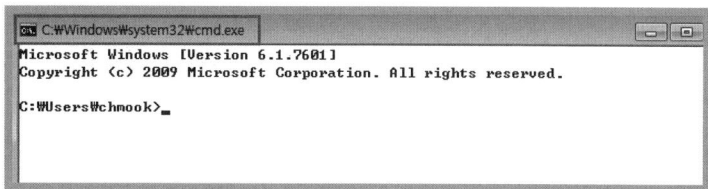

FindWindow(null, [윈도우 폼의 캡션 속성])

다음의 lbList_SelectedIndexChanged() 이벤트 핸들러는 lbList 컨트롤을 더블클릭하여 생성한 프로시저로 멤버 변수에 CMD의 핸들 값을 저장하는 작업을 수행한다.

```
01: private void lbList_SelectedIndexChanged(object sender, EventArgs e)
02: {
03:   CurrentiHandle - Convert.ToInt32(this.lbList.SelectedItem.ToString());
04: }
```

다음의 btnCommand_Click() 이벤트 핸들러는 [Command] 버튼을 더블클릭하여 생성한 프로시저로 txtCommand 컨트롤에 입력된 명령어를 SendMessage 함수와 PostMessage 함수를 이용하여 실행하는 작업을 수행한다.

```
01: private void btnCommand_Click(object sender, EventArgs e)
02: {
03:   CmmThre = new Thread(new ParameterizedThreadStart(CommandThre));
04:   CmmThre.Start(this.txtCommand.Text);
05:   this.lbList.Items.Clear();
06: }

07: private void CommandThre(object o)
08: {
09:   string cmdstr = (string)o;
10:   foreach (var stra in cmdstr)
11:   {
12:     SendMessage(CurrentiHandle, WM_CHAR, stra, 0);
13:   }
14:   PostMessage(CurrentiHandle, WM_KEYDOWN, VK_RETURN, 0);

15:   Thread.Sleep(10);
16:   Process[] tProcess = Process.GetProcessesByName("cmd");
17:   for (int i = 0; i < tProcess.Length; i++)
18:   {
19:     Invoke(OnCmd, tProcess[i].MainWindowHandle.ToString());
```

```
20:   }
21: }
```

03–04행	CmmThre 스레드를 초기화하고 스레드를 실행하는 작업을 수행하며, 매개변수에 CMD 창에 입력될 명령어를 대입하여 초기화 하고 메서드를 호출한다.
10–13행	foreach 구문을 이용하여 실행된 CMD 창에 매개변수로 전달 받은 명령어를 자동으로 입력하는 작업을 수행한다.
12행	SendMessage() 함수를 CMD 창에 명령어를 입력하는 작업을 수행하는데 foreach 문에서 가져온 명령어의 하나하나 각각의 문자를 입력하는 작업을 수행한다. CMD 대상은 첫 번째 매개변수 CurrentiHandle 값이며, 명령어를 입력하는 작업은 두 번째 매개변수 WM_CHAR 지정에 의해 작업이 수행되고, 세 번째 매개변수는 foreach 문을 통해 전체 명령어의 문자열 중 각각의 문자를 CMD 창에 입력하는 작업을 수행한다.
14행	PostMessage() 함수를 이용하여 엔터를 자동으로 입력하도록 하는 구문으로 첫 번째 매개변수는 엔터 값이 입력된 CMD 창의 핸들 값을 지정하고, 두 번째 매개변수에는 키보드 입력이 가능하도록 WM_KEYDOWN 정수를 지정하며 엔터 값에 해당하는 VK_RETURN 값을 대입하여 호출하는 작업을 수행한다.
16–20행	Process[] 개체를 생성하기 위해서 Process.GetProcessesByName() 메서드를 하여 실행되는 프로세스의 정보를 가져와 개체 tProcess를 초기화하는 작업을 수행한다. Process.GetProcessesByName() 메서드의 매개변수 값에는 'cmd'를 입력하여 CMD 창의 정보만으로 개체를 초기화 한다.
17–20행	for 문을 이용하여 tProcess 개체의 정보를 가져와 Invoke() 메서드로 델리게이트를 호출하는 작업을 수행하는데, tProcess[i].MainWindowHandle 속성을 이용하여 CMD 창의 핸들 값을 가져오는 작업을 수행한다.

6.3 예제 실행

다음 그림은 CMD Control 예제를 F5 키를 눌러 실행한 화면이다. 먼저 [CMD RUN] 버튼을 클릭하면 목록 창에 실행된 CMD 창의 핸들값이 표시된다. 표시된 핸들값을 목록에서 선택하고 명령어 칸에 'dir'을 입력한 뒤에 [Command] 버튼을 클릭한다. 선택된 핸들을 갖는 CMD 창에서 'dir' 명령어가 실행되는 것을 볼 수 있다.

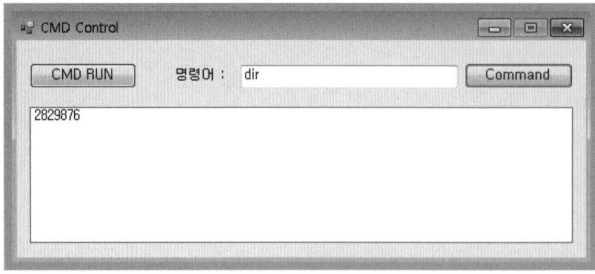

```
C:\Windows\System32\cmd.exe

Microsoft Windows [Version 6.1.7601]
Copyright (c) 2009 Microsoft Corporation. All rights reserved.

C:\NetworkCS\Chap4\mook_CMDControl\mook_CMDControl\bin\Debug>dir
 C 드라이브의 볼륨에는 이름이 없습니다.
 볼륨 일련 번호: 5AE6-3A77

 C:\NetworkCS\Chap4\mook_CMDControl\mook_CMDControl\bin\Debug 디렉터리

2015-12-06  오후 03:15    <DIR>          .
2015-12-06  오후 03:15    <DIR>          ..
2016-04-23  오후 06:53        11,264 mook_CMDControl.exe
2015-10-09  오전 01:28           187 mook_CMDControl.exe.config
2016-04-23  오후 06:53        22,016 mook_CMDControl.pdb
2016-04-23  오후 06:52        22,696 mook_CMDControl.vshost.exe
2015-10-09  오전 01:28           187 mook_CMDControl.vshost.exe.config
2010-03-17  오후 10:39           490 mook_CMDControl.vshost.exe.manifest
               6개 파일              56,840 바이트
               2개 디렉터리  17,487,200,256 바이트 남음

C:\NetworkCS\Chap4\mook_CMDControl\mook_CMDControl\bin\Debug>_
```

O7   에러 컨트롤

이 절에서는 어플리케이션에서 발생하는 오류를 제어하는 기능을 'User32.dll' 라이브러리에 정의된 FindWindow, FindWindowEx, SendMessage 함수를 이용하여 살펴보도록 한다.

이 절은 두 개의 프로젝트로 다음 그림과 같이 구성되어 있다.

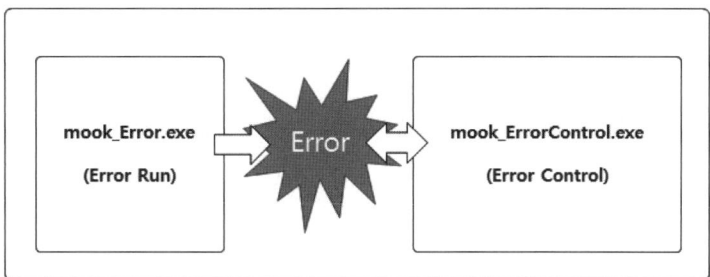

7.1 Error

이 예제는 오류 제어를 설명하기 위해 단순히 오류를 발생시키는 작업을 수행하며, 그 외에는 아무런 작업을 하지 않는다.

다음 그림은 Error 어플리케이션을 구현하고 실행한 결과 화면으로 그림과 같이 폼을 디 자인한다.

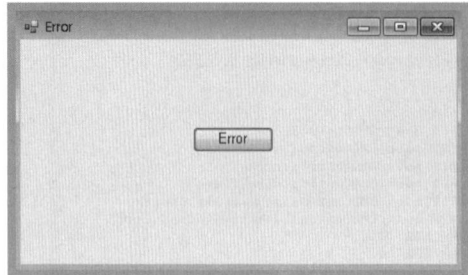

[결과 미리 보기]

7.2 인터페이스 디자인

프로젝트 이름을 'mook_Error'로 하여 'C:\NetworkCS\Chap4' 경로에 프로젝트를 생 성한다. 다음 그림과 같이 윈도우 폼에 각 컨트롤을 위치시키고 표를 참고하여 각 컨트 롤의 속성값을 설정한다.

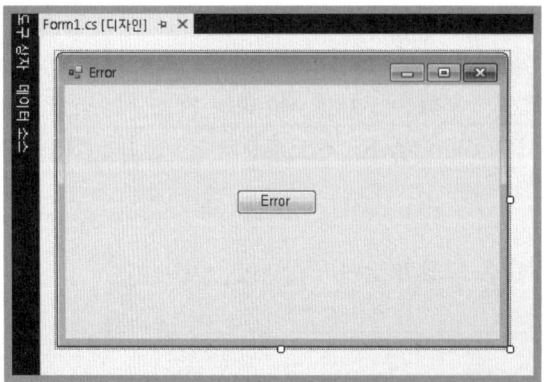

폼 컨트롤	속성	값
Form1	Name	Form1
	Text	Error
	FormBorderStyle	FixedSingle
	MaximizeBox	False
Button1	Name	btnError
	Text	Error

7.3 코드 구현

다음의 btnError_Click() 이벤트 핸들러는 [Error] 버튼을 더블클릭하여 생성한 프로시
저로 오류 제어 기능을 구현하기 위해서 고의로 오류를 발생시키는 작업을 수행한다.

```
01:  private void btnError_Click(object sender, EventArgs e)
02:  {
03:     System.Diagnostics.Debug.Assert(false);
04:  }
```

03행   Debug.Assert() 메서드를 이용하여 Assertion 오류를 발생시키는 구문으로, 매개변수에 false
를 대입하면 메시지를 표시한다.

7.4 예제 실행

다음 그림은 Error 예제를 F5 키를 눌러 실행한 화면이다.

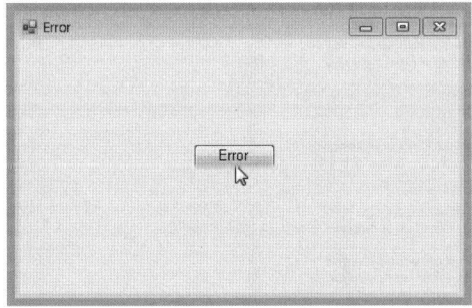

[Error] 버튼을 클릭하면 다음 그림과 같은 Assertion 오류가 발생된다. 이 오류를 직접
클릭하여 오류 메시지를 없애는 것이 아니라 다른 프로그램에서 모니터링 하고 있다가
오류가 발생하면 자동으로 클릭하여 오류를 처리하는 기능을 구현한다.

7.5 Button 핸들 값 얻기

Button을 클릭하는 것과 같이 자동화를 만들기 위해서는 Button에 대한 핸들 값을 가지고 있어야 한다. 이 핸들 값을 'User32.dll' 라이브러리에 정의된 FindWindowsEx 함수를 이용하여 버튼을 클릭하는 효과를 구현할 수 있다.

Button의 핸들 값은 VS 2015에서 지원하는 Microsoft Spy++ 유틸리티를 이용하여 구할 수 있는데, Button 뿐만 아니라 윈도우 어플리케이션의 모든 핸들 값을 확인할 수 있고 이를 이용하여 클릭 등 제어가 가능하다.

VS 2015의 [도구]-[Spy++] 버튼을 눌러 다음 그림과 같이 Microsoft Spy++ 유틸리

티가 실행되면 [창 찾기] 이미지 아이콘을 클릭한다.

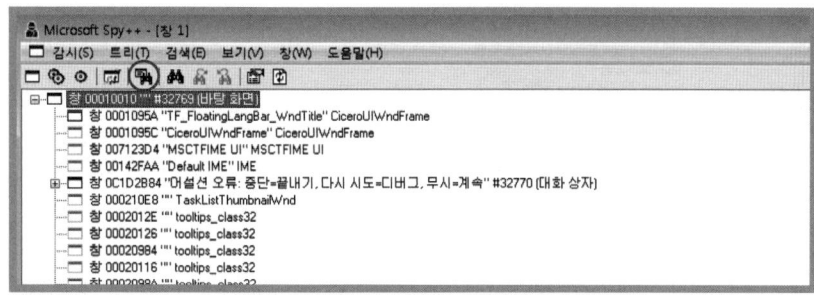

다음과 같이 [창 찾기] 대화 상자가 호출되면 [찾기 도구] 아이콘을 클릭한 후 드래그 하여 찾고자 하는 Button 위에 올려놓으면 핸들 값을 얻을 수 있다.

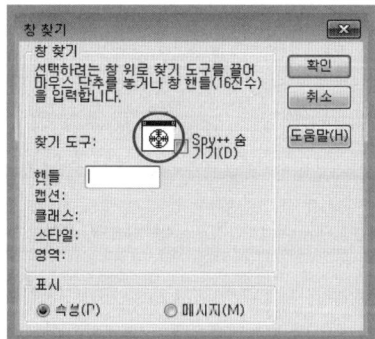 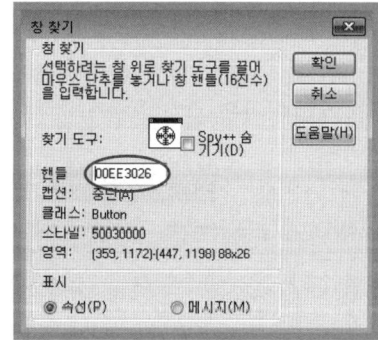

핸들 값이 확인되면 [확인] 버튼을 눌러 클릭하고자 하는 Button의 [창 캡션] 값과 [클래스 이름] 값의 정보를 얻는다.

7.6 Error Control

이 예제는 앞에서 구현한 Error 프로젝트의 프로그램을 실행하거나 Error 프로그램에서 발생한 에러를 제어하는 기능에 대해 살펴보도록 한다.

다음 그림은 Error Control 어플리케이션을 구현하고 실행한 결과 화면으로 그림과 같이 폼을 디자인한다.

[결과 미리 보기]

7.7 인터페이스 디자인

프로젝트 이름을 'mook_ErrorControl'로 하여 'C:\NetworkCS\Chap4' 경로에 프로젝트를 생성한다. 다음 그림과 같이 윈도우 폼에 각 컨트롤을 위치시키고 표를 참고하여 각 컨트롤의 속성값을 설정한다.

폼 컨트롤	속성	값
Form1	Name	Form1
	Text	Error Control
	FormBorderStyle	FixedSingle
	MaximizeBox	False
Button1	Name	btnCheck
	Text	상태 감시
Button2	Name	btnReRun
	Text	재실행
button3	Name	btnClick
	Text	버튼 클릭

7.8 코드 구현

다음과 같이 using 키워드를 이용하여 필요한 네임스페이스를 추가한다.

```
using System.Threading;
using System.Runtime.InteropServices;
using System.Diagnostics;
```

다음과 같이 'User32.dll' 라이브러리에 정의된 FindWindow, FindWindowEx, SendMessage 함수 호출 구문을 선언한다.

```
01:  [DllImport("user32.dll")]
02:  public static extern int FindWindow(
        string lpClassName, // class name
        string lpWindowName // window name
     );

03:  [DllImport("user32.dll")]
04:  public static extern int FindWindowEx(int parentHandle,
        IntPtr childAfter, string className, string lpsz2);

05:  [DllImport("user32.dll")]
06:  public static extern int SendMessage(IntPtr hWnd, uint Msg,
        int wParam, int lParam);

07:  private const int BM_CLICK = 0x00F5;
```

02행	'user32.dll' 라이브러리에 선언된 FindWindow() 함수 호출 선언문을 정의하는 구문이다. 윈도우 폼의 핸들 값을 가져오는 작업을 수행한다.
04행	'user32.dll' 라이브러리에 선언되어 있는 FindWindowEx() 함수 호출 선언문을 정의하는 구문으로, 02행에서 구한 윈도우 폼의 핸들 값으로 다시 윈도우 폼에 갖고 있는 버튼 등의 컨트롤의 핸들 값을 가져오는 작업을 수행한다.
06행	'user32.dll' 라이브러리에 선언된 SendMessage() 함수 호출 선언문을 정의하는 구문으로, 버튼을 눌러 오류를 처리하기 위한 작업을 수행한다.

다음과 같이 멤버 개체 생성 구문을 클래스 상단에 추가한다.

```
01:  Thread CheckThre = null;
02:  Thread BtnThre = null;
03:  Process ps = new Process();
```

다음의 btnCheck_Click() 이벤트 핸들러는 [상태 감시] 버튼을 더블클릭하여 생성한 프로시저로 Assertion 오류가 발생하면 자동으로 [중단] 버튼을 눌러 오류를 없애는 작업을 수행한다.

```
01: private void btnCheck_Click(object sender, EventArgs e)
02: {
03:   CheckThre = new Thread(ErrorCheck);
04:   CheckThre.Start();
05: }

06: private void ErrorCheck()
07: {
08:   int nhwnd1 = 0;
09:   try
10:   {
11:     nhwnd1 = FindWindow(null,
          "어설션 오류: 중단=끝내기, 다시 시도=디버그, 무시=계속");
12:   }
13:   catch { }
14:   if (nhwnd1 > 0)
15:   {
16:     while (true)
17:     {
18:       int childHandle1 = FindWindowEx(nhwnd1, IntPtr.Zero, "Button", "중단(&A)");
19:       if(childHandle1>0)
20:       {
21:         SendMessage((IntPtr)childHandle1, BM_CLICK, 0, 1);
22:         break;
23:       }
24:     }
25:   }

26:   CheckThre.Abort();
27: }
```

11행 FindWindow() 함수를 이용하여 오류 메시지 창의 핸들 값을 가져오는 구문이다. 캡션 값 즉, 두 번째 매개변수 값에는 문자열 "어설션 오류: 중단=끝내기, 다시 시도=디버그, 무시=계속"을 입력한다. 그 결과 값인 int 타입의 핸들 값을 nhwnd1에 저장하는 작업을 수행한다.

14행 nhwnd1 변수 값이 0보다 클 때 이는 11행에서 FindWindow() 함수를 이용하여 얻어온 오류 창의 핸들 값을 가져왔을 때 즉, 오류가 발생할 때 if 블록을 실행하여 오류를 처리하는 작업을 수행한다.

16-24행 while 문을 이용하여 오류 창의 버튼을 클릭하는 작업으로 오류를 제어하는 작업을 수행한다.

18행 FindWindowEx() 함수를 이용하여 오류 창의 [중단(A)] 버튼을 클릭하기 위해 [중단(A)] 버튼의 핸들 값을 얻는 구문이다. 첫 번째 매개변수에는 오류 창의 핸들 값을 대입하고 두 번째는 의미가 없기 때문에 IntPtr.Zero 값을 입력한다. 세 번째 매개변수에는 'Button' 즉, 클래스 이름을 입력하고, 네 번째 매개변수에는 '중단(&A)'을 입력하여 [중단(A)] 버튼의 핸들 값을 가져온다.

19행	[중단(A)] 버튼의 핸들 값이 0보다 클 때 즉, [중단(A)] 버튼이 존재하면 21행을 수행하여 [중단(A)] 버튼을 클릭하는 작업을 수행한다.
21행	SendMessage() 함수를 호출하여 [중단(A)] 버튼을 클릭하는 작업을 수행한다. 첫 번째 매개변수에는 [중단(A)] 버튼의 핸들 값을 입력하고, 두 번째는 버튼 클릭을 진행하도록 BM_CLICK 정수 값을 입력하여 버튼을 클릭하는 기능을 구현한다.

다음의 btnReRun_Click() 이벤트 핸들러는 [재실행] 버튼을 더블클릭하여 생성한 프로시저로 'mook_Error.exe' 프로그램을 실행하는 작업을 수행한다.

```
01: private void btnReRun_Click(object sender, EventArgs e)
02: {
03:   ps.StartInfo.FileName = "mook_Error.exe";
04:   ps.Start();
05: }
```

다음의 btnClick_Click() 이벤트 핸들러는 [버튼 클릭] 버튼을 더블클릭하여 생성한 프로시저로 Error 프로그램의 [Error] 버튼을 자동으로 클릭하는 작업을 수행한다.

```
01: private void btnClick_Click(object sender, EventArgs e)
02: {
03:   BtnThre = new Thread(BtnClick);
04:   BtnThre.Start();
05: }

06: private void BtnClick()
07: {
08:   int nhwnd1 = 0;
09:   try
10:   {
11:     nhwnd1 = FindWindow(null, "Error");
12:   }
13:   catch { }
14:   if (nhwnd1 > 0)
15:   {
16:     while (true)
17:     {
18:       int childHandle1 = FindWindowEx(nhwnd1, IntPtr.Zero,
            "WindowsForms10.BUTTON.app.0.2bf8098_r11_ad1", "Error");
19:       if (childHandle1 > 0)
20:       {
21:         SendMessage((IntPtr)childHandle1, BM_CLICK, 0, 1);
22:         break;
23:       }
24:     }
```

```
25:    }
26:    BtnThre.Abort();
27: }
```

11행	'Error' 윈도우 폼의 캡션을 가지고 있는 윈도우 창의 핸들 값을 가져와 변수 nhwnd1에 저장하는 작업을 수행한다.
14행	FindWindowEx() 함수를 이용하여 'Error' 윈도우 폼에 정의되어 있는 [Error] 버튼을 클릭하기 위한 버튼의 핸들 값을 가져오는 작업을 수행한다. 첫 번째 매개변수에는 'Error' 윈도우 폼의 핸들 값을 대입하고, 세 번째 매개변수에는 [Error] 버튼의 클래스 명을 입력한다. 이 클래스 명은 컴파일러에 버전 및 윈도우 버전에 따라 달라질 수 있으므로 Spy++ 이용하여 정확한 클래스 명을 구해서 입력하도록 하자. 네 번째 매개변수에는 'Error' 즉, 버튼의 이름을 입력한다.
19행	[Error] 버튼이 존재하면 if 블록 내부 코드를 수행한다.
21행	SendMessage() 함수를 호출하여 18행에서 얻은 [Error] 버튼을 클릭하는 작업을 수행한다.

7.9 예제 실행

다음 그림은 Error Control 예제를 F5 키를 눌러 실행한 화면이다. 각 버튼을 누르면 오류를 자동으로 제어하거나 다른 폼에 있는 버튼을 클릭하는 등의 자동화된 클릭 작업을 수행할 수 있다.

[상태 감시] 버튼은 다음 그림과 같이 에러 메시지가 나타나는 것을 모니터링 하다가 에러 메시지가 출력되면 출력된 메시지 창에서 [중단(A)] 버튼을 자동으로 클릭하는 작업을 수행한다.

예제의 실행 창에서 [재실행] 버튼은 "mook_Error.exe" 실행 파일을 자동으로 실행시켜 주는 작업을 수행한다.

예제의 실행 창에서 [버튼 클릭] 버튼은 이 설의 앞부분에서 작성했던 Error 어플리케이션의 [Error] 버튼을 자동으로 클릭해주는 작업을 수행한다.

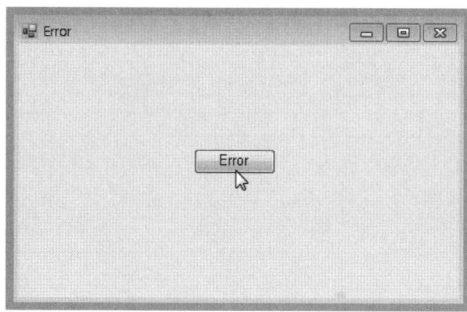

데이터베이스

이 장에서는 윈도우 응용 프로그램을 개발할 때 빠져서는 안 될 기능으로 데이터 소스에 대한 액세스 방법 즉, 데이터베이스 프로그래밍에 대해 살펴본다.

최근 자주 사용하는 윈도우 어플리케이션의 대부분은 원격 또는 로컬에 설치된 데이터베이스에 접근하여 사용자에게 알맞은 정보를 제공하는 방식으로 구현한다. 언뜻 생각하면 그 기능은 필수적으로 구현되어야 하는 기능이고, 아주 쉽게 구현될 것으로 생각할 수 있지만, 얼마 전까지만 해도 각 데이터베이스와의 호환성 문제와 구현의 다양성 때문에 구현하는 데 어려움이 많았다. 따라서 데이터베이스 프로그래밍은 다른 분야의 개발과 비교하여 쉽게 구현되지 않은 분야였다. 하지만, .NET Framework에서 제공하는 데이터베이스 관련 클래스 및 메서드를 이용하면 쉽고 빠르게 데이터베이스 연결 및 활용 기능을 구현할 수 있다.

01 파일 정보 저장하기

네트워크 프로그램을 구현하다 보면 정보를 텍스트 파일 또는 엑셀로 저장하는 기능을 자주 구현하게 된다. 이 절에서는 파일을 선택하고 파일의 정보를 검색하여 출력해주고, 출력된 정보를 텍스트 파일 또는 엑셀로 저장하는 기능을 구현한다.

텍스트 또는 엑셀 파일도 DBMS처럼 관리되지는 않지만, 데이터를 저장하는 측면에서 보면 하나의 데이터베이스라 할 수 있다. 이 절에서는 간단히 저장하는 것만 구현하지만, 텍스트 데이터를 읽는 방법을 3장에서 살펴보았고, 엑셀 파일을 읽는 방법은 이 절에서 설명하는 저장 방법을 응용하면 충분히 스스로 구현할 수 있으리라 생각된다.

다음 그림은 파일 정보 저장하기 어플리케이션을 구현하고 실행한 결과 화면으로 그림과 같이 폼을 디자인한다.

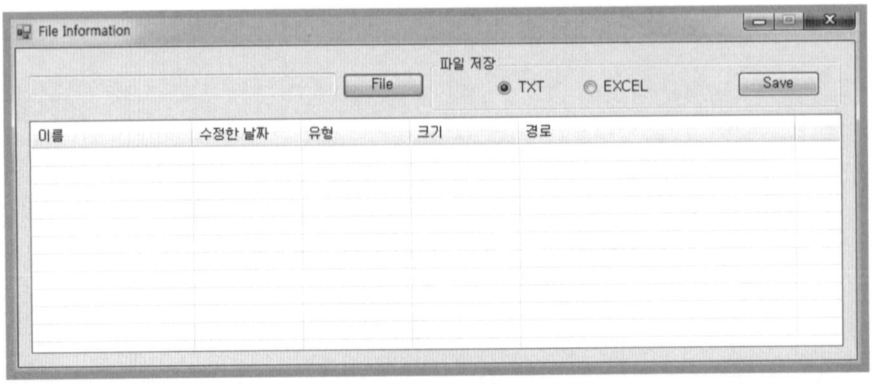

[결과 미리 보기]

1.1 인터페이스 디자인

프로젝트 이름을 'mook_FileInfoSave'로 하여 'C:\NetworkCS\Chap5' 경로에 프로젝트를 생성한다. 다음 그림과 같이 윈도우 폼에 각 컨트롤을 위치시키고 표를 참고하여 각 컨트롤의 속성값을 설정한다.

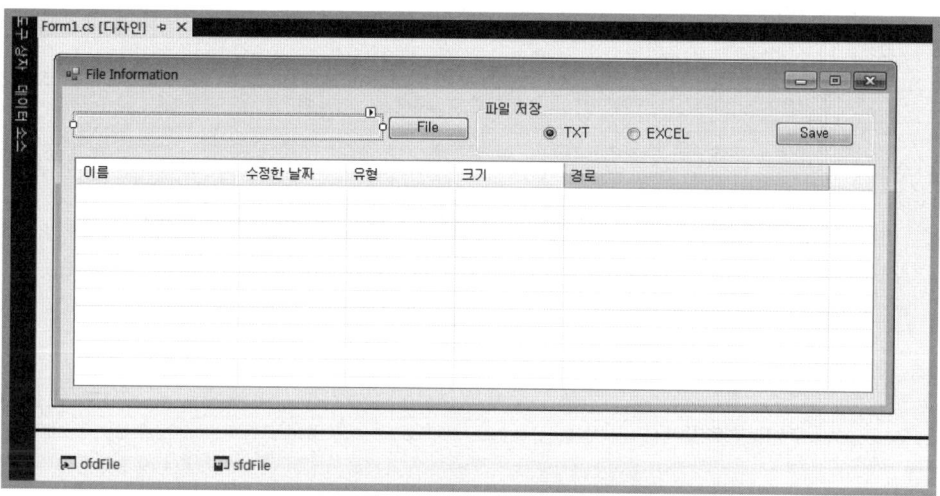

폼 컨트롤	속성	값
Form1	Name	Form1
	Text	File Information
	FormBorderStyle	FixedSingle
	MaximizeBox	False
TextBox1	Name	txtPath
	ReadOnly	True
Button1	Name	btnPath
	Text	File
Button2	Name	btnSave
	Text	Save
GroupBox1	Name	gbSave
	Text	파일 저장
RadioButton1	Name	rbText
	Text	TXT
RadioButton2	Name	rbExcel
	Text	EXCEL
ListView1	Name	lvFile
	FullRowSelect	True
	GridLines	True
	View	Details

OpenFileDialog1	Name	ofdFile
	Filter	모든 파일(*.*)|*.*
SaveFileDialog1	Name	sfdFile

다음 그림과 표에서 제공하는 정보를 이용하여 lvFile 컨트롤에 멤버를 추가하고 속성을 설정한다.

폼 컨트롤	속성	값
ColumnHeader1	Name	chName
	Text	이름
	Width	150
ColumnHeader2	Name	chDate
	Text	수정한 날짜
	Width	100
ColumnHeader3	Name	chType
	Text	유형
	Width	100
ColumnHeader4	Name	chSize
	Text	크기
	Width	100
ColumnHeader5	Name	chPath
	Text	경로
	Width	250

1.2 코드 구현

엑셀 파일을 쉽게 사용하기 위해서 엑셀 파일을 관리할 수 있는 라이브러리를 추가한다. 솔루션 탐색기에서 [참조] 항목을 마우스 오른쪽 버튼으로 클릭하여 [추가]-[참조]-[COM]-[형식 라이브러리] 선택하고, 다음 그림과 같이 [Microsoft Excel 15.0 Object Library] 항목을 선택한 후 [확인] 버튼을 클릭하여 참조 라이브러리를 추가한다.

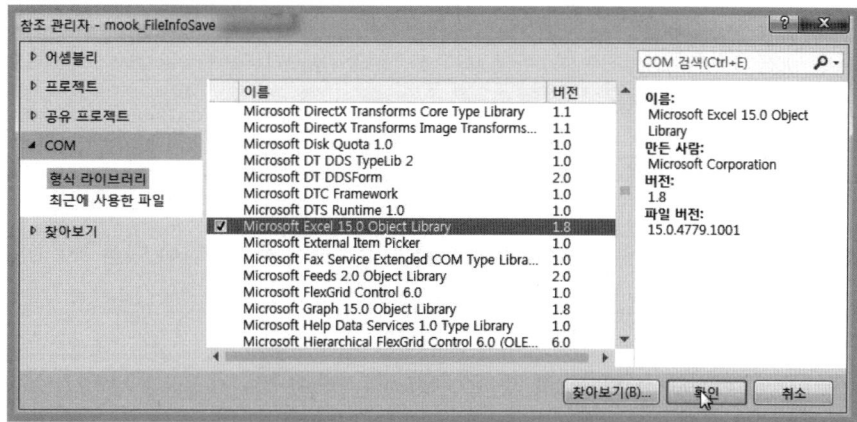

다음과 같이 using 키워드를 이용하여 필요한 네임스페이스를 추가한다.

```
using System.IO;
using Excel = Microsoft.Office.Interop.Excel;
```

Microsoft.Office.Interop.Excel 네임스페이스는 Excel 파일을 읽고 쓰는 데 필요한 클래스와 메서드 등의 인터페이스를 사용하기 쉽게 하며, Excel로 별칭을 부여하여 사용한다.

다음과 같이 멤버 개체 및 변수를 클래스 상단에 추가한다.

```
01:  FileInfo fi = null;    // 파일 정보 가져오기
02:  string FsPath = "";    // 파일 경로 저장
```

다음의 btnPath_Click() 이벤트 핸들러는 [File] 버튼을 더블클릭하여 생성한 프로시저로 파일을 열고 파일 속성 정보를 나타내는 작업을 수행한다.

```
01:  private void btnPath_Click(object sender, EventArgs e)
02:  {
03:    if(this.ofdFile.ShowDialog() == DialogResult.OK)
04:    {
05:      this.txtPath.Text = this.ofdFile.FileName;
06:      fi = new FileInfo(this.ofdFile.FileName);

07:      this.lvFile.Items.Add(new ListViewItem(new string[]
            { fi.Name, fi.LastWriteTime.ToString(),
              fi.Extension.Split('.')[1], GetFileSize(fi.Length), fi.FullName }));
08:    }
09:  }
```

03행	[열기] 대화 상자를 호출하여 파일을 선택하는 작업을 수행한다.
06행	03행에서 선택한 파일의 속성 정보를 가져오기 위해 FileInfo 클래스의 개체 fi를 초기화하는 작업을 수행한다.
07행	lvFile.Items.Add() 메서드를 이용하여 선택된 파일에 대한 이름, 마지막 수정 날짜, 확장자, 사이즈, 경로를 lvFile 컨트롤에 나타내는 작업을 수행한다.

다음의 GetFileSize() 메서드는 파일 사이즈의 표현을 표준화된 형식으로 반환하는 작업을 수행한다.

```csharp
01:  private string GetFileSize(double byteCount)
02:  {
03:    string size = "0 Bytes";
04:    if (byteCount >= 1073741824.0)
05:      size = String.Format("{0:##.##}", byteCount / 1073741824.0) + " GB";
06:    else if (byteCount >= 1048576.0)
07:      size = String.Format("{0:##.##}", byteCount / 1048576.0) + " MB";
08:    else if (byteCount >= 1024.0)
09:      size = String.Format("{0:##.##}", byteCount / 1024.0) + " KB";
10:    else if (byteCount > 0 && byteCount < 1024.0)
11:      size = byteCount.ToString() + " Bytes";
12:    return size;
13:  }
```

다음의 btnSave_Click() 이벤트 핸들러는 [Save] 버튼을 더블클릭하여 생성한 프로시 저로 저장할 형식에 맞춰 텍스트 또는 엑셀 파일로 저장하기 위한 메서드를 호출하는 작업을 수행한다.

```csharp
01:  private void btnSave_Click(object sender, EventArgs e)
02:  {
03:    if (this.lvFile.Items.Count == 0)
04:    {
05:      MessageBox.Show("저장할 파일 정보가 없습니다.", "알림",
06:          MessageBoxButtons.OK, MessageBoxIcon.Information);
07:      return;
08:    }
09:    if (this.rbTxt.Checked == true)
10:    {
11:      this.sfdFile.Filter = "텍스트 파일(*.txt) | *.txt";
12:      if (this.sfdFile.ShowDialog() == DialogResult.OK)
13:      {
14:        FsPath = this.sfdFile.FileName;
15:        TxtSave();
16:      }
17:    }
18:    else
```

```
19:   {
20:     this.sfdFile.Filter = "엑셀 파일(*.xlsx) | *.xlsx";
21:     if (this.sfdFile.ShowDialog() == DialogResult.OK)
22:     {
23:       FsPath = this.sfdFile.FileName;
24:       ExcelSave();
25:     }
26:   }
27: }
```

다음의 TxtSave() 메서드는 StreamWriter 클래스의 개체를 생성하여 lvFile 컨트롤에
나타난 파일 정보를 텍스트 파일로 저장하는 작업을 수행한다.

```
01:  private void TxtSave()
02:  {
03:    using (StreamWriter sw = new StreamWriter(FsPath))
04:    {
05:      for(int n=0;n<this.lvFile.Items.Count;n++)
06:      {
07:        string FInfo = "";
08:        sw.WriteLine("이름" + "\t" + "수정한 날짜" + "\t"
                + "유형" + "\t" + "크기" + "\t" + "경로" + "\t");
09:        for (int i=0;i< this.lvFile.Items[n].SubItems.Count;i++)
10:        {
11:          FInfo += this.lvFile.Items[n].SubItems[i].Text + "\t";
12:        }
13:        sw.WriteLine(FInfo);
14:      }
15:      sw.Close();
16:    }
17:  }
```

03행	using 키워드를 이용하여 StreamWriter 클래스의 개체 sw를 생성하는 구문으로 저장할 파일 경로를 대입하여 sw 개체를 초기화한다.
08, 13행	sw.WriteLine() 메서드를 이용하여 lvFile 컨트롤에 나타난 파일 정보를 탭 문자를 기준으로 나누어 스트림에 쓰는 작업을 수행한다.

다음의 ExcelSave() 메서드는 lvFile 컨트롤에 나타난 파일 속성 정보를 엑셀 파일에 저
장하는 작업을 수행한다.

```
01:  private void ExcelSave()
02:  {
03:    Excel.Application eApp;
04:    Excel.Workbook eWorkbook;
```

```
05:     Excel.Worksheet eWorkSheet;

06:     string[,] data;

07:     eApp = new Excel.Application();
08:     eWorkbook = eApp.Workbooks.Add(true);
09:     eWorkSheet = (Excel.Worksheet)eWorkbook.Sheets[1];
        // Excel Sheet 배열은 1부터 시작한다.
10:     int rnum = this.lvFile.Items.Count + 1;
11:     int cnum = 5;

12:     data = new string[rnum, cnum];
13:     data[0, 0] = "이름";
14:     data[0, 1] = "수정한 날짜";
15:     data[0, 2] = "유형";
16:     data[0, 3] = "크기";
17:     data[0, 4] = "경로";

18:     for (int n = 0; n < this.lvFile.Items.Count; n++)
19:     {
20:       for (int i = 0; i < this.lvFile.Items[n].SubItems.Count; i++)
21:       {
22:         data[n + 1, i] = this.lvFile.Items[n].SubItems[i].Text;
23:       }
24:     }
25:     string EndStr = "E" + rnum.ToString();
26:     eWorkSheet.get_Range("A1:" + EndStr).Value2 = data;
27:     eWorkbook.SaveAs(FsPath, Excel.XlFileFormat.xlWorkbookDefault,
          Type.Missing, Type.Missing, false, false,
          Excel.XlSaveAsAccessMode.xlShared, false, false,
          Type.Missing, Type.Missing, Type.Missing);
28:     eWorkbook.Close(false, Type.Missing, Type.Missing);
29:     eApp.Quit();
30:   }
```

03–05행	엑셀을 사용하기 위한 클래스의 개체를 생성하는 구문으로 03행은 Application 클래스의 개체 eApp, 04행은 Workbook 클래스의 개체 eWorkbook, 05행은 Worksheet 클래스의 개체 eWorkSheet를 생성하는 구문이다.
06행	엑셀에서 데이터를 나타내기 위해 배열로 처리되기 때문에 2차원 배열을 생성하는 구문이다.
08행	eApp.Workbooks.Add() 메서드를 이용해서 엑셀에 Workbook을 추가하는 작업을 수행하며, 매개변수에 true를 대입해서 eWorkbook 클래스의 개체를 초기화하는 작업을 수행한다.
09행	eWorkSheet 개체를 초기화하는 작업을 수행하며, (Excel.Worksheet)eWorkbook.Sheets[1] 구문으로 하나의 엑셀 시트를 만드는 구문이다.
10–11행	배열을 초기화하기 위해 값을 지정하는 구문으로 lvFile 컨트롤에 추가된 Items 수를 행의 수로 지정하고 칼럼의 수는 5로 지정한다.
12행	엑셀의 실제 데이터가 들어갈 범위의 배열을 초기화하는 작업을 수행한다.

13-17행	칼럼의 명칭을 지정하는 구문으로 data[0, 0] ~ data[0, 4] 범위에 각각 lvFile 컨트롤의 헤더 이름을 지정한다.
18-24행	for 문을 이용하여 lvFile 컨트롤에 나타난 파일 속성 정보를 data 배열에 저장하는 작업을 수행한다.
26행	eWorkSheet.get_Range("A1:" + EndStr).Value2 속성에 data를 입력하여 data 배열에 저장된 데이터를 eWorkSheet 개체에 저장하는 작업을 수행한다. eWorkSheet.get_Range() 메서드의 대입되는 매개변수는 실제 엑셀에 데이터가 저장되는 범위로 'A1:E5'와 같이 대입된다.
27행	eWorkbook.SaveAs() 메서드를 이용하여 첫 번째 매개변수에 지정된 엑셀 파일 경로에 파일 즉, 시트를 쓰는 작업을 수행한다. 나머지 매개변수는 기본설정으로 필자와 동일하게 설정한다.
28행	eWorkbook.Close() 메서드를 이용하여 Workbook 클래스의 개체를 해제하는 작업을 수행한다.
29행	eApp.Quit() 메서드를 이용하여 엑셀 파일에 저장하는 작업을 종료한다.

1.3 예제 실행

다음 그림은 파일 정보 저장하기 예제를 F5 키를 눌러 실행한 화면이다.

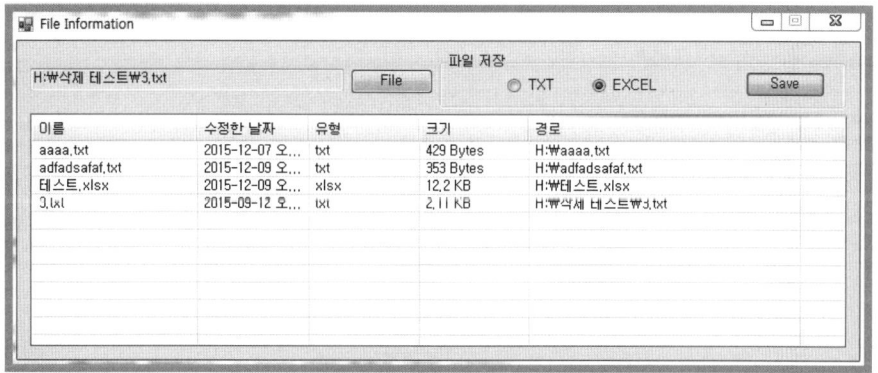

[Save] 버튼을 눌러 각각 저장한 뒤에 파일 탐색기를 이용하여 확인해 보면, 다음 그림과 같이 텍스트 파일과 엑셀 파일이 정상적으로 생성된 것을 확인할 수 있다.

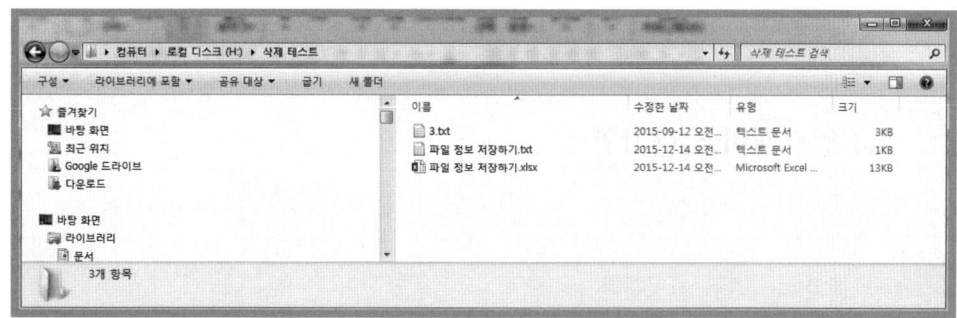

02 인명부

이 절에서는 MS ACCESS를 이용하여 로컬에 데이터베이스 파일을 생성하고 그 파일을 이용하여 인명부 프로그램을 작성해본다. 불과 얼마 전까지는 로컬 컴퓨터에서 관리 프로그램을 이용한 어플리케이션이 많이 사용되었는데 최근에는 인터넷 발달로 대부분이 원격에 있는 데이터베이스를 이용하여 데이터를 읽고 쓰는 방식을 사용한다.

다음 그림은 인명부 어플리케이션을 구현하고 실행한 결과 화면으로 그림과 같이 폼을 디자인한다.

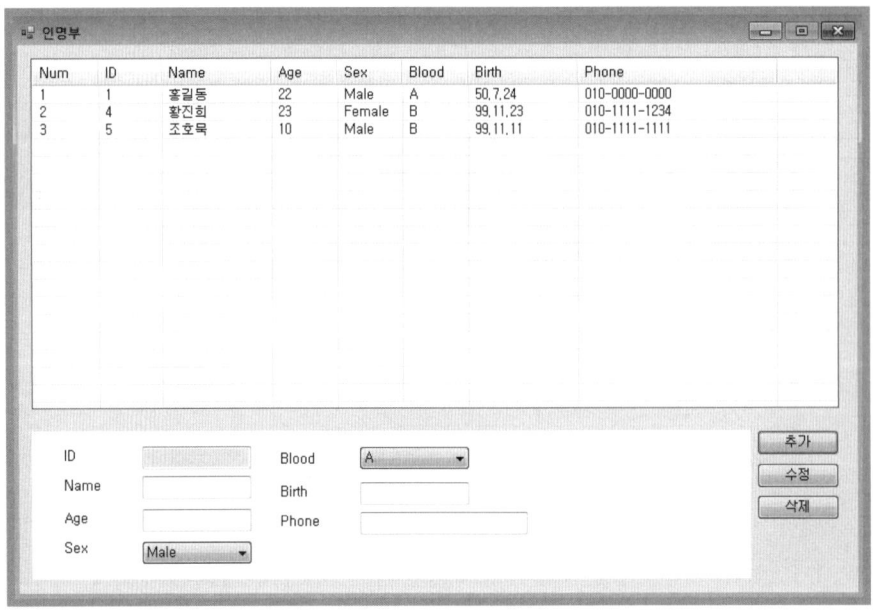

[결과 미리 보기]

2.1 인터페이스 디자인

프로젝트 이름을 'mook_AccessDB'로 하여 'C:\NetworkCS\Chap5' 경로에 프로젝트를 생성한다. 다음 그림과 같이 윈도우 폼에 각 컨트롤을 위치시키고 표를 참고하여 각 컨트롤의 속성값을 설정한다.

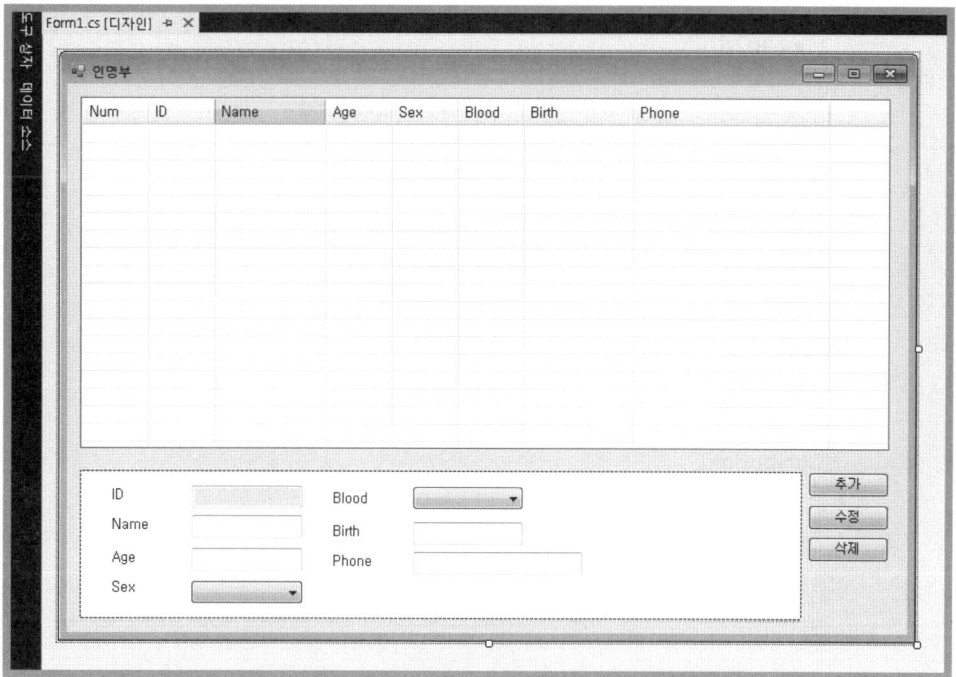

폼 컨트롤	속성	값
Form1	Name	Form1
	Text	인명부
	FormBorderStyle	FixedSingle
	MaximizeBox	False
ListView1	Name	lvView
	FullRowSelect	True
	GridLines	True
	View	Details
Panel1	Name	plGroup
	BackColor	White
Label1	Name	lblId
	Text	ID
Label2	Name	lblName
	Text	Name
Label3	Name	lblAge
	Text	Age
Label4	Name	lblSex
	Text	Sex
Label5	Name	lblBlood
	Text	Blood

	Name	lblBirth
Label6	Text	Birth
Label7	Name	lblPhone
	Text	Phone
TextBox1	Name	txtId
	ReadOnly	True
TextBox2	Name	txtName
TextBox3	Name	txtAge
TextBox4	Name	txtBirth
TextBox5	Name	txtPhone
ComboBox1	Name	cbSex
	DropDownStyle	DropDownList
ComboBox2	Name	cbBlood
	DropDownStyle	DropDownList
Button1	Name	btnAdd
	Text	추가
Button2	Name	btnModify
	Text	수정
Button3	Name	btnDelete
	Text	삭제

다음 그림과 표에서 제공하는 정보를 이용하여 lvView 컨트롤에 멤버를 추가하고 속성을 설정한다.

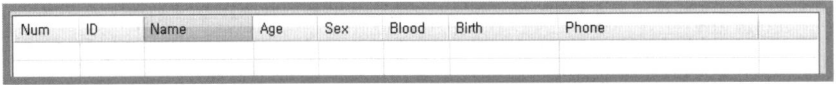

폼 컨트롤	속성	값
ColumnHeader1	Name	chNum
	Text	Num
	Width	60
ColumnHeader2	Name	chID
	Text	ID
	Width	60
ColumnHeader3	Name	chName
	Text	Name
	Width	100

	Name	chAge
ColumnHeader4	Text	Age
	Width	60
	Name	chSex
ColumnHeader5	Text	Sex
	Width	60
	Name	chBlood
ColumnHeader6	Text	Blood
	Width	60
	Name	chBirth
ColumnHeader7	Text	Birth
	Width	100
	Name	chPhone
ColumnHeader8	Text	Phone
	Width	180

2.2 MS ACCESS 데이터베이스 생성

이 예제에서 사용할 데이터베이스를 만들기 위해 MS ACCESS를 사용하여 "프로젝트 폴더\bin\Debug" 폴더에 "Human.accdb" 파일을 생성하고, 다음과 같은 구조의 데이터 베이스 테이블을 생성한다.

필드 이름	데이터 형식	필드 크기	이름
H_ID	일련번호		PK
H_Name	짧은 텍스트	20	
H_Age	짧은 텍스트	5	
H_Sex	짧은 텍스트	10	
H_Blood	짧은 텍스트	5	
H_Birth	짧은 텍스트	30	
H_Phone	짧은 텍스트	20	

2.3 코드 구현

다음과 같이 using 키워드를 이용하여 필요한 네임스페이스를 추가한다.

```
using System.Data.OleDb;
```

System.Data.OleDb 네임스페이스는 .NET Framework Data Provider for OLE DB이며, 이 네임스페이스에는 OleDbDataAdapter, OleDbDataReader, OleDbCommand, OleDbConnection 클래스가 존재한다.

다음과 같이 멤버 변수를 클래스 내부 상단에 추가한다.

```
01:  string ConSql = ""; // MS ACCESS 연결문
```

다음의 Form1_Load() 이벤트 핸들러는 폼을 더블클릭하여 생성한 프로시저로 폼이 실행될 때 컨트롤을 초기화하거나 MS ACCESS 데이터베이스와 연결을 위한 연결문을 초기화하는 작업을 수행한다.

```
01:  private void Form1_Load(object sender, EventArgs e)
02:  {
03:     this.cbSex.Text = "Male";
04:     this.cbBlood.Text = "A";
05:
06:     string DbPath = Application.StartupPath;
07:     ConSql = "Provider=Microsoft.ACE.OLEDB.12.0;Data Source=" + DbPath +
             @"\Human.accdb;Mode=ReadWrite";
08:     lvViewListUp();
09:  }
```

03-04행	cbSex, cbBlood 컨트롤을 초기화하는 작업을 수행한다.
05행	예제 어플리케이션이 시작된 폴더의 위치를 확인한다.
06행	MS ACCESS 데이터베이스를 연결하기 위한 연결문을 멤버 변수에 저장하는 작업을 수행한다.
07행	lvViewListUp() 메서드를 호출하여 프로그램이 실행될 때 초기 데이터를 나타낼 수 있도록 한다.

[TIP 5-1] MS ACCESS 버전별 접속 방법

- MS Office 2003
  "Provider=Microsoft.Jet.OLEDB.4.0;Data Source=C:\Human.mdb"
- MS Office 2007/2010/2013
  "Provider=" +
    "Microsoft.ACE.OLEDB.12.0;Data Source=C:\Human.accdb;Mode=ReadWrite"
※ Data Source : MS Access 데이터베이스 파일의 절대 경로를 나타낸다.

다음의 lvViewListUp() 메서드는 MS ACCESS 데이터베이스에서 데이터를 가져와 lvView 컨트롤에 나타내는 작업을 수행한다.

```
01:   private void lvViewListUp()
02:   {
03:     int ItemsCount = 1;
04:     this.lvView.Items.Clear();
05:     var Conn = new OleDbConnection(ConSql);
06:     Conn.Open();

07:     var Comm = new OleDbCommand("Select * from HumanTable", Conn);
08:     var myRead = Comm.ExecuteReader();

09:     while (myRead.Read())
10:     {
11:       string[] ReadArray = new string[] {
          ItemsCount.ToString(), myRead[0].ToString(), myRead[1].ToString(),
          myRead[2].ToString(), myRead[3].ToString(), myRead[4].ToString(),
          myRead[5].ToString(), myRead[6].ToString()};
12:       this.lvView.Items.Add(new ListViewItem(ReadArray));
13:       ItemsCount++;
14:     }
15:     myRead.Close();
16:     Conn.Close();
17:   }
```

05행	OleDbConnection 클래스의 개체 Conn을 생성하는 구문으로 매개변수에 ConSql의 값인 MS ACCESS 연결문을 대입하여 초기화한다. 이는 데이터베이스를 연결을 위한 개체를 생성하는 구문이다.
06행	Conn.Open() 메서드를 이용하여 데이터베이스를 연결하는 작업을 수행한다.
07행	OleDbCommand 클래스의 개체 Comm 개체를 생성하는 구문으로 매개변수에 MS ACCESS 데이터베이스에서 데이터를 읽고 가져오는 SELECT 쿼리 구문과 05행에서 생성한 Conn 개체를 대입하여 초기화한다.
08행	OleDbDataReader 클래스의 개체 myRead를 생성하는 구문으로 Comm.ExecuteReader() 메서드를 이용하여 07행에서 지정된 SELECT 쿼리 구문 결과를 가져와 myRead 개체에 저장한다.
09-14행	while 구문을 이용하여 myRead 개체에 저장된 데이터를 가져와 lvView 컨트롤에 나타내는 작업을 수행한다.
09행	myRead.Read() 메서드를 이용하여 데이터베이스에서 한 행을 읽는 작업을 수행한다.
11행	string 타입의 배열 ReadArray을 생성하는 작업을 수행하는 구문으로 배열 데이터는 myRead[0].ToString()을 이용하여 09행에서 읽은 데이터 중 첫 번째 데이터를 가져와 배열을 초기화한다.
12행	11행에서 초기화된 배열의 데이터를 이용하여 lvView 컨트롤의 Items 속성에 저장하는 작업을 수행한다.
15-16행	Close() 메서드를 이용하여 사용한 개체의 리소스를 해제하는 작업을 수행한다.

다음의 btnAdd_Click() 이벤트 핸들러는 [추가] 버튼을 더블클릭하여 생성한 프로시저로 입력 컨트롤에 입력된 데이터를 MS ACCESS 데이터베이스에 저장하는 작업을 수행한다.

```
01:  private void btnAdd_Click(object sender, EventArgs e)
02:  {
03:    if (this.txtId.Text != "")
04:    {
05:      this.txtId.Text = "";
06:      this.txtName.Text = "";
07:      this.txtAge.Text = "";
08:      this.cbSex.Text = "Male";
09:      this.cbBlood.Text = "A";
10:      this.txtBirth.Text = "";
11:      this.txtPhone.Text = "";
12:      return;
13:    }
14:    if (TxtCheck() == true)
15:    {
16:      var Conn = new OleDbConnection(ConSql);
17:      Conn.Open();

18:      string Sql = "Insert into HumanTable(H_Name, H_Age, " +
                "H_Sex, H_Blood, H_Birth, H_Phone)";
           Sql += "values('" + this.txtName.Text + "', '" + this.txtAge.Text +
                "', '" + this.cbSex.Text + "', ";
           Sql += "'" + this.cbBlood.Text + "', '" + this.txtBirth.Text +
                "', '" + this.txtPhone.Text + "')";
19:      var Comm = new OleDbCommand(Sql, Conn);
20:      int i = Comm.ExecuteNonQuery();
21:      if (i == 1)
22:      {
23:        MessageBox.Show("정상적으로 정보가 추가되었습니다.", "알림",
                MessageBoxButtons.OK, MessageBoxIcon.Information);
24:        lvViewListUp();
25:      }
26:      else
27:      {
28:        MessageBox.Show("정보가 추가되지 않았습니다.", "알림",
                MessageBoxButtons.OK, MessageBoxIcon.Error);
29:      }
30:    }
31:  }
```

03-13행 [추가] 버튼 클릭으로 새로운 데이터를 입력하기 위해 각 텍스트 컨트롤에 표시된 데이터가 있을 때 이를 초기화한다.

14행	입력된 데이터의 유효성 검사를 위해 TxtCheck() 메서드를 호출하여 입력된 데이터에 이상이 없을 때 데이터베이스에 연결하고 입력된 데이터를 저장하는 코드를 실행하도록 한다.
16~17행	MS ACCESS 데이터베이스에 연결하기 위해 Conn 개체를 초기화하고 Open() 메서드를 이용하여 데이터베이스와 연결을 작업을 수행한다.
18행	입력된 데이터를 MS ACCESS 데이터베이스에 저장하기 위해 INSERT 쿼리 구문을 생성하는 작업을 수행한다.
19행	OleDbCommand 클래스의 개체 Comm을 생성하는 구문으로 18행에서 생성한 INSERT 쿼리 구문과 Conn 개체를 매개변수로 대입하여 개체를 초기화한다.
20행	Comm.ExecuteNonQuery() 메서드를 이용하여 18행의 INSERT 쿼리 구문을 실행하여 데이터를 MS ACCESS 데이터베이스에 저장하는 작업을 수행한다. 데이터가 정상적으로 저장되면 1을 반환하고 정상적으로 저장되지 않으면 1 이외의 값을 반환한다.

다음의 TxtCheck() 메서드는 입력 컨트롤에 데이터가 입력되었는지를 판단하는 유효성 검사 메서드이다.

```
01:  private bool TxtCheck()
02:  {
03:    string ConName = "";
04:    if (this.txtName.Text == "")
05:      ConName = "이름";
06:    else if (this.txtAge.Text == "")
07:      ConName = "나이";
08:    else if (this.txtBirth.Text == "")
09:      ConName = "생년월일";
10:    else if (this.txtPhone.Text == "")
11:      ConName = "전화번호";
12:
13:    if (ConName == "")
14:      return true;
15:    else
16:    {
17:      MessageBox.Show(ConName + "이(가) 입력되지 않았습니다.", "알림",
            MessageBoxButtons.OK, MessageBoxIcon.Error);
18:      return false;
19:    }
20:  }
```

다음의 lvView_Click() 이벤트 핸들러는 lvView 컨트롤을 선택하고 이벤트 목록 창에서 [Click] 이벤트 란을 더블클릭하여 생성한 프로시저로 lvView 컨트롤에 나타난 데이터를 클릭했을 때 입력 컨트롤에 나타내는 작업을 수행한다.

```csharp
01:  private void lvView_Click(object sender, EventArgs e)
02:  {
03:    if (this.lvView.SelectedItems.Count > 0)
04:    {
05:      int n              = this.lvView.SelectedItems[0].Index;
06:      this.txtId.Text    = this.lvView.Items[n].SubItems[1].Text;
07:      this.txtName.Text  = this.lvView.Items[n].SubItems[2].Text;
08:      this.txtAge.Text   = this.lvView.Items[n].SubItems[3].Text;
09:      this.cbSex.Text    = this.lvView.Items[n].SubItems[4].Text;
10:      this.cbBlood.Text  = this.lvView.Items[n].SubItems[5].Text;
11:      this.txtBirth.Text = this.lvView.Items[n].SubItems[6].Text;
12:      this.txtPhone.Text = this.lvView.Items[n].SubItems[7].Text;
13:    }
14:  }
```

다음의 btnModify_Click() 이벤트 핸들러는 [수정] 버튼을 더블클릭하여 생성한 프로시저로 수정된 데이터를 데이터베이스에서 저장하는 작업을 수행한다.

```csharp
01:  private void btnModify_Click(object sender, EventArgs e)
02:  {
03:    if (this.lvView.SelectedItems.Count == 0)
04:    {
05:      MessageBox.Show("수정할 정보가 선택되지 않았습니다.", "알림",
               MessageBoxButtons.OK, MessageBoxIcon.Error);
06:    }
07:    else
08:    {
09:      var dlg = MessageBox.Show("수정하시겠습니까?", "알림",
               MessageBoxButtons.YesNo, MessageBoxIcon.Information);
10:      if (dlg == DialogResult.Yes)
11:      {
12:        if (TxtCheck() == true)
13:        {
14:          var Conn = new OleDbConnection(ConSql);
15:          Conn.Open();

16:          string Sql = "Update HumanTable set H_Name = '" +
              this.txtName.Text + "', H_Age = '" + this.txtAge.Text + "', ";
17:          Sql += "H_Sex = '" + this.cbSex.Text + "', H_Blood = '" +
              this.cbBlood.Text + "', ";
```

```
18:        Sql += "H_Birth = '" + this.txtBirth.Text +
           "', H_Phone = '" + this.txtPhone.Text + "'";
19:        Sql += "where H_ID = " + Convert.ToInt32(txtId.Text) + "";
20:        var Comm = new OleDbCommand(Sql, Conn);
21:        int i = Comm.ExecuteNonQuery();
22:        if (i == 1)
23:        {
24:          MessageBox.Show("정상적으로 정보가 수정되었습니다.",
               "알림", MessageBoxButtons.OK, MessageBoxIcon.Information);
25:          lvViewListUp();
26:        }
27:        else
28:        {
29:          MessageBox.Show("정보가 수정되지 않았습니다.",
               "알림", MessageBoxButtons.OK, MessageBoxIcon.Error);
30:        }

31:        Conn.Close();
32:      }
33:    }
34:  }
35: }
```

09행	메시지 박스를 호출하는 구문으로 [Yes] 버튼을 누르면 데이터를 수정하기 위한 구문을 수행하는 작업을 수행한다.
16~19행	MS ACCESS 데이터베이스에서 데이터를 수정하기 위해 UPDATE 쿼리 구문을 생성하는 구문이다.
20행	OleDbCommand 클래스의 개체 Comm을 생성하는 구문으로 UPDATE 쿼리문과 Conn 개체를 매개변수로 대입하여 초기화한다.
21행	Comm.ExecuteNonQuery() 메서드를 이용하여 MS ACCESS 데이터베이스에 변경된 데이터를 반영하는 작업을 수행하고 정상적으로 UPDATE 쿼리 구문이 실행되면 1을 반환한다.

다음의 btnDelete_Click() 이벤트 핸들러는 [삭제] 버튼을 더블클릭하여 생성한 프로시저로 선택된 데이터를 삭제하는 작업을 수행한다.

```
01: private void btnDelete_Click(object sender, EventArgs e)
02: {
03:   if (this.lvView.SelectedItems.Count == 0)
04:   {
05:     MessageBox.Show("삭제할 정보가 선택되지 않았습니다.", "알림",
          MessageBoxButtons.OK, MessageBoxIcon.Error);
06:   }
07:   else
08:   {
09:     var dlg = MessageBox.Show("삭제하시겠습니까?", "알림",
```

```
                MessageBoxButtons.YesNo, MessageBoxIcon.Information);
10:    if (dlg == DialogResult.Yes)
11:    {
12:      var Conn = new OleDbConnection(ConSql);
13:      Conn.Open();

14:      string Sql = "Delete from HumanTable where H_ID = : " +
                  Convert.ToInt32(txtId.Text) + "";
15:      var Comm = new OleDbCommand(Sql, Conn);
16:      int i = Comm.ExecuteNonQuery();
17:      if (i == 1)
18:      {
19:        MessageBox.Show("정상적으로 정보가 삭제되었습니다.",
             "알림", MessageBoxButtons.OK, MessageBoxIcon.Information);
20:        lvViewListUp();
21:      }
22:      else
23:      {
24:        MessageBox.Show("정보가 삭제되지 않았습니다.",
             "알림", MessageBoxButtons.OK, MessageBoxIcon.Error);
25:      }
26:    }
27:  }
28: }
```

14행	선택된 데이터를 삭제하기 위한 DELETE 쿼리문을 생성하는 구문이다.
15행	OleDbCommand 클래스의 개체 Comm을 생성하는 구문으로 매개변수에 14행에서 생성한 DELETE 쿼리문과 Conn 개체를 대입하여 초기화한다.
16행	Comm.ExecuteNonQuery() 메서드를 이용하여 14행의 DELETE 쿼리문을 실행하여 데이터베이스에서 데이터를 삭제한다. 정상적으로 데이터 삭제 작업이 진행되면 1을 반환한다.

2.4 예제 실행

다음 그림은 인명부 예제를 F5 키를 눌러 실행한 화면이다.

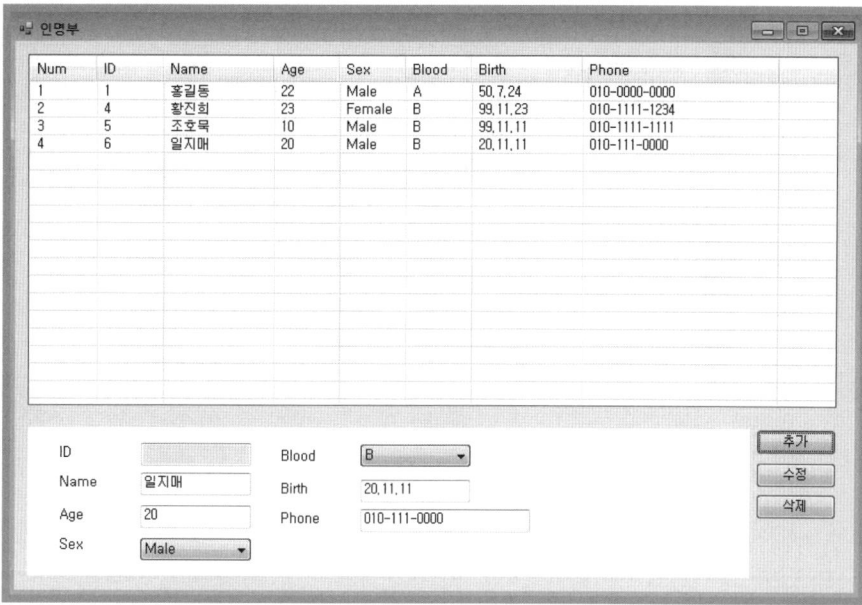

Num	ID	Name	Age	Sex	Blood	Birth	Phone
1	1	홍길동	22	Male	A	50.7.24	010-0000-0000
2	4	황진희	23	Female	B	99.11.23	010-1111-1234
3	5	조호묵	10	Male	B	99.11.11	010-1111-1111
4	6	일지매	20	Male	B	20.11.11	010-111-0000

[TIP 5-2] MS ACCESS 연동

어플리케이션을 실행했는데 다음 그림과 같은 화면이 나타나면서 정상적으로 MS ACCESS 와의 연동이 되지 않는다면, Microsoft Access Database Engine 2010 재배포 가능 패키지를 설치하면 해결된다.

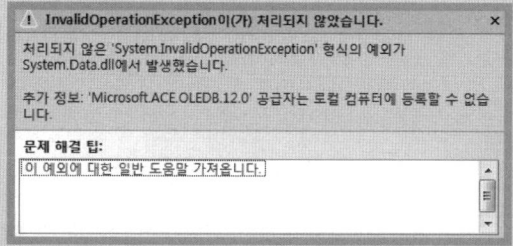

Microsoft Access Database Engine 2010 재배포 가능 패키지는 다음 URL에서 다운로드할 수 있다.

> URL : https://www.microsoft.com/ko-kr/download/details.aspx?id=13255
> 파일 : AccessDatabaseEngine_X64.exe

만약 위의 Microsoft Access Database Engine 2010 재배포 가능 패키지를 설치했음에도 불구하고 같은 에러가 발생한다면 다음 그림과 같이 [솔루션 탐색기] 창에서 프로젝트 이름을 마우스 오른쪽 버튼으로 눌러 [속성] 메뉴를 선택한다. 좌측의 [빌드] 메뉴를 누르고 [플랫폼 대상] 옵션을 현재 로컬 시스템과 동일한 비트(x64 또는 x86)로 수정한다.

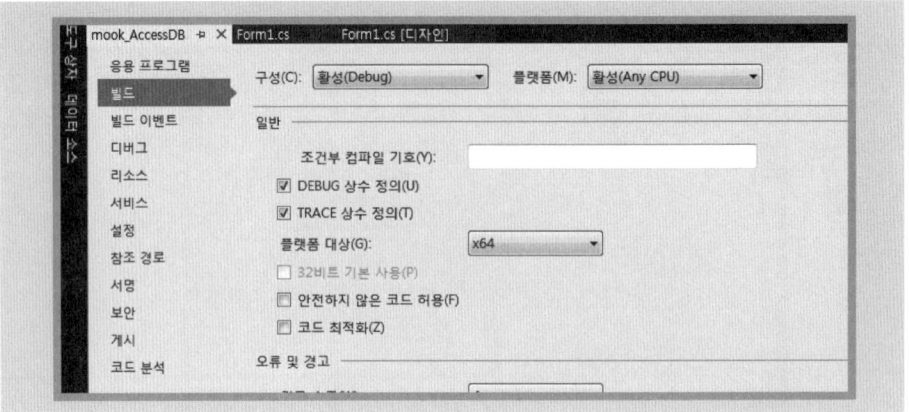

03   회원가입

이 절에서는 MySQL 데이터베이스를 이용하는 회원가입 프로그램을 살펴본다. MySQL 데이터베이스와 연동하려면 .Net Connector라는 연동 프로그램을 별도로 설치해주어야 하는데 이는 Oracle에서 제공하는 MySQL과 .NET을 연결하는 라이브러리 파일이다.

다음 그림은 회원가입 어플리케이션을 구현하고 실행한 결과 화면으로 그림과 같이 폼을 디자인한다.

[결과 미리 보기]

3.1 MySQL .NET Connector 설치

앞에서 설명한 바와 같이 C#과 MySQL을 연동하기 위해서는 OLEDB, ODBC 등의 기능을 이용하여 쉽게 연동할 수 있지만, 이 절에서는 MySQL Connector .Net을 이용하는 방법에 대해 살펴보도록 한다.

먼저 다음과 같이 Oracle 사이트로부터 "mysql-connector-net-6.9.8.msi" 파일을 다운로드한다.

> URL : http://dev.mysql.com/downloads/connector/net/
> 파일명 : mysql-connector-net-6.9.8.msi

※ 주소가 변경될 수 있으므로 만약 변경되었다면 상위 링크로 이동하여 파일을 검색하도록 한다.

다음 화면은 다운로드한 파일의 압축을 풀어서 나타난 "MySql.Data.msi" 파일을 더블 클릭하여 실행된 대화 상자이다. [Next] 버튼을 눌러 설치 다음 단계로 넘어간다. 설치 과성 대부분이 [Next] 버튼을 눌러 신행하면서 쉽게 완료할 수 있으므로 중간 과정은 생략하도록 한다.

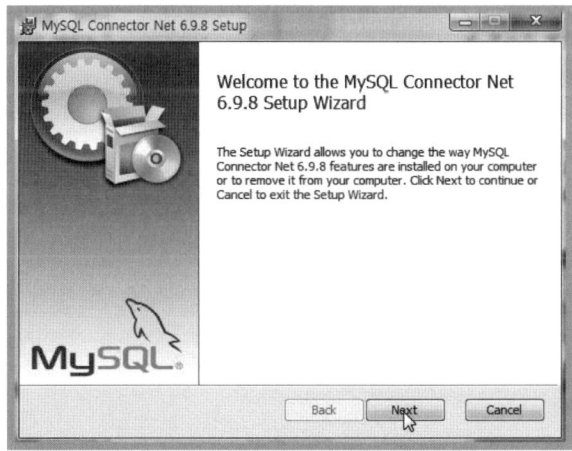

다음 그림과 같은 설치 유형 선택에서 [Typical] 버튼을 클릭하여 다음 설치 단계로 넘어
간다.

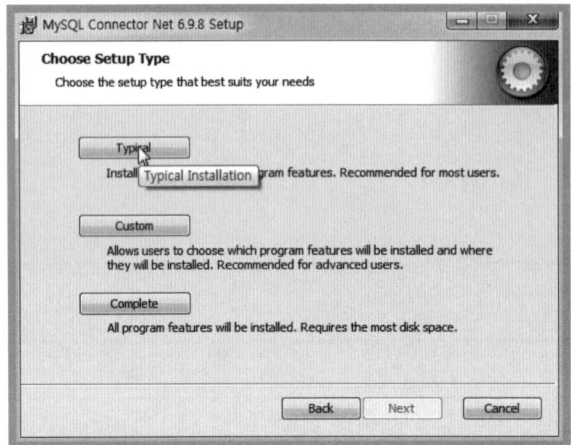

다음 그림과 같은 설치 대기 상태에서 [Install] 버튼을 눌러 설치를 시작한다.

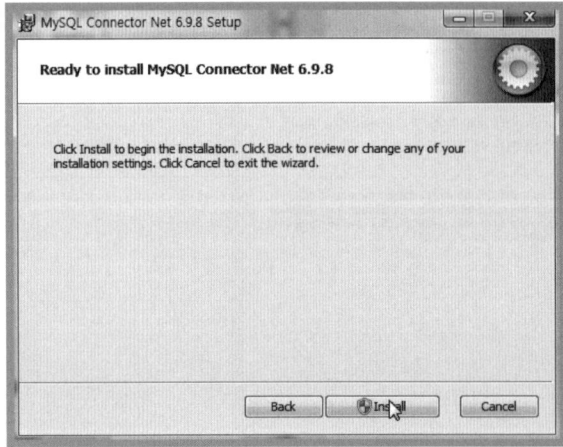

다음 화면과 같이 설치가 완료되었다면 [Finish] 버튼을 눌러 MySQL Connector Net 설치를 완료한다.

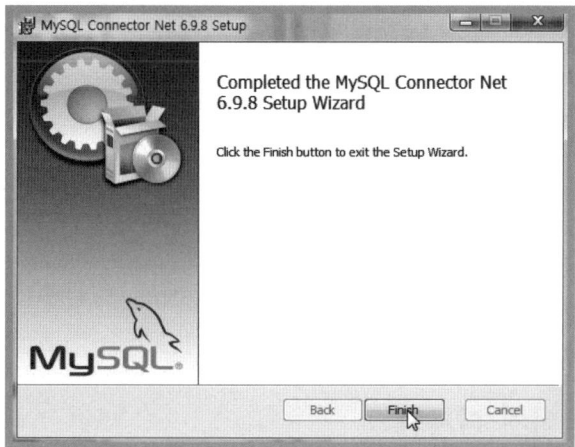

3.2 데이터베이스 설정

MySQL Server에 데이터베이스 이름을 'member'로 하여 데이터베이스를 생성하고, 생성된 데이터베이스에 다음과 같이 쿼리 구문을 이용하여 'mem_join' 테이블을 생성한다.

```
Create Database member;
use member;
Create Table 'mem_join' (
    'M_Num' int(11) NOT NULL AUTO_INCREMENT,
    'M_Id' varchar(30) DEFAULT NULL,
    'M_Pwd' varchar(100) DEFAULT NULL,
    'M_Name' varchar(15) DEFAULT NULL,
    'M_Birth' varchar(30) DEFAULT NULL,
    'M_Phone' varchar(30) DEFAULT NULL,
    'M_Home' varchar(100) DEFAULT NULL,
    PRIMARY KEY ('M_Num')
);
```

'mem_join' 테이블의 필드 형식은 다음 표와 같다.

필드 이름	데이터 형식	필드 크기	비고
M_Num	int		Primary Key 설정 자동 증가(1)
M_Id	varchar	30	
M_Pwd	varchar	100	
M_Name	varchar	15	
M_Birth	varchar	30	
M_Phone	varchar	30	
M_Home	varchar	100	

3.3 로그인 폼 인터페이스 디자인

프로젝트 이름을 'mook_Mysql'로 하여 'C:\NetworkCS\Chap5' 경로에 프로젝트를 생성한다. 다음 그림과 같이 윈도우 폼에 각 컨트롤을 위치시키고 표를 참고하여 각 컨트롤의 속성값을 설정한다.

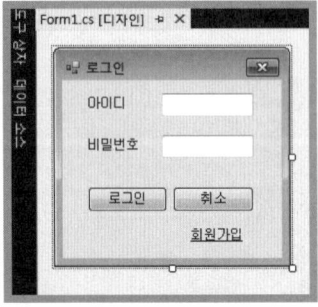

폼 컨트롤	속성	값
Form1	Name	Form1
	Text	로그인
	FormBorderStyle	FixedSingle
	MaximizeBox	False
	MinimizeBox	False
Label1	Name	lblId
	Text	아이디
Label2	Name	lblPwd
	Text	비밀번호
TextBox1	Name	txtId

TextBox2	Name	txtPwd
	PasswordChar	*
Button1	Name	btnLogin
	Text	로그인
Button2	Name	btnClose
	Text	취소
LinkLabel1	Name	llblJoin
	Text	회원가입

3.4 로그인 폼 코드 구현

[프로젝트]-[참조 추가] 메뉴를 클릭하여 [참조 관리자] 대화 상자를 실행하여 다음 그림과 같이 [MySql.Data] 구성 요소를 선택하고 [확인] 버튼을 눌러 구성 요소를 추가한다.

MySQL 데이터베이스와 연결을 위한 연결 문자열을 프로젝트의 설정 파일에 넣어 활용한다. 솔루션 탐색기에서 'App.config' 파일을 더블클릭하여 파일을 열고 다음과 같이 코드를 추가한다.

```
01: <?xml version="1.0" encoding="utf-8" ?>
02: <configuration>
03:   <startup>
04:     <supportedRuntime version="v4.0" sku=".NETFramework,Version=v4.6" />
05:   </startup>
06:   <appSettings>
07:     <add key="DBConn"
         value="Data Source=localhost;Database=member;User Id=root;Password=p12345"/>
08:   </appSettings>
09: </configuration>
```

06-08행   MySQL 데이터베이스에 연결문을 나타내는 구문으로 멤버 변수와 같이 전체 어플리케이션
에서 참조하여 사용할 수 있도록 한다.

서버 연결문은 다음과 같이 구성된다.

```
Data Source=[서버 아이피 주소];Database=[데이터베이스 이름];
    User Id=[MySQL 접속 아이디];Password=[MySQL 접속 비밀번호]
```

다음과 같이 using 키워드를 이용하여 필요한 네임스페이스를 추가한다.

```
using MySql.Data.MySqlClient;
using System.Configuration;
```

MySql.Data.MySqlClient 네임스페이스는 MySQL 데이터베이스에 연결하고 데이터를
읽고 쓰는 데 사용하는 클래스, 메서드 등을 사용하기 쉽게 하려고 추가한다.

System.Configuration 네임스페이스는 프로젝트 설정 파일을 액세스하기 위한 클래
스, 메서드 등 인터페이스를 제공한다.

다음과 같이 멤버 개체 및 변수를 클래스 내부 상단에 추가한다.

```
01:  // 데이터베이스 연결 문자열
     private string StrSQL = ConfigurationManager.AppSettings["DBConn"];
02:  // SHA256 해시값 구하기 위한 클래스의 개체 생성
     HashConvert hc = new HashConvert();
```

다음의 btnLogin_Click() 이벤트 핸들러는 [로그인] 버튼을 더블클릭하여 생성한 프로
시저로 아이디와 비밀번호를 이용하여 로그인 작업을 수행한다.

```
01:  private void btnLogin_Click(object sender, EventArgs e)
02:  {
03:    if (TxtCheck() == true)
04:    {
05:      var Conn = new MySqlConnection(StrSQL);
06:      Conn.Open();

07:      var Comm = new MySqlCommand(
           "Select M_Num, M_Pwd from mem_join " +
           " where M_Id = '" + this.txtId.Text + "'", Conn);
08:      var MyRead = Comm.ExecuteReader();
09:      while (MyRead.Read())
```

```
10:     {
11:       string Pwd = MyRead[1].ToString();
12:       if (hc.ConvertSha256(this.txtPwd.Text) == Pwd)
13:       {
14:         Form2 frm2 = new Form2();
15:         frm2.DbId = Convert.ToInt32(MyRead["M_Num"].ToString());
16:         frm2.Show();
17:         this.Hide();
18:       }
19:       else
20:       {
21:         MessageBox.Show("비밀번호가 일치하지 않습니다.",
                    "알림", MessageBoxButtons.OK, MessageBoxIcon.Error);
22:         this.txtPwd.Focus();
23:       }
24:       MyRead.Close();
25:       Conn.Close();
26:       return;
27:     }
28:     MyRead.Close();
29:     Conn.Close();
30:     MessageBox.Show("일치하는 아이디가 없습니다.", "알림",
              MessageBoxButtons.OK, MessageBoxIcon.Error);
31:     TxtBoxEmpty();
32:   }
33: }
```

05행   MySqlConnection 클래스의 개체 Conn을 생성하는 구문으로 매개변수에 MySQL 연결문을 대입하여 초기화한다.

06행   Conn.Open() 메서드를 이용하여 데이터베이스에 연결하는 작업을 수행한다.

07행   MySqlCommand 클래스의 개체 Comm을 생성하는 구문으로 MySQL 데이터베이스에서 입력된 아이디와 일치하는 행의 비밀번호와 행 번호를 가져오는 SELECT 쿼리문과 Conn 개체를 매개변수로 대입하여 초기화한다.

08행   MySqlDataReader 클래스의 개체 MyRead를 생성하는 구문으로 Comm.ExecuteReader() 메서드를 통해 MySQL 데이터베이스에서 가져온 데이터를 MyRead 개체에 저장하는 작업을 수행한다.

09~27행   while 구문을 이용하여 07행의 SELECT 쿼리문의 데이터를 읽어 비밀번호가 일치 여부에 따라 Form2를 호출하는 작업을 수행한다.

09행   MyRead.Read() 메서드를 이용하여 입력된 아이디와 일치하는 행의 정보를 읽어오는 작업을 수행한다.

11행   MyRead[1].ToString() 속성을 이용하여 MySQL 데이터베이스의 해당 행의 비밀번호를 가져오는 작업을 수행한다.

12행   hc.ConvertSha256() 메서드를 이용하여 입력된 비밀번호의 SHA256 해시값을 얻어와 데이터베이스에서 조회한 값과 비교하는 구문으로, 일치할 때 13행~18행을 수행하여 Form2를 호출하는 작업을 수행한다.

15행	frm2.DbId의 Set 속성을 이용하여 Form2의 DBNum 멤버 변수에 데이터베이스의 키값을 저장하는 작업을 수행한다.
30행	while 구문이 수행이 안 될 때 즉, 일치하는 아이디가 없는 경우 에러 메시지를 출력하는 작업을 수행한다.

다음의 TxtBoxEmpty(), TxtCheck() 메서드는 입력 컨트롤의 초기화 및 입력 컨트롤의 입력 유효성 검사를 하는 구문이다.

```
01:  private void TxtBoxEmpty()
02:  {
03:    this.txtId.Text = "";
04:    this.txtPwd.Text = "";
05:  }

06:  private bool TxtCheck()
07:  {
08:    if (this.txtId.Text == "")
09:    {
10:      MessageBox.Show("아이디를 입력하세요.", "알림",
11:          MessageBoxButtons.OK, MessageBoxIcon.Error);
12:      return false;
13:    }
14:    else if (this.txtPwd.Text == "")
15:    {
16:      MessageBox.Show("비밀번호를 입력하세요.", "알림",
17:          MessageBoxButtons.OK, MessageBoxIcon.Error);
18:      return false;
19:    }
20:    else
21:    {
22:      return true;
23:    }
24:  }
```

다음의 llblJoin_LinkClicked() 이벤트 핸들러는 [회원가입] 링크 라벨을 더블클릭하여 생성한 프로시저로 [회원가입] 링크 라벨을 클릭하면 Form3을 호출하는 작업을 수행한다.

```
01:  private void llblJoin_LinkClicked(object sender, LinkLabelLinkClickedEventArgs e)
02:  {
03:    Form3 frm3 = new Form3();
04:    frm3.ShowDialog();
05:  }
```

다음의 btnClose_Click() 이벤트 핸들러는 [취소] 버튼을 더블클릭하여 생성한 프로시저로 폼을 종료하는 작업을 수행한다.

```
01:  private void btnClose_Click(object sender, EventArgs e)
02:  {
03:      this.Close();
04:  }
```

3.5 SHA256 클래스 사용하기

다음과 같이 using 키워드를 이용하여 필요한 네임스페이스를 추가한다.

```
using System.Security.Cryptography;
```

System.Security.Cryptography 네임스페이스는 데이터의 보안 인코딩 및 디코딩을 포함한 암호화 서비스뿐 아니라 해시, 난수 생성, 메시지 인증과 같은 수많은 기능을 제공한다.

다음의 ConvertSha256() 메서드는 비밀번호를 SHA256으로 단방향 암호화하는 작업을 수행한다.

```
01:  public string ConvertSha256(string Pwd)
02:  {
03:      var Sha256 = new SHA256CryptoServiceProvider();
04:      byte[] ResultHash = Sha256.ComputeHash(Encoding.Default.GetBytes(Pwd));
05:      StringBuilder TransPwd = new StringBuilder();
06:      foreach (var hash in ResultHash)
07:      {
08:          TransPwd.AppendFormat("{0:x2}", hash);
09:      }
10:      return TransPwd.ToString();
11:  }
```

03행	SHA256CryptoServiceProvider.Create 구문을 이용하여 SHA256 해시 알고리즘의 기본 구현 개체인 Sha256을 생성한다.
04행	Sha256.ComputeHash() 메서드를 이용하여 바이트 배열 Resulthash에 저장하는 작업을 수행한다.
06-09행	foreach 구문을 이용하여 바이트 배열의 값을 반복하여 가져와 StringBuilder 클래스의 개체인 TransPwd에에 저장하는 작업을 수행한다.
08행	TransPwd.AppendFormat() 메서드를 이용하여 분리된 문자 값을 하나로 만드는 작업을 수행한다.

3.6 Login Ok 폼 인터페이스 디자인

솔루션 탐색기에서 프로젝트 이름을 마우스 오른쪽 버튼으로 클릭하고 [추가]−
[Windows Form] 메뉴를 선택하여 Form2를 만들고 다음과 같이 윈도우 폼에 각 컨트
롤을 위치시키고 표를 참고하여 각 컨트롤의 속성값을 설정한다.

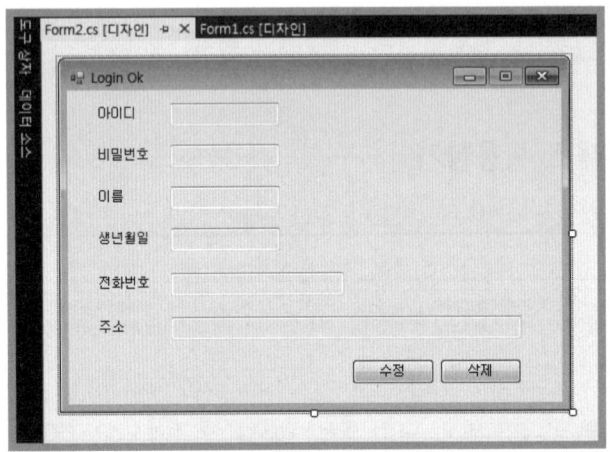

폼 컨트롤	속성	값
Form2	Name	Form2
	Text	Login Ok
	FormBorderStyle	FixedSingle
	MaximizeBox	False
Label1	Name	lblId
	Text	아이디
Label2	Name	lblPwd
	Text	비밀번호
Label3	Name	lblName
	Text	이름
Label4	Name	lblBirth
	PasswordChar	생년월일
Label5	Name	lblPhone
	Text	전화번호
Label6	Name	lblAddress
	Text	주소
TextBox1	Name	txtId
	ReadOnly	True
TextBox2	Name	txtPwd
	ReadOnly	True

TextBox3	Name	txtName
	ReadOnly	True
TextBox4	Name	txtBirth
	ReadOnly	True
TextBox5	Name	txtPhone
	ReadOnly	True
TextBox6	Name	txtAddress
	ReadOnly	True
Button1	Name	btnModify
	Text	수정
Button2	Name	btnDelete
	Text	삭제

3.7 Login Ok 폼 코드 구현

다음과 같이 using 키워드를 이용하여 필요한 네임스페이스를 추가한다.

```
using MySql.Data.MySqlClient;
using System.Configuration;
```

다음과 같이 멤버 개체 및 변수를 클래스 내부 상단에 추가한다.

```
01: private int DBNum;

02: public int DbId // DB 수정 및 삭제를 위한 키값
03: {
04:   set { DBNum = value; }
05: }

06: // 데이터베이스 연결 문자열
    private string StrSQL = ConfigurationManager.AppSettings["DBConn"];
07: // SHA256 해시값을 구하기 위한 HashConvert 클래스의 개체 생성
    HashConvert hc = new HashConvert();
```

다음의 Form2_Load() 이벤트 핸들러는 폼을 더블클릭하여 생성한 프로시저로 폼이 실행될 때 Form1에서 전달받은 데이터베이스 키값에 해당하는 데이터를 가져오는 작업을 수행한다.

```
01:  private void Form2_Load(object sender, EventArgs e)
02:  {
03:    var Conn = new MySqlConnection(StrSQL);
04:    Conn.Open();

05:    var Comm = new MySqlCommand(
         "Select * from mem_join where M_Num = " + DBNum + "", Conn);
06:    var MyRead = Comm.ExecuteReader();
07:    while (MyRead.Read())
08:    {
09:      this.txtId.Text = MyRead["M_Id"].ToString();
10:      this.txtName.Text = MyRead["M_Name"].ToString();
11:      this.txtBirth.Text = MyRead["M_Birth"].ToString();
12:      this.txtPhone.Text = MyRead["M_Phone"].ToString();
13:      this.txtAddress.Text = MyRead["M_Home"].ToString();
14:    }
15:    MyRead.Close();
16:    Conn.Close();
17:  }
```

03–04행	MySqlConnection 클래스의 개체 Conn을 생성하여 MySql 데이터베이스에 연결하는 작업을 수행한다.
05행	MySqlCommand 클래스의 개체 Comm을 생성하는 구문으로 Form1에서 전달받은 키값에 일치하는 데이터를 가져오는 SELECT 쿼리문과 Conn 개체를 매개변수로 대입하여 개체를 초기화한다.
06행	MyRead 개체를 생성하는 구문으로 Comm.ExecuteReader() 메서드를 이용하여 MySQL 데이터베이스에서 해당 데이터를 가져와 입력 컨트롤에 나타내는 작업을 수행한다.

다음의 btnModify_Click() 이벤트 핸들러는 [수정] 버튼을 더블클릭하여 생성한 프로시저로 데이터를 수정하여 MySQL 데이터베이스에 적용하는 작업을 수행한다.

```
01:  private void btnModify_Click(object sender, EventArgs e)
02:  {
03:    if (this.txtPwd.ReadOnly == true)
04:    {
05:      TxtRead(false);
06:    }
07:    else
08:    {
09:      var dlg = MessageBox.Show("수정하겠습니까?", "알림",
           MessageBoxButtons.YesNo, MessageBoxIcon.Information);
```

```
10:     if (dlg == DialogResult.Yes)
11:     {
12:      var Conn = new MySqlConnection(StrSQL);
13:      Conn.Open();
14:      string Sql = "Update mem_join set M_Pwd = '" +
                hc.ConvertSha256(this.txtPwd.Text) + "', ";
15:      Sql += "M_Name = '" + this.txtName.Text + "', M_Birth = '" +
                this.txtBirth.Text + "', ";
16:      Sql += "M_Phone = '" + this.txtPhone.Text +
                "', M_Home = '" + this.txtAddress.Text + "' ";
17:      Sql += "Where M_Num = " + DBNum + "";
18:      var Comm = new MySqlCommand(Sql, Conn);
19:      int i = Comm.ExecuteNonQuery();
20:      if (i == 1)
21:      {
22:        MessageBox.Show("정상적으로 정보가 수정되었습니다.", "알림",
                MessageBoxButtons.OK, MessageBoxIcon.Information);
23:      }
24:      else
25:      {
26:        MessageBox.Show("정상적으로 정보가 수정되지 않았습니다.", "알림",
                MessageBoxButtons.OK, MessageBoxIcon.Error);
27:      }
28:      TxtRead(true);
29:     }
30:     else
31:     {
32:      TxtRead(true);
33:     }
34:    }
35: }
```

03–06행   입력 컨트롤의 ReadOnly 속성을 false로 적용하여 데이터 수정이 가능하도록 하는 작업을 수행한다.

14–17행   MySQL 데이터베이스의 데이터를 수정하기 위해 UPDATE 쿼리문을 생성하는 구문이다.

18행   UPDATE 쿼리문과 Conn 개체를 매개변수로 대입하여 MySqlCommand 클래스의 개체 Comm을 초기화하는 작업을 수행한다.

19행   Comm.ExecuteNonQuery() 메서드를 이용하여 UPDATE 쿼리문을 실행하고, 정상적으로 실행되면 1을 반환한다.

다음의 TxtCheck() 메서드는 입력 컨트롤에 데이터가 입력되었는지 검사하는 입력 유효성 검사 메서드이다.

```
01:  private bool TxtCheck()
02:  {
03:    string str = "";
04:    if (this.txtPwd.Text == "")
05:      str = "비밀번호";
06:    else if (this.txtName.Text == "")
07:      str = "이름";
08:    else if (this.txtBirth.Text == "")
09:      str = "생년월일";
10:    else if (this.txtPhone.Text == "")
11:      str = "전화번호";
12:    else if (this.txtAddress.Text == "")
13:      str = "주소";
14:    if (str == "")
15:      return true;
16:    else
17:    {
18:      MessageBox.Show(str + "를(을) 입력하지 않았습니다.", "알림",
19:           MessageBoxButtons.OK, MessageBoxIcon.Error);
20:      return false;
21:    }
22:  }
```

다음의 TxtRead() 메서드는 입력 컨트롤의 ReadOnly 속성을 매개변수 값에 따라 변경하는 작업을 수행한다.

```
01:  private void TxtRead(bool Flag)
02:  {
03:    if (Flag == true)
04:    {
05:      this.txtPwd.ReadOnly = true;
06:      this.txtName.ReadOnly = true;
07:      this.txtBirth.ReadOnly = true;
08:      this.txtPhone.ReadOnly = true;
09:      this.txtAddress.ReadOnly = true;
10:    }
11:    else
12:    {
13:      this.txtPwd.ReadOnly = false;
14:      this.txtName.ReadOnly = false;
15:      this.txtBirth.ReadOnly = false;
```

```
16:        this.txtPhone.ReadOnly = false;
17:        this.txtAddress.ReadOnly = false;
18:    }
19: }
```

다음의 btnDelete_Click() 이벤트 핸들러는 [삭제] 버튼을 더블클릭하여 생성한 프로시저로 해당하는 데이터를 MySQL 데이터베이스에서 삭제하는 작업을 수행한다.

```
01:  private void btnDelete_Click(object sender, EventArgs e)
02:  {
03:      var dlg = MessageBox.Show("삭제하겠습니까?", "알림",
              MessageBoxButtons.YesNo, MessageBoxIcon.Information);
04:      if (dlg == DialogResult.Yes)
05:      {
06:       var Conn = new MySqlConnection(StrSQL);
07:       Conn.Open();
08:       var Comm = new MySqlCommand(
            "Delete from mem_join Where M_Num = " + DBNum + "", Conn);
09:       int i = Comm.ExecuteNonQuery();
10:       if (i == 1)
11:       {
12:         MessageBox.Show("정상적으로 정보가 삭제되었습니다.", "알림",
                MessageBoxButtons.OK, MessageBoxIcon.Information);
13:         Application.ExitThread();
14:       }
15:       else
16:       {
17:         MessageBox.Show("정상적으로 정보가 삭제되지 않았습니다.", "알림",
                MessageBoxButtons.OK, MessageBoxIcon.Error);
18:       }
19:      }
20:  }
```

06–07행 데이터베이스를 연결하는 개체 Conn을 생성하고 Open() 메서드를 이용하여 데이터베이스를 연결하는 작업을 수행한다.

08행 MySqlCommand 클래스의 개체 Comm을 생성하는 구문으로 DELETE 쿼리문과 Conn 개체를 매개변수로 대입하여 초기화 하는 구문이다.

09행 Comm.ExecuteNonQuery() 메서드를 이용하여 DELETE 쿼리문을 실행하는 구문으로 삭제가 정상적으로 수행되면 '1'을 반환하는 작업을 수행한다.

3.8 회원가입 폼 인터페이스 디자인

솔루션 탐색기에서 프로젝트 이름을 마우스 오른쪽 버튼으로 클릭하고 [추가]-
[Windows Form] 메뉴를 선택하여 Form3을 만들고 다음과 같이 윈도우 폼에 각 컨트
롤을 위치시키고 표를 참고하여 각 컨트롤의 속성값을 설정한다.

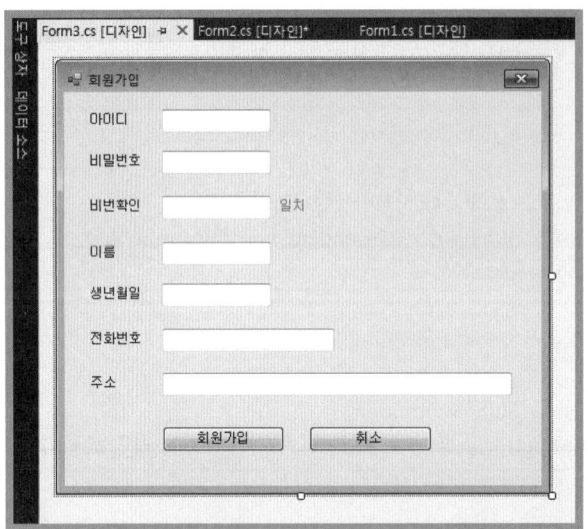

폼 컨트롤	속성	값
Form3	Name	Form3
	Text	회원가입
	FormBorderStyle	FixedSingle
	MaximizeBox	False
Label1	Name	lblId
	Text	아이디
Label2	Name	lblPwd
	Text	비밀번호
Label3	Name	lblRePwd
	Text	비번확인
Label4	Name	lblName
	Text	이름
Label5	Name	lblBirth
	Text	생년월일
Label6	Name	lblPhone
	Text	전화번호
Label7	Name	lblAddress
	Text	주소

Label8	Name	lblMatch
	Text	일치
	ForeColor	Red
TextBox1	Name	txtId
TextBox2	ReadOnly	txtPwd
TextBox3	Name	txtRePwd
TextBox4	ReadOnly	txtName
TextBox5	Name	txtBirth
TextBox6	Name	txtPhone
TextBox7	ReadOnly	txtAddress
Button1	Name	btnJoin
	Text	회원가입
Button2	Name	btnCancel
	Text	취소

3.9 회원가입 폼 코드 구현

다음과 같이 using 키워드를 이용하여 필요한 네임스페이스를 추가한다.

```
using MySql.Data.MySqlClient;
using System.Configuration;
```

다음과 같이 멤버 개체 및 변수를 클래스 내부 상단에 추가한다.

```
01: // 데이터베이스 연결 문자열
    private string StrSQL = ConfigurationManager.AppSettings["DBConn"];
02: // SHA256 해시값을 구하기 위한 HashConvert 클래스의 개체 생성
    HashConvert hc = new HashConvert();
```

다음의 btnJoin_Click() 이벤트 핸들러는 [회원가입] 버튼을 더블클릭하여 생성한 프로 시저로 입력된 데이터를 MySQL 데이터베이스에 저장하는 작업을 수행한다.

```
01: private void btnJoin_Click(object sender, EventArgs e)
02: {
03:   if (TxtCheck() == true)
04:   {
05:     if (this.txtPwd.Text != this.txtRePwd.Text)
06:     {
07:       MessageBox.Show("비밀번호가 일하지 않습니다.", "알림",
          MessageBoxButtons.OK, MessageBoxIcon.Error);
```

```
08:        this.txtRePwd.Focus();
09:      }
10:    else
11:    {
12:      if (IDCheck() == true)
13:      {
14:        var Conn = new MySqlConnection(StrSQL);
15:        Conn.Open();
16:        string Sql = "Insert into mem_join(M_Id, M_Pwd, " +
                  "M_Name, M_Birth, M_Phone, M_Home)";
17:        Sql += " values('" + this.txtId.Text + "', '" +
                  hc.ConvertSha256(this.txtPwd.Text) + "', '" +
                  this.txtName.Text + "', ";
18:        Sql += "'" + this.txtBirth.Text + "', '" + this.txtPhone.Text +
                  "', '" + this.txtAddress.Text + "')";
19:        var Comm = new MySqlCommand(Sql, Conn);
20:        int i = Comm.ExecuteNonQuery();
21:        if (i == 1)
22:        {
23:          MessageBox.Show("정상적으로 회원가입이 되었습니다.", "알림",
              MessageBoxButtons.OK, MessageBoxIcon.Information);
24:          this.Close();
25:        }
26:        else
27:        {
28:          MessageBox.Show("회원가입이 되지 않았습니다.", "알림",
              MessageBoxButtons.OK, MessageBoxIcon.Error);
29:        }
30:        Conn.Close();
31:      }
32:    }
33:  }
34: }
```

14행	Conn.Open() 메서드를 이용하여 MySQL 데이터베이스에 연결하는 작업을 수행한다.
16-18행	입력된 데이터를 MySQL 데이터베이스에 저장하기 위해서 INSERT 쿼리문을 생성하는 작업을 수행한다.
19행	MySqlCommand 클래스의 개체 Comm을 생성하는 구문으로 매개변수에 INSERT 쿼리문과 Conn 개체를 대입하여 초기화한다.
20행	Comm.ExecuteNonQuery() 메서드를 이용하여 INSERT 쿼리문을 실행하며 입력 데이터가 정상적으로 저장되면 1을 반환한다.

다음의 TxtCheck() 메서드는 입력 컨트롤에 데이터가 정상적으로 입력되었는지 검사하는 입력 유효성 검사 메서드이다.

```
01:  private bool TxtCheck()
02:  {
03:    string str = "";
04:    if (this.txtId.Text == "")
05:      str = "아이디";
06:    else if (this.txtPwd.Text == "")
07:      str = "비밀번호";
08:    else if (this.txtRePwd.Text == "")
09:      str = "비번확인";
10:    else if (this.txtName.Text == "")
11:      str = "이름";
12:    else if (this.txtBirth.Text == "")
13:      str = "생년월일";
14:    else if (this.txtPhone.Text == "")
15:      str = "전화번호";
16:    else if (this.txtAddress.Text == "")
17:      str = "주소";
18:    if (str == "")
19:      return true;
20:    else
21:    {
22:      MessageBox.Show(str + "를(을) 입력하지 않았습니다.", "알림",
           MessageBoxButtons.OK, MessageBoxIcon.Error);
23:      return false;
24:    }
25:  }
```

다음의 IDCheck() 메서드는 입력된 아이디가 이미 존재하는지를 검사하는 작업을 수행한다.

```
01:  private bool IDCheck()
02:  {
03:    var Conn = new MySqlConnection(StrSQL);
04:    Conn.Open();

05:    var Comm = new MySqlCommand("Select * from mem_join where M_Id = '" +
           this.txtId.Text + "'", Conn);
06:    var MyRead = Comm.ExecuteReader();
07:    while (MyRead.Read())
08:    {
09:      MessageBox.Show("동일한 아이디가 존재합니다.", "알림",
           MessageBoxButtons.OK, MessageBoxIcon.Error);
```

```
10:      this.txtId.Text = "";
11:      this.txtId.Focus();
12:      MyRead.Close();
13:      Conn.Close();
14:      return false;
15:    }
16:    MyRead.Close();
17:    Conn.Close();
18:    return true;
19:  }
```

05행	MySqlCommand 클래스의 개체 Comm을 생성하는 구문으로 매개변수에 입력된 아이디가 있는지를 확인하는 SELECT 쿼리문과 Conn 개체를 매개변수로 대입하여 초기화한다.
06행	Comm.ExecuteReader() 메서드를 이용하여 SELECT 쿼리문의 결과 데이터를 MySqlDataReader 클래스의 개체에 저장하는 작업을 수행한다.
07-15행	while 구문을 이용하여 SELECT 쿼리문의 결과를 처리하는 구문으로, while 구문이 실행되면 이미 MySQL 데이터베이스에 동일한 아이디가 존재하는 것이므로 에러 메시지를 출력하고 다시 아이디를 입력할 수 있도록 한다.

다음의 txtRePwd_TextChanged() 이벤트 핸들러는 txtRePwd 컨트롤을 더블클릭하여 생성한 프로시저로 비밀번호와 비밀번호 확인 입력란의 데이터 일치 여부를 확인하는 작업을 수행한다.

```
01:  private void txtRePwd_TextChanged(object sender, EventArgs e)
02:  {
03:    if (this.txtPwd.Text != this.txtRePwd.Text)
04:      this.lblMatch.Text = "불일치";
05:    else
06:      this.lblMatch.Text = "일치";
07:  }
```

다음의 btnCancel_Click() 이벤트 핸들러는 [취소] 버튼을 더블클릭하여 생성한 프로시저로 폼을 종료하는 작업을 수행한다.

```
01:  private void btnCancel_Click(object sender, EventArgs e)
02:  {
03:    this.Close();
04:  }
```

3.10 예제 실행

다음 그림은 회원가입 예제를 (F5) 키를 눌러 실행한 화면이다.

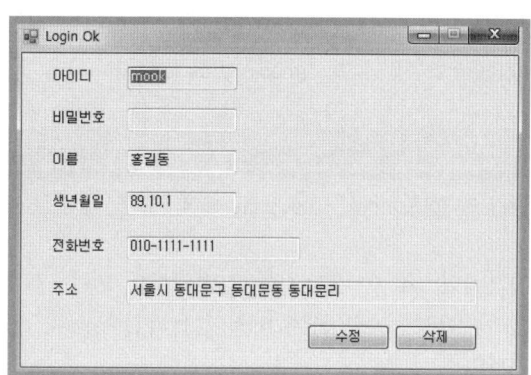

---

04 데이터베이스를 이용한 자동 업데이트

이 절에서는 MS SQL Server 2014 데이터베이스를 이용하여 자동 업데이트 어플리케이션을 구현한다. 자동 업데이트 어플리케이션을 구현하면서 MS SQL Server 2014 데이터베이스에 파일을 저장하고 불러오는 기능에 대해 알아보고, 어플리케이션 프로세스를 제어하는 기능에 대해서도 알아보자.

이 어플리케이션은 세 개의 폼-파일을 업로드하는 자동 업데이트 관리자(mook_AutoAdmin), 데이터베이스에서 업데이트 상태를 체크하는 클라이언트 자동 업데이트 (mook_AutoMain), 데이터베이스에서 파일을 다운로드하여 최신 클라이언트 자동 업데이트 폼을 실행할 수 있게 하는 자동 업데이트(mook_AutoUpdate)-으로 구현된다.

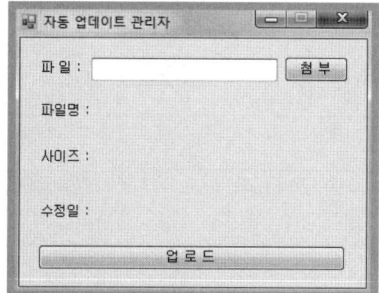

자동 업데이트 관리자(mook_AutoAdmin.exe)

클라이언트 자동 업데이트(mook_AutoMain.exe)

자동 업데이트(mook_AutoUpdate.exe)

데이터베이스를 이용한 자동 업데이트 구현은 관리자 PC에서 'mook_AutoAdmin.exe' 어플리케이션을 이용히여 버전이 올라간 'mook_AutoMain.exe(v2.0)' 이플리게이션을 업로드한다.

클라이언트 PC에서는 'mook_AutoMain.exe(v1.0)', 'mook_AutoUpdate.exe' 어플리케이션이 구동된다. 클라이언트의 'mook_AutoMain.exe(v1.0)' 어플리케이션이 지정한 시간 간격으로 데이터베이스의 버전을 체크하여 버전이 변경되었으면 'mook_AutoUpdate.exe' 어플리케이션을 실행하여 데이터베이스에서 'mook_AutoMain.exe(v2.0)' 파일을 다운로드하고 다운로드가 완료되면 새로운 버전의 'mook_AutoMain.exe(v2.0)' 어플리케이션이 실행되는 구성으로 구현된다.

다음 그림은 전체적인 자동 업데이트 어플리케이션의 구현 체계도로 그림을 확인하면 쉽게 이해하리라 생각된다.

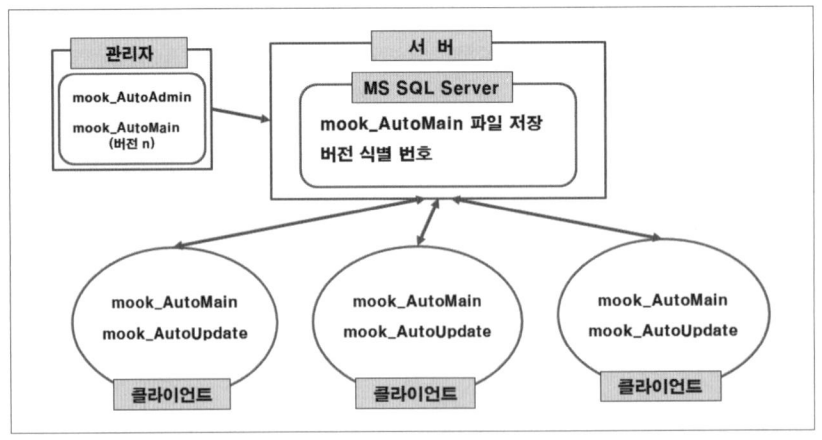

> **NOTE** 자동 업데이트 어플리케이션의 실행은 이 절의 후반 [자동 업데이트 실행]에서 설명되어 있다. 여러 대의 PC가 없더라도 실습할 수 있다.

4.1 데이터베이스 및 테이블 생성

데이터베이스 이름을 'AutoUpdate'로 하여 데이터베이스 생성하고, 생성된 데이터베이스에 업데이트 파일 저장을 담당하는 테이블과 버전 관리를 위한 테이블을 생성한다. 각각 테이블 이름은 'File_Infor'와 'File_Update'로 하여 다음과 같은 구조로 테이블을 생성한다.

● File_Infor

필드 이름	데이터 형식	필드 크기	비고
M_Num	int		기본 값 "1" 추가
M_FileName	varchar	50	
M_Size	varchar	20	
M_LastWrite	varchar	25	
M_File	image		
M_Date	varchar	30	

● File_Update

필드 이름	데이터 형식	필드 크기	비고
M_Num	int		기본 값 "1" 추가
M_Update	int		기본 값 "1" 추가

4.2 자동 업데이트 관리자 인터페이스 디자인

프로젝트 이름을 'mook_AutoAdmin'으로 하여 'C:\NetworkCS\Chap5' 경로에 프로젝트를 생성한다. 다음 그림과 같이 윈도우 폼에 각 컨트롤을 위치시키고 표를 참고하여 각 컨트롤의 속성값을 설정한다.

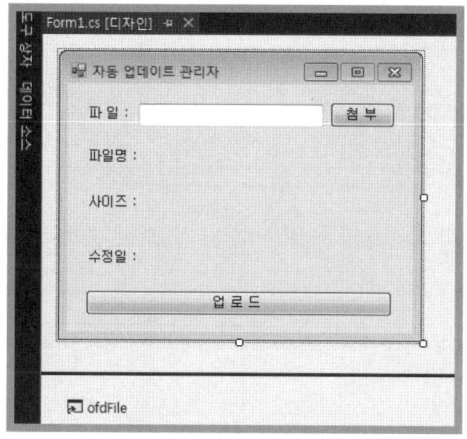

폼 컨트롤	속성	값
Form1	Name	Form1
	Text	자동 업데이트 관리자
	FormBorderStyle	FixedSingle
	MaximizeBox	False
Label1	Name	lblFile
	Text	파 일 :
Label2	Name	lblFileName
	Text	파일명 :
Label3	Name	lbldisName
Label4	Name	lblFileSize
	Text	사이즈 :
Label5	Name	lbldisSize
Label6	Name	lblFileDate
	Text	수정일 :
Label7	Name	lbldisDate
TextBox1	Name	txtFile
Button1	Name	btnFile
	Text	첨 부
Button2	Name	btnUpload
	Text	업 로 드
OpenFileDialog1	Name	ofdFile
	FileName	mook_AutoUpMain.exe
	Filter	실행 파일(*.exe)|*.exe

4.3 자동 업데이트 관리자 코드 구현

다음과 같이 using 키워드를 이용하여 필요한 네임스페이스를 추가한다.

```
using System.IO;            // 파일 클래스 사용
using System.Data.SqlClient; // SqlConnection 클래스 사용
```

다음과 같이 클래스 전체에서 참조할 수 있는 멤버 변수를 클래스 블록 처음에 추가한다. 변수에 대한 설명은 주석으로 대신하도록 한다.

```
01:  FileInfo f = null; // 파일 정보 검색
02:  // 서버 연결 문자열
     string Constr = "server=localhost;uid=sa;pwd=p12345;database=AutoUpdate";
03:  string FileName = ""; // 파일 이름 저장
```

```
04:  string FileSize = "";   // 파일 사이즈 저장
05:  string FileDate = "";   // 파일 마지막 쓴 날짜 저장
```

서버 연결문은 다음과 같이 구성된다.

> server=[서버 아이피 주소];uid=[MSSQL 접속 아이디];pwd=[MSQL 접속 비밀번호];database=[데이터베이스 이름]

다음의 btnFile_Click() 이벤트 핸들러는 [첨부] 버튼을 더블클릭하여 생성한 핸들러로 [열기] 대화 상자를 실행시키고 업로드할 파일을 선택하고 파일 정보를 출력 컨트롤에 나타내는 작업을 수행한다.

```
01:  private void btnFile_Click(object sender, EventArgs e)
02:  {
03:    if (this.ofdFile.ShowDialog() == DialogResult.OK)
04:    {
05:      this.txtFile.Text = this.ofdFile.FileName;
06:      f = new FileInfo(this.ofdFile.FileName);
07:      this.FileName = f.Name;
08:      this.lblFileName.Text = this.lblFileName.Text.Split(':')[0] + ": " + f.Name;
09:      this.lblFileSize.Text = this.lblFileSize.Text.Split(':')[0] + ": " +
            GetFileSize(f.Length);
10:      FileSize = GetFileSize(f.Length);
11:      this.lblFileDate.Text = this.lblFileDate.Text.Split(':')[0] + ": " +
            f.LastWriteTime.ToString();
12:      FileDate = f.LastWriteTime.ToString();
13:    }
14:  }
```

03행 ofdFile 컨트롤의 ShowDialog() 메서드를 호출하여 [열기] 대화 상자 실행시켜 업로드 할 파일을 정상적으로 선택하였으면 블록 내부의 코드를 실행한다.

05행 txtFile 컨트롤의 [Text] 속성에 ofdFile 컨트롤의 FileName 속성을 이용하여 파일의 경로와 파일명 포함하여 입력한다.

06행 FileInfo 클래스의 개체 f를 선언하는 것으로 파일 경로와 파일명을 포함하여 매개변수로 대입한다.

08행 선택된 파일명을 lblName 컨트롤에 출력한다.

09행 선택된 파일 사이즈를 lblSize 컨트롤에 출력한다.

11행 선택된 파일의 마지막 수정 일시를 lblDate 컨트롤에 출력한다.

다음의 GetFileSize() 메서드는 파일 사이즈의 표현을 표준화된 형식으로 나타내는 작업을 수행한다.

```
01:  private string GetFileSize(double byteCount)
02:  {
03:    string size = "0 Bytes";
04:    if (byteCount >= 1073741824.0)
05:      size = String.Format("{0:##.##}", byteCount / 1073741824.0) + " GB";
06:    else if (byteCount >= 1048576.0)
07:      size = String.Format("{0:##.##}", byteCount / 1048576.0) + " MB";
08:    else if (byteCount >= 1024.0)
09:      size = String.Format("{0:##.##}", byteCount / 1024.0) + " KB";
10:    else if (byteCount > 0 && byteCount < 1024.0)
11:      size = byteCount.ToString() + " Bytes";
12:
13:    return size;
14:  }
```

다음의 btnUpload_Click() 이벤트 핸들러는 [업 로 드] 버튼을 더블클릭하여 생성한 핸들러로 데이터베이스에 파일을 업로드하는 작업을 수행한다.

```
01:  private void btnUpload_Click(object sender, EventArgs e)
02:  {
03:    var fs = f.OpenRead();
04:    var bytebuffer = new byte[fs.Length];
05:    fs.Read(bytebuffer, 0, Convert.ToInt32(fs.Length));
06:    fs.Close();

07:    var conn = new SqlConnection(Constr);
08:    conn.Open();

09:    var cmd = conn.CreateCommand();
10:    cmd.CommandType = CommandType.Text;

11:    var Sql = "update File_Infor set M_File=@M_File, M_FileName = '" +
         this.FileName + "', M_Size = '" + this.FileSize + "', M_LastWrite = '" +
         this.FileDate + "', M_Date = '" + DateTime.Now.ToString() +
         "' where M_Num = 1";

12:    cmd.CommandText = Sql;
13:    cmd.Parameters.Add(new SqlParameter("@M_File",
         System.Data.SqlDbType.Image)).Value = bytebuffer;
14:    int iResult = cmd.ExecuteNonQuery();
15:    conn.Close();
```

```
16:    if (iResult > 0)
17:    {
18:      MessageBox.Show("저장이 정상적으로 되었습니다.", "알림",
             MessageBoxButtons.OK, MessageBoxIcon.Information);
19:      if (DataSave() == 0)
20:      {
21:        MessageBox.Show("업데이트가 정상적으로 반영되지 않았습니다.", "알림",
               MessageBoxButtons.OK, MessageBoxIcon.Information);
22:      }
23:      this.Close();
24:    }
25:    else
26:    {
27:      MessageBox.Show("저장이 되지 않았습니다.", "에러",
             MessageBoxButtons.OK, MessageBoxIcon.Error);
28:    }
29: }
```

03행 FileStream 클래스의 개체 fs를 생성하고 FileInfo.OpenRead() 메서드를 이용하여 반환된 개체를 저장하는 작업을 수행하며 f.OpenRead() 메서드는 FileShare 모드가 Read로 설정된 읽기 전용 FileStream 개체를 반환한다.

04행 이진 데이터의 가변 길이 스트림을 저장할 수 있는 Byte 형식의 배열 변수를 fs.Length 길이만큼 선언한다.

05행 fc.Read() 메서드(TIP 5-3 참고)를 이용하여 스트림에서 바이트 블록을 읽어 해당 데이터를 제공된 버퍼에 쓰는 작업을 수행한다.

07행 데이터베이스 연결 문자열을 포함한 문자열을 매개변수로 하여 SqlConnection 클래스의 conn 개체를 초기화하는 작업을 수행한다.

08행 conn.Open() 메서드를 이용하여 데이터베이스를 여는 작업을 수행한다.

09행 conn.CreateCommand() 메서드를 이용하여 SqlCommand 클래스의 개체 cmd 개체를 생성하고 초기화하는 작업을 수행한다.

10행 CommandType 속성(TIP 5-3 참고)을 StoredProcedure로 설정하는 경우 CommandText 속성은 저장 프로시저의 이름으로 설정해야 한다. ExecuteNoneQuery 메서드 중 하나를 호출할 때 명령이 이 저장 프로시저를 실행한다.

12행 11행의 UPDATE 쿼리문을 CommandType 열거형에 대입한다.

13행 cmd.Parameters.Add(new SqlParameter("@e_file", System.Data.SqlDbType.Image)) 메서드(TIP 5-3 참고)를 이용하여 4행에서 생성한 Byte 타입의 바이트 블록에 저장된 파일을 데이터베이스 M_File 칼럼에 저장하는 작업을 수행한다.

14행 cmd.ExecuteNonQuery() 메서드를 이용하여 11행의 UPDATE 쿼리문을 실행하고 13행의 SqlParameter 클래스의 인스턴스를 실행시켜 바이트 블록에 저장된 파일 스트림 즉, mook_AutoMain.exe 파일을 데이터베이스에 저장하는 작업을 수행한다.

15행 열려 있는 데이터베이스를 닫는 작업을 수행하기 위해 Close() 메서드를 실행한다.

16행 iResult 변수의 값이 0이면 즉, 쿼리문을 실행하여 반영된 행이 한 개 이상이고 DataSave() 메서드의 반환 값이 1이상이면 if 문 블록을 실행하고 아니면 else 문 블록을 실행시킨다.

[TIP 5-3] Read() 메서드, ComandType 열거형, SqlParameter 생성자, SqlDbType 열거형

fs.Read(byte[] array, int offset, int count) 메서드
스트림에서 바이트 블록을 읽어서 해당 데이터를 제공된 버퍼에 쓴다.

- array : 이 메서드는 지정된 바이트 배열의 값이 offset 및 (offset + count − 1) 사이에서 현재 소스로부터 읽어온 바이트로 교체된 상태로 반환된다.
- offset : 읽기를 시작할 array의 바이트 오프셋
- count : 읽을 최대 바이트 수

CommandType 열거형
명령 문자열을 해석하는 방법을 지정한다.

멤버 이름	설명
Text	SQL 텍스트 명령
StoredProcedure	저장 프로시저의 이름
TableDirect	테이블의 이름

SqlParameter(string parameterName, SqlDbType dbType) 생성자
매개변수 이름과 데이터 형식을 사용하는 SqlParameter 클래스의 개체를 초기화한다.

- parameterName : 매핑 할 매개변수의 이름
- dbType : SqlDbType 값 중 하나

SqlDbType 열거형

멤버 이름	설명
BigInt	64비트 부호 있는 정수
Binary	Byte 형식의 Array
Bit	0, 1 및 Null 참조일 수 있는 부호 없는 숫자 값
Char	범위가 1자에서 8,000자까지이고 유니코드가 아닌 문자의 고정 길이 스트림
DateTime	3.33밀리 초의 정확성으로 값의 범위가 1753년 1월 1일에서 9999년 12월 31일까지인 날짜 및 시간 데이터
Decimal	10^{38} −1과 10^{38} −1 사이의 고정 전체 자릿수 및 소수 자릿수 값
Float	범위가 −1.79E +308에서 1.79E +308까지인 부동 소수점 숫자
Image	범위가 0바이트에서 2^{31} −1(또는 2,147,483,647)바이트까지인 이진 데이터의 가변 길이 스트림
Text	최대 길이가 2^{31} −1(또는 2,147,483,647)자이고 유니코드가 아닌 데이터의 가변 길이 스트림

다음의 DataSave() 메서드는 'mook_AutoMain.exe' 파일이 업로드 될 때 호출되는 메서드로 호출할 때 버전 식별 숫자를 1씩 증가한다.

```
01:  private int DataSave()
02:  {
03:    var Conn = new SqlConnection(Constr);
04:    Conn.Open();
05:    var strSQL = "update File_Update set M_Update = M_Update + 1";
06:    var myCom = new SqlCommand(strSQL, Conn);
07:    var i = myCom.ExecuteNonQuery();
08:    Conn.Close();
09:    return i;
10:  }
```

03-04행	SqlConnection 클래스의 개체 Conn을 생성하고 Open() 메서드를 이용하여 데이터베이스를 연다.
05행	UPDATE 쿼리 구문으로 File_Update 테이블의 버전 식별자 'M_Date' 칼럼의 값을 1씩 증가하는 쿼리문이다.
06행	SqlCommand 클래스의 개체 myCom을 생성하는 구문으로 UPDATE 쿼리문과 Conn 개체를 매개변수로 대입하여 초기화하는 작업을 수행한다.
07행	myCom.ExecuteNonQuery() 메서드를 이용하여 05행의 쿼리문을 실행하고 수정이 정상적으로 반환되면 1을 반환한다.

4.4 관리자 예제 실행

다음 그림은 자동 업데이트 관리 예제를 단축키 Ctrl+F5를 눌러 실행한 화면이다.

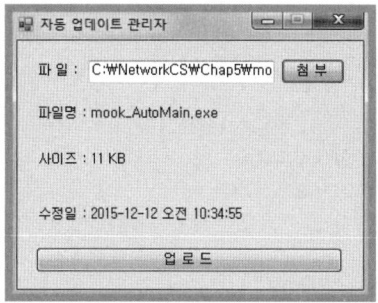

참고로 업로드는 이 절 뒤의 자동 업데이트 실행에서 알아볼 것으로 업로드는 하지 않도록 한다.

'mook_AutoMain.exe(v1.0)' 버전을 데이터베이스에 업로드하면 'File_Infor' 테이블의 데이터는 다음과 같다.

M_Num	M_FileName	M_Size	M_LastWrite	M_File	M_Date
1	1	mook_AutoMain.exe	11 KB	2015-12-12 오전 10:34:55	0x4D5A9000030000004000000FFFF0000B8000000000000,...	2015-12-12 오전 11:05:17

4.5 자동 업데이트 클라이언트 인터페이스 디자인

프로젝트 이름을 'mook_AutoMain'으로 하여 'C:\NetworkCS\Chap5' 경로에 프로젝트를 생성하고, 다음 그림과 같이 윈도우 폼에 각각 컨트롤을 위치시키고 표를 참고하여 컨트롤에 대한 속성값을 수정한다.

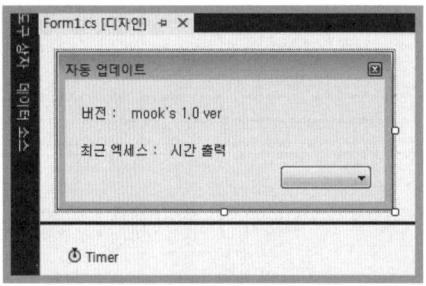

폼 컨트롤	속성	값
Form1	Name	Form1
	Text	자동 업데이트
	FormBorderStyle	FixedToolWindow
	MaximizeBox	CenterScreen
Label1	Name	lblVer
	Text	버전 :
Label2	Name	lbldisVer
	Name	mook's 1.0 ver
Label3	Name	lblUpdate
	Name	최근 액세스 :
Label4	Name	lbldisUpdate
	Name	시간 출력
ComboBox1	Name	cbTime
	DropDownStyle	DropDownList
Timer1	Name	Timer
	Enabled	True

[cbTime] 컨트롤을 선택하고 속성 창의 [Items] 속성을 다음과 같이 입력한다.

```
1초
10초
1분
```

4.6 자동 업데이트 클라이언트 코드 구현

다음과 같이 using 키워드를 이용하여 필요한 네임스페이스 추가한다.

```
using System.IO;              // 파일 클래스 사용
using System.Data.SqlClient;  // SqlConnection 클래스 사용
using System.Diagnostics;     // Process 클래스 사용
```

다음과 같이 MSSQL 데이터베이스 연결문을 저장하는 멤버 변수에 클래스 내부 상단에 추가한다.

```
string Constr = "server=localhost;uid=sa;pwd=p12345;database=AutoUpdate";
```

다음의 Form1_Load() 이벤트 핸들러는 폼을 더블클릭하여 생성한 프로시저로 폼이 실행될 때 버전 식별 정보를 확인하는 파일인 'setup.txt'가 없으면 파일을 생성하는 작업을 수행한다.

```
01:  private void Form1_Load(object sender, EventArgs e)
02:  {
03:    this.cbTime.Text = "1초"; // cbTime [Text] 속성값 입력
04:    if(File.Exists("setup.txt") == false)
05:    {
06:      using (StreamWriter sw = new StreamWriter("setup.txt"))
07:      {
08:        sw.WriteLine("1");
09:        sw.Close();
10:      }
11:    }
12:  }
```

다음의 Timer_Tick() 이벤트 핸들러는 Timer 컨트롤을 더블클릭하여 생성한 핸들러로 데이터베이스를 액세스 하여 버전을 식별하는 칼럼의 값을 가져와 어플리케이션 하위의 텍스트 파일 'setup.txt'의 데이터와 비교하여 업데이트 폼을 실행하는 작업을 수행한다.

```
01:  private void Timer_Tick(object sender, EventArgs e)
02:  {
03:    this.lbldisUpdate.Text = DateTime.Now.ToString();
04:    int UpdateNum = 0;
05:    using (StreamReader srt = File.OpenText("setup.txt"))
06:    {
07:      UpdateNum = Convert.ToInt32(srt.ReadLine());
08:      srt.Close();
```

```
09:    }

10:    if (UpdateNum == Convert.ToInt32(DataCheck()))
11:    {
12:      return;
13:    }
14:    else if (UpdateNum < Convert.ToInt32(DataCheck()))
15:    {
16:      this.Timer.Enabled = false;
17:      var dlr = MessageBox.Show("최신 프로그램을 다운로드 받으시겠습니까??",
           "알림", MessageBoxButtons.YesNo, MessageBoxIcon.Question);
18:      if (dlr == System.Windows.Forms.DialogResult.Yes)
19:      {
20:        var myprocess = new Process();
21:        myprocess.StartInfo.FileName = "mook_AutoUpdate.exe";
22:        myprocess.Start();
23:        Application.Exit();
24:      }
25:      else
26:      {
27:        this.Timer.Enabled = true;
28:        return;
29:      }
30:    }
31:    else
32:    {
33:      MessageBox.Show("잘못된 프로그램입니다.", "알림",
         MessageBoxButtons.OK, MessageBoxIcon.Error);
34:      this.Close();
35:    }
36:  }
```

03행	현재 일시를 lbldisUpdate 컨트롤에 출력하는 작업을 수행한다.
05행	File.OpenText() 메서드를 이용하여 인코딩된 기존 텍스트 파일을 읽기용으로 열고 그 데이터를 생성한 StreamReader 클래스의 개체 srt에 대입한다.
07행	srt.ReadLine() 메서드를 이용하여 srt 저장된 값을 UpdateNum 변수에 저장하는 작업을 수행한다.
10행	07행의 변수 값과 데이터베이스의 버전 식별 값을 비교하는 구문으로 같다면 업데이트가 필요하지 않아 블록 내부의 코드(return)를 실행한다.
14행	만약 데이터베이스의 버전 식별 값이 파일에 저장된 값보다 크다면 즉, 업데이트된 'mook_AutoMain.exe' 파일이 이진 데이터 형식으로 데이터베이스에 저장되었다면 else if 블록 내부 코드를 실행하여 데이터베이스에서 이진 데이터의 다운로드를 담당하는 'mook_AutoUpdate.exe' 파일을 실행시키는 작업을 수행한다.
16행	업데이트된 파일이 존재하므로 더는 데이터베이스를 액세스할 필요가 없으므로 Timer 컨트롤의 Enabled 속성값을 false로 설정한다.
20행	Process 클래스의 개체 myprocess를 생성하는 구문이다.

| 21행 | Process.StartInfo 속성을 이용하여 실행될 파일을 설정하는 구문이다. StartInfo는 프로세스를 시작하는 데 사용한 매개변수 집합을 나타낸다. Start를 호출한 경우 시작할 프로세스를 지정하는 데 StartInfo가 사용된다. 설정해야 하는 유일한 필수 StartInfo 멤버는 FileName 속성이다. |
| 22행 | Process.Start() 메서드를 이용하여 21행에 대입된 파일명으로 파일을 실행한 후 23행의 어플리케이션 종료 코드로 폼을 종료한다. |

다음의 DataCheck() 메서드는 데이터베이스의 버전 식별자 값을 가져오는 작업을 수행한다.

```
01:  private string DataCheck()
02:  {
03:    var Conn = new SqlConnection(Constr);
04:    Conn.Open();

05:    var Comm = new SqlCommand("Select * from File_Update", Conn);
06:    var myRead = Comm.ExecuteReader();
07:    if (myRead.Read())
08:    {
09:      var str = myRead["M_Update"].ToString();
10:      myRead.Close();
11:      Conn.Close();
12:      return str;
13:    }
14:    else
15:    {
16:      myRead.Close();
17:      Conn.Close();
18:      return "1";
19:    }
20:  }
```

03-04행	SqlConnection 클래스의 개체 Conn을 생성하고 Open() 메서드를 이용하여 데이터베이스를 연다.
05행	SqlCommand 클래스의 개체 Comm을 선언하는 구문으로 매개변수에 SELECT 쿼리 구문과 Conn 개체를 대입하여 개체를 초기화한다.
06행	Comm.ExecuteReader() 메서드를 이용하여 5행의 SELECT 구문을 실행하고 데이터베이스의 데이터를 가져와 SqlDataReader 클래스의 개체 myRead에 저장한다.
07행	myRead.Read() 메서드를 이용하여 읽을 데이터가 있다면 데이터를 읽을 준비를 하고 if 블록 내부의 코드를 실행한다.
08행	생성한 개체 myRead, Conn를 Close() 메서드를 이용하여 제거하고 버전 식별 칼럼인 M_Update 칼럼의 데이터 값을 반환한다.
09-13행	생성한 개체 myRead, Conn를 Close() 메서드를 이용하여 제거하고 버전 식별 칼럼인 M_Update 칼럼의 데이터 값을 반환한다.
14-19행	만약 읽어올 데이터가 없다면 생성한 myRead, Conn 개체를 Close() 메서드를 이용하여 제거하고 반환값으로 1을 반환한다.

다음의 cbTime_SelectedIndexChanged() 이벤트 핸들러는 cbTime 컨트롤을 더블클릭하여 생성한 프로시저로 Timer의 Interval 속성값을 변경하는 작업을 수행한다.

```
01:  private void cbTime_SelectedIndexChanged(object sender, EventArgs e)
02:  {
03:    if (this.cbTime.SelectedItem.ToString() == "1초")          // 1초
04:    {
05:      this.Timer.Interval = 1000;
06:      this.Timer.Enabled = true;
07:    }
08:    else if (this.cbTime.SelectedItem.ToString() == "10초") // 10초
09:    {
10:      this.Timer.Interval = 10000;
11:      this.Timer.Enabled = true;
12:    }
13:    else if (this.cbTime.SelectedItem.ToString() == "1분")   // 1분
14:    {
15:      this.Timer.Interval = 60000;
16:      this.Timer.Enabled = true;
17:    }
18:  }
```

이 파일은 이 절 후반부에 자동 업데이트 실행을 설명하는 단계에서 저장 위치 및 초기 데이터 값 설정에 대해 살펴볼 것이다. 아직 자동 업데이트 어플리케이션이 완벽히 완성되지 않았기 때문에 여기서는 빌드 과정(Ctrl+Shift+B)만을 진행한다.

4.7 업데이트 폼 생성 및 인터페이스 디자인

프로젝트 이름을 'mook_AutoUpdate'로 하여 'C:\NetworkCS\Chap5' 경로에 프로젝트를 생성하고, 다음 그림과 같이 윈도우 폼에 각각 컨트롤을 위치시키고 표를 참고하여 컨트롤에 대한 속성값을 수정한다.

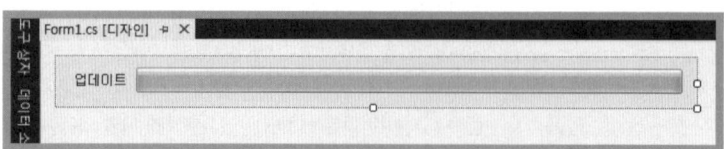

폼 컨트롤	속성	값
Form1	Name	Form1
	Text	업데이트
	FormBorderStyle	None
	StartPosition	CenterScreen
	ShowIcon	False
	ShowInTaskbar	False
	TopMost	True
Label1	Name	lblTitle
	Text	업데이트
ProgressBar1	Name	ProgressBar
	Cursor	AppStarting
	ForeColor	Lime
	Size	500, 23
	Maximum	500

4.8 업데이트 폼 코드 구현

다음과 같이 using 키워드를 이용하여 필요한 네임스페이스를 추가한다.

```
using System.Data.SqlClient; // SqlConnection, SqlCommand 클래스 사용
using System.IO;             // 파일 클래스 사용
using System.Threading;      // 스레드 클래스 사용
using System.Diagnostics;    // Process 클래스 사용
```

다음과 같이 클래스 전체에서 참조할 수 있는 멤버 개체 및 변수를 클래스 내부 상단에 추가한다.

```
01:  private Thread myDownload;  // 스레드 개체
02:  private delegate void OnDelegateStatusView(int i, bool f);  // 델리게이트 선언
03:  private OnDelegateStatusView OnView = null;  // 델리게이트 개체 생성
04:  private string Constr =
         "server=localhost;uid=sa;pwd=p12345;database=AutoUpdate";  // SQL 연결 문자열
```

다음의 Form1_Load() 이벤트 핸들러는 폼을 더블클릭하여 생성한 프로시저로 FileStream 클래스의 개체를 생성하고 스레드를 생성한다.

```
01:  private void Form1_Load(object sender, EventArgs e)
02:  {
03:    OnView = new OnDelegateStatusView(ProStaus);

04:    try
05:    {
06:      var tProcess = Process.GetProcessesByName("mook_AutoMain");
07:      if (tProcess.Length == 1)
08:        tProcess[0].Kill();
09:    }
10:    catch { }
11:    var fs = new FileStream("setup.txt", FileMode.Create);
12:    var sw = new StreamWriter(fs);
13:    sw.WriteLine(DataCheck());
14:    sw.Close();
15:    fs.Close();
16:    myDownload = new Thread(DataDownLoding);
17:    myDownload.Start();
18:  }
```

03행	델리게이트 개체 OnView를 초기화하는 작업을 수행한다.
04-10행	try~catch 구문을 이용하여 'mook_AutoMain.exe' 프로세스의 실행을 종료하는 구문으로, Process.GetProcessesByName() 메서드를 이용하여 'mook_AutoMain' 프로세스 개체를 생성한다. tProcess 개체는 Kill() 메서드를 이용하여 강제 종료한다. 이는 기존의 'mook_AutoMain' 프로세스를 종료하고 새로 다운로드한 파일을 실행하기 위함이다.
11행	FileStream 클래스의 개체 fs를 선언하고 매개변수로 지정된 경로 및 FileMode.Create 모드를 사용하여 FileStream 클래스의 개체를 초기화한다. 개체를 생성할 때 'setup.txt' 파일을 새롭게 생성하면서 개체를 초기화한다.
12행	기본 버퍼 크기를 사용하는 지정된 스트림으로 StreamWriter 클래스의 개체 sw를 생성한다.
13행	sw.WriteLine() 메서드를 이용하여 DataCheck() 사용자에서 반환된 문자열 값(버전 식별 번호)을 'setup.txt' 파일에 쓰는 작업을 수행한다.
14-15행	StreamWriter, FileStream 클래스 개체의 Close() 메서드를 이용하여 개체의 리소스를 제거하는 구문이다.
16행	Thread 클래스의 개체 myDownload를 초기화하는 구문으로 생성된 외부 스레드에서 구동될 DataDownLoding() 메서드를 대입한다. 이 메서드의 역할은 지정되어 데이터베이스에 저장된 'mook_AutoMain.exe' 파일을 다운로드하고 다운로드가 완료되면 파일을 실행시키는 작업을 수행한다.
17행	myDownload.Start() 메서드를 이용하여 생성된 스레드 개체 myDownload를 실행한다.

다음의 ProStaus() 메서드는 델리게이트에 의해 실행되며, ProgressBar의 진행률을 나타내는 작업을 수행한다.

```
01:  private void ProStaus(int i, bool f)
02:  {
03:    if(f == true)
04:    {
05:      this.ProgressBar.Maximum = i;
06:    }
07:    else
08:    {
09:      this.ProgressBar.Value = i;
10:    }
11:  }
```

다음의 DataCheck() 메서드는 'File_Update' 테이블에서 'M_Update' 칼럼의 값을 읽어와 자동 업데이트 버전 식별자로 사용하며 'setup.txt' 파일에 기록한다.

```
01:  private string DataCheck()
02:  {
03:    var Conn = new SqlConnection(Constr);
04:    Conn.Open();

05:    var Comm = new SqlCommand("Select * from File_Update", Conn);
06:    var myRead = Comm.ExecuteReader();
07:    if (myRead.Read())
08:    {
09:      string Update = myRead["M_Update"].ToString();
10:      myRead.Close();
11:      Conn.Close();
12:      return Update;
13:    }
14:    else
15:    {
16:      myRead.Close();
17:      Conn.Close();
18:      return "1";
19:    }
20:  }
```

05행   'File_Update' 테이블의 'M_Update' 칼럼 값을 가져오는 구문으로, 이 칼럼 값은 자동 업데이트 관리자('mook_AutoAdmin.exe')에서 새로운 버전의 'mook_AutoMain.exe' 어플리케이션이 데이터베이스에 업로드되면 'M_Update' 칼럼의 값이 증가한다.

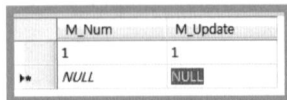

M_Num	M_Update
1	1
NULL	NULL

※ 'M_Update' 칼럼은 클라이언트 에이전트 어플리케이션(mook_AutoMain.exe)의 버전을 나타내는 숫자이다.

09-12행   myRead() 메서드를 이용하여 'M_Date' 칼럼의 값을 변수에 저장하고 반환(10행)하는 작업을 수행한다.

다음의 DataDownLoding() 메서드는 데이터베이스에 저장된 파일을 다운로드하는 작업을 수행한다.

```
01:  private void DataDownLoding()
02:  {
03:    byte[] bytes = DatabaseDownload(1);
04:    var fs = new FileStream("mook_AutoMain.exe", FileMode.Create);
05:    fs.Write(bytes, 0, bytes.Length);
06:    fs.Close();
07:    this.Close();
08:  }
```

03행   DatabaseDownload() 메서드를 호출하여 다운로드될 'mook_AutoMain.exe' 파일을 바이트 배열로 반환 받는 작업을 수행한다. 이는 05행에서 버퍼를 이용하여 스트림에 쓰는 작업을 수행하기 위한 구문이다.

04행   FileStream 클래스 생성자를 이용하여 fs 개체를 생성하는 구문으로 FileMode가 Create이기 때문에 'mook_AutoMain.exe' 파일을 생성(파일이 없으면 새로 생성하고 파일이 존재하면 덮어쓴다.)한다.

05행   fsWrite() 메서드를 이용하여 스트림에 바이트 블록을 쓰는 작업을 수행한다.

07행   this.Close() 메서드를 이용하여 폼을 종료하는 구문으로, 이는 Form1_FormClosing() 이벤트 핸들러를 호출하는 작업을 수행한다.

다음의 DatabaseDownload() 메서드는 데이터베이스에서 업로드된 'mook_AutoMain.exe' 파일을 다운로드하는 작업과 다운로드할 때 [ProgressBar] 컨트롤을 이용하여 다운로드하는 진행률을 나타내는 작업을 수행한다.

```
01:  private byte[] DatabaseDownload(int M_Num)
02:  {
03:    using(var Conn = new SqlConnection(Constr))
04:    {
05:      Conn.Open();
06:      var sql =
          "Select DataLength(M_File) From File_Infor WHERE M_Num=@M_Num";
```

```
07:      SqlParameter param = new SqlParameter("@M_Num", SqlDbType.Int);
08:      param.Value = M_Num;
09:      SqlCommand cmd = new SqlCommand(sql, Conn);
10:      cmd.Parameters.Add(param);
11:      int totalLength = Convert.ToInt32(cmd.ExecuteScalar());
12:      Invoke(OnView, totalLength, true);
13:      Invoke(OnView, 0, false);
14:      sql = "Select M_File From File_Infor WHERE M_Num=@M_Num";
15:      param = new SqlParameter("@M_Num", SqlDbType.Int);
16:      param.Value = M_Num;
17:      cmd = new SqlCommand(sql, Conn);
18:      cmd.Parameters.Add(param);
19:      SqlDataReader reader =
            cmd.ExecuteReader(CommandBehavior.SequentialAccess);
20:      reader.Read();

21:      long remainder = totalLength;
22:      int bufferSize = 2048;
23:      if (totalLength < bufferSize)
24:          totalLength = bufferSize;
25:      byte[] buf = new byte[(int)totalLength];
26:      int startIndex = 0;
27:      long retval = reader.GetBytes(0, startIndex, buf, 0, bufferSize);
28:      remainder  = retval;
29:      while(remainder >0)
30:      {
31:        startIndex += bufferSize;
32:        if (remainder < bufferSize)
33:            bufferSize = (int)remainder;
34:        retval = reader.GetBytes(0, startIndex, buf, startIndex, bufferSize);
35:        remainder -= retval;
36:        Invoke(OnView, startIndex, false);
37:        Thread.Sleep(100);
38:      }
39:      Invoke(OnView, totalLength, false);
40:      reader.Close();
41:      return buf;
42:    }
43: }
```

06행	'Update_File' 데이터베이스 테이블의 'M_File' 칼럼의 길이 즉, 업로드된 파일의 크기를 계산하는 SELECT 쿼리 구문이다.
07행	SqlParameter (String, SqlDbType) 클래스의 생성자를 이용하여 param 개체를 생성하는 구문으로 매개변수에는 식별자 및 데이터 형식(정수형)을 대입한다.
08행	param.Value 속성값에 매개변수의 값을 설정한다.

09–11행	06행의 SELECT 쿼리문과 MS SQL 서버의 정보를 담고 있는 연결 문자열을 매개변수로 대입하여 cmd 개체를 생성하고, cmd.ExecuteScalar() 메서드를 이용하여 'M_File' 칼럼에 업로드된 파일의 크기를 반환(11행)하는 작업을 수행한다.
12–13행	ProgressBar 컨트롤을 초기화하는 구문으로 Invoke() 메서드를 호출하여 델리게이트를 통해 ProgressBar의 진행률을 나타낸다.
14–20행	SELECT 쿼리 구문을 이용하여 'M_File' 칼럼의 업로드 된 파일을 다운로드하는 작업을 수행한다.
19행	cmd.ExecuteReader() 메서드를 이용하여 결과값을 reader 개체에 저장하는 작업을 수행하는데, 매개변수는 CommandBehavior.SequentialAccess 열거형(TIP 5–4 참조)을 대입한다. 이 열거형은 DataReader에서 이진값을 갖는 칼럼을 처리하는 방법을 제공한다.
20행	reader.Read() 메서드를 이용하여 reader 개체를 읽는 작업을 수행한다.
21–26행	바이트 버퍼에 사용할 버퍼 오프셋 값과 버퍼 크기를 초기화하는 작업을 수행한다.
27행	reader.GetBytes() 메서드(TIP 5–4 참조)를 이용하여 지정된 열 오프셋의 바이트 스트림을 지정된 버퍼 오프셋에서 시작하는 버퍼 및 배열로 읽어 들이는 작업을 수행한다.
28행	파일의 총 길이에서 27행의 실제 읽어온 수를 감산한다. 이는 while 구문의 조건문에 사용하며, while 루프를 종료하는 작업을 수행한다.
31행	버퍼 크기를 가산하여 초기 인덱스에 사용된다.
32–33행	remainder 변수의 크기가 bufferSize 보다 작으면 reader.GetBytes() 메서드의 네 번째 매개변수의 값으로 사용하면 되므로 bufferSize에 값을 저장하는 작업을 수행한다. 만약 if 구문이 성립되면 34행을 한 번 수행하고 While 구문은 종료된다.
34행	reader.GetBytes() 27행에서 수행한 다음 인덱스부터 읽어 들이는 작업을 수행한다.
36행	Invoke() 메서드를 호출하여 델리게이트를 통해 ProgressBar의 진행률을 나타낸다.
41행	27행~38행을 수행하여 바이트 스트림을 지정된 버퍼 오프셋에서 시작하는 버퍼(바이트 배열)에 읽어들인 값을 return 키워드를 이용하여 반환하는 작업을 수행하여 DataDownLoding() 메서드의 02행에 선언된 바이트 배열인 bytes에 저장한다.

[TIP 5-4] CommandBehavior 열거형, SqlDataReader.GetBytes() 메서드

CommandBehavior 열거형
스트림에서 바이트 블록을 읽어서 해당 데이터를 제공된 버퍼에 쓴다.

멤버 이름	설명
CloseConnection	명령을 실행하면 관련 Connection 개체는 관련 DataReader 개체가 닫힐 때 함께 닫힘
Default	쿼리는 여러 결과 집합을 반환할 수 있음
KeyInfo	쿼리는 열과 기본 키 정보를 반환하며 KeyInfo가 명령 실행에 사용되면 공급자는 기존 기본 키 및 타임스탬프 열의 결과 집합에 열을 더 추가함
SchemaOnly	쿼리에서 열 정보만 반환함
SequentialAccess	DataReader에서 대형 이진 값을 갖는 열이 포함된 행을 처리하는 방법을 제공함
SingleResult	쿼리는 단일 결과 집합을 반환함
SingleRow	쿼리가 첫 번째 결과 집합의 단일 행을 반환

> **SqlDataReader.GetBytes(int i, long dataIndex, byte[] buffer,**
> **int bufferIndex, int length) 메서드**
> 지정된 열 오프셋의 바이트 스트림을 지정된 버퍼 오프셋에서 시작하는 버퍼 및 배열로 읽어 들인다.
>
> – i : 열 번호를 나타내는 0부터 시작하는 수
> – dataIndex : 읽기 작업을 시작하는 필드 내의 인덱스
> – buffer : 바이트 스트림을 읽어올 버퍼
> – bufferIndex : 쓰기 작업을 시작할 buffer 내 인덱스
> – length : 버퍼로 복사할 최대 길이
> – 반환값 : 실제로 읽은 바이트 수

다음의 Form1_FormClosing() 이벤트 핸들러는 폼이 종료될 때 실행되는 프로시저로 외부 스레드를 종료하고 다운로드된 'mook_AutoMain.exe' 파일을 실행하는 작업을 수행한다.

```
01:  private void Form1_FormClosing(object sender, FormClosingEventArgs e)
02:  {
03:    if (this != null)
04:    {
05:      myDownload.Abort();
06:      var myProcess = new Process();
07:      myProcess.StartInfo.FileName = "mook_AutoMain.exe";
08:      myProcess.Start();
09:    }
10:  }
```

05행 | myDownload.Abort() 메서드를 이용하여 외부 스레드를 강제 종료하는 작업을 수행한다.
07–08행 | myprocess.StartInfo.FileName 속성에 데이터베이스에서 다운로드된 'mook_AutoMain.exe' 어플리케이션의 이름을 저장하고 실행하는 구문이다.

프로젝트 컴파일은 앞서 설명한 것과 같이 현재 프로젝트는 단축키 Ctrl+F5를 눌러 실행하지 않고 빌드만 수행하고 진행한다.

4.9 자동 업데이트 실행

먼저 데이터베이스 'File_Infor'의 'M_File' 칼럼에 아무 파일이 존재하지 않기 때문에 'mook_AutoMain.exe' 파일을 저장하는 작업을 시작한다. 자동 업데이트 관리자 어플리케이션인 mook_AutoAdmin 프로젝트를 F5 키를 눌러 어플리케이션을 실행시키고 [첨 부] 버튼을 클릭하여 앞에서 구현하고 빌드가 완료된 'mook_AutoMain.exe' 파일을 선택한 다음 [업 로 드] 버튼을 눌러 데이터베이스에 파일(mook_AutoMain.exe)을 저장한다.

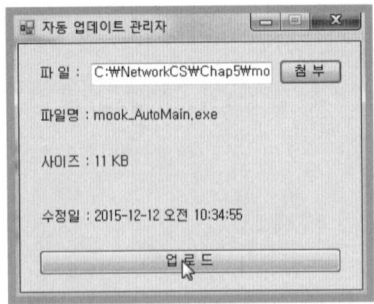

파일이 업로드 되면 다음 그림과 같이 데이터베이스의 칼럼 값이 변경된 것을 확인할 수 있을 것이다.

● File_Update 테이블

	M_Num	M_Update
▶	1	2
*	NULL	NULL

● File_Infor 테이블

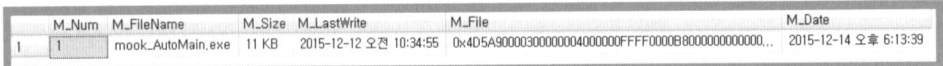

	M_Num	M_FileName	M_Size	M_LastWrite	M_File	M_Date
1	1	mook_AutoMain.exe	11 KB	2015-12-12 오전 10:34:55	0x4D5A9000030000000400000FFFF0000B8000000000000...	2015-12-14 오후 6:13:39

'File_Update' 테이블을 초기값으로 다시 설정하기 위해서 'M_Update' 칼럼의 데이터 값을 '1'로 수정한 다음 실행 아이콘(!) 버튼을 눌러 수정을 적용한다.

앞의 체계 구성도를 살펴보면 관리자와 클라이언트로 나누어져 있고 어플리케이션도 다르게 구성되어 있다. 여러 대의 PC를 가지고 테스트하면 완벽한 기능 시험이 이뤄지겠지만, 환경이 그렇지 못하다면 필자의 방법으로 테스트하길 바란다. 로컬 PC에 폴더를 '관리자PC'와 '클라이언트PC'로 나누어 생성하고 자동 업데이트 관리자와 클라이언트 실행 파일을 각각 저장하고 실행하는 구성 방법이다.

다음 그림과 같이 '관리자PC'와 '클라이언트PC' 폴더를 생성한 다음 각 프로젝트 하위 'bin' 폴더에서 실행 파일을 복사하여 붙여 넣는다.

▶ '관리자PC' 폴더 : mook_AutoAdmin.exe, mook_AutoMain.exe

주의할 점은 '관리자PC' 폴더의 'mook_AutoMian.exe' 파일은 'mook_AutoMain' 프로젝트의 Form1에 위치한 [lbldisVer] 컨트롤의 Text 속성값을 'mook's 2.0 ver'로 수정하고 프로젝트를 한 번 더 빌드한 것으로, 이 실행 파일을 복사하여 붙여 넣기 하면 관리자 구성은 완벽하게 완료된다. 이렇게 하는 이유는 관리자가 클라이언트 에이전트를 업데이트하기 위해서 버전이 올라간 에이전트 어플리케이션을 관리하기 때문이다.

▶ '클라이언트PC' 폴더 : mook_AutoMain.exe, mook_AutoUpdate.exe, setup.txt

'setup.txt' 파일 : 메모장을 실행하여 문자열 '1'을 입력하고 저장한다.
'mook_AutoMain.exe' 파일 : Form1에 위치한 [lbldisVer] 컨트롤의 Text 속성값이
"mook's 1.0 ver"으로 빌드된 에이전트 실행 파일이다.

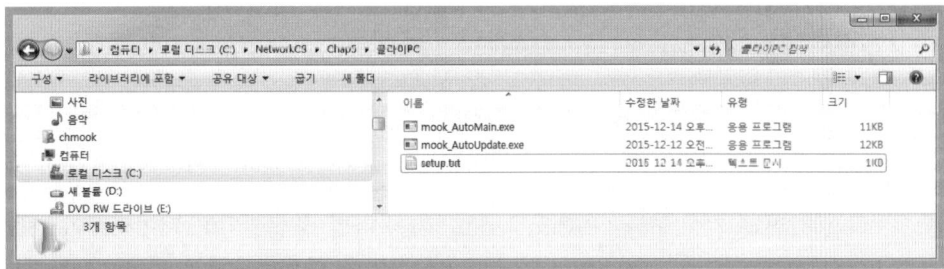

위의 작업으로 자동 업데이트 프로젝트를 실행할 환경 구성은 모두 완료되었다. 먼저
'클라이언트PC' 폴더에 있는 'mook_AutoMain.exe' 파일을 더블클릭하여 다음과 같
이 어플리케이션을 실행하면 데이터베이스에 주기적으로 액세스하여 버전 식별 숫자와
'setup.txt' 파일에 저장된 숫자와 일치 여부를 체크한다.

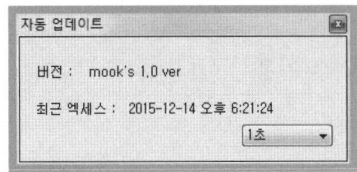

버전을 업데이트하기 위하여 '관리자PC' 폴더의 'mook_AutoAdmin.exe' 파일을 더블클
릭하고 어플리케이션이 실행되면 버전을 올려 빌드한 'mook_AutoMain.exe(v2.0)' 파
일([lbldisVer] 컨트롤의 Text 속성값을 "mook's 2.0 ver"로 수정된 파일)을 다음 그림
과 같이 데이터베이스로 업로드한다.

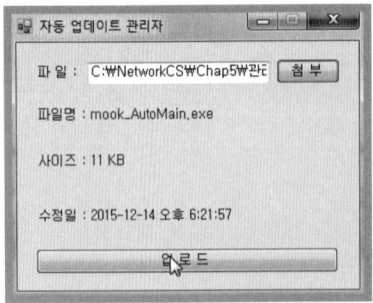

자동 업데이트 관리자 어플리케이션에서 버전 업 된 'mook_AutoMain.exe(v2.0)' 파일을 업로드하면 클라이언트의 'mook_AutoMain.exe(v1.0)'에서 데이터베이스의 버전 식별 번호를 확인하고 식별 번호가 변경되었다면 다음과 같이 알림 메시지가 나타난다. [예] 버튼을 클릭하여 데이터베이스에 저장된 최신 파일을 다운로드받는다.

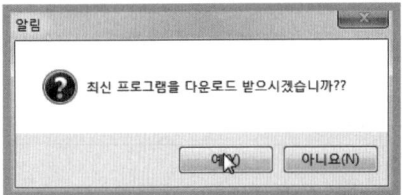

다음 그림과 같이 'mook_AutoUpdate.exe' 파일이 실행되어 데이터베이스에서 버전이 올라간 'mook_AutoMain.exe(v2.0)' 파일을 다운로드하고 다운로드가 완료되면, 'mook_AutoUpdate.exe' 어플리케이션은 자동으로 종료되면서 다운로드된 최신의 'mook_AutoMain(v2.0).exe' 파일이 실행된다.

다음 그림에서 버전을 확인하면 알 수 있듯이 버전("mook's 2.0 ver") 올라간 자동 업데이트 에이전트 어플리케이션이 실행된 것을 알 수 있을 것이다.

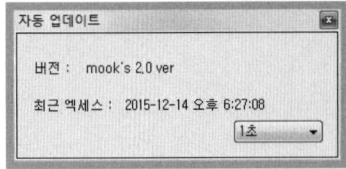

CHAPTER 06

네트워크 기본

이 장에서는 네트워크 프로그램 관련하여 다양한 프로그램 예제를 구현하면서 C#을 이용한 네트워크 프로그래밍에 대해 살펴보도록 한다.

이 책에서 살펴보는 모든 예제가 네트워크 프로그램을 이용한 네트워크 모니터링 시스템을 구현하기 위한 배경 지식을 만들기 위해 구성되어 있다. 이 장에서는 8장에서 구현할 네트워크 모니터링 시스템(Network Monitroing System; NMS)을 구현하기 위한 배경 지식 중 제일 중요한 네트워크 프로그래밍에 대해 살펴본다.

최근 인터넷 발달 때문에 윈도우 프로그램은 네트워크와 연결을 하지 않고서는 구현하지 못할 만큼 네트워크 기능은 중요해졌다. 이 장에서 살펴보는 네트워크 프로그램 예제를 통해 네트워크 프로그래밍에 대한 모든 기능을 살펴볼 수는 없겠지만, 네트워크 프로그래밍에 대한 전반적인 지식과 8장에서 살펴보려는 네트워크 모니터링 시스템을 구현하는 데 필요한 지식을 습득하도록 하자.

01 IP 정보 변경

이 절에서는 IP 정보를 자동으로 변경하는 프로그램을 살펴보도록 한다. IP 정보 변경은 내 네트워크 환경에서 수동으로 여러 단계의 작업을 통해 변경하는데 IP 정보 변경 프로그램을 이용하면 간편하게 IP 변경을 자동으로 할 수 있어 네트워크 프로그램의 환경설정 기능으로 자주 사용된다.

다음 그림은 IP 정보 변경 어플리케이션을 구현하고 실행한 결과 화면으로 그림과 같이 폼을 디자인한다.

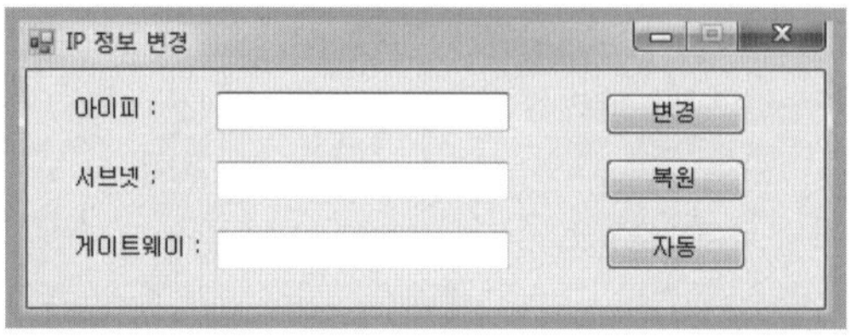

[결과 미리 보기]

1.1 인터페이스 디자인

프로젝트 이름을 'mook_IPChange'로 하여 'C:\NetworkCS\Chap6' 경로에 프로젝트를 생성한다. 다음 그림과 같이 윈도우 폼에 각 컨트롤을 위치시키고 표를 참고하여 각 컨트롤의 속성값을 설정한다.

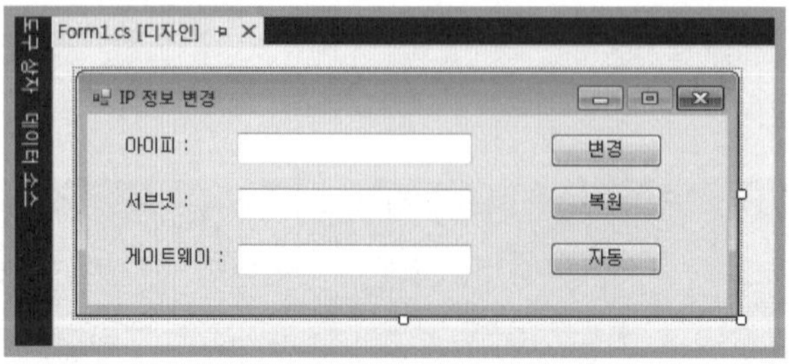

폼 컨트롤	속성	값
Form1	Name	Form1
	Text	IP 정보 변경
	FormBorderStyle	FixedSingle
	MaximizeBox	False
Label1	Name	lblIp
	Text	아이피 :
Label2	Name	lblSubnet
	Text	서브넷 :
Label3	Name	lblGatway
	Text	게이트웨이 :
TextBox1	Name	txtIp
TextBox2	Name	txtSubnet
TextBox3	Name	txtGatway
Button1	Name	btnChange
	Text	변경
Button2	Name	btnRestore
	Text	복원
Button3	Name	btnDHCP
	Text	자동

IP 정보를 변경하기 위해서 원래 사용하던 IP 정보를 프로젝트 설정 파일에 넣어 활용한다. 솔루션 탐색기에서 'App.config' 파일을 더블클릭하여 다음과 같이 코드를 추가한다. 입력하는 IP 정보는 독자가 사용하는 IP 정보를 입력해야 한다. 다음의 내용은 필자가 사용하는 환경에서의 IP 정보를 입력한 것이다.

```
01:  <?xml version="1.0" encoding="utf-8" ?>
02:  <configuration>
03:    <startup>
04:      <supportedRuntime version="v4.0" sku=".NETFramework,Version=v4.6" />
05:    </startup>
06:    <appSettings>
07:      <add key="NICName" value="Realtek PCIe GBE Family Controller"/>
08:      <add key="IPAdress" value="192.168.0.2"/>
09:      <add key="Subnet" value="255.255.255.0"/>
10:      <add key="Gatway" value="192.168.0.1"/>
11:    </appSettings>
12:  </configuration>
```

1.2 코드 구현

다음과 같이 using 키워드를 이용하여 필요한 네임스페이스를 추가하고, 솔루션 탐색기에서 [참조] 항목을 마우스 오른쪽 버튼으로 누른 후 [참조 추가] 메뉴를 선택하여 참조 관리자를 실행한다. [참조 관리자] 창의 왼쪽 메뉴에서 [어셈블리]-[프레임워크]를 선택하여 표시되는 목록에서 [System.Configuration] 항목에 체크하여 참조를 추가한다.

```
using System.Configuration;
```

다음과 같이 멤버 개체 및 변수를 클래스 내부 상단에 추가한다.

```
01:   string OrgNICName = "";  // NIC 이름
02:   string OrgIPAdress = "";   // 아이피 정보
03:   string OrgSubnet = "";     // 서브넷 정보
04:   string OrgGatway = "";     // 게이트웨이 정보

05:   IPChange ip = new IPChange(); // IPChange 클래스 선언
```

다음의 Form1_Load() 이벤트 핸들러는 폼을 더블클릭하여 생성한 프로시저로 시스템 설정 XML 파일인 'App.config'의 정보를 가져와 멤버 변수에 저장하는 작업을 수행한다.

```
01:   private void Form1_Load(object sender, EventArgs e)
02:   {
03:     OrgNICName = ConfigurationManager.AppSettings["NICName"];
04:     OrgIPAdress = ConfigurationManager.AppSettings["IPAdress"];
05:     OrgSubnet = ConfigurationManager.AppSettings["Subnet"];
06:     OrgGatway = ConfigurationManager.AppSettings["Gatway"];
07:   }
```

다음의 btnChange_Click() 이벤트 핸들러는 [변경] 버튼을 더블클릭하여 생성한 프로시저로 입력 컨트롤의 입력 유효성을 검사하는 작업을 수행하여 IP 정보 변경을 위한 내용이 정상적으로 입력되었으면 ip.IPChangeRun() 메서드에 입력 컨트롤에서 입력된 IP 정보를 대입하며 호출하여 IP 정보를 변경한다.

```
01:   private void btnChange_Click(object sender, EventArgs e)
02:   {
03:     if (this.txtIp.Text == "")
04:     {
05:       MessageBox.Show("아이피가 입력되지 않았습니다.", "알림",
               MessageBoxButtons.OK, MessageBoxIcon.Error);
06:       this.txtIp.Focus();
```

```
07:     }
08:     else if (this.txtSubnet.Text == "")
09:     {
10:       MessageBox.Show("서브넷이 입력되지 않았습니다.", "알림",
                  MessageBoxButtons.OK, MessageBoxIcon.Error);
11:       this.txtSubnet.Focus();
12:     }
13:     else if (this.txtGatway.Text == "")
14:     {
15:       MessageBox.Show("게이트웨이가 입력되지 않았습니다.", "알림",
                  MessageBoxButtons.OK, MessageBoxIcon.Error);
16:       this.txtGatway.Focus();
17:     }
18:     else
19:     {
20:       bool Result = ip.IPChangeRun(OrgNICName, this.txtIp.Text,
                  this.txtSubnet.Text, this.txtGatway.Text);
21:       if (Result == true)
22:       {
23:         MessageBox.Show("아이피 정보가 정상적으로 변경되었습니다.", "알림",
                  MessageBoxButtons.OK, MessageBoxIcon.Information);
24:       }
25:       else
26:       {
27:         MessageBox.Show("아이피 정보가 정상적으로 변경되지 않았습니다.", "알림",
                  MessageBoxButtons.OK, MessageBoxIcon.Error);
28:       }
29:     }
30: }
```

다음의 btnRestore_Click() 이벤트 핸들러는 [복원] 버튼을 더블클릭하여 생성한 프로
시저로 시스템 설정 XML 파일인 'App.config'의 정보를 가져와 ip.IPChangeRun() 메
서드에 대입하며 호출하여 IP 정보를 변경하는 작업을 수행한다.

```
01:  private void btnRestore_Click(object sender, EventArgs e)
02:  {
03:    bool Result = ip.IPChangeRun(OrgNICName, OrgIPAdress,
                OrgSubnet, OrgGatway);
04:    if (Result == true)
05:    {
06:      MessageBox.Show("아이피 정보가 정상적으로 변경되었습니다.", "알림",
                MessageBoxButtons.OK, MessageBoxIcon.Information);
07:    }
08:    else
09:    {
```

```
10:     MessageBox.Show("아이피 정보가 정상적으로 변경되지 않았습니다.", "알림",
              MessageBoxButtons.OK, MessageBoxIcon.Error);
11:   }
12: }
```

다음의 btnDHCP_Click() 이벤트 핸들러는 [자동] 버튼을 더블클릭하여 생성한 프로시저로 자동으로 IP 주소를 받아오는 DHCP를 지원하는 작업을 수행한다. ip.IPChangeRun() 메서드에 첫 번째 매개변수인 OrgNICName만 대입하고 IP, Subnet, Gateway 정보는 대입하지 않고 호출한다.

```
01: private void btnDHCP_Click(object sender, EventArgs e)
02: {
03:   bool Result = ip.IPChangeRun(OrgNICName, "", "", "");
04:   if (Result == true)
05:   {
06:     MessageBox.Show("아이피 정보가 정상적으로 변경되었습니다.", "알림",
              MessageBoxButtons.OK, MessageBoxIcon.Information);
07:   }
08:   else
09:   {
10:     MessageBox.Show("아이피 정보가 정상적으로 변경되지 않았습니다.", "알림",
              MessageBoxButtons.OK, MessageBoxIcon.Error);
11:   }
12: }
```

1.3 IPChange 클래스 생성 및 코드 구현

솔루션 탐색기에서 프로젝트 이름을 마우스 오른쪽 버튼으로 클릭하여 표시되는 단축 메뉴에서 [추가]-[새항목]을 선택한다. [새 항목 추가] 창에서 [클래스]를 선택하고 클래스의 이름으로 'IPChange.cs'를 입력한 뒤에 [추가] 버튼을 클릭하여 새 클래스를 프로젝트에 추가한다.

다음과 같이 using 키워드를 이용하여 필요한 네임스페이스를 추가하고, 솔루션 탐색기에서 [참조] 항목을 마우스 오른쪽 버튼으로 누른 후 [참조 추가] 메뉴를 선택하여 참조관리자를 실행한다. [참조 관리자] 창의 왼쪽 메뉴에서 [어셈블리]-[프레임워크]를 선택하여 표시되는 목록에서 'System.Management' 항목에 체크하여 참조를 추가한다.

```
using System.Management;
```

다음의 IPChangeRun() 메서드는 WMI 정보를 수정하여 IP 정보를 변경하는 작업을 수
행한다.

```
01:  public bool IPChangeRun(string a, string b, string c, string d)
02:  {

03:    string myDesc = a;       // NIC 정보
04:    string address = b;       // 아이피 정보
05:    string subnetMask = c; // 서브넷 정보
06:    string gateway = d;       // 게이트웨이 정보

07:    ManagementClass adapterConfig = new
           ManagementClass("Win32_NetworkAdapterConfiguration");
08:    ManagementObjectCollection networkCollection =
           adapterConfig.GetInstances();
09:    foreach (ManagementObject adapter in networkCollection)
10:    {
11:      string description = adapter["Description"] as string;
12:      if (string.Compare(description, myDesc,
             StringComparison.InvariantCultureIgnoreCase) == 0)
13:      {
14:        try
15:        {
16:          ManagementBaseObject newGateway =
               adapter.GetMethodParameters("SetGateways");
17:          newGateway["DefaultIPGateway"] = new string[] { gateway };
18:          newGateway["GatewayCostMetric"] = new int[] { 1 };

19:          ManagementBaseObject newAddress =
               adapter.GetMethodParameters("EnableStatic");
20:          newAddress["IPAddress"] = new string[] { address };
21:          newAddress["SubnetMask"] = new string[] { subnetMask };

22:          adapter.InvokeMethod("EnableStatic", newAddress, null);
23:          adapter.InvokeMethod("SetGateways", newGateway, null);

24:          return true;
25:        }
26:        catch
27:        {
28:          return false;
29:        }
30:      }
31:    }
32:    return true;
33:  }
```

07행	ManagementClass 클래스의 개체 adapterConfig를 생성하는 구문으로 클래스 생성문에 네트워크 어댑터 정보를 설정하기 위해 WMI 클래스인 Win32_NetworkAdapterConfiguration의 경로 또는 WMI 쿼리를 입력하여 초기화한다.
08행	adapterConfig.GetInstances() 메서드를 이용하여 ManagementClass 클래스의 인스턴스인 ManagementObjectCollection 클래스 타입의 컬렉션을 반환받는다.
09-31행	foreach 구문을 이용하여 08행에서 반환받은 ManagementObjectCollection 클래스 타입의 컬렉션에 Form1에서 전달받은 NIC 정보와 일치되는 값이 있다면 IP 정보를 변경하는 작업을 수행한다.
11행	adapter["Description"] WMI 인스턴스 값 즉 어댑터 이름을 string 타입의 변수에 저장하는 작업을 수행한다.
12행	string.Compare() 메서드를 이용하여 11행의 반환 값과 Form1에서 전달받은 NIC 이름을 비교한다. 같으면 14행~29행을 수행하여 IP 정보를 변경한다.
16행	ManagementBaseObject 클래스의 newGateway 개체를 생성하는 구문으로 adapter.GetMethodParameters("SetGateways") 메서드를 이용하여 SetGateways에 해당하는 ManagementBaseObject를 반환한다. 이는 게이트웨이의 정보를 변경하기 위한 개체 생성이다.
17-18행	newGateway["DefaultIPGateway"], newGateway["GatewayCostMetric"] 설정하여 게이트웨이의 값을 변경하는 것이다.
19-21행	IP 정보와 서브넷(subnet) 정보를 변경하는 작업을 수행한다.
22-23행	adapter.InvokeMethod() 메서드를 이용하여 WMI 개체의 메서드인 SetGateways와 EnableStatic을 호출하여 IP 정보를 변경한다.

[TIP 6-1] String.Compare() 메서드

String.Compare(String strA, String strB, StringComparison comparisonType)

지정된 규칙을 사용하여 지정된 두 String 개체를 비교하고 정렬 순서에서 두 개체의 상대 위치를 나타내는 정수를 반환한다.

- strA : 비교할 첫째 문자열
- strB : 비교할 둘째 문자열
- comparisonType : 비교에 사용할 규칙을 지정하는 열거형 값 중 하나

결과 값

값	조건
0보다 작다	strA가 정렬 순서에서 strB 앞에 오는 경우
0	strA 같은 위치에 strB 정렬 순서 오는 경우
0보다 크다	strA가 정렬 순서에서 strB 뒤에 오는 경우

1.4 예제 실행

다음 그림은 IP 정보 변경 예제를 F5 키를 눌러 실행한 화면이다.

임의의 IP가 정상적으로 변경되면 다음과 같이 인터넷에 접속하지 못하는 것을 확인할 수 있다.

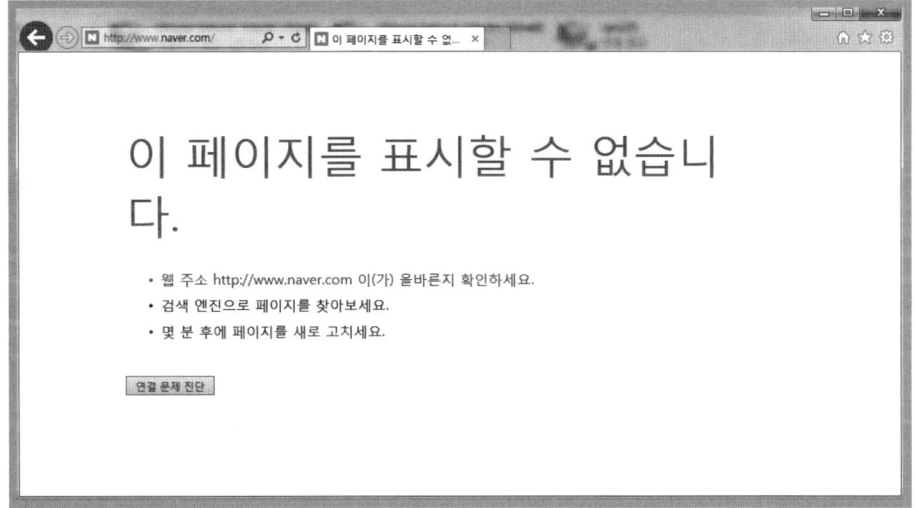

[TIP 6-2] 관리자로 실행하기

IP 정보 변경 어플리케이션은 관리자 권한으로 실행해야 정상적으로 시스템에 변경된 IP가 적용된다. 실행 파일을 마우스 우측 버튼으로 클릭하고 [관리자 권한으로 실행] 메뉴를 눌러 실행할 수도 있고, 다음과 같이 솔루션 탐색기에서 프로젝트 이름을 마우스 오른쪽 버튼으로 눌러 [속성] 메뉴를 실행한 다음 [보안] 항목에서 [ClickOnce 보안 설정 사용] 메뉴를 체크한다.

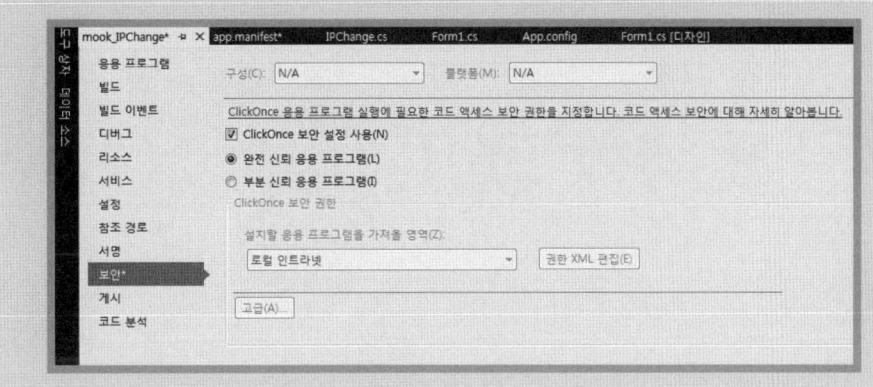

위의 작업으로 프로젝트에 'app.manifest' 파일이 생성된다. 생성된 'app.manifest' 파일을 더블클릭하여 파일을 열어 다음과 같이 코드를 수정한다.

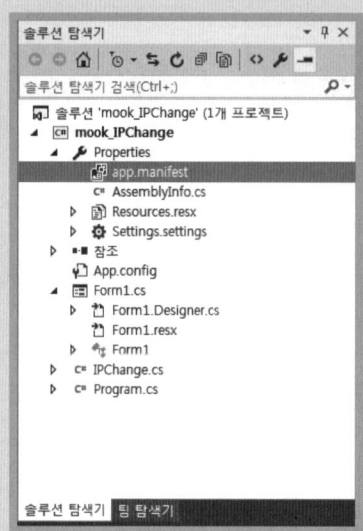

```xml
<requestedExecutionLevel level="requireAdministrator" uiAccess="false" />
```

위의 코드 수정이 완료되면 단축키 Ctrl+S를 눌러 설정 파일의 변경 사항을 저장하고, 프로젝트 속성의 [ClickOnce 보안 설정 사용] 체크를 해제한 다음 단축키 Ctrl+S를 눌러 변경된 설정을 저장한다. 이와 같은 작업이 완료되면 다음 그림과 같이 실행 파일에 방패 모양이 생긴 것으로 확인할 수 있다. 이 방패 모양은 실행 파일을 관리자 권한으로 실행할 수 있게 해준다.

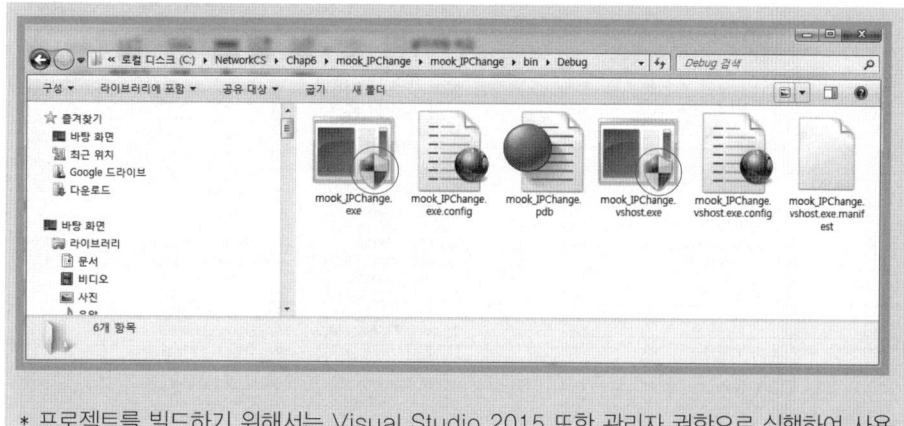

* 프로젝트를 빌드하기 위해서는 Visual Studio 2015 또한 관리자 권한으로 실행하여 사용해야 한다.

O2   Wifi 스캐너

이 절에서 알아볼 Wifi 스캐너 어플리케이션 예제는 'ManagedWifi.dll' 어셈블리를 이용하여 무선 Wifi를 검색하고 해당하는 Wifi에 대해 정보를 가져와 출력하는 어플리케이션이다.

Wifi를 검색하는 기능을 구현하는 데는 여러 가지 방법이 있다. 그중 로컬 컴퓨터의 무선 랜카드가 검색한 결과 값을 WMI 쿼리를 이용하여 검색하는 방법과 이 예제에서 사용하는 'ManagedWifi.dll' 어셈블리의 ManagedWiFi 라이브러리에 있는 함수를 이용하여 구현하는 방법이 있다.

다음 그림은 Wifi 스캐너 어플리케이션을 구현하고 실행한 결과 화면으로 그림과 같이 폼을 디자인한다.

이름	신호강도	암호화	채널	암호방식	인증방식	MAC
OpenWrt	26	False	11	None	IEEE80211_O...	00-1D-73-B1-95-4B
TimeCapsule...	18	True	11	CCMP	RSNA_PSK	80-EA-96-EC-AC-A2
OpenWrt_dae...	35	True	11	CCMP	RSNA_PSK	00-1D-73-B1-95-4B
KAIST_206	78	True	7	CCMP	RSNA_PSK	90-9F-33-28-03-BC
netis 2G	46	True	8	CCMP	RSNA_PSK	04-8D-38-AA-10-F3
	98	True	2	CCMP	RSNA_PSK	90-9F-33-27-0E-7C
TYang01	18	True	7	CCMP	RSNA_PSK	90-9F-33-63-04-92
GSIS-2319	75	True	2	CCMP	RSNA_PSK	90-9F-33-1C-94-54
bkOffice	35	True	5	CCMP	RSNA_PSK	00-08-9F-66-A0-B8
Welcome_KAI...	46	True	13	CCMP	RSNA	D8-C7-C8-DE-FE-F1
KSE2219	36	True	4	CCMP	RSNA_PSK	90-9F-33-66-5A-8A
Ridge	40	True	3	CCMP	RSNA_PSK	10-0D-7F-56-88-CD
GSIS-2317	38	True	2	CCMP	RSNA_PSK	90-9F-33-1C-94-54
CSRCOH	78	True	1	CCMP	RSNA_PSK	90-9F-33-28-06-E2
ITDEV1	23	True	1	CCMP	RSNA_PSK	00-26-66-2E-F9-A0
uvrlab2325-2	61	True	12	CCMP	RSNA_PSK	00-26-66-5C-D4-E4
WDH_24	46	True	10	CCMP	RSNA_PSK	04-8D-38-08-49-30
test_iptime	18	True	11	CCMP	RSNA_PSK	64-E5-99-D3-46-BA
iptime_phatcat	16	True	11	WEP	IEEE80211_O...	00-26-66-6A-6A-DC
	88	True	2	CCMP	RSNA_PSK	90-9F-33-27-0E-7C
GSIS-2317-5G	31	True	2	CCMP	RSNA_PSK	90-9F-33-1C-94-54
NETGEAR29-5G	23	True		CCMP	RSNA_PSK	10-0D-7F-56-00-CF
GSIS-2319-5G	45	True	2	CCMP	RSNA_PSK	90-9F-33-1C-94-54

[결과 미리 보기]

2.1 인터페이스 디자인

프로젝트 이름을 'mook_WifiScanner'로 하여 'C:\NetworkCS\Chap6' 경로에 프로젝트를 생성한다. 다음 그림과 같이 윈도우 폼에 각 컨트롤을 위치시키고 표를 참고하여 각 컨트롤의 속성값을 설정한다.

폼 컨트롤	속성	값
Form1	Name	Form1
	Text	와이파이 스캐너
	FormBorderStyle	FixedSingle
	MaximizeBox	False
ListView1	Name	lvAP
	GridLines	True
	View	Details

다음 그림과 표에서 제공하는 정보를 이용하여 lvAP 컨트롤에 멤버를 추가하고 속성을 설정한다.

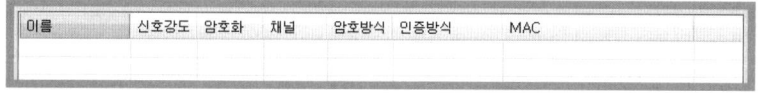

폼 컨트롤	속성	값
ColumnHeader1	Name	chSSID
	Text	이름
	Width	100
ColumnHeader2	Name	chQuality
	Text	신호강도
	Width	60
ColumnHeader3	Name	chEnabled
	Text	암호화
	Width	60
ColumnHeader4	Name	chChanel
	Text	채널
	Width	60
ColumnHeader5	Name	chAlgorithm
	Text	암호방식
	Width	60
ColumnHeader6	Name	chAuth
	Text	인증방식
	Width	100
ColumnHeader7	Name	chMAC
	Text	MAC
	Width	170

2.2 코드 구현

다음과 같이 using 키워드를 이용하여 필요한 네임스페이스를 추가하고, 솔루션 탐색기에서 [참조] 항목을 마우스 오른쪽 버튼으로 누른 후 [참조 추가] 메뉴를 선택하여 참조 관리자를 실행한다. [참조 관리자] 창의 왼쪽 메뉴에서 [찾아보기]를 선택하고 'ManagedWifi.dll' 파일을 직접 찾아 참조할 라이브러리를 참조로 추가한다.

```
using NativeWifi;
using System.Threading;
```

※ ManagedWifi.dll : 출판사에서 제공하는 소스 파일에 포함되어 있음

다음과 같이 클래스 내부 제일 상단에 멤버 개체를 생성한다.

```
01: WlanClient wlanClient = new WlanClient(); // WlanClient 클래스 선언
02: Thread thrAP = null;                       // 스레드 개체 생성
03: private delegate void OnWifiDelegate(ListViewItem lvi, bool f);
04: private OnWifiDelegate OnWifi = null;       // 델리게이트 개체 생성
```

01행   WlanClient 클래스의 개체 wlanClient를 생성하는 구문으로 WlanClient 클래스의 개체는 Wifi를 검색하기 위한 속성 및 메서드를 제공한다.

다음의 Form1_Load() 이벤트 핸들러는 폼을 더블클릭하여 생성한 프로시저로 Wifi를 검색하기 위한 스레드를 생성하는 작업을 수행한다.

```
01: private void Form1_Load(object sender, EventArgs e)
02: {
03:   OnWifi = new OnWifiDelegate(OnWifiView);
04:   thrAP = new Thread(ThreadList);
05:   thrAP.Start();
06: }
```

다음의 OnWifiView() 메서드는 델리게이트에 의해 수행되며 검색된 Wifi를 lvAP 컨트롤에 나타내는 작업을 수행한다.

```
01: private void OnWifiView(ListViewItem lvi, bool f)
02: {
03:   if (f == true)
04:     this.lvAP.Items.Add(lvi);
05:   else
06:     this.lvAP.Items.Clear();
07: }
```

04, 06행   bool 타입의 변수 f의 값에 따라 lvAP 컨트롤의 Items 속성값을 입력하거나 초기화하는 작업을 수행한다.

다음의 ThreadList() 사용자 정의 메서드는 while 반복문을 수행하면서 Wifi를 검색하여 해당하는 정보를 lvAP 컨트롤에 출력하는 작업을 수행한다.

```
01:  private void ThreadList()
02:  {
03:    while (true)
04:    {
05:      Invoke(OnWifi, null, false);
06:      Wlan.WlanAvailableNetwork[] wlanBssEntries =
             wlanClient.Interfaces[0].GetAvailableNetworkList(0);
07:      foreach (Wlan.WlanAvailableNetwork network in wlanBssEntries)
08:      {
09:        var lvt = new ListViewItem(new string[] {
10:            GetStringForSSID(network.dot11Ssid),
11:            network.wlanSignalQuality.ToString(),
12:            network.securityEnabled.ToString(),
13:            GetMacChanel(1, ConvertToMAC(network.dot11Ssid.SSID)),
14:            network.dot11DefaultCipherAlgorithm.ToString(),
15:            network.dot11DefaultAuthAlgorithm.ToString(),
16:            GetMacChanel(2, ConvertToMAC(network.dot11Ssid.SSID)) });
17:        Invoke(OnWifi, lvt, true);
18:      }
19:      Thread.Sleep(10000);
20:    }
21:  }
```

06행   wlanClient.Interfaces[0].GetAvailableNetworkList(0) 메서드를 이용하여 로컬 컴퓨터의 무선 랜카드에서 얻은 Wifi 정보를 Wlan.WlanAvailableNetwork 배열에 반환한다.

07-18행   foreach 구문을 이용하여 wlanBssEntries 개체에 저장된 Wifi 컬렉션 정보를 가져와 lvAP 컨트롤에 나타내는 작업을 수행한다.

10행   network.dot11Ssid 속성을 이용하여 Wifi 이름을 lvt 개체에 저장하는 작업을 수행하는데 network.dot11Ssid 속성값이 아스키 형태로 되어 있기 때문에 문자 형태로 변환하기 위해서 GetStringForSSID() 메서드를 호출한다.

11행   network.wlanSignalQuality을 이용하여 Wifi의 신호 강도를 lvt 개체에 저장한다.

12행   network.securityEnabled 속성을 이용하여 Wifi 암호화 여부 정보를 가져와 lvt 개체에 저장한다.

13행   GetMacChanel() 메서드를 호출하여 채널 정보를 가져와 lvt 개체에 저장한다.

14행   network.dot11DefaultCipherAlgorithm 속성을 이용하여 Wifi 암호화 방식 정보를 가져와 lvt 개체에 저장한다.

15행   network.dot11DefaultAuthAlgorithm 속성을 이용하여 Wifi 인증 방식 정보를 가져와 lvt 개체에 저장한다.

16행   GetMacChanel() 메서드를 호출하여 MAC 주소를 가져와 lvt 개체에 저장한다.

17행   Invoke() 메서드를 이용하여 10행~16행에서 구한 Wifi 정보를 델리게이트 개체인 OnWifi를 이용하여 lvAP에 나타내는 작업을 수행한다.

다음의 GetMacChanel() 사용자 정의 메서드는 파라미터 값으로 전달받은 Wifi의 SSID 값을 이용하여 MAC 주소와 채널 정보를 구해 반환하는 작업을 수행한다.

```
01:  private string GetMacChanel(int i, string Name)
02:  {
03:    Wlan.WlanBssEntry[] lstWlanBss =
04:        wlanClient.Interfaces[0].GetNetworkBssList();
05:    var reAP = "";
06:    foreach (var oWlan in lstWlanBss)
07:    {
08:      if (i == 2)
09:      {
10:       if (ConvertToMAC(oWlan.dot11Ssid.SSID) == Name)
11:        {
12:          reAP = ConvertToMAC(oWlan.dot11Bssid);
13:        }
14:      }
15:      else if (i == 1)
16:      {
17:        if (ConvertToMAC(oWlan.dot11Ssid.SSID) == Name)
18:        {
19:          var chnl = oWlan.chCenterFrequency.ToString();
20:          switch (chnl)
21:          {
22:            case "2412000":
23:              reAP = "1";
24:              break;
25:            case "2417000":
26:              reAP = "2";
27:              break;
******************** 중 간 생 략 ********************
28:            case "2472000":
29:              reAP = "13";
30:              break;
31:          }
32:        }
33:      }
34:    }
35:    return reAP;
36:  }
```

03, 04행	wlanClient.Interfaces[0].GetNetworkBssList() 메서드를 이용하여 로컬 컴퓨터의 무선 랜카드에서 얻은 Wifi Raw 정보를 Wlan.WlanBssEntry 배열에 반환한다.
06–34행	foreach 구문을 이용하여 lstWlanBss 개체에 저장된 Wifi Raw 정보 컬렉션에서 정보를 가져와 MAC 주소 및 채널 정보를 구하는 작업을 수행한다.

10행	파라미터 값으로 가져온 Wifi 이름과 03행~04행에서 얻은 Wifi 이름이 같을 때 MAC 주소를 반환하는 작업을 수행한다.
12행	ConvertToMAC() 메서드를 이용하여 해당 Wifi의 MAC 주소를 reAP 변수에 저장하는 작업을 수행한다.
17–32행	Wifi 채널 정보를 구하는 if 구문으로 oWlan.chCenterFrequency 속성을 이용하여 Wifi 주파수 정보를 chnl 변수에 저장한다.
20–31행	switch 구문으로 19행에서 구한 주파수를 이용하여 해당하는 채널을 선택하는 작업을 수행한다.

다음의 ConvertToMAC() 사용자 정의 메서드는 파라미터로 받은 바이트 배열 값을 이용하여 MAC 주소를 반환하는 작업을 수행한다.

```
01:  string ConvertToMAC(byte[] MAC)
02:  {
03:    string strMAC = "";
04:    for (int index = 0; index < 6; index++)
05:      strMAC += MAC[index].ToString("X2") + "-";
06:    return strMAC.Substring(0, strMAC.Length - 1);
07:  }
```

04–05행	for 문을 이용하여 파라미터로 전달받은 바이트 배열의 값을 두 자리 수의 16진수로 변경하고 '-'를 합쳐 strMac 변수에 저장하는 작업을 수행한다.

MAC			strMAC.Substring(0, strMAC.Length - 1)
MAC[0]	MAC[1]	MAC[2]	0C-0A-01
12	10	01	

다음의 GetStringForSSID() 사용자 정의 메서드는 바이트 배열을 문자열로 변환하여 Wifi 이름을 반환하는 작업을 수행한다.

```
01:  static string GetStringForSSID(Wlan.Dot11Ssid ssid)
02:  {
03:    return Encoding.ASCII.GetString(ssid.SSID, 0, (int)ssid.SSIDLength);
04:  }
```

03행	Encoding.ASCII.GetString() 메서드를 이용하여 지정된 바이트 배열의 값을 문자열로 디코딩하는 작업을 수행한다. 즉, SSID(Wifi 이름)를 반환한다.

[TIP 6-3] Encoding.ASCII.GetString() 메서드

Encoding.ASCII.GetString(byte[] bytes, int index, int count) 메서드

지정한 바이트 배열의 바이트 시퀀스를 문자열로 디코딩한다.

-bytes : 디코딩할 바이트 시퀀스를 포함하는 바이트 배열
-index : 디코딩할 첫 번째 바이트의 인덱스
-count : 디코딩할 바이트 수

다음의 Form1_FormClosing() 이벤트 핸들러는 폼을 선택 후 FormClosing 항목을 더블클릭하여 생성한 프로시저로 생성한 스레드를 종료하는 작업을 수행한다.

```
01:  private void Form1_FormClosing(object sender, FormClosingEventArgs e)
02:  {
03:    if (this.thrAP != null)
04:      thrAP.Abort();
05:    Application.ExitThread();
06:  }
```

2.3 예제 실행

다음 그림은 Wifi 스캐너 예제를 F5 키를 눌러 실행한 화면이다.

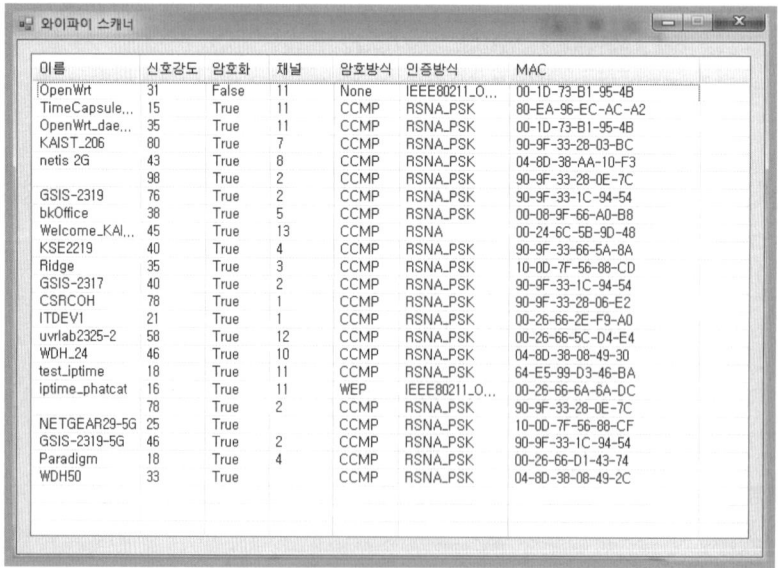

○3 Net Check

이 절에서 알아볼 Net Check 어플리케이션 예제는 네트워크 연결 상태를 점검할 때 명령 프롬프트에서 자주 사용하는 Ping 테스트를 어플리케이션화 한 것으로 해킹 도구는 아니지만, 원격지의 네트워크가 정상적인지 점검할 수 있는 아주 기본적인 도구이다.

여러 대의 시스템을 효과적으로 관리하기 위해 이 어플리케이션을 사용한다면 효율적으로 시스템을 관리할 수 있다.

다음 그림은 Net Check 어플리케이션을 구현하고 실행한 결과 화면으로 그림과 같이 폼을 디자인한다.

호스트	설명	보낸시간	Byte	시간	TTL	결과
127.0.0.1	localhost	0	0	0	0	
127.0.0.1	localhost2	0	0	0	0	
127.0.0.1	localhost3	0	0	0	0	
172.0.0.1	localhost4	0	0	0	0	
127.0.0.1	localhost5	0	0	0	0	
8.8.8.8	Google DNS	0	0	0	0	
www.naver.com	네이버	0	0	0	0	
www.google.co.kr	Google	0	0	0	0	
www.microsoft.com	마이크로소프트	0	0	0	0	

[결과 미리 보기]

3.1 인터페이스 디자인

프로젝트 이름을 'mook_NetCheck'로 하여 'C:\NetworkCS\Chap6' 경로에 프로젝트를 생성한다. 다음 그림과 같이 윈도우 폼에 각 컨트롤을 위치시키고 표를 참고하여 각 컨트롤의 속성값을 설정한다.

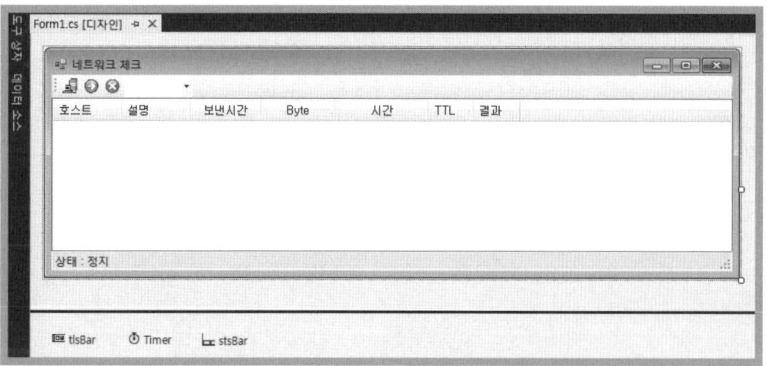

폼 컨트롤	속성	값
Form1	Name	Form1
	Text	네트워크 체크
	MaximizeBox	False
ToolStrip1	Name	tlsBar
ListView1	Name	lvStatus
	Dock	Fill
	HeaderStyle	Nonclickable
	MultiSelect	False
	View	Details
StatusStrip1	Name	stsBar
Timer1	Name	Timer
	Interval	5000

다음 그림과 표에서 제공하는 정보를 이용하여 tlsBar 컨트롤에 멤버를 추가하고 속성을 설정한다.

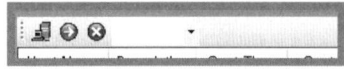

폼 컨트롤	속성	값
ToolStripButton1	Name	tsbtnAddHost
	DisplayStyle	Image
	Image	[설정]
	Text	AddHost
ToolStripButton2	Name	tsbtnStart
	DisplayStyle	Image
	Image	[설정]
	Text	Start
ToolStripButton3	Name	tsbtnStop
	DisplayStyle	Image
	Image	[설정]
	Text	Stop
ToolStripComboBox1	Name	tslcbTime
	DropDownStyle	DropDownList

다음과 같이 tslcbTime 컨트롤의 Items 속성에 문자열을 추가한다. 이것은 네트워크 상태를 주기적으로 점검하기 위한 시간 간격을 설정해 둔 것이다.

```
5 초
10 초
15 초
20 초
30 초
```

다음 그림과 표에서 제공하는 정보를 이용하여 lvStatus 컨트롤에 멤버를 추가하고 속성을 설정한다.

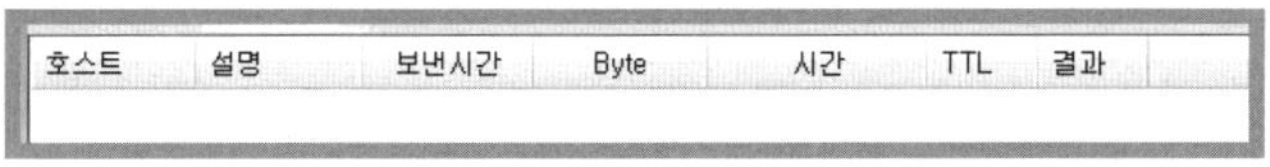

호스트	설명	보낸시간	Byte	시간	TTL	결과

폼 컨트롤	속성	값
ColumnHeader1	Name	Host
	Width	75
	Text	호스트
ColumnHeader2	Name	Description
	Width	75
	Text	설명
ColumnHeader3	Name	SendTime
	Width	77
	Text	보낸시간
ColumnHeader4	Name	SentByte
	Width	80
	Text	Byte
ColumnHeader5	Name	RoundTripTime
	Width	100
	Text	시간
ColumnHeader6	Name	TTL
	Width	50
	Text	TTL
ColumnHeader7	Name	Result
	Width	50
	Text	결과

다음 그림과 표에서 제공하는 정보를 이용하여 stsBar 컨트롤에 멤버를 추가하고 속성을 설정한다.

폼 컨트롤	속성	값
ToolStripStatusLabel1	Name	tsslblStatus
	Text	상태 : 정지

어플리케이션에서 사용할 아이콘 및 사운드(wav) 파일을 저장하기 위해서 프로젝트 이름을 마우스 오른쪽 버튼을 누른 후 [추가]-[새 폴더] 항목을 선택하고 'icon', 'Sound' 폴더를 생성하고 사용할 파일을 저장한다.

3.2 코드 구현

다음과 같이 네임스페이스를 using 키워드를 이용하여 필요한 네임스페이스를 추가한다.

```
using System.Net.NetworkInformation;
using System.IO;
using System.Threading;
```

NOTE

System.Net.NetworkInformation 네임스페이스

System.Net.NetworkInformation 네임스페이스를 사용하면 로컬 컴퓨터에 대한 주소 변경 알림, 네트워크 주소 정보 및 네트워크 트래픽 데이터에 액세스할 수 있다. 이 네임스페이스에는 Ping 유틸리티를 구현하는 클래스도 포함되어 있는데, Ping과 관련 클래스를 사용하여 컴퓨터가 네트워크 연결이 가능한지 여부(네트워크가 살아 있는지)를 확인할 수 있다.

Form1 클래스를 static으로 설정하기 위해 클래스 내부 제일 상단에 다음의 코드를 추가한다.

```
01:   private static Form1 staticForm;
02:   public static string HostNameEntry = "";    // 호스트 아이피
03:   public static string DescriptionEntry = ""; // 호스트 설명
04:   public static int Hostcount = 0;            // 네트워크 체크 호스트 수

05:   Ping pingSender = new Ping();
06:   PingOptions options = new PingOptions();
07:   string data = "aaaaaaaaaaaaaaaaaaaaaaaaaaaaaaaa"; // 32바이트
```

```
08:  const int timeout = 120; // 네트워크 체크를 위한 타임아웃

09:  private Thread SoundPlayThread; // 사운드 실행 스레드 개체 생성
```

다음의 Form1_Load() 이벤트 핸들러는 폼을 더블클릭하여 생성한 프로시저로 tslcbTime 컨트롤의 초기화 시스템 설정 파일에서 정보를 가져와 화면에 나타내는 작업을 수행한다.

```
01:  private void Form1_Load(object sender, EventArgs e)
02:  {
03:    this.tslcbTime.Text = "5 초";
04:     MainConfig();
05:  }
```

다음의 MainConfig() 메서드는 시스템 설정 파일을 읽어 네트워크 이상 여부를 검사하기 위해 호스트를 추가하는 작업을 수행한다.

```
01:  private void MainConfig()
02:  {
03:    if (File.Exists("ICMPConfig.ini") == true)
04:    {
05:      string ss = string.Empty;
06:      using (StreamReader sr = new StreamReader("ICMPConfig.ini"))
07:      {
08:        ss = sr.ReadLine();
09:        while (ss != null)
10:        {
11:          HostNameEntry = sr.ReadLine();
12:          DescriptionEntry = sr.ReadLine();
13:          AddList(HostNameEntry, DescriptionEntry);
14:          ss = sr.ReadLine();
15:        }
16:        sr.Close();
17:      }
18:    }
19:  }
```

03행   File.Exists() 메서드를 이용하여 파일의 존재 여부를 확인한다.

06행   StreamReader 클래스의 개체 sr을 생성하는 구문으로 파일 이름을 'ICMPConfig.ini'로 입력하여 초기화한다.

13행   AddList() 메서드에 검색된 호스트 이름과 설정 문자열을 대입하여 호출한다.

다음의 AddList() 메서드를 호출하여 전달받은 호스트 정보에 따라 lvStatus 컨트롤에 나타내는 작업을 수행한다.

```
01:  public static void AddList(string AnyHostEntry, string DescriptionEntry)
02:  {
03:    string[] Entry = new string[8];
04:    Entry[0] = AnyHostEntry;
05:    Entry[1] = DescriptionEntry;
06:    int hold = 0;
07:    ListViewItem Entries = new ListViewItem(Entry);
08:    staticForm.lvStatus.Items.Add(Entries);
09:    Hostcount = Hostcount + 1;
10:    for (int column = 2; column < 7; column++)
11:      if (column < 6)
12:        staticForm.lvStatus.Items[Hostcount - 1].SubItems[column].Text =
               hold.ToString();
13:      else
14:        staticForm.lvStatus.Items[Hostcount - 1].SubItems[column].Text = "";

15:    staticForm.lvStatus.AutoResizeColumns(
           ColumnHeaderAutoResizeStyle.ColumnContent);
16:    staticForm.lvStatus.AutoResizeColumns(
           ColumnHeaderAutoResizeStyle.HeaderSize);
17:  }
```

07행 lvStatus 컨트롤의 Items 속성에 값을 대입하기 위해 ListViewItem 클래스의 개체 Entries를 생성하는 구문이다.

08행 staticForm.lvStatus.Items.Add() 메서드를 이용하여 lvStatus 컨트롤에 정보를 나타내는 작업을 수행한다.

10-14행 lvStatus 컨트롤의 SubItems 값을 입력하는 작업으로 초기값을 0으로 채우거나 널 값으로 채운다.

15-16행 staticForm.lvStatus.AutoResizeColumns() 메서드를 이용하여 입력된 컨텐츠 길이에 따라 Columns 사이즈를 결정하며, 입력된 컨텐츠의 길이가 길면 늘리는 작업을 수행한다.

다음의 tslcbTime_Click() 이벤트 핸들러는 tslcbTime 컨트롤을 더블클릭하여 생성한 프로시저로 tslcbTime 컨트롤을 클릭하고 선택하는 값에 따라 Timer 컨트롤의 Interval 속성을 변경하는 작업을 수행한다.

```
01:  private void tslcbTime_Click(object sender, EventArgs e)
02:  {
03:    switch (this.tslcbTime.Text)
04:    {
05:      case "5 초":
06:        this.Timer.Interval = 5000;
```

```
07:      break;
08:    case "10 초":
09:      this.Timer.Interval = 10000;
10:      break;
11:    case "15 초":
12:      this.Timer.Interval = 15000;
13:      break;
14:    case "20 초":
15:      this.Timer.Interval = 20000;
16:      break;
17:    case "30 초":
18:      this.Timer.Interval = 30000;
19:      break;
20:  }
21: }
```

다음의 tlsBar_ItemClicked() 이벤트 핸들러는 tlsBar 컨트롤을 더블클릭하여 생성한
프로시저로 각 이미지 아이콘 버튼에 대한 명령을 수행한다.

```
01: private void tlsBar_ItemClicked(object sender, ToolStripItemClickedEventArgs e)
02: {
03:   string itemname = e.ClickedItem.Text;
04:   switch (itemname)
05:   {
06:    case "AddHost":
07:      Form2 frm2 = new Form2();
08:      frm2.ShowDialog();
09:      break;
10:    case "Start":
11:      this.Timer.Enabled = true;
12:      tsslblStatus.Text = "Status : Start ";
13:      break;
14:    case "Stop":
15:      this.Timer.Enabled = false;
16:      tsslblStatus.Text = "Status : Stop ";
17:      break;
18:  }
19: }
```

03행	e.ClickedItem.Text 속성을 이용하여 클릭된 메뉴의 Text 속성값을 가져와 switch~case 구문을 이용하여 해당하는 작업을 선택할 수 있도록 준비한다.
10행	[Start] 버튼을 클릭하였을 때 Timer 컨트롤의 Enabled 속성값을 true 값으로 설정하여 네트워크 검사를 시작한다.

다음의 Timer_Tick() 이벤트 핸들러는 Timer 컨트롤을 더블클릭하여 생성한 프로시저로 Timer 컨트롤의 Interval 속성값에 따라 주기적으로 수행된다. lvStatus 컨트롤에 나타난 IP 정보에 따라 네트워크 이상 유무를 검사하여 결과를 lvStatus 컨트롤에 나타내는 작업을 수행한다.

```
01:  private void Timer_Tick(object sender, EventArgs e)
02:  {
03:    if (this.lvStatus.Items.Count == 0)
04:    {
05:      MessageBox.Show("체크할 IP 정보가 없습니다.", "알림",
              MessageBoxButtons.OK, MessageBoxIcon.Error);
06:      this.Timer.Enabled = false;
07:    }
08:    else
09:    {
10:      Byte[] buffer = Encoding.ASCII.GetBytes(data);
11:      options.DontFragment = true;

12:      for (int i = 0; i < this.lvStatus.Items.Count; i++)
13:      {
14:        PingReply reply =
            pingSender.Send(staticForm.lvStatus.Items[i].SubItems[0].Text,
            timeout, buffer, options);

15:        for (int column = 2; column < 7; column++)
16:        {
17:          if (reply.Status == IPStatus.Success)
18:          {
19:            staticForm.lvStatus.Items[i].BackColor = Color.Yellow;
20:            string[] PingResult = new string[] {
                  DateTime.Now.ToString(),
                  reply.Buffer.Length.ToString() + " Bytes",
                  reply.RoundtripTime.ToString() + " ms",
                  reply.Options.Ttl.ToString() };
21:            if (column < 6)
22:              staticForm.lvStatus.Items[i].SubItems[column].Text =
                    PingResult[column - 2];
23:            else
24:              staticF18orm.lvStatus.Items[i].SubItems[column].Text = "성공";
25:          }
26:          else
27:          {
28:            if (column < 6)
29:              staticForm.lvStatus.Items[i].SubItems[column].Text = (0).ToString();
30:            else
```

```
31:            staticForm.lvStatus.Items[i].SubItems[column].Text = "실패";
32:            staticForm.lvStatus.Items[i].BackColor = Color.Red;
33:            SoundPlayThread = new Thread(SoundPlayGo);
34:            SoundPlayThread.Start();
35:          }
36:        }
37:      }
38:    staticForm.lvStatus.AutoResizeColumns(
            ColumnHeaderAutoResizeStyle.ColumnContent);
39:    staticForm.lvStatus.AutoResizeColumns(
            ColumnHeaderAutoResizeStyle.HeaderSize);
40:  }
41: }
```

10행	Ping 테스트를 위해서 Byte 배열의 buffer 변수를 생성한다.
11행	PingOptions.DontFragment 속성은 원격 호스트로 보낼 데이터의 조각화를 제어하는 Boolean 값을 설정하는 것으로 패킷을 전송하는 데 사용되는 라우터 및 게이트웨이의 MTU(최대 전송 단위)를 테스트하려는 경우에 유용하게 사용된다. PingOptions.DontFragment 속성의 값을 true로 설정하면 데이터를 여러 패킷으로 나누어 보낼 수 없도록 설정한다.
14행	pingSender.Send() 메서드(TIP 6-4 참고)를 이용하여 지정된 컴퓨터에 ICMP(Internet Control Message Protocol) Echo 메시지와 지정된 데이터 버퍼를 보내고 해당 컴퓨터로부터 이에 대응하는 ICMP Echo Reply 메시지를 받는 작업을 수행하기 위하여 ICMP Echo Reply 메시지를 받는 경우 이 메시지에 대한 정보를 제공하고 메시지를 받지 못한 경우는 오류의 원인을 제공하는 PingReply 클래스의 reply 개체에 정보를 저장한다.
17행	PingReply.Status 속성(TIP 6-5 참고)을 이용하여 ICMP(Internet Control Message Protocol) Echo Request를 보내고 이에 대응하는 ICMP Echo Reply 메시지를 받으려고 시도한 결과 상태를 가져온다. 만약, ICMP Echo Reply 메시지를 받으려고 시도한 결과 상태가 성공적이라면 18행~25행을 실행하여 출력 lvStatus 컨트롤에 성공 결과를 출력한다. 만약 실패하면 26행~35행을 실행하며 실패 정보를 lvStatus 컨트롤에 나타내고, 33행과 34행에서 스레드 생성과 실행을 통해 Wav 파일을 실행하여 네트워크 장애를 알린다.
20행	PingReply.Buffer.Length 속성을 이용하여 버퍼 크기를 얻고, PingRepl.RoundtripTime 속성을 이용하여 ICMP Echo Request를 보내고 이에 대응하는 ICMP Echo Reply 메시지를 받는 데 걸린 시간(밀리 초)을 가져온다. PingOptions.Ttl 속성을 이용하여 Ping 데이터가 삭제되기 전에 이 데이터를 전달할 수 있는 라우팅 노드의 수를 가져오는 작업을 수행한다.

[TIP 6-4] pingSender.Send() 메서드

Ping.Send(hostNameOrAddress, timeout, buffer, options) 메서드

지정된 컴퓨터에 ICMP(Internet Control Message Protocol) Echo 메시지와 지정된 데이터 버퍼를 보내고 해당 컴퓨터로부터 이에 대응하는 ICMP Echo Reply 메시지를 받으려고 시도한다.

- hostNameOrAddress : ICMP Echo 메시지의 대상 컴퓨터를 식별하는 String으로 이 매개변수에 지정된 값은 호스트 이름 또는 IP 주소의 문자열 표현

- timeout : ICMP Echo 메시지를 보낸 후 ICMP Echo Reply 메시지를 기다리는 최대 시간(밀리 초)을 지정하는 Int32 값

- buffer : ICMP Echo 메시지와 함께 보내지고 ICMP Echo Reply 메시지에 담겨 반환되는 데이터가 포함된 Byte 배열로 배열은 65,500바이트를 초과할 수 없음

- options : ICMP Echo 메시지 패킷의 조각화 및 Time-to-Live 값을 제어하는 데 사용되는 PingOptions 개체

[TIP 6-5] IPStatus 열거형

컴퓨터에 ICMP(Internet Control Message Protocol) Echo 메시지를 보낸 결과 상태를 나타낸다.

멤버 이름	설명
Success	ICMP Echo Request에 성공했으며 ICMP Echo Reply를 받음. 이 상태 코드가 표시되는 경우 다른 PingReply 속성에는 유효한 데이터가 들어 있다.
DestinationNetworkUnreachable	대상 컴퓨터가 포함된 네트워크에 연결할 수 없어서 ICMP Echo Request에 실패
DestinationHostUnreachable	대상 컴퓨터에 연결할 수 없어서 ICMP Echo Request에 실패
DestinationProtocolUnreachable	ICMP Echo 메시지에 지정된 대상 컴퓨터가 패킷의 프로토콜을 지원하지 않아 대상 컴퓨터에 연결할 수 없기 때문에 ICMP Echo Request에 실패
DestinationPortUnreachable	대상 컴퓨터의 포트를 사용할 수 없어서 ICMP Echo Request에 실패
DestinationProhibited	대상 컴퓨터와의 연결이 관리자에 의해 금지되어 있어서 ICMP Echo Request에 실패
NoResources	네트워크 리소스가 부족해서 ICMP Echo Request에 실패
BadOption	잘못된 옵션이 들어 있어서 ICMP Echo Request에 실패
HardwareError	하드웨어 오류로 인해 ICMP Echo Request에 실패
PacketTooBig	요청이 들어 있는 패킷이 소스와 대상 사이에 있는 노드(라우터 또는 게이트웨이)의 MTU(최대 전송 단위)보다 커서 ICMP Echo Request에 실패
TimedOut	할당된 시간 내에 ICMP Echo Reply를 받지 못함.
BadRoute	소스 컴퓨터와 대상 컴퓨터 간에 올바른 경로가 없어서 ICMP Echo Request에 실패
TtlExpired	TTL(Time to Live) 값이 0에 도달하여 전달 노드(라우터 또는 게이트웨이)에서 패킷을 삭제했기 때문에 ICMP Echo Request에 실패
TtlReassemblyTimeExceeded	패킷을 조각화하여 전송했는데 리어셈블리에 할당된 시간 내에 모든 조각을 받지 못해서 ICMP Echo Request에 실패
ParameterProblem	패킷 헤더를 처리하는 중 노드(라우터 또는 게이트웨이)에 문제가 발생해서 ICMP Echo Request에 실패
SourceQuench	패킷이 삭제되어서 ICMP Echo Request에 실패
BadDestination	대상 IP 주소에서 ICMP Echo Request를 받을 수 없거나 대상 IP 주소가 IP 데이터그램의 대상 주소 필드에 나타났기 때문에 ICMP Echo Request에 실패

DestinationUnreachable	ICMP Echo 메시지에 지정된 대상 컴퓨터에 연결할 수 없기 때문에 ICMP Echo Request에 실패
TimeExceeded	TTL(Time to Live) 값이 0에 도달하여 전달 노드(라우터 또는 게이트웨이)에서 패킷을 삭제했기 때문에 ICMP Echo Request에 실패
BadHeader	헤더가 잘못되어서 ICMP Echo Request에 실패
UnrecognizedNextHeader	Next Header 필드에 인식할 수 있는 값이 들어 있지 않아서 ICMP Echo Request에 실패
IcmpError	ICMP 프로토콜 오류로 인해 ICMP Echo Request에 실패
DestinationScopeMismatch	ICMP Echo 메시지에 지정된 소스 주소와 대상 주소가 동일한 범위에 있지 않아서 ICMP Echo Request에 실패
Unknown	알 수 없는 이유로 ICMP Echo Request에 실패

다음의 SoundPlayGo() 메서드는 SoundPlayThread 스레드에서 실행되는 메서드로 SoundPlay 클래스에 선언된 PlaySoundStart() 메서드를 호출하여 Wav 사운드 파일을 실행한다.

```
01:  private void SoundPlayGo()
02:  {
03:    SoundPlay.PlaySoundStart(Application.StartupPath +
             @"\Sound\ping.wav", new System.IntPtr(),
             SoundPlay.PlaySoundFlags.SND_SYNC);
04:    SoundPlayThread.Abort();
05:  }
```

3.3 호스트 추가 인터페이스 디자인

프로젝트 이름을 마우스 오른쪽 버튼으로 클릭하고 [추가]-[Windows Form] 항목을 클릭하여 Form2를 생성한다. 다음 그림과 같이 윈도우 폼에 각 컨트롤을 위치시키고 표를 참고하여 각 컨트롤의 속성값을 설정한다.

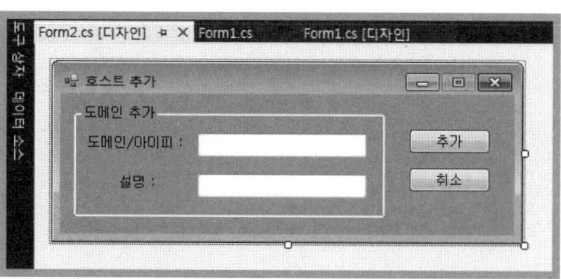

폼 컨트롤	속성	값
Form2	Name	Form2
	Text	호스트 추가
	FormBorderStyle	FixedSingle
	MaximizeBox	False
	BackColor	ActiveBorder
	StartPosition	CenterScreen
GroupBox1	Name	gbConfig
	FlatStyle	System
	Text	도메인 추가
Label1	Name	lblHost
	Text	도메인/아이피 :
Label2	Name	lblDesc
	Text	설명 :
TextBox1	Name	txtHostName
TextBox2	Name	txtHostDescription
Button1	Name	btnAdd
	Text	추가
Button2	Name	btnClose
	Interval	취소

3.4 호스트 추가 코드 구현

다음과 같이 using 키워드를 이용하여 필요한 네임스페이스를 추가한다.

```
using System.IO;
```

다음의 btnAdd_Click() 이벤트 핸들러는 [추가] 버튼을 더블클릭하여 생성한 프로시저로 시스템 설정 정보 파일이 없으면 'ICMPConfig.ini' 파일을 생성한 다음 AddHost() 메서드를 호출하여 입력된 호스트 정보를 'ICMPConfig.ini' 파일에 저장하는 작업을 수행한다.

```
01:  private void btnAdd_Click(object sender, EventArgs e)
02:  {
03:    if (File.Exists("ICMPConfig.ini") == true)
04:    {
05:      AddHost();
06:    }
07:    else
```

```
08:    {
09:        FileStream file = new FileStream("ICMPConfig.ini",
                FileMode.Create, FileAccess.ReadWrite);
10:        file.Close();
11:        AddHost();
12:    }
13: }
```

다음의 AddHost() 메서드는 StreamWriter 클래스를 이용하여 'ICMPConfig.ini' 파일에 추가된 호스트 정보를 입력하고, Form1.AddList() 메서드를 이용하여 Form1의 lvStatus 컨트롤에 입력된 호스트 정보를 추가한다.

```
01:  private void AddHost()
02:  {
03:      FileStream file = new FileStream("ICMPConfig.ini",
                FileMode.Append, FileAccess.Write);
04:      StreamWriter sw = new StreamWriter(file);

05:      sw.WriteLine("[" + this.txtHostName.Text + "]");
06:      sw.WriteLine(this.txtHostName.Text);
07:      sw.WriteLine(this.txtHostDescription.Text);
08:      sw.Close();

09:      Form1.AddList(this.txtHostName.Text, this.txtHostDescription.Text);

10:      file.Close();
11:      this.Close();
12:  }
```

다음의 btnClose_Click() 이벤트 핸들러는 [취소] 버튼을 더블클릭하여 생성한 프로시저로 this.Close() 메서드를 이용하여 폼을 닫는 작업을 수행한다.

```
01:  private void btnClose_Click(object sender, EventArgs e)
02:  {
03:      this.Close();
04:  }
```

3.5 SoundPlay 클래스

솔루션 탐색기에서 프로젝트 이름을 마우스 오른쪽 버튼으로 누른 후 [추가]–[클래스] 항목을 클릭하여 'SoundPlay.cs' 클래스를 생성한다.

다음과 같이 using 키워드를 이용하여 필요한 네임스페이스를 추가한다.

```
using System.Runtime.InteropServices;
```

다음과 같이 wav 파일을 재생할 수 있도록 DllImport 문을 이용하여 'winmm.DLL' 라이브러리 선언문을 클래스 내부에 추가한다.

```
01:  [DllImport("winmm.DLL", EntryPoint = "PlaySound", SetLastError = true)]
02:  public static extern bool PlaySoundStart(
          string szSound, System.IntPtr hMod, PlaySoundFlags flags);
03:  public enum PlaySoundFlags : int
04:  {
05:    SND_SYNC = 0x0000,
06:    SND_ASYNC = 0x0001,
07:    SND_NODEFAULT = 0x0002,
08:    SND_LOOP = 0x0008,
09:    SND_NOSTOP = 0x0010,
10:    SND_NOWAIT = 0x00002000,
11:    SND_FILENAME = 0x00020000,
12:    SND_RESOURCE = 0x00040004
13:  }
```

3.6 예제 실행

다음 그림은 네트워크 체크 예제를 F5 키를 눌러 실행한 화면으로, [AddHost] 아이콘 버튼을 클릭하여 검사할 호스트(도메인/아이피)를 추가한다.

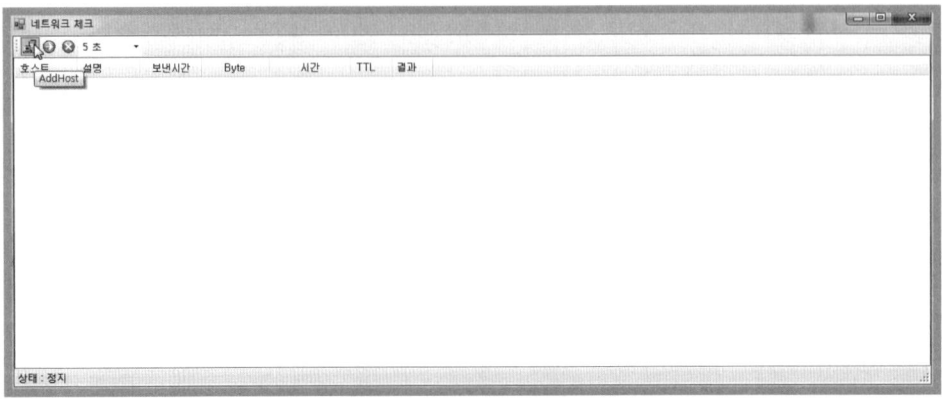

다음 그림과 같이 [호스트 추가] 대화상자가 나타나면 도메인/아이피 입력란과 설명 입력란에 정보를 입력하고 [추가] 버튼을 눌러 검사할 호스트를 추가한다.

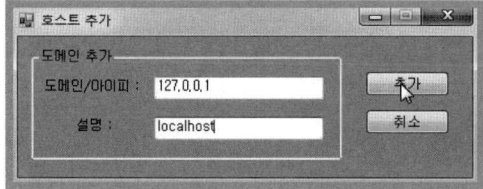

다음 그림과 같이 [Start] 아이콘 버튼을 눌러 Net Check를 수행한다. 수행 중 에러가 발생하는 호스트는 빨간색으로 표시되고, 알림 wav 파일을 실행하여 소리로 장애를 알린다.

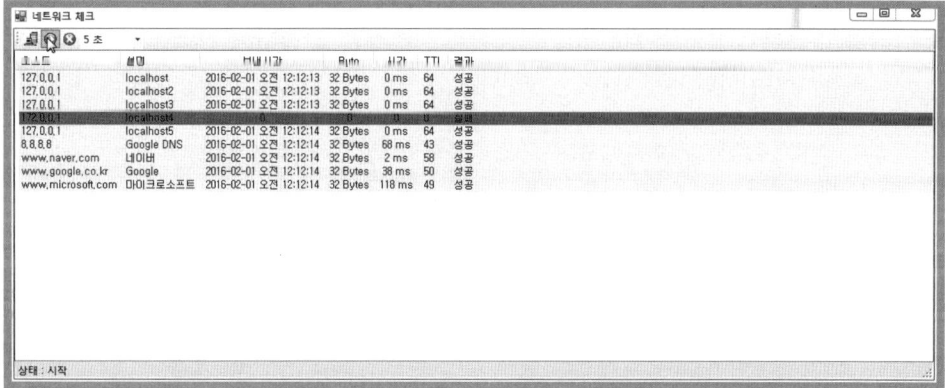

검사 대상 호스트를 추가하면 다음과 같이 'ICMPConfig.ini' 파일이 생성되며, 이 파일을 활용하여 Net Check를 수행한다.

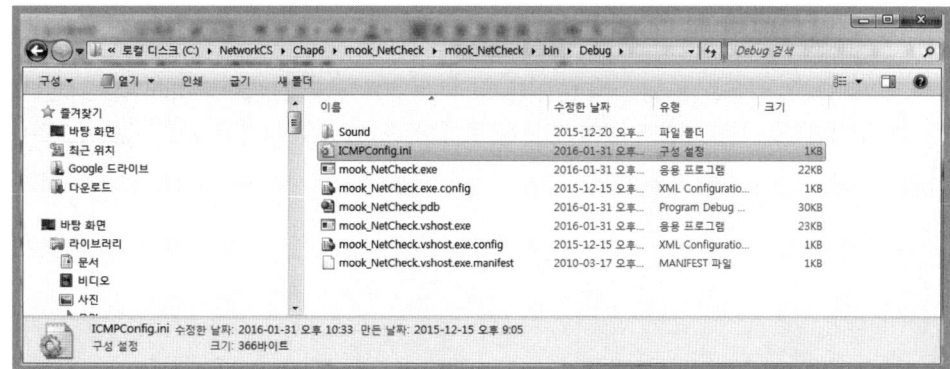

O4 포트 스캐너

이 절에서 알아볼 포트 스캐너 어플리케이션 예제는 관리하고 있는 시스템이나 기타 시스템에 대해서 어떤 포트가 열려 있고 닫혀 있는지 관리할 수 있어 다양하게 사용된다. 또한, 해킹 도구로도 사용하려 할 때는 해킹하기에 앞서 시스템에 대하여 사전 분석을 목적으로 사용한다.

이 절에서 알아보는 포트 스캔 예제는 간단하게 구성되어 있지만, 반드시 로컬에서만 테스트하고 실제 시스템에 대해 스캔 작업을 하지 않도록 한다.

다음 그림은 포트 스캐너 어플리케이션을 구현하고 실행한 결과 화면으로 그림과 같이 폼을 디자인한다.

[결과 미리 보기]

4.1 인터페이스 디자인

프로젝트 이름을 'mook_NetCheck'로 하여 C:\NetworkCS\Chap6' 경로에 프로젝트를 생성한다. 다음 그림과 같이 윈도우 폼에 각 컨트롤을 위치시키고 표를 참고하여 각 컨트롤의 속성값을 설정한다.

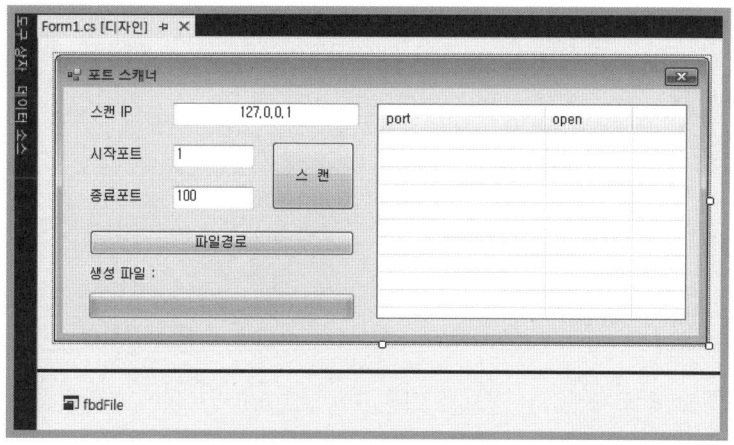

폼 컨트롤	속성	값
Form1	Name	Form1
	Text	포트 스캐너
	FormBorderStyle	FixedSingle
	MaximizeBox	False
	MinimumBox	False
Label1	Name	lblIp
	Text	스캔 IP
Label2	Name	lblStart
	Text	시작포트
Label3	Name	lblEnd
	Text	종료포트
Label4	Name	lblFile
	Text	생성 파일 :
TextBox1	Name	txtIp
	Text	127.0.0.1
TextBox2	Name	txtStart
	Text	1
TextBox3	Name	txtEnd
	Text	100
Button1	Name	btnStart
	Text	스 캔
Button2	Name	btnFile
	Text	파일경로

	Name	pgbScan
Progress1	Maximum	50
	Minimum	0
	Step	1
ListView1	Name	lvScan
	GridLines	True
	View	Details
FolderBrowserDialog1	Name	fbdFile

다음 그림과 표에서 제공하는 정보를 이용하여 lvScan 컨트롤에 멤버를 추가하고 속성을 설정한다.

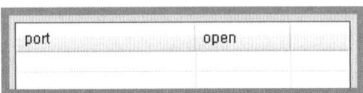

폼 컨트롤	속성	값
ColumnHeader1	Name	chPort
	Text	port
	Width	150
ColumnHeader2	Name	chOpen
	Text	open
	Width	80

4.2 코드 구현

다음과 같이 using 키워드를 이용하여 필요한 네임스페이스를 추가한다.

```
using System.Net;
using System.Net.Sockets;
using System.IO;
using System.Threading;
using System.Diagnostics;
```

System.Net와 System.Net.Sockets 네임스페이스는 소켓 통신, 네트워크 관련 클래스 메서드 등의 인터페이스를 제공한다.

다음과 같이 멤버 개체 및 변수를 클래스 내부 상단에 추가한다.

```
01:  private IPAddress scanIp = null;
02:  private string strFile = null; // 파일 경로
03:  string IPAddre = "";          // 아이피 정보
04:  int StartNum = 0;             // 시작 포트
05:  int EndNum = 0;               // 마지막 포트

06:  Thread PortScan = null;
07:  private delegate void OnPortDeletegate(string a, string b, bool f);
08:  private OnPortDeletegate OnPort = null;

09:  private delegate void OnProgressDeletegate(int i);
10:  private OnProgressDeletegate OnProgress = null;
```

다음의 Form1_Load() 이벤트 핸들러는 폼을 더블클릭하여 생성한 프로시저로 델리게이트 개체를 초기화하는 작업을 수행한다.

```
01:  private void Form1_Load(object sender, EventArgs e)
02:  {
03:    OnPort = new OnPortDeletegate(OnPortScan);
04:    OnProgress = new OnProgressDeletegate(OnProStatus);
05:  }
```

다음의 OnPortScan() 메서드는 OnPortDeletegate 델리게이트에서 수행되는 메서드로 매개변수 f의 값에 따라 lvScan 컨트롤 Item에 값을 입력하거나, Button 컨트롤의 Enabled 속성을 변경하는 작업을 수행한다.

```
01:  private void OnPortScan(string a, string b, bool f)
02:  {
03:    if(f == true)
04:    {
05:      this.lvScan.Items.Add(
              new ListViewItem(new string[] { a, b }));
06:    }
07:    else
08:    {
09:      this.btnStart.Enabled = true;
10:      this.btnFile.Enabled = true;
11:    }
12:  }
```

다음의 OnProStatus() 메서드는 OnProgressDeletegate 델리게이트에서 수행되는 메서드로 pgbScan 컨트롤의 Value 컨트롤을 변경하는 작업을 수행한다.

```
01:  private void OnProStatus(int i)
02:  {
03:    this.pgbScan.Value = i;
04:  }
```

다음의 btnFile_Click() 이벤트 핸들러는 [파일경로] 버튼을 더블클릭하여 생성한 프로시저로 [폴더 찾아보기] 대화 상자를 호출하여 파일이 저장될 경로를 설정하는 작업을 수행한다.

```
01:  private void btnFile_Click(object sender, EventArgs e)
02:  {
03:    if (this.fbdFile.ShowDialog() == DialogResult.OK)
04:      strFile = this.fbdFile.SelectedPath + "포트스캔("
05:          + this.txtIp.Text + ").txt";
06:  }
```

다음의 btnStart_Click() 이벤트 핸들러는 [스 캔] 버튼을 더블클릭하여 생성한 프로시저로 포트 스캔을 진행할 스레드 PortScan을 생성한다.

```
01:  private void btnStart_Click(object sender, EventArgs e)
02:  {
03:    if (strFile != null)
04:    {
05:      IPAddre = this.txtIp.Text;
06:      StartNum = Convert.ToInt32(this.txtStart.Text);
07:      EndNum = Convert.ToInt32(this.txtEnd.Text);
08:      this.pgbScan.Minimum = Convert.ToInt32(this.txtStart.Text);
09:      this.pgbScan.Maximum = Convert.ToInt32(this.txtEnd.Text);
10:      this.btnStart.Enabled = false;
11:      this.btnFile.Enabled = false;

12:      this.lblFile.Text = "생성파일 : " + strFile;

13:      PortScan = new Thread(PortScanner);
14:      PortScan.Start();
15:    }
16:  }
```

다음의 PortScanner() 사용자 정의 메서드는 지정된 포트 정보에 따라 순차적으로 OPEN 여부에 대한 확인을 진행하며 결과를 파일로 저장한다.

```
01:  private void PortScanner()
02:  {
03:    StreamWriter sw = new StreamWriter(strFile);

04:    scanIp = IPAddress.Parse(IPAddre);
05:    sw.WriteLine("*********** 스캔 시작 *********** " + DateTime.Now);
06:    sw.WriteLine();
07:    for (int i = StartNum; i <= EndNum; i++)
08:    {
09:      Invoke(OnProgress, i);
10:      try
11:      {
12:        IPEndPoint endpoint = new IPEndPoint(scanIp, i);
13:        Socket sSocket = new Socket(AddressFamily.InterNetwork,
         SocketType.Stream, ProtocolType.Tcp);
14:        sSocket.Connect(endpoint);
15:        sw.WriteLine("ScanPort {0} 열려있음", i);

16:        Invoke(OnPort, i.ToString(), "open", true);
17:        continue;
18:      }
19:      catch (SocketException ex)
20:      {
21:        if (ex.ErrorCode != 10061)
22:          sw.WriteLine("에러 : {0}", ex.Message);
23:      }
24:      sw.WriteLine("ScanPort {0} 닫혀있음", i);

25:      Invoke(OnPort, i.ToString(), "close", true);
26:    }
27:    sw.WriteLine();
28:    sw.WriteLine("*********** 스캔 종료 *********** " + DateTime.Now);
29:    sw.Close();

30:    Invoke(OnPort, "", "", false);

31:    MessageBox.Show("포트 스캔을 완료하였습니다.", "알림",
           MessageBoxButtons.OK, MessageBoxIcon.Information);
32:    Process myProcess = new Process();
33:    myProcess.StartInfo.FileName = strFile;
34:    myProcess.Start();
35:    PortScan.Abort();
36:  }
```

03행	파일 생성 경로를 StreamWriter 생성자 매개변수로 대입하여 StreamWriter 개체 sw를 생성한다. 파일 생성 경로에 생성될 파일명을 대입하면 실행 파일과 동일한 경로에 파일이 생성된다.

03행
파일 생성 경로를 StreamWriter 생성자 매개변수로 대입하여 StreamWriter 개체 sw를 생성한다. 파일 생성 경로에 생성될 파일명을 대입하면 실행 파일과 동일한 경로에 파일이 생성된다.

04행
IPAddress.Parse() 메서드를 이용하여 아이피 문자열을 scanIp 변수에 저장한다.

05행
StreamWriter.WriteLine() 메서드를 이용하여 07행에서 지정한 파일에 스캔 시작을 알리는 문자열과 시간을 입력(파일에 쓰는 작업)한다.

07-26행
포트 정보 시작과 끝에 따라 for 문의 루프를 수행하면서 포트에 대하여 열림과 닫힘을 체크하는 구문이다.

10-23행
try~catch 구문으로 블록 내부에 원격 호스트에 연결을 시도하여 연결이 완료되면 21행을 실행하고 파일에 열린 포트의 정보를 쓴다. 만약, 열린 정보가 없다면 31행을 실행하여 닫힌 포트 정보를 파일에 쓰는 작업을 수행한다.

12행
IPEndPoint 생성자에 호스트 아이피와 포트 정보를 입력하여 개체를 생성한다.

13행
Socket 생성자(TIP 6-6 참고)를 이용하여 소켓 인터페이스 sSocket을 생성한다.

14행
소켓 인터페이스에 12라인에서 생성한 IPEndPoint 개체를 입력한 다음 Connect() 메서드를 이용하여 원격 호스트에 연결을 시도한다. 만약 연결이 정상적으로 수행되면 16행을 실행하여 델리게이트를 통한 열린 포트 정보를 파일에 쓴 다음 17행을 실행하여 for 문의 처음으로 다시 이동한다.

19-23행
소켓 연결 시도할 때 에러가 발생하면 에러에 대한 정보를 파일에 쓰는 작업을 수행한다.

24-25행
try~catch 구문이 정상적으로 실행되지 않았을 때 포트가 닫힌 것으로 간주하여 파일에 닫힌 포트 정보를 쓰는 작업을 수행한다.

32-34행
Process 클래스의 개체인 myProcess를 이용하여 생성된 파일을 실행하는 작업을 수행한다.

35행
Thread.Abort() 메서드를 이용하여 스레드를 종료하는 작업을 수행한다.

[TIP 6-6] Socket 생성자

Socket(AddressFamily, SocketType, ProtocolType) 생성자

지정된 주소 패밀리, 소켓 종류 및 프로토콜을 사용하여 Socket 클래스의 개체를 생성한다.

– AddressFamily : AddressFamily 값 중 하나
– SocketType : SocketType 값 중 하나
– ProtocolType : ProtocolType 값 중 하나

AddressFamily 열거형 : 주소 지정 체계 지정

멤버 이름	설명
AppleTalk	AppleTalk 주소
Atm	Native ATM 서비스 주소
Banyan	Banyan 주소
Ccitt	X.25와 같은 CCITT 프로토콜에 대한 주소
Chaos	MIT CHAOS 프로토콜에 대한 주소
Cluster	Microsoft 클러스터 제품들에 대한 주소
DataKit	Datakit 프로토콜에 대한 주소
DataLink	직접 데이터 링크 인터페이스 주소
DecNet	DECnet 주소
Ecma	ECMA(European Computer Manufacturers Association) 주소

FireFox	FireFox 주소
HyperChannel	NSC Hyperchannel 주소
Ieee12844	IEEE 1284.4 작업 그룹 주소
ImpLink	ARPANET IMP 주소
InterNetwork	IP 버전 4.에 대한 주소
InterNetworkV6	IP 버전 6.에 대한 주소
Ipx	IPX 또는 SPX 주소
Irda	IrDA 주소
Iso	ISO 프로토콜에 대한 주소
Lat	LAT 주소
Max	MAX 주소
NetBios	NetBios 주소
NetworkDesigners	Network Designers OSI 게이트웨이 사용 프로토콜에 대한 주소
NS	Xerox NS 프로토콜에 대한 주소
Osi	OSI 프로토콜에 대한 주소
Pup	PUP 프로토콜에 대한 주소
Sna	IBM SNA 주소
Unix	호스트에 대한 로컬 Unix 주소
Unknown	알 수 없는 주소 패밀리
Unspecified	지정되지 않은 주소 패밀리
VoiceView	VoiceView 주소

SocketType 열거형 : 소켓의 종류 지정

멤버 이름	설명
Dgram	고정된 최대 길이(대개 작음)의 신뢰할 수 없고 연결 없는 메시지인 데이터그램을 지원 메시지가 손실되거나 중복될 수 있으며 메시지 순서가 잘못될 수도 있음 Dgram 종류의 Socket은 데이터를 보내고 받기 전에 연결하지 않고도 여러 피어와 통신할 수 있음 Dgram은 Datagram Protocol과 InterNetwork AddressFamily를 사용함
Raw	내부 전송 프로토콜에 대한 액세스를 지원 SocketTypeRaw를 사용하면 Internet Control Message Protocol 및 Internet Group Management Protocol 같은 프로토콜을 사용하여 통신할 수 있음
Rdm	연결 없고, 메시지 지향적이고, 신뢰성 있게 배달되는 메시지를 지원하고, 데이터 내의 메시지 경계를 유지함 Rdm을 사용하여 Socket을 초기화하면 데이터를 보내고 받기 전에 원격 호스트에 연결하지 않아도 됨
Seqpacket	네트워크를 통해 연결 지향적이고, 양방향으로 신뢰성 있게 전송되며, 순서가 지정된 바이트 스트림을 제공함 Seqpacket은 데이터를 중복하지 않고 데이터 스트림 내의 경계를 유지함 Seqpacket 종류의 Socket은 단일 피어와 통신하며 통신을 시작하기 전에 원격 호스트에 연결해야 함

Stream	데이터 중복이나 경계 유지 없이 신뢰성 있는 양방향 연결 기반의 바이트 스트림을 지원 이 종류의 Socket은 단일 피어와 통신하며 이 소켓을 사용할 경우 통신을 시작하기 전에 원격 호스트에 연결해야 함 Stream은 Transmission Control Protocol ProtocolType 및 InterNetworkAddressFamily를 사용함
Unknown	알 수 없는 Socket 종류를 지정

ProtocolType 열거형 : 프로토콜 지정

멤버 이름	설명
Ggp	Gateway To Gateway 프로토콜
Icmp	Internet Control Message 프로토콜
IcmpV6	IPv6용 Internet Control Message Protocol
Idp	Internet Datagram 프로토콜
Igmp	Internet Group Management 프로토콜
IP	인터넷 프로토콜
IPSecAuthenticationHeader	IPv6 Authentication 헤더
IPSecEncapsulatingSecurityPayload	IPv6 Encapsulating Security Payload 헤더
IPv4	인터넷 프로토콜 버전 4
IPv6	IPv6(인터넷 프로토콜 버전 6)
IPv6DestinationOptions	IPv6 Destination Options 헤더
IPv6FragmentHeader	IPv6 Fragment 헤더
IPv6HopByHopOptions	IPv6 Hop-by-Hop Options 헤더
IPv6NoNextHeader	IPv6 No Next 헤더
IPv6RoutingHeader	IPv6 Routing 헤더
Ipx	Internet Packet Exchange 프로토콜
ND	Net Disk 프로토콜(비공식)
Pup	PARC Universal Packet 프로토콜
Raw	Raw IP Packet 프로토콜
Spx	Sequenced Packet Exchange 프로토콜
SpxII	Sequenced Packet Exchange 버전 2 프로토콜
Tcp	Transmission Control 프로토콜
Udp	User Datagram 프로토콜
Unknown	알 수 없는 프로토콜
Unspecified	지정되지 않은 프로토콜

4.3 예제 실행

다음 그림은 포트 스캐너 예제를 F5 키를 눌러 실행한 화면이다.

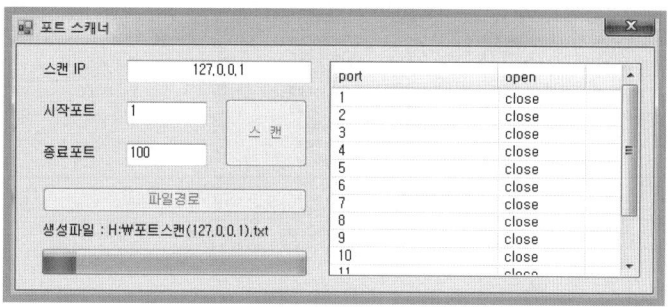

O5 NetStat

로컬 컴퓨터의 네트워크에 문제가 생기면 여러 가지 조사와 행위로 분석하게 된다. 네트
워크 라이브 분석을 위하여 필수적으로 수행하는 것이 NetStat 명령어를 통하여 열려
있는 포트 및 서비스 중인 프로세스들의 상태 정보와 네트워크 연결 상태를 확인하는 것
이다. 네트워크 포렌식 수사에서도 필수적으로 진행하는 사항이기도 하다.

로컬 주소와 외부 주소 및 포트 정보, 연결 상태를 나타내며 현재 상태를 파일로 저장하
는 기능을 갖는 이 절의 NetStat 어플리케이션 예제를 살펴보도록 한다.

다음 그림은 NetStat 어플리케이션을 구현하고 실행한 결과 화면으로 그림과 같이 폼을
디자인한다.

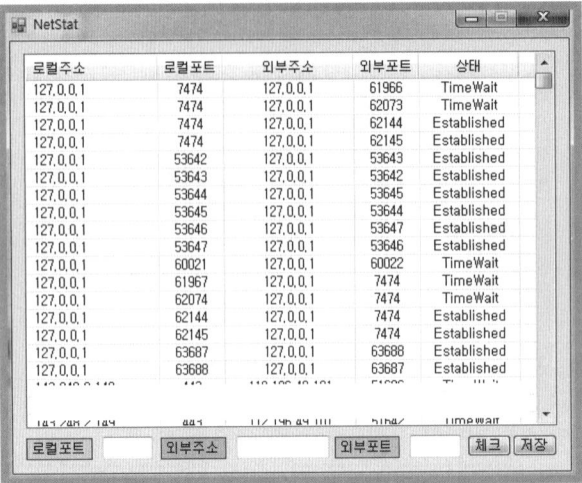

[결과 미리 보기]

5.1 인터페이스 디자인

프로젝트 이름을 'mook_NetStat'로 하여 'C:\NetworkCS\Chap6' 경로에 프로젝트를 생성한다. 다음 그림과 같이 윈도우 폼에 각 컨트롤을 위치시키고 표를 참고하여 각 컨트롤의 속성값을 설정한다.

폼 컨트롤	속성	값
Form1	Name	Form1
	Text	NetStat
	FormBorderStyle	FixedSingle
	MaximizeBox	False
ListView1	Name	lvNetState
	GridLines	True
	View	Details
Label1	Name	lblLocPort
	Text	로컬포트
	BackColor	GreenYellow
	BorderStyle	FixedSingle
Label2	Name	lblForAdd
	Text	외부주소
	BackColor	LightPink
	BorderStyle	FixedSingle
Label3	Name	lblForPort
	Text	외부포트
	BackColor	Aqua
	BorderStyle	FixedSingle
TextBox1	Name	txtLocPort
TextBox2	Name	txtForAdd
TextBox3	Name	txtForPort
Button1	Name	btnCheck
	Text	체크
Button2	Name	btnSave
	Text	저장
SaveFileDialog1	Name	sfadFile
	DefaultExt	txt
	Filter	텍스트 파일 (*.txt)|*.txt

다음 그림과 표에서 제공하는 정보를 이용하여 lvNetState 컨트롤에 멤버를 추가하고 속성을 설정한다.

로컬주소	로컬포트	외부주소	외부포트	상태

폼 컨트롤	속성	값
ColumnHeader1	Name	clhLocalIP
	Text	로컬주소
	Width	120
ColumnHeader2	Name	clhLocalPort
	Text	로컬포트
	TextAlign	Center
	Width	60
ColumnHeader3	Name	clhRemoteIP
	Text	외부주소
	TextAlign	Center
	Width	120
ColumnHeader4	Name	clhRemotePort
	Text	외부포트
	TextAlign	Center
	Width	60
ColumnHeader5	Name	clhState
	Text	상태
	TextAlign	Center
	Width	90

5.2 코드 구현

다음과 같이 using 키워드를 이용하여 필요한 네임스페이스를 추가한다.

```
using System.Net.NetworkInformation;
using System.Threading;
using System.IO;
```

다음과 같이 클래스 내부 제일 상단에 프로그램에서 필요한 개체를 생성한다.

```
01:  IPGlobalProperties ipProperties =
         IPGlobalProperties.GetIPGlobalProperties();

02:  Thread NetThread = null;
03:  string LocPort, RemoAdd, RemoPort; // 포트 정보 저장
04:  bool CheckBool = true;             // 입력 컨트롤 Enabled

05:  private delegate void OnNetStatDelegate(
         string a, string b, string c, string d, string e, int i, bool f, bool En);
06:  private OnNetStatDelegate OnNetSate = null;
```

01행   IPGlobalProperties.GetIPGlobalProperties() 메서드를 이용하여 로컬 컴퓨터의 네트워크 연결
및 트래픽 통계에 대한 정보를 제공하는 IPGlobalProperties 개체를 생성한다.

다음의 Form1_Load() 이벤트 핸들러는 폼을 더블클릭하여 생성한 프로시저로 새로운
스레드를 생성하여 네트워크 상태를 체크하는 메서드를 실행하는 작업을 수행한다.

```
01:  private void Form1_Load(object sender, EventArgs e)
02:  {
03:    OnNetSate = new OnNetStatDelegate(NetStatView);
04:    NetThread = new Thread(NetView);
05:    NetThread.Start();
06:  }
```

다음의 NetStatView() 메서드는 OnNeStatDelegate 델리게이트에 의해 수행되는 메서
드로 lvNetState 컨트롤에 NetStat 결과를 나타내는 작업을 수행한다.

```
01:  private void NetStatView(string a, string b, string c,
       string d, string e , int i, bool f, bool En)
02:  {
03:    if(f == true)
04:    {
05:      this.lvNetState.Items.Add(a);
06:      this.lvNetState.Items[i].SubItems.Add(b);
07:      this.lvNetState.Items[i].SubItems.Add(c);
08:      this.lvNetState.Items[i].SubItems.Add(d);
09:      this.lvNetState.Items[i].SubItems.Add(e);

10:      if (b == LocPort)
11:        this.lvNetState.Items[i].SubItems[0].BackColor = Color.GreenYellow;
12:      if (c == RemoAdd)
13:        this.lvNetState.Items[i].SubItems[0].BackColor = Color.LightPink;
14:      if (d == RemoPort)
15:        this.lvNetState.Items[i].SubItems[0].BackColor = Color.Aqua;
16:    }
17:    else
18:    {
19:      if (En == false)
20:        this.lvNetState.Items.Clear();
21:      NCheck();
22:    }
23:  }
```

03-16행   매개변수 f의 값이 true인 경우 lvNetState 컨트롤의 SubItems 속성값을 Add() 메서드로 추가하는 작업과 선택된 로컬 포트, 원격 아이피 및 포트에 대한 Items의 BackColor 속성을 설정하는 작업을 수행한다.

17-22행   NCheck() 메서드를 호출하여 CheckBool 값에 따라 컨트롤의 Enabled 속성값을 변경하는 작업과 매개변수 En의 값이 false인 경우 lvNetState 컨트롤의 Items 속성값을 초기화하는 작업을 수행한다.

다음의 NetView() 사용자 정의 메서드는 주기적으로 while 반복문을 실행하면서 네트워크 상태 정보를 lvNetState에 나타내는 작업을 수행한다.

```
01:  private void NetView()
02:  {
03:    while (true)
04:    {
05:      this.CheckBool = true;
06:      Invoke(OnNetSate, "", "", "", "", "", 0, false, false);
07:      TcpConnectionInformation[] tcpConnections =
08:      ipProperties.GetActiveTcpConnections();
09:      int i = 0;
10:      foreach (TcpConnectionInformation NetInfo in tcpConnections)
11:      {
12:        Invoke(OnNetSate, NetInfo.LocalEndPoint.Address.ToString(),
13:           NetInfo.LocalEndPoint.Port.ToString(),
14:           NetInfo.RemoteEndPoint.Address.ToString(),
15:           NetInfo.RemoteEndPoint.Port.ToString(),
16:           NetInfo.State.ToString(), i, true, false);

17:        i++;
18:      }
19:      this.CheckBool = false;
20:      Invoke(OnNetSate, "", "", "", "", "", 0, false, true);
21:      Thread.Sleep(30000);
22:    }
23:  }
```

06행   Invoke() 메서드의 7, 8번째 매개변수를 false로 지정하여 lvNetState 컨트롤의 Items을 초기화하는 작업과 입력 컨트롤의 Enabled 속성을 false로 지정하는 작업을 수행한다.

07-08행   IPGlobalProperties.GetActiveTcpConnections() 메서드를 이용하여 로컬 컴퓨터의 IPV4 및 IPv6 TCP 연결에 대한 정보를 TcpConnectionInformation 배열에 반환한다.

10-18행   foreach 구문을 이용하여 8행에서 작업된 TcpConnectionInformation 배열에 저장된 로컬 컴퓨터의 IPV4 및 IPv6 TCP 연결에 대한 컬렉션 정보를 가져와 델리게이트를 이용하여 lvNetState 컨트롤에 나타내는 작업을 수행한다.

12행   NetInfo.LocalEndPoint.Address 속성을 이용하여 TCP 연결의 로컬 아이피 주소를 lvNetState 컨트롤의 Items에 설정한다.

13행   NetInfo.LocalEndPoint.Port 속성을 이용하여 TCP 연결의 로컬 포트를 lvNetState 컨트롤의
        Items에 설정한다.

14행   NetInfo.RemoteEndPoint.Address 속성을 이용하여 TCP 연결의 로컬 원격지 아이피 주소를
        lvNetState 컨트롤의 Items에 설정한다.

15행   NetInfo.RemoteEndPoint.Port 속성을 이용하여 TCP 연결의 원격지 포트를 lvNetState 컨트롤
        의 Items에 설정한다.

16행   NetInfo.State 속성을 이용하여 TCP 연결 상태를 lvNetState 컨트롤의 Items에 설정한다.

20행   Invoke() 메서드를 이용하여 7, 8번째 매개변수를 각각 false와 true로 대입하여 입력 컨트롤
        의 Enabled 속성을 true로 설정하는 작업을 수행한다.

[TIP 6-7] TcpConnectionInformation 속성

TcpConnectionInformation 속성

이름	설명
LocalEndPoint	TCP 연결의 로컬 끝점
RemoteEndPoint	TCP 연결의 원격 끝점
State	TCP 연결의 상태

TcpState 열거형

멤버 이름	설명
Closed	TCP 연결이 닫혀 있음
CloseWait	TCP 연결의 로컬 끝섬에서 로컬 사용사로부터의 연결 종료 요청을 기다림
Closing	TCP 연결의 로컬 끝점에서 이전에 보낸 연결 종료 요청의 승인을 기다림
DeleteTcb	TCP 연결에 대한 TCB(Transmission Control Buffer)가 삭제됨
Established	TCP 핸드셰이크이 완료 연결이 설정되었으므로 데이터를 보낼 수 있음
FinWait1	TCP 연결의 로컬 끝점에서 원격 끝점으로부터의 연결 종료 요청 또는 이전에 보낸 연결 종료 요청의 승인을 기다림
FinWait2	TCP 연결의 로컬 끝점에서 원격 끝점으로부터의 연결 종료 요청을 기다림
LastAck	TCP 연결의 로컬 끝점에서 이전에 보낸 연결 종료 요청의 최종 승인을 기다림
Listen	TCP 연결의 로컬 끝점에서 원격 끝점으로부터의 연결 요청을 수신하고 있음
SynReceived	TCP 연결의 로컬 끝점에서 연결 요청을 보내고 받았으며 승인을 기다림
SynSent	TCP 연결의 로컬 끝점에서 원격 끝점에 동기화(SYN) 제어 비트 집합과 함께 세그먼트 헤더를 보냈으며 일치하는 연결 요청을 기다림
TimeWait	TCP 연결의 로컬 끝점에서 원격 끝점이 연결 종료 요청의 승인을 받았는지 확인하는 데 충분한 시간이 경과하기를 기다림
Unknown	TCP 연결 상태를 알 수 없음

다음의 btnCheck_Click() 이벤트 핸들러와 NCheck() 메서드는 입력 컨트롤 및 버튼 컨트롤의 Enabled 속성값을 false로 설정하는 작업을 수행한다. 이는 네트워크 연결 상태를 검사할 때 입력 컨트롤 및 버튼 컨트롤 조작을 하지 못하도록 하기 위함이다.

```
01:  private void btnCheck_Click(object sender, EventArgs e)
02:  {
03:    this.LocPort = this.txtLocPort.Text;
04:    this.RemoAdd = this.txtForAdd.Text;
05:    this.RemoPort = this.txtForPort.Text;
06:    NCheck();
07:  }

08:  private void NCheck()
09:  {
10:    if (CheckBool)
11:    {
12:      this.txtLocPort.Enabled = false;
13:      this.txtForPort.Enabled = false;
14:      this.txtForAdd.Enabled = false;
15:      this.btnCheck.Enabled = false;
16:      this.btnSave.Enabled = false;
01:    }
02:    else
03:    {
04:      this.txtLocPort.Enabled = true;
05:      this.txtForPort.Enabled = true;
06:      this.txtForAdd.Enabled = true;
07:      this.btnCheck.Enabled = true;
08:      this.btnSave.Enabled = true;
09:    }
10:  }
```

다음의 btnSave_Click() 이벤트 핸들러는 [저장] 버튼을 더블클릭하여 생성한 프로시저로 네트워크 연결 상태를 파일로 저장하는 작업을 수행한다.

```
01:  private void btnSave_Click(object sender, EventArgs e)
02:  {
03:    if (this.sfdFile.ShowDialog() == DialogResult.OK)
04:    {
05:      StreamWriter sw = new StreamWriter(this.sfdFile.FileName);
06:      sw.WriteLine("파일생성 : " + DateTime.Now);
07:      sw.WriteLine();
08:      sw.WriteLine("로컬주소\t로컬포트\t외부주소\t외부포트\t상태");
09:      for(int i =0 ; i < this.lvNetState.Items.Count -1 ; i++)
```

```
10:     {
11:       sw.WriteLine(this.lvNetState.Items[i].SubItems[0].Text + "\t" +
12:             this.lvNetState.Items[i].SubItems[1].Text + "\t" +
13:             this.lvNetState.Items[i].SubItems[2].Text + "\t" +
14:             this.lvNetState.Items[i].SubItems[3].Text + "\t" +
15:             this.lvNetState.Items[i].SubItems[4].Text);
16:     }
17:     sw.WriteLine();
18:     sw.WriteLine("파일생성 종료 : " + DateTime.Now);
19:     sw.Close();
20:   }
21: }
```

06행   StreamWriter 클래스의 개체 sw를 생성하는 구문으로 매개변수에 파일 경로가 지정된다.

09-16행   for 문을 통해 lvNetState 컨트롤의 Items 값을 sw.WriteLine() 메서드로 스트림에 쓰는 작업을
             수행한다.

다음의 Form1_FormClosing() 이벤트 핸들러는 폼을 선택 후 FormClosing 항목을 더블클릭하여 생성한 프로시저로 폼이 종료될 때 추가된 NetThread를 종료하는 작업을 수행한다.

```
01: private void Form1_FormClosing(object sender, FormClosingEventArgs e)
02: {
03:   if (NetThread != null)
04:     NetThread.Abort();
05:   Application.ExitThread();
06: }
```

5.3 예제 실행

다음 그림은 NetStat 예제를 F5 키를 눌러 실행한 화면이다.

O6 원격 데스크톱 연결

이 절에서 살펴볼 원격 데스크톱 연결 어플리케이션은 윈도우 시스템에 패키지 프로그램으로 원격에 있는 윈도우 시스템에 접속하여 로컬 컴퓨터처럼 사용할 수 있는 프로그램이다. 완벽히 동일하진 않지만, 로그인 기능과 사용법은 거의 유사하다.

다음 그림은 원격 데스크톱 연결 어플리케이션을 구현하고 실행한 결과 화면으로 그림과 같이 폼을 디자인한다.

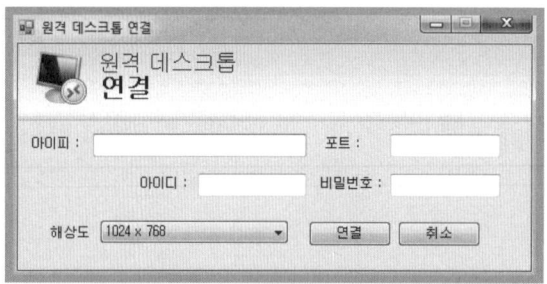

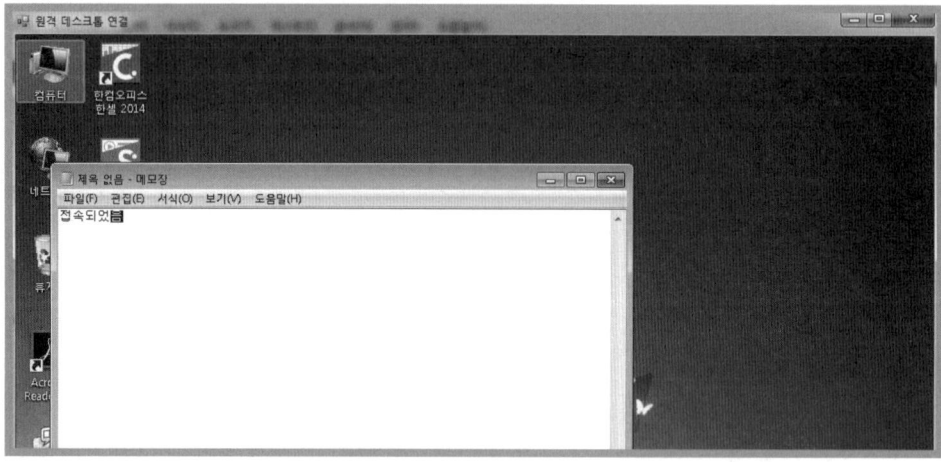

[결과 미리 보기]

6.1 인터페이스 디자인

프로젝트 이름을 'mook_RemoteDesktop'로 하고 'C:\NetworkCS\Chap6' 경로에 프로젝트를 생성한다. 다음 그림과 같이 윈도우 폼에 각 컨트롤을 위치시키고 표를 참고하여 각 컨트롤의 속성값을 설정한다.

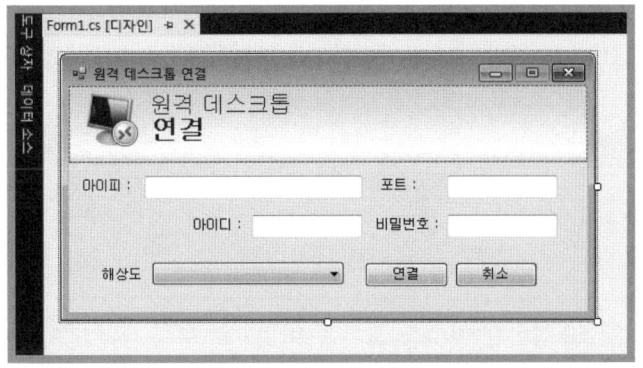

폼 컨트롤	속성	값
Form1	Name	Form1
	Text	원격 데스크톱 연결
	FormBorderStyle	FixedSingle
	MaximizeBox	False
Picture1	Name	pbBack
	Image	[설정]
	SizeMode	AutoSize
Label1	Name	lbIlp
	Text	아이피 :
Label2	Name	lblPort
	Text	포트 :
Label3	Name	lblId
	Text	아이디 :
Label4	Name	lblPwd
	Text	비밀번호 :
Label5	Name	lblPixel
	Text	해상도
TextBox1	Name	txtIp
TextBox2	Name	txtPort
TextBox3	Name	txtId
TextBox4	Name	txtPwd
ComboBox1	Name	cbPixel
	DropDownStyle	DropDownList
Button1	Name	btnConn
	Text	연결
Button2	Name	btnCan
	Text	취소

다음 표와 같이 cbPixel 컨트롤의 Items 속성값을 입력한다. 설정 가능한 화면 해상도의 경우를 목록에 나타내려는 것이다.

```
1024 x 768
1920 x 1080
1280 x 720
1600 x 900
```

솔루션 탐색기에서 [참조] 항목을 마우스 오른쪽 버튼으로 누른 후 [참조 추가]를 선택하여 [참조 관리자] 창을 실행한다. 다음 그림과 같이 [Microsoft Terminal Services Active Client 1.0 Type Library] 항목에 체크하고 [확인] 버튼을 눌러 라이브러리를 참조 추가한다.

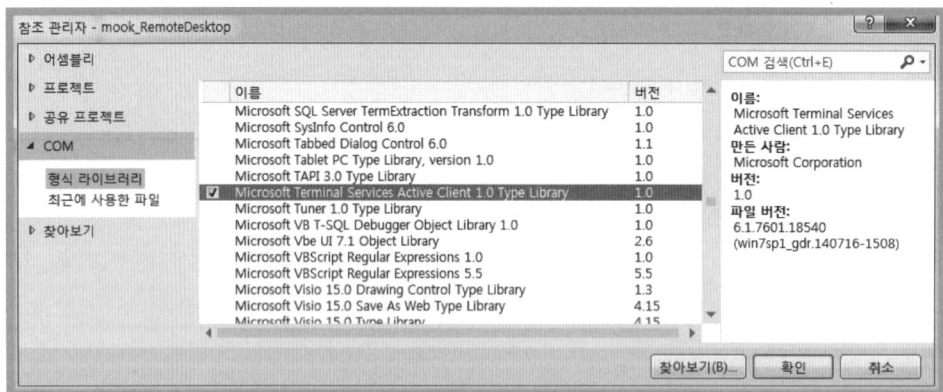

이 예제에서 사용할 이미지를 저장할 폴더로 'img' 폴더를 생성하고, 생성된 폴더에 사용할 이미지 파일을 저장한다.

6.2 코드 구현

다음의 Form1_Load() 이벤트 핸들러는 폼을 더블클릭하여 생성한 프로시저로 cbPixel 컨트롤의 초기 값을 입력하는 작업을 수행한다.

```
01:  private void Form1_Load(object sender, EventArgs e)
02:  {
03:    this.cbPixel.Text = "1024 x 768";
04:  }
```

다음의 btnConn_Click() 이벤트 핸들러는 [연결] 버튼을 더블클릭하여 생성한 프로시저로 입력 컨트롤의 입력 유효성을 검사하는 작업과 입력이 올바른 경우 Form2를 호출하는 작업을 수행한다.

```
01: private void btnConn_Click(object sender, EventArgs e)
02: {
03:   if (this.txtIp.Text == "")
04:   {
05:     MessageBox.Show("아이피를 입력하세요", "알림",
           MessageBoxButtons.OK, MessageBoxIcon.Error);
06:     this.txtIp.Focus();
07:   }
08:   else if (this.txtId.Text == "")
09:   {
10:     MessageBox.Show("아이디를 입력하세요", "알림",
           MessageBoxButtons.OK, MessageBoxIcon.Error);
11:     this.txtId.Focus();
12:   }
13:   else if (this.txtPwd.Text == "")
14:   {
15:     MessageBox.Show("비밀번호를 입력하세요", "알림",
           MessageBoxButtons.OK, MessageBoxIcon.Error);
16:     this.txtPwd.Focus();
17:   }
18:   else
19:   {
20:     Form2 frm2 = new Form2();
21:     frm2._IP = this.txtIp.Text;
22:     frm2._Port = this.txtPort.Text;
23:     frm2._ID = this.txtId.Text;
24:     frm2._Pwd = this.txtPwd.Text;
25:     frm2._Pixel = new Point(
           Convert.ToInt32(this.cbPixel.Text.Split('x')[0].Trim()),
           Convert.ToInt32(this.cbPixel.Text.Split('x')[0].Trim()));
26:     this.Visible = false;
27:     var dlg = frm2.ShowDialog();
28:     if (dlg == DialogResult.No)
29:     {
30:       this.Visible = true;
31:       MessageBox.Show("원격 연결이 실패하였습니다.", "알림",
             MessageBoxButtons.OK, MessageBoxIcon.Error);
32:     }
33:     else if (dlg == DialogResult.OK)
34:     {
35:       this.Visible = true;
36:       this.TopMost = true;
```

```
37:    }
38:    }
39: }
```

| 03–17행 | 입력 컨트롤의 입력 유효성 검사를 수행하며 입력이 올바르면 else 구문의 블록을 수행한다. |
| 20–27행 | Form2의 개체를 생성하고 Form2에 IP, 포트 등 정보를 전달하기 위해 Form2에 정의된 set 접근자를 통해 멤버 변수에 값을 전달하고 Form2를 호출하는 작업을 수행한다. |

다음의 btnCan_Click() 이벤트 핸들러는 [취소] 버튼을 더블클릭하여 생성한 프로시저로 Close() 메서드를 호출하여 폼을 종료 작업을 수행한다.

```
01:  private void btnCan_Click(object sender, EventArgs e)
02:  {
03:    this.Close();
04:  }
```

6.3 원격 데스크톱 폼 생성 및 인터페이스 디자인

프로젝트 이름을 마우스 오른쪽 버튼으로 누른 후 [추가]–[Windows Form] 항목을 선택하고 Form2를 생성한 다음 그림과 같이 윈도우 폼에 각 컨트롤을 위치시키고 표를 참고하여 각 컨트롤의 속성값을 설정한다.

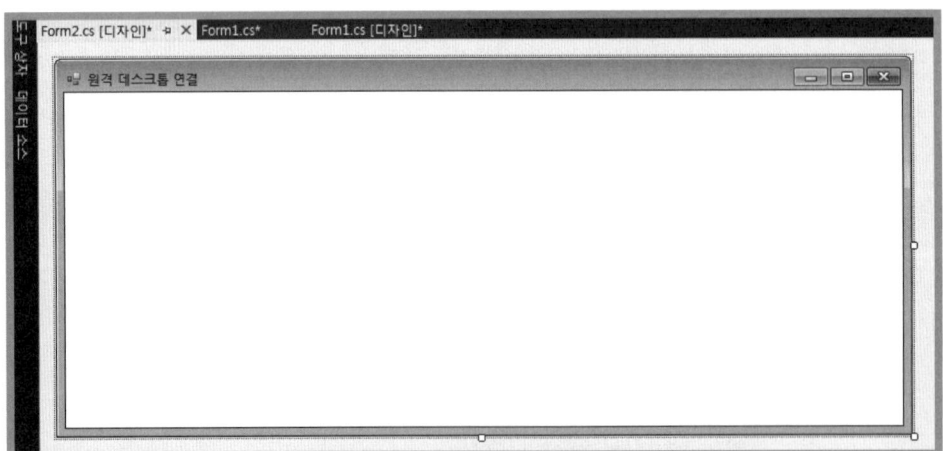

폼 컨트롤	속성	값
Form2	Name	Form2
	Text	원격 데스크톱 연결
AxMsRdpClient7Not SafeForScripting	Name	ardp
	Dock	Fill
	FullScreen	False

6.4 원격 데스크톱 폼 코드 구현

다음과 같이 using 키워드를 이용하여 필요한 네임스페이스를 추가한다.

```
using MSTSCLib;
```

MSTSCLib 네임스페이스는 원격 데스크톱 연결을 구현하기 위한 클래스, 메서드, 속성 등의 인터페이스를 제공한다.

다음과 같이 멤버 변수 및 Form1에서 정보를 전달받기 위한 set 접근자를 클래스 내부 상단에 코드를 추가한다.

```
01: string RdpIP = "";     // 아이피
02: string RdpPort = ""; // 포트
03: string RdpID = "";     // 아이디
04: string RdpPwd = ""; // 비밀번호
05:
06: public string _IP // 아이피
07: {
08:    set { RdpIP = value; }
09: }
10: public string _Port // 포트
11: {
12:    set { RdpPort = value; }
13: }
14: public string  ID // 아이디
15: {
16:    set { RdpID = value; }
17: }
18: public string _Pwd // 비밀번호
19: {
20:    set { RdpPwd = value; }
21: }
22: public Point _Pixel // Form2 사이즈
23: {
24:    set { this.Size = new Size( value); }
25: }
```

다음의 Form2_Load() 이벤트 핸들러는 폼을 더블클릭하여 생성한 프로시저로 Form1에서 전달받은 정보를 이용하여 원격 데스크톱 서버에 연결하는 작업을 수행한다.

```
01:   private void Form2_Load(object sender, EventArgs e)
02:   {
03:     try
04:     {
05:       if (RdpPort == "")
06:         ardp.Server = RdpIP;
07:       else
08:         ardp.Server = RdpIP + ":" + RdpPort;
09:       ardp.UserName = RdpID;

10:       IMsTscNonScriptable Secured = (IMsTscNonScriptable)ardp.GetOcx();
11:       Secured.ClearTextPassword = RdpPwd;
12:       ardp.Connect();
13:     }
14:     catch
15:     {
16:       DialogResult = DialogResult.No;
17:     }
18:   }
```

06, 08행	ardp.Server 속성에 연결될 원격 데스크톱 연결 서버의 아이피와 포트 정보를 대입한다.
09행	ardp.UserName 속성에 아이디 정보를 대입한다.
10-11행	비밀번호를 평문으로 연결할 수 없어서 secured.ClearTextPassword 옵션을 부여하여 암호화하여 대입한다.
12행	ardp.Connect() 메서드를 이용하여 원격 데스크톱 연결 서버에 접속한다.

다음의 Form2_FormClosing() 이벤트 핸들러는 폼을 선택하고 이벤트 목록 창에서 [FormClosing]란을 더블클릭하여 생성한 프로시저로 폼을 종료하면서 ardp.Disconnect() 메서드를 이용하여 원격 데스크톱 연결을 종료하는 작업을 수행한다.

```
01:   private void Form2_FormClosing(object sender, FormClosingEventArgs e)
02:   {
03:     if (ardp.Connected.ToString() == "1")
04:       ardp.Disconnect();
05:     DialogResult = DialogResult.OK;
06:   }
```

03행	ardp.Connected.ToString() 메서드의 값이 1일 때 연결된 상태이기 때문에 04행 ardp.Disconnect() 메서드를 이용하여 연결을 종료하는 작업을 수행한다.
04행	DialogResult = DialogResult.OK 결과를 Form1에 전달하여 연결을 알리고 그에 해당하는 작업 즉 숨긴 폼을 보여주고 최상단에 나타낼 수 있도록 작업을 수행한다.

6.5 원격 데스크톱 연결 예제 실행

다음 그림은 원격 데스크톱 연결 예제를 F5 키를 눌러 실행한 화면이다.

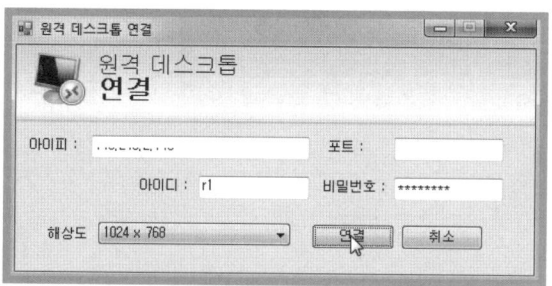

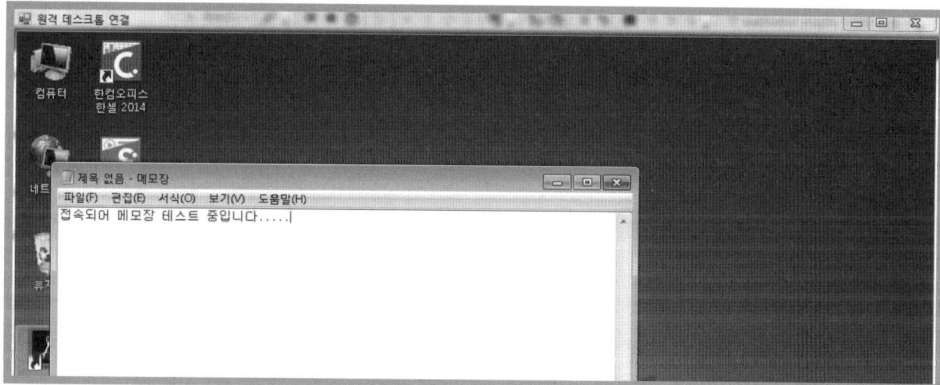

07 네트워크 속도 체크

이 절에서 살펴볼 네트워크 속도 체크 어플리케이션은 로컬 컴퓨터의 네트워크 다운로드 속도와 업로드 속도를 체크하고 나타낸다. 또한, 트레이 아이콘으로 어플리케이션을 내리면 속도에 따라 아이콘이 변하면서 속도를 측정한다.

다음 그림은 네트워크 속도 체크 어플리케이션을 구현하고 실행한 결과 화면으로 그림과 같이 폼을 디자인한다.

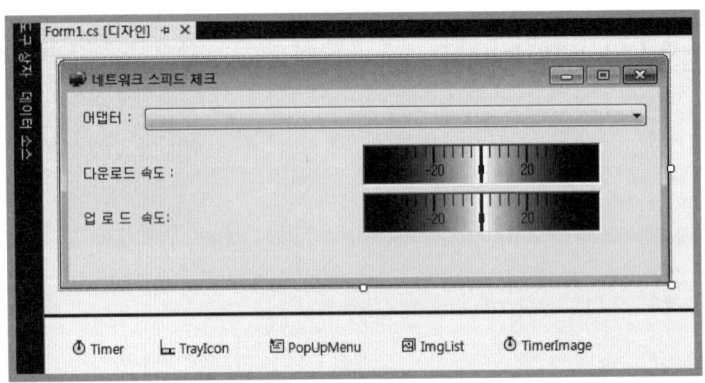

[결과 미리 보기]

7.1 인터페이스 디자인

프로젝트 이름을 'mook_NetworkSpeedCheck'로 하여 'C:\NetworkCS\Chap6' 경로에
프로젝트를 생성한다. 그림과 같이 윈도우 폼에 각 컨트롤을 위치시키고 표를 참고하여
각 컨트롤의 속성값을 설정한다.

폼 컨트롤	속성	값
Form1	Name	Form1
	Text	Network Speed Checker
	FormBorderStyle	FixedSingle
	MaximizeBox	False
	Icon	[설정]
Label1	Name	lblAdapter
	Text	어댑터 :
Label2	Name	lblDownload
	Text	Download Speed:
Label3	Name	lblUpload
	Text	Upload Speed:
Label4	Name	lblDownloadValue
	Text	

Label5	Name	lblUploadValue
	Text	
ComboBox1	Name	cbAdapter
	Text	DropDownList
Timer1	Name	Timer
	Interval	1000
Timer2	Name	TimerImage
	Interval	100
NotifyIcon1	Name	TrayIcon
	Text	NetworkSpeed Send Speed : Reiceve Speed :
	ContextMenuStrip	PopUpMenu
ContextMenuStrip1	Name	PopUpMenu
ImageList1	Name	ImgList
	Images	[설정]
SlidingScale1	Name	SpeedGaugeDown
SlidingScale2	Name	SpeedGaugeUp

SlidingScale 컨트롤은 사용자 정의 컨트롤로 솔루션 탐색기에서 [참조] 항목을 마우스 오른쪽 버튼으로 클릭한 후 출판사에서 제공하는 소스 코드 중 네트워크 속도 체크 프로젝트의 경로에서 'SlidingScale.dll' 파일을 추가한다. 'SlidingScale.dll' 파일에 대해서는 별도로 설명하지 않고 간단히 사용하는 방법만 설명할 것이다. 소스 코드 중 해당 파일의 경로는 다음과 같다.

```
Chap6\mook_NetworkSpeedCheck\mook_NetworkSpeedCheck\bin\Debug\
SlidingScale.dll
```

다음과 같이 ImgList 컨트롤의 Images 속성값을 설정한다.

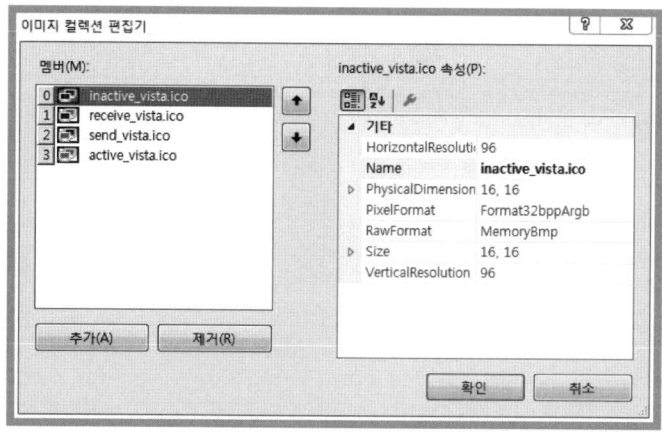

다음 그림과 같이 PopUpMenu 컨트롤을 선택하고 팝업 메뉴를 추가한다.

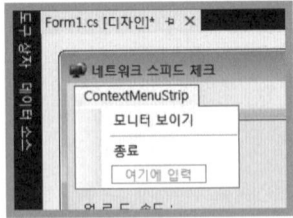

솔루션 탐색기에서 프로젝트 이름을 마우스 오른쪽 버튼으로 클릭하여 [추가]-[새 폴더] 메뉴를 눌러 icon 폴더를 생성하고, 해당 폴더에 이 절에서 사용할 이미지를 저장한다.

7.2 코드 구현

다음과 같이 using 키워드를 이용하여 필요한 네임스페이스를 추가한다. mook_NetworkMonitor 네임스페이스는 뒤에서 살펴볼 것이다.

```
using mook_NetworkMonitor;
```

다음과 같이 멤버 개체 및 변수를 클래스 상단에 추가한다.

```
01:  private NetworkAdapter[] adapters;
02:  private NetworkMonitor monitor;
03:
04:  int ImgC = 0;     // 아이콘 변경을 위한 카운트
05:  int ImgN = 0;     // 변경할 아이콘 번호
06:  int ImgOrigN = 0; // 원본 아이콘 번호
```

다음의 Form1_Load() 이벤트 핸들러는 폼을 더블클릭하여 생성한 프로시저로 폼이 로드될 때 cbAdapter 컨트롤의 Items 속성값에 네트워크 어댑터를 추가하는 작업을 수행한다.

```
01:  private void Form1_Load(object sender, EventArgs e)
02:  {
03:    monitor = new NetworkMonitor();
04:    this.adapters = monitor.Adapters;
05:    if (adapters.Length == 0)
06:    {
07:      this.cbAdapter.Enabled = false;
08:      return;
09:    }
```

```
10:    this.cbAdapter.Items.AddRange(this.adapters);
11:  }
```

03행 NetworkMnitor 클래스의 개체를 생성하는 작업을 수행한다.
04행 monitor.Adapters를 통해 어댑터의 컬렉션을 adapters 개체에 저장하는 작업을 수행한다.
10행 cbAdapter.Items.AddRange() 메서드를 이용하여 cbAdapter 컨트롤의 Items 속성을 추가한다.

다음의 cbAdapter_SelectedIndexChanged() 이벤트 핸들러는 cbAdapter 컨트롤을 더블클릭하여 생성한 프로시저로 cbAdapter 컨트롤에 나타난 어댑터 선택에 따라 monitor.StartMonitoring() 메서드를 통해 네트워크 속도를 검사하는 작업을 수행한다.

```
01:  private void cbAdapter_SelectedIndexChanged(object sender, EventArgs e)
02:  {
03:    monitor.StopMonitoring();
04:    monitor.StartMonitoring(adapters[this.cbAdapter.SelectedIndex]);
05:    this.Timer.Enabled = true;
06:  }
```

03행 monitor.StopMonitoring() 메서드를 호출하여 네트워크 모니터링을 멈추게 하는 구문이다.
04행 monitor.StartMonitoring() 메서드를 호출하여 해당 어댑터의 모니터링을 시작하게 하는 구문이다.

다음의 Timer_Tick() 이벤트 핸들러는 Timer 컨트롤을 더블클릭하여 생성한 프로시저로 1초 주기로 다운로드와 업로드 속도에 대한 값을 Label 컨트롤 및 TrayIcon 컨트롤에 나타내는 작업을 수행한다.

```
01:  private void Timer_Tick(object sender, EventArgs e)
02:  {
03:    NetworkAdapter adapter = this.adapters[this.cbAdapter.SelectedIndex];
04:    this.lblDownloadValue.Text = String.Format(
            "{0:n} kbps", adapter.DownloadSpeedKbps);
05:    this.lblUploadValue.Text = String.Format(
            "{0:n} kbps", adapter.UploadSpeedKbps);
06:    String.Format("{0:n} kbps", adapter.UploadSpeedKbps) +
            " \r\nReiceve Speed : " +
            String.Format("{0:n} kbps", adapter.DownloadSpeedKbps);
07:    TrafficCheck(String.Format("{0:n} kbps", adapter.DownloadSpeedKbps),
            String.Format("{0:n} kbps", adapter.DownloadSpeedKbps));
08:    SpeedGaugeDown.Value = (int)adapter.DownloadSpeedKbps;
09:    SpeedGaugeUp.Value = (int)adapter.UploadSpeedKbps;
10:  }
```

03행 NetworkAdapter 클래스의 adapter 개체를 생성하는 구문으로 cbAdapter 컨트롤에서 선택된 어댑터의 이름을 대입하여 생성한다.

04행	adapter.DownloadSpeedKbps 속성을 이용하여 다운로드 속도를 lblDownloadValue 컨트롤에 나타내는 작업을 수행한다.
05행	adapter.UploadSpeedKbps 속성을 이용하여 업로드 속도를 lblUploadValue 컨트롤에 나타내는 작업을 수행한다.
06행	TrayIcon 컨트롤에 마우스가 위치하였을 때 현재 다운로드 속도와 업로드 속도를 나타낼 수 있도록 Text 속성값에 대입한다.
07행	TrafficCheck() 메서드에 업로드 속도와 다운로드 속도를 매개변수로 대입하여 TrayIcon 의 이미지를 설정하는 작업을 수행한다.
08-09행	SpeedGaugeDown.Value 속성과 SpeedGaugeUp.Value 속성에 다운로드 속도와 업로드 속도의 정수 값을 대입하여 네트워크 스피드를 이미지로 나타내는 작업을 수행한다.

다음의 TrafficCheck() 메서드는 TrayIcon 컨트롤의 이미지를 속도에 따라 깜박임을 주기 위한 작업으로 ImgList 컨트롤의 이미지 번호를 나타내는 멤버 변수 ImgOrigN과 ImgN의 값을 설정한다.

```
01:  private void TrafficCheck(string SendT, string ReceT)
02:  {
03:    TimerImage.Enabled = true;
04:    float s = Convert.ToSingle(SendT.Split(' ')[0]);
05:    float r = Convert.ToSingle(ReceT.Split(' ')[0]);
06:
07:    if ((int)s > 100 && (int)r > 100)
08:    {
09:      ImgOrigN = 3;
10:      ImgN = 3;
11:    }
12:    else if ((int)s > 0 && (int)r == 0)
13:    {
14:      ImgOrigN = 0;
15:      ImgN = 2;
16:    }
17:    else if ((int)s == 0 && (int)r > 0)
18:    {
19:      ImgOrigN = 0;
20:      ImgN = 1;
21:    }
22:    else if ((int)s == 0 && (int)r == 0)
23:    {
24:      ImgOrigN = 0;
25:      ImgN = 0;
26:    }
27:    else if ((int)s > 0 && (int)r > 0)
28:    {
29:      ImgOrigN = 0;
```

```
30:      ImgN = 3;
31:    }
32:  }
```

다음의 TimerImage_Tick() 이벤트 핸들러는 TimerImage 컨트롤을 더블클릭하여 주기적으로 ImgC 변수의 값을 2로 나눈 나머지 값(ImgC % 2)이 0(짝수)이면 원본 이미지를 나타내고, 0이 아니면(홀수) 네트워크 불이 켜진 이미지를 타내는 작업을 수행하여 네트워크 속도에 따라 깜박임을 나타낸다.

```
01:  private void TimerImage_Tick(object sender, EventArgs e)
02:  {
03:    try
04:    {
05:      if (ImgC % 2 == 0)
06:        TrayIcon.Icon =
             Icon.FromHandle(((Bitmap)ImgList.Images[ImgOrigN]).GetHicon());
07:      else
08:        TrayIcon.Icon =
             Icon.FromHandle(((Bitmap)ImgList.Images[ImgN]).GetHicon());
09:    }
10:    catch
11:    {
12:      return;
13:    }

14:    ImgC++;
15:    if (ImgC > 1000) ImgC = 0;
16:  }
```

다음의 VisibleChange() 메서드는 매개변수에 따라 폼을 보이고, 트레이 아이콘으로 보이는 작업을 수행하는 메서드이다.

```
01:  private void VisibleChange(bool FormVisible, bool TrayIconVisible)
02:  {
03:    this.Visible = FormVisible;
04:    this.TrayIcon.Visible = TrayIconVisible;
05:  }
```

다음의 Form1_FormClosing() 이벤트 핸들러는 폼을 선택하고 이벤트 목록 창에서
[FormClosing] 란을 더블클릭하여 폼을 종료할 때 트레이 아이콘으로 나타낼 수 있도록
한다. e.Cancel 속성에 true 값을 지정하면 보통의 닫기 버튼으로는 폼을 종료할 수 없
게 된다.

```
01:  private void Form1_FormClosing(object sender, FormClosingEventArgs e)
02:  {
03:    e.Cancel = true;
04:    VisibleChange(false, true);
05:  }
```

다음의 TrayIcon_MouseDoubleClick() 이벤트 핸들러는 TrayIcon 컨트롤을 선택하고
이벤트 목록 창에서 [MouseDoubleClick] 란을 더블클릭하여 생성한 프로시저로 폼을
보이는 작업을 수행한다.

```
01:  private void TrayIcon_MouseDoubleClick(object sender, MouseEventArgs e)
02:  {
03:    VisibleChange(true, false);
04:  }
```

다음의 monitorShowToolStripMenuItem_Click() 이벤트 핸들러는 [Monitor Show]
팝업 메뉴를 더블클릭하여 생성한 프로시저로 폼을 보이는 작업을 수행한다.

```
01:  private void monitorShowToolStripMenuItem_Click(object sender, EventArgs e)
02:  {
03:    VisibleChange(true, false);
04:  }
```

다음의 exitToolStripMenuItem_Click() 이벤트 핸들러는 [Exit] 메뉴를 더블클릭하여
생성한 프로시저로 Application.ExitThread() 메서드를 이용하여 어플리케이션을 완전
히 종료한다.

```
01:  private void exitToolStripMenuItem_Click(object sender, EventArgs e)
02:  {
03:    Application.ExitThread();
04:  }
```

7.3 mook_NetworkMonitor 라이브러리 생성 및 코드 구현

솔루션 탐색기에서 솔루션 명을 마우스 오른쪽 버튼으로 클릭한 후 [추가]-[새 프로젝트] 항목을 클릭하여 'mook_NetworkMonitor' 프로젝트를 솔루션에 추가한 다음 'NetworkMonitor.cs' 클래스의 코드를 구현한다.

다음과 같이 using 키워드를 이용하여 필요한 네임스페이스를 추가한다.

```
using System.Timers;
using System.Collections;
using System.Diagnostics;
```

다음과 같이 멤버 개체 및 변수를 클래스 내부 제일 상단에 추가한다.

```
01:  private Timer timer;                // 타이머 컨트롤
02:  private ArrayList adapters;          // 어댑터 컬렉션
03:  private ArrayList monitoredAdapters; // 어댑터 컬렉션
```

다음은 네트워크 어댑터에 대해 Form1에서 접근할 수 있도록 get 접근사를 이용하여 어댑터를 반환한다.

```
01:  public NetworkAdapter[] Adapters
02:  {
03:    get
04:    {
05:      return (NetworkAdapter[])this.adapters.ToArray(typeof(NetworkAdapter));
06:    }
07:  }
```

클래스 개체를 정의하면 기본으로 호출되는 다음의 NetworkMonitor() 생성자 메서드는 멤버 개체를 초기화하고 이벤트를 추가하는 작업을 수행한다.

```
01:  public NetworkMonitor()
02:  {
03:    this.adapters = new ArrayList();
04:    this.monitoredAdapters = new ArrayList();
05:    EnumerateNetworkAdapters();
06:    timer = new Timer(1000);
07:    timer.Elapsed += new ElapsedEventHandler(timer_Elapsed);
08:  }
```

05행	PerformanceCounterCategory 생성자를 이용하여 로컬 시스템의 정보를 가져오는 작업을 수행하는 EnumerateNetworkAdapters() 메서드를 호출한다.
06–07행	Timer 컨트롤의 timer.Elapsed 이벤트를 추가하는 작업을 수행한다.

다음의 EnumerateNetworkAdapters() 메서드는 PerformanceCounterCategory 생성자를 이용하여 로컬 시스템의 정보 즉, 네트워크 어댑터 정보를 가져오는 작업을 수행한다.

```
01:   private void EnumerateNetworkAdapters()
02:   {
03:     PerformanceCounterCategory category =
            new PerformanceCounterCategory("Network Interface");

04:     foreach (string name in category.GetInstanceNames())
05:     {
06:       if (name == "MS TCP Loopback interface")
07:         continue;
08:       NetworkAdapter adapter = new NetworkAdapter(name);
09:       adapter.dlCounter = new PerformanceCounter(
              "Network Interface", "Bytes Received/sec", name);
10:       adapter.ulCounter = new PerformanceCounter(
              "Network Interface", "Bytes Sent/sec", name);
11:       this.adapters.Add(adapter);
12:     }
13:   }
```

05행	PerformanceCounterCategory 생성자를 이용하여 로컬 시스템의 정보 즉, 네트워크 어댑터 정보를 가져와 category 개체에 저장하는 작업을 수행한다.
04–12행	foreach 구문을 이용하여 category.GetInstanceNames() 인스턴스 정보를 가져와 NetworkAdapter 클래스의 개체 adapter에 저장하는 작업을 수행한다.
06행	category.GetInstanceNames() 정보가 "MS TCP Loopback interface"이면 무시하고 지나가도록 하고 다음 인스턴스 목록을 검색하는 구문이다.
08–11행	NetworkAdapter 클래스의 개체를 생성하고 adapter.dlCounter, adapter.ulCounter 속성(TIP 6–8 참고)에 로컬 시스템의 성능 카운터를 입력하는 작업을 수행한다.

[TIP 6-8] PerformanceCounter 생성자

PerformanceCounter(categoryName, counterName, instanceName) 생성자

PerformanceCounter 클래스의 새 읽기 전용 인스턴스를 초기화하여 로컬 컴퓨터의 지정 시스템이나 사용자 지정 성능 카운터 및 범주 인스턴스에 연결한다.

- categoryName : 이 성능 카운터와 연결된 성능 카운터 범주(성능 개체)의 이름
- counterName : 성능 카운터의 이름
- instanceName : 성능 카운터 범주 인스턴스의 이름

다음의 timer_Elapsed() 이벤트 핸들러는 주기적으로 호출되어 네트워크 시스템 정보를 주기적으로 업데이트하는 작업을 수행한다.

```
01:  private void timer_Elapsed(object sender, ElapsedEventArgs e)
02:  {
03:    foreach (NetworkAdapter adapter in this.monitoredAdapters)
04:        adapter.refresh();
05:  }
```

04행	adapter.refresh() 메서드를 호출하여 시스템 네트워크 정보를 새로고침하여 최신 정보를 유지하 수 있도록 작업을 수행한다.

다음의 StartMonitoring() 메서드는 모니터링을 시작하는 작업을 수행하며, adapter 개체를 추가하여 초기화하며, timer 컨트롤의 Enabled 속성을 true로 설정하여 네트워크 스피드를 모니터링하는 작업을 수행한다.

```
01:  public void StartMonitoring()
02:  {
03:    if (this.adapters.Count > 0)
04:    {
05:      foreach (NetworkAdapter adapter in this.adapters)
06:        if (!this.monitoredAdapters.Contains(adapter))
07:        {
08:          this.monitoredAdapters.Add(adapter);
09:          adapter.init();
10:        }

11:        timer.Enabled = true;
12:    }
13:  }
14:
15:  public void StartMonitoring(NetworkAdapter adapter)
16:  {
17:    if (!this.monitoredAdapters.Contains(adapter))
18:    {
19:      this.monitoredAdapters.Add(adapter);
20:      adapter.init();
21:    }
22:    timer.Enabled = true;
23:  }
```

08, 18행	this.monitoredAdapters.Add() 메서드를 이용하여 모니터링할 어댑터를 추가하는 작업을 수행한다.
09행	adapter.init() 메서드를 이용하여 모니터링 결과를 매개변수에 저장하는 작업을 수행한다.

다음의 StopMonitoring() 메서드는 모니터링을 중지하기 위해 adapter 개체를 초기화하고 timer 컨트롤의 Enabled 속성을 false로 설정하는 작업을 수행한다.

```
01:  public void StopMonitoring()
02:  {
03:    this.monitoredAdapters.Clear();
04:    timer.Enabled = false;
05:  }

06:  public void StopMonitoring(NetworkAdapter adapter)
07:  {
08:    if (this.monitoredAdapters.Contains(adapter))
09:      this.monitoredAdapters.Remove(adapter);
10:    if (this.monitoredAdapters.Count == 0)
11:      timer.Enabled = false;
12:  }
```

7.4 NetworkAdapter 클래스 생성 및 코드 구현

mook_NetworkMonitor 프로젝트를 마우스 오른쪽 버튼으로 클릭하여 표시되는 단축 메뉴에서 [추가]-[클래스] 항목을 눌러 'NetworkAdapter.cs' 클래스를 생성한다.

다음과 같이 using 키워드를 이용하여 필요한 네임스페이스를 추가한다.

```
using System.Diagnostics;
```

다음의 NetworkAdapter() 메서드는 네트워크 어댑터 이름을 설정과 개체 ToString() 메서드에 대한 override를 설정하는 구문이다.

```
01:  public NetworkAdapter(string name)
02:  {
03:    this.name = name;
04:  }

05:  public override string ToString()
06:  {
07:    return this.name;
08:  }
```

다음의 멤버 변수 및 개체를 클래스 내부 상단(클래스 기본 메서드 아래)에 추가한다.

```
01:  private long dlSpeed, ulSpeed;        // 업로드, 다운로드 스피드
02:  private long dlValue, ulValue;        // 업로드 값, 다운로드 값
03:  private long dlValueOld, ulValueOld;  // 원래 업로드 값, 다운로드 값
04:
05:  public string name; // 어댑터 이름
06:  public PerformanceCounter dlCounter, ulCounter;
```

다음의 init() 메서드는 해당 어댑터의 업로드 및 다운로드 카운터를 가져와 멤버 변수에 저장하는 작업을 수행한다.

```
01:  public void init()
02:  {
03:    this.dlValueOld = this.dlCounter.NextSample().RawValue;
04:    this.ulValueOld = this.ulCounter.NextSample().RawValue;
05:  }
```

03–04행 PerformanceCounter.NextSample() 메서드를 이용하여 카운터 샘플을 가져와서 이에 대한 원시 값 또는 계산되지 않은 값을 반환하고, RawValue 속성을 이용하여 이 카운터의 원시 값을 가져오는 작업을 수행한다.

다음의 refresh() 메서드는 업로드 및 다운로드 속도에 대한 최신화 작업 즉, 누적된 카운터의 원시 값에서 현지 데이터 값을 빼 속도를 계산한다.

```
01:  public void refresh()
02:  {
03:    this.dlValue = this.dlCounter.NextSample().RawValue;
04:    this.ulValue = this.ulCounter.NextSample().RawValue;
05:
06:    this.dlSpeed = this.dlValue - this.dlValueOld;
07:    this.ulSpeed = this.ulValue - this.ulValueOld;
08:
09:    this.dlValueOld = this.dlValue;
10:    this.ulValueOld = this.ulValue;
11:  }
```

다음의 get 연산자는 NetworkMonitor 클래스 및 Form1에서 멤버 변수에 접근할 수 있도록 get 접근자를 이용하여 선언한 구문이다.

```
01:  public string Name
02:  {
03:    get
04:    {
05:      return this.name;
06:    }
07:  }
08:
09:  public long DownloadSpeed
10:  {
11:    get
12:    {
13:      return this.dlSpeed;
14:    }
15:  }
16:
17:  public long UploadSpeed
18:  {
19:    get
20:    {
21:      return this.ulSpeed;
22:    }
23:  }
24:
25:  public double DownloadSpeedKbps
26:  {
27:    get
28:    {
29:      return this.dlSpeed / 1024.0;
30:    }
31:  }
32:
33:  public double UploadSpeedKbps
34:  {
35:    get
36:    {
37:      return this.ulSpeed / 1024.0;
38:    }
39:  }
```

7.5 예제 실행

다음 그림은 네트워크 속도 체크 예제를 F5 키를 눌러 실행한 화면이다. 어댑터의 목록
은 자신의 로컬 PC에서 사용하는 어댑터가 모두 출력되며, 실제 사용하는 네트워크 어
댑터를 선택하여 네트워크 스피드를 확인한다.

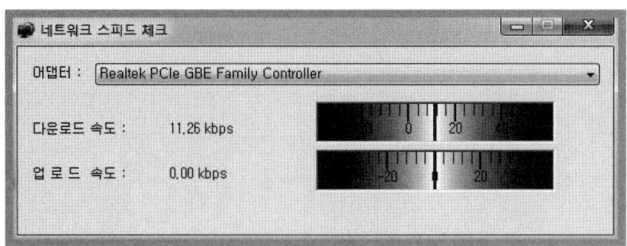

네트워크 응용

6장에서는 네트워크 프로그래밍 중 로컬 어플리케이션에 대해 살펴보았다. 이 장에서는 6장과 달리 서버 클라이언트 구조로 구현되는 예제에 대해 살펴본다. 이렇게 서버 클라이언트 구조와 같이 어플리케이션을 구성하려면 서버 기능을 수행하는 어플리케이션과 클라이언트 기능을 수행하는 어플리케이션을 각각 구현하고 아이피와 포트 정보를 이용해 서로 연결되어 데이터를 송·수신하는 방법을 따른다.

이 장에서 살펴볼 예제들은 1:1 채팅 어플리케이션 예제를 제외한 모든 예제가 서버 클라이언트 구조로 각각 구현되어 연동되며, 1:1: 채팅 어플리케이션 예제도 사실 내부적으로 서버 클라이언트 기능으로 분리되어 구현된다. 이 1:1 채팅 어플리케이션을 서버 클라이언트 구조로 분리하여 구현할 수 있으며, 8장에서는 1:1 채팅 어플리케이션의 클라이언트 기능만을 분리하여 활용한다.

O1 1:1 채팅

이 절에서는 1:1 채팅 어플리케이션을 구현한다. 채팅 어플리케이션은 인터넷을 사용하는 독자분이라면 한 번쯤은 모두 사용해 보았을 것으로 생각한다. 이 예제는 간단하게 구현되었지만, 채팅 어플리케이션을 구현하는 데 필요한 핵심 기능을 대부분 갖추고 있기 때문에 좀 더 기능을 보강하면 더욱 멋진 채팅 어플리케이션을 구현할 수 있으리라 생각한다.

다음 그림은 1:1 채팅 어플리케이션을 구현하고 실행한 결과 화면으로 그림과 같이 폼을 디자인한다.

[결과 미리 보기]

1.1 인터페이스 디자인

프로젝트 이름을 'mook_Message'로 하여 'C:\NetworkCS\Chap7' 경로에 프로젝트를 생성한다. 다음 그림과 같이 윈도우 폼에 각 컨트롤을 위치시키고 표를 참고하여 각 컨트롤의 속성값을 설정한다.

폼 컨트롤	속성	값
Form1	Name	Form1
	Text	1:1 채팅
	FormBorderStyle	FixedSingle
	MaximizeBox	false
ToolStrip1	Name	tsBar
StatusStrip1	Name	ssBar
RichTextBox1	Name	rtbText
	BackColor	White
	BorderStyle	None
	ReadOnly	true
	TabStop	false
Panel1	Name	plOption
	BorderStyle	Fixedsingle
	BackColor	AliceBlue
	Visible	False
Panel2	Name	plGroup
	BackColor	RoyalBlue
Panel3	Name	plMessage
	BackColor	White
Label1	Name	lblIp
	Text	IP :
Label2	Name	lblId
	Text	ID :

Label3	Name	lblPort
	Text	PORT :
TextBox1	Name	txtIp
	BorderStyle	FixedSingle
TextBox2	Name	txtId
	BorderStyle	FixedSingle
TextBox3	Name	txtPort
	Text	62000
	BorderStyle	FixedSingle
TextBox4	Name	txtMessage
	BackColor	White
	BorderStyle	None
	Enabled	false
Button1	Name	btnSave
	Text	설정
	BackColor	white
	FlatStyle	Flat
Button2	Name	btnClose
	Text	닫기
	BackColor	white
	FlatStyle	Flat
Button3	Name	btnSend
	Text	보내기
	BackColor	white
	FlatStyle	Flat
	Enabled	false
CheckBox1	Name	cbServer
	Text	서버실행

다음 그림과 같이 tsBar 컨트롤을 선택하여 툴 아이콘을 추가하고 [항목 컬렉션 편집기] 대화 상자의 속성 창에서 속성값을 다음 표와 같이 수정한다.

폼 컨트롤	속성	값
ToolStripDropDownButton1	Name	tsddbtnOption
	Text	1:1 환경설정
	DisplayStyle	Image
	Image	[설정]
ToolStripButton1	Name	tsbtnConn
	Text	연결
	Enabled	False
	DisplayStyle	Image
	Image	[설정]
	ToolTipText	연결
ToolStripButton2	Name	tsbtnDisconn
	Text	끊기
	Enabled	False
	DisplayStyle	Image
	Image	[설정]
	ToolTipText	끊기

다음 그림과 같이 tsddbtnOption 컨트롤을 선택하여 메뉴를 추가한다.

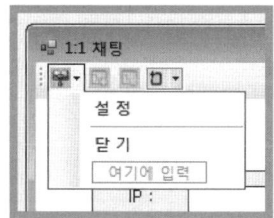

다음 그림과 같이 ssBar 컨트롤을 선택하여 툴 아이콘을 추가하고 [항목 컬렉션 편집기] 대화 상자의 속성 창에서 속성값을 다음 표와 같이 수정한다.

폼 컨트롤	속성	값
ToolStripStatusLabel1	Name	tsslblTime
	Text	메시지 받은 시간 출력

1.2 코드 구현

다음과 같이 using 키워드를 이용하여 필요한 네임스페이스를 추가한다.

```
using System.Net;              // IPAddress 클래스 사용
using System.Net.Sockets;      // TcpListener 클래스 사용
using System.Threading;        // 스레드 클래스 사용
using System.IO;               // 파일 클래스 사용
using Microsoft.Win32;         // 레지스트리 클래스 사용
using System.Runtime.InteropServices; // 폼 깜박임 구현
```

다음과 같이 멤버 개체 및 변수를 클래스 내부 상단에 추가한다.

```
01:   private TcpListener Server;          // TCP 네트워크 클라이언트에서 연결 수신
02:   private TcpClient SerClient, client; // TCP 네트워크 서비스에 대한 클라이언트 연결 제공
03:   private NetworkStream myStream;      // 네트워크 스트림
04:   private StreamReader myRead;         // 스트림 읽기
05:   private StreamWriter myWrite;        // 스트림 쓰기
06:   private Boolean Start = false;       // 서버 시작
07:   private Boolean ClientCon = false;   // 클라이언트 시작
08:   private int myPort;                  // 포트
09:   private string myName;               // 별칭
10:   private Thread myReader, myServer;   // 스레드
11:   private Boolean TextChange = false;  // 입력 컨트롤의 데이터입력 체크
12:   private bool TextSend = false;       // 서버 데이터 입력 유효성 체크

13:   // 레지스트리 쓰기,읽기
14:   private RegistryKey key = Registry.LocalMachine.OpenSubKey(
          "SOFTWARE\\Microsoft\\.NETFramework", true);

15:   private delegate void AddTextDelegate(string strText); // 델리게이트 개체 생성
16:   private AddTextDelegate AddText = null; // 델리게이트 개체 생성

17:   [DllImport("User32.dll")]
18:   private static extern bool FlashWindow(IntPtr hwnd, bool bInvert);
```

다음의 Form1_Load() 이벤트 핸들러는 폼을 더블클릭하여 생성한 프로시저로 지정된 레지스트리의 값을 가져오는 작업을 수행한다.

```
01:   private void Form1_Load(object sender, EventArgs e)
02:   {
03:     if ((string)key.GetValue("Message_name") == "")
04:     {
05:       this.myName = this.txtId.Text;
```

```
06:     this.myPort = Convert.ToInt32(this.txtPort.Text);
07:   }
08:   else
09:   {
10:     try
11:     {
12:       this.myName = (string)key.GetValue("Message_name");
13:       this.myPort = Convert.ToInt32(key.GetValue("Message_port"));
14:     }
15:     catch
16:     {
17:       this.myName = this.txtId.Text;
18:       this.myPort = Convert.ToInt32(this.txtPort.Text);
19:     }
20:   }
21: }
```

03-07행   GetValue() 메서드를 이용하여 레지스트리 키값이 설정되어 있지 않다면 txtId, txtPort 컨트롤의 Text 속성값을 가져와 변수에 값을 저장하는 작업을 수행한다.

08-14행   GetValue() 메서드를 이용하여 레지스트리 키값이 설정되어 있을 때 변수에 값을 저장하는 작업을 수행한다. 즉, 이름과 포트를 가져온다.

다음은 [설정] 메뉴를 더블클릭하여 생성한 프로시저로 별칭, 포트 번호를 입력하는 설정 창을 나타내주는 작업을 수행한다.

```
01: private void 설정ToolStripMenuItem_Click(object sender, EventArgs e)
02: {
03:   this.설정ToolStripMenuItem.Enabled = false;
04:   this.plOption.Visible = true;
05:   this.txtId.Focus();
06:   this.txtId.Text = (string)key.GetValue("Message_name");  // 별칭 입력
07:   this.txtPort.Text = (string)key.GetValue("Message_port"); // 포트 입력
08: }
```

06행   Registry.GetValue() 메서드를 이용하여 지정된 레지스트리 키에서 지정된 이름에 연결된 값을 검색하고 지정된 키에 해당 이름이 없으면 사용자가 제공한 기본값이 반환된다. 만약 지정된 키가 없으면 null 값이 반환된다. Message_name, Message_port에 매칭되는 레지스트리 키값을 가져와 입력 컨트롤에 각각의 값을 입력한다.

다음의 btnSave_Click() 이벤트 핸들러는 [설정] 버튼을 더블클릭하여 생성한 프로시저로 각 입력 컨트롤의 입력 값에 대한 유효성을 검사하는 코드로 간단한 검증을 거치고 ControlCheck() 메서드를 호출한다.

```
01: private void btnSave_Click(object sender, EventArgs e)
02: {
03:   if (this.cbServer.Checked == true)
04:   {
05:     ControlCheck();
06:   }
07:   else
08:   {
09:     if (this.txtIp.Text == "")
10:     {
11:       this.txtIp.Focus();
12:     }
13:     else
14:     {
15:       ControlCheck();
16:     }
17:   }
18: }
19: private void ControlCheck()
20: {
21:   if (this.txtId.Text == "")
22:   {
23:     this.txtId.Focus();
24:   }
25:   else if (this.txtPort.Text == "")
26:   {
27:     this.txtPort.Focus();
28:   }
29:   else
30:   {
31:     try
32:     {
33:       var name = this.txtId.Text;
34:       var port = this.txtPort.Text;
35:       key.SetValue("Message_name", name);
36:       key.SetValue("Message_port", port);
37:       this.plOption.Visible = false;
38:       this.설정ToolStripMenuItem.Enabled = true;
39:       this.tsbtnConn.Enabled = true;
40:     }
41:     catch
42:     {
43:       MessageBox.Show("설정이 저장되지 않았습니다.", "에러",
                MessageBoxButtons.OK, MessageBoxIcon.Error);
44:     }
45:   }
46: }
```

21–28행	각 입력 컨트롤의 Text 속성값에 대한 유효성을 검사하는 if 구문이다.
35–36행	RegistryKey.SetValue() 메서드를 이용하여 지정된 이름의 레지스트리에 값을 설정한다.
37–39행	각 컨트롤의 Visible 또는 Enabled 속성값을 설정하는 구문이다.

다음의 cbServer_CheckedChanged() 이벤트 핸들러는 cbServer 컨트롤을 더블클릭하여 생성한 프로시저로 서버 또는 클라이언트 모드로 전환하는 작업을 수행한다.

```
01:  private void cbServer_CheckedChanged(object sender, EventArgs e)
02:  {
03:    if (this.cbServer.Checked)    // 서버 또는 클라이언트 체크 해제
04:    {
05:      this.txtIp.Enabled = false; // 서버 모드 전환
06:    }
07:    else
08:    {
09:      this.txtIp.Enabled = true; // 클라이언트 모드 전환
10:    }
11:  }
```

다음의 Form1_FormClosing() 이벤트 핸들러는 폼을 선택하고 이벤트 목록 상에서 [FormClosing] 란을 더블클릭하여 생성한 프로시저로 서버 모드 및 클라이언트 종료 메서드를 호출하여 애플리케이션을 종료하는 작업을 수행한다.

```
01:  private void Form1_FormClosing(object sender, FormClosingEventArgs e)
02:  {
03:    try
04:    {
05:      ServerStop();
06:    } // 서버 종료 메서드 호출
07:    catch
08:    {
09:      Disconnection();
10:    } // 클라이언트 종료 메서드 호출
11:  }
```

다음의 tsbtnConn_Click() 이벤트 핸들러는 tsbtn 컨트롤 아이콘을 더블클릭하여 생성한 프로시저로 델리게이트를 초기화하고 지정된 로컬 IP 주소와 포트 번호에서 들어오는 연결 시도를 수신하는 TcpListener 클래스의 개체를 초기화하는 구문이 메서드 블록 내부에 추가되어 있다.

```
01:   private void tsbtnConn_Click(object sender, EventArgs e)
02:   {
03:     AddText = new AddTextDelegate(MessageView);
04:     if (this.cbServer.Checked == true)
05:     {
06:       var addr = new IPAddress(0);
07:       try
08:       {
09:         this.myName = (string)key.GetValue("Message_name");
10:         this.myPort = Convert.ToInt32(key.GetValue("Message_port"));
11:       }
12:       catch
13:       {
14:         this.myName = this.txtId.Text;
15:         this.myPort = Convert.ToInt32(this.txtPort.Text);
16:       }

17:       if (!(this.Start))
18:       {
19:         try
20:         {
21:           Server = new TcpListener(addr, this.myPort);
22:           Server.Start();

23:           this.Start = true;
24:           this.txtMessage.Enabled = true;
25:           this.btnSend.Enabled = true;
26:           this.txtMessage.Focus();
27:           this.tsbtnDisconn.Enabled = true;
28:           this.tsbtnConn.Enabled = false;
29:           this.cbServer.Enabled = false;

30:           myServer = new Thread(ServerStart);
31:           myServer.Start();

32:           this.설정ToolStripMenuItem.Enabled = false;
33:         }
34:         catch
35:         {
36:           Invoke(AddText, "서버를 실행할 수 없습니다.");
37:         }
38:       }
39:       else
40:       {
41:         ServerStop(); // ServerStop() 함수 호출
42:       }
```

```
43:    }
44:    else
45:    {
46:      if (!(this.ClientCon))
47:      {
48:        this.myName = (string)key.GetValue("Message_name"); // 별칭 설정
               // 서버측 포트 설정
49:        this.myPort = Convert.ToInt32(key.GetValue("Message_port"));
50:        ClientConnection(); // ClientConnection() 함수 호출
51:      }
52:      else
53:      {
54:        this.txtMessage.Enabled = false;
55:        this.btnSend.Enabled = false;
56:        Disconnection(); // 함수 호출
57:      }
58:    }
59: }
```

03행	앞에서 선언한 string 타입의 인자를 가진 델리게이트를 초기화하는 구문으로 string 타입의 인자를 가진 MessageView() 메서드를 선언하였다. AddText 대리자가 호출되면 아래 MessageView() 메서드가 실행된다.
04행	cbServer 컨트롤의 Checked 속성값을 체크하는 구문으로, 이를 체크하면 서버로 어플리케이션이 실행된다.
06행	IPAddress() 클래스 생성자에 지정된 주소를 사용하여 IPAddress 클래스의 개체를 초기화한다. 매개변수가 0 값으로 입력되었기 때문에 로컬 단말기의 아이피를 가져온다.
07-16행	레지스트리의 매칭 값을 가져와 myName, myPort 변수에 저장하거나 입력 컨트롤에 입력된 값을 저장한다.
21행	TcpListener 클래스 생성자를 이용하여 지정된 로컬 IP 주소와 포트 번호에서 들어오는 연결 시도를 수신하는 TcpListener 클래스의 개체 Server를 초기화한다.
22행	TcpListener.Start() 메서드를 이용하여 들어오는 연결 요청의 수신을 시작한다.
30행	Thread 클래스 생성자를 이용하여 스레드가 시작될 때 스레드로 개체가 전달될 수 있도록 하는 대리자를 지정하여 Thread 클래스의 개체 myServer를 초기화한다. 대리자는 ServerStart() 메서드로 클라이언트의 수신과 네트워크 스트림의 값을 수신하는 작업을 새로 생성한 스레드에서 수행한다.
36행	21행~32행의 코드에서 에러가 발생할 때 AddText 대리자를 호출하여 메시지를 출력하는 작업을 수행한다. Invoke() 메서드는 개체에서 작업하는 메서드와 속성에 대한 액세스를 제공한다.
44-58행	클라이언트 어플리케이션을 실행하는 구문으로 변수에 레지스트리 값을 가져오고 ClientConnection() 메서드를 호출하는 작업을 수행한다.

다음의 MessageView() 메서드는 rtbText 컨트롤에 메시지를 출력하도록 대리자에 대입된 메서드이다.

```
01:  private void MessageView(string strText)
02:  {
03:    this.rtbText.AppendText(strText + "\r\n");
04:    this.rtbText.Focus();
05:    this.rtbText.ScrollToCaret();
06:    this.txtMessage.Focus();
07:  }
```

03행	AppendText() 메서드는 텍스트를 추가하여 이어 쓰는 효과를 준다.
05행	ScrollToCaret() 현재 컨트롤의 내용을 현재 캐럿 위치까지 스크롤한다.

다음의 ServerStart() 메서드는 생성한 스레드에서 실행되는 메서드로 클라이언트의 접속 및 클라이언트에서 보낸 데이터를 수신하는 작업을 수행한다.

```
01:  private void ServerStart()
02:  {
03:    Invoke(AddText, "서버 실행 : 챗 상대의 접속을 기다립니다...");
04:    while (Start)
05:    {
06:      try
07:      {
08:        SerClient = Server.AcceptTcpClient();
09:        Invoke(AddText, "챗 상대 접속..");
10:        myStream = SerClient.GetStream();

11:        myRead = new StreamReader(myStream);
12:        myWrite = new StreamWriter(myStream);
13:        this.ClientCon = true;
14:        TextSend = true;

15:        myReader = new Thread(Receive);
16:        myReader.Start();
17:      }
18:      catch { }
19:    }
20:  }
```

03행	AddText 대리자를 실행시켜 화면에 메시지를 출력하는 작업을 수행한다.
04행	while 문으로 변수 Start의 값이 false 값이 될 때까지 05행~18행의 무한 루프를 돌면서 클라이언트의 접속을 기다리며 네트워크 스트림에서 데이터를 주고받기 작업을 담당하는 클래스의 개체 생성과 외부 스레드에 데이터를 받는 메서드를 대입한다.
08행	TcpListner.AcceptTcpClient() 메서드를 이용하여 보류 중인 연결 요청을 받아들여 TcpClient 개체 SerClient에 대입한다.

09행 08행이 실행되면 클라이언트가 접속한 것으로 간주할 수 있기 때문에 AddText 대리자를 이용하여 메시지를 출력한다.

10행 데이터를 보내고 받는 데 사용한 NetworkStream을 반환하여 myStream 개체에 대입한다.

11행 StreamReader 클래스 생성자를 이용하여 지정된 스트림에 대한 StreamReader 클래스의 개체를 초기화한다. 이는 myStream 개체에 저장된 데이터를 읽어와 12행의 StreamWriter 개체인 myWrite에 대입하는 작업을 수행한다.

15행 Thread 클래스 생성자를 이용하여 myReader 개체를 생성하는 구문으로 메시지를 읽어와 출력하는 작업을 실행하는 Receive() 메서드를 지정하여 대리자 역할을 수행한다.

다음의 ClientConnection() 메서드는 위의 ServerStart() 메서드와 거의 유사한 코드를 가진 클라이언트 모드에서 실행되는 메서드이다. 유사한 구문이 반복되기 때문에 반복되는 부분의 추가적인 설명은 생략한다.

```
01: private void ClientConnection()
02: {
03:   try
04:   {
05:     client = new TcpClient(this.txtIp.Text, this.myPort);
06:     Invoke(AddText, "서버에 접속 했습니다.");
07:     myStream = client.GetStream();

08:     myRead = new StreamReader(myStream);
09:     myWrite = new StreamWriter(myStream);
10:     this.ClientCon = true;
11:     this.tsbtnConn.Enabled = false;
12:     this.tsbtnDisconn.Enabled = true;
13:     this.txtMessage.Enabled = true;
14:     this.btnSend.Enabled = true;
15:     this.txtMessage.Focus();

16:     myReader = new Thread(Receive);
17:     myReader.Start();
18:
19:   catch
20:   {
21:     this.ClientCon = false;
22:     Invoke(AddText, "서버에 접속하지 못 했습니다.");
23:   }
24: }
```

05행 TcpClient 클래스의 개체를 초기화하고 지정된 호스트의 지정된 포트에 연결한다. 호스트 및 포트 정보는 레지스트리에서 값을 가져오거나 입력 컨트롤에 입력된 값을 이용한다.

07행 TcpClient.GetStream() 메서드를 이용하여 데이터를 보내고 받는 데 사용한 NetworkStream을 반환하고 myStream 개체에 대입한다.

08행 지정된 네트워크 스트림에 대한 StreamWriter 클래스의 개체를 초기화하고 스트림에 문자를 쓸 준비를 한다.

다음의 Receive() 메서드는 서버 및 클라이언트 모드에서 myReader 스레드 개체에서 실행되는 메서드로 메시지를 받은 데이터를 화면에 출력하는 작업을 수행한다.

```
01:  private void Receive()
02:  {
03:    try
04:    {
05:      while (this.ClientCon)
06:      {
07:        if (myStream.CanRead)
08:        {
09:          var msg = myRead.ReadLine();
10:          var Smsg = msg.Split('&');
11:          if (Smsg[0] == "S001")
12:          {
13:            this.tsslblTime.Text = Smsg[1];
14:          }
15:          else
16:          {
17:            if (msg.Length > 0)
18:            {
19:              FlashWindow(this.Handle, true);
20:              Invoke(AddText, Smsg[0] + " : " + Smsg[1]);
21:            }
22:            this.tsslblTime.Text = "마지막으로 받은 시각:" +
                                            Smsg[2];
23:          }
24:        }
25:      }
26:    }
27:    catch { }
28:  }
```

05행	while 문을 이용하여 ClientCon 변수의 값이 false가 될 때까지 무한 루프를 돌면서 메시지를 수신하는 작업을 수행한다.
07행	NetworkStream.CanRead 속성은 NetworkStream이 읽기를 지원하는지를 나타내는 값을 가져오는 구문으로 스트림에서 데이터를 읽을 수 있으면 true이고, 그렇지 않으면 false 값을 반환한다.
08행	StreamReader.ReadLine() 메서드를 이용하여 myRead 개체에 값을 줄 단위로 string 타입의 변수에 저장한다.
11행	읽을 데이터가 있다면, 첫 번째 구분자가 'S001'이면 상대방의 입력 여부 정보를 tsslblTime 컨트롤에 출력하고, 그렇지 않으면 구분자 '&'를 기준으로 명칭과 메시지를 화면에 출력하고 날짜는 tsslblTime 컨트롤에 출력한다. 명칭과 메시지 출력은 20행의 Invoke() 메서드를 호출하여 메시지 출력을 담당하는 MessageView() 메서드를 대신 호출하는 델리게이트 대리자를 실행하여 화면에 출력시킨다.
19행	FlashWindow() 메서드를 호출하여 메시지가 수신되었을 때 작업표시줄에 표시된 폼을 깜빡이게 하는 구문이다.

다음의 txtMessage_KeyPress() 이벤트 핸들러는 txtMessage 컨트롤을 선택한 후 이벤트 목록 창에서 [KeyPress] 란을 더블클릭하여 생성한 프로시저로 메시지 입력 후 엔터 키를 눌렀을 때 메시지를 전송하는 작업을 수행한다.

```
01:  private void txtMessage_KeyPress(object sender, KeyPressEventArgs e)
02:  {
03:    if (e.KeyChar == (char)13) // 엔터키를 누를 때
04:    {
05:      e.Handled = true; // 소리 없앰
06:      if (this.txtMessage.Text == "")
07:      {
08:        this.txtMessage.Focus();
09:      }
10:      else
11:      {
12:        Msg_send(); // Msg_send() 함수 호출
13:      }
14:    }
15:  }
```

03행   e.KeyChar 속성을 이용하여 (char)13 즉, 엔터 키값이 입력될 때 if 구문 내부 코드를 수행하는 작업을 수행한다.

05행   e.Handled 속성을 true로 지정하며 엔터키를 눌렀을 때 발생하는 시스템 알람 소리를 없애는 작업을 수행한다.

다음의 btnSend_Click() 이벤트 핸들러는 [보내기] 버튼을 더블클릭하여 생성한 프로시저로 입력된 메시지를 전송하는 작업을 수행한다.

```
01:  private void btnSend_Click(object sender, EventArgs e)
02:  {
03:    if (this.txtMessage.Text == "")
04:    {
05:      this.txtMessage.Focus();
06:    }
07:    else
08:    {
09:      Msg_send(); // Msg_send() 함수 호출
10:    }
11:  }
```

다음의 Msg_send() 메서드는 txtMessage 컨트롤에 입력된 데이터를 myWrite 개체에 쓰는 작업을 수행한다.

```
01:  private void Msg_send()
02:  {
03:    try
04:    {
05:      var dt = Convert.ToString(DateTime.Now);
06:      myWrite.WriteLine(this.myName + "&" + this.txtMessage.Text + "&" + dt);
07:      myWrite.Flush();
08:      MessageView(this.myName + ": " + this.txtMessage.Text);
09:      this.txtMessage.Clear();
10:    }
11:    catch
12:    {
13:      Invoke(AddText, "데이터를 보내는 동안 오류가 발생하였습니다.");
14:      this.txtMessage.Clear();
15:    }
16:  }
```

06행	구분자 '&'를 이용하여 명칭, 메시지, 일시를 WriteLine() 메서드를 이용하여 myWrite 개체에 쓰는 작업을 수행한다.
07행	StreamWriter.Flush() 메서드를 이용하여 현재 writer의 모든 버퍼를 지우면 버퍼링된 모든 데이터가 내부 스트림에 써진다. 내부 스트림은 NetworkStream으로 myStream 개체에 써지면 외부 스레드에서 실행되고 있는 Receive() 메서드에 의하여 전송 및 화면에 출력된다.

다음의 tsbtnDisconn_Click() 이벤트 핸들러는 tsbtnDisconn 컨트롤을 더블클릭하여 생성한 프로시저로 연결된 개체를 끊는 작업을 수행한다.

```
01:  private void tsbtnDisconn_Click(object sender, EventArgs e)
02:  {
03:    try
04:    {
05:      if (this.cbServer.Checked)
06:      {
07:        if (this.SerClient.Connected)
08:        {
09:          var dt = Convert.ToString(DateTime.Now);
10:          myWrite.WriteLine(this.myName + "&" +
                "채팅 APP가 종료되었습니다." + "&" + dt);
11:          myWrite.Flush();
12:        }
13:      }
14:      else
15:      {
```

```
16:        if (this.client.Connected)
17:        {
18:          var dt = Convert.ToString(DateTime.Now);
19:          myWrite.WriteLine(this.myName + "&" +
             "채팅 APP가 종료되었습니다." + "&" + dt);
20:          myWrite.Flush();
21:        }
22:      }
23:    }
24:    catch { }
25:    ServerStop();
26:    this.설정ToolStripMenuItem.Enabled = true;
27:  }
```

07행	TcpClient.Connected 속성을 이용하여 TcpClient의 내부 Socket이 원격 호스트에 연결되어 있는지를 나타내는 값을 가져와 연결되어 있으면 09행~11행을 실행하여 클라이언트에 서버가 종료되었다는 메시지를 출력시킨다.
16행	TcpClient.Connected 속성을 이용하여 TcpClient의 연결되어 있는지를 나타내는 값을 가져와 연결되어 있으면 18행~20행을 실행하여 서버에 클라이언트가 종료되었다는 메시지를 출력시킨다.

다음의 ServerStop() 메서드는 서버 모드를 종료하는 작업을 수행하며, 서버 모드에서 생성된 개체의 리소스를 해제한다.

```
01:  private void ServerStop() // 서버 모드 종료
02:  {
03:    this.Start = false;
04:    this.txtMessage.Enabled = false;
05:    this.txtMessage.Clear();
06:    this.btnSend.Enabled = false;
07:    this.tsbtnConn.Enabled = true;
08:    this.tsbtnDisconn.Enabled = false;
09:    this.cbServer.Enabled = true;
10:    this.ClientCon = false;

11:    if (!(myRead == null))
12:    {
13:      myRead.Close(); // StreamReader 클래스의 개체 리소스 해제
14:    }
15:    if (!(myWrite == null))
16:    {
17:      myWrite.Close(); // StreamWriter 클래스의 개체 리소스 해제
18:    }
19:    if (!(myStream == null))
20:    {
21:      myStream.Close(); // NetworkStream 클래스의 개체 리소스 해제
```

```
22:    }
23:    if (!(SerClient == null))
24:    {
25:      SerClient.Close();  // TcpClient 클래스의 개체 리소스 해제
26:    }
27:    if (!(Server == null))
28:    {
29:      Server.Stop();        // TcpListen 클래스의 개체 리소스 해제
30:    }
31:    if (!(myReader == null))
32:    {
33:      myReader.Abort(); // 외부 스레드 종료
34:    }
35:    if (!(myServer == null))
36:    {
37:      myServer.Abort();  // 외부 스레드 종료
38:    }
39:    if (!(AddText == null))
40:    {
41:      Invoke(AddText, "연결이 끊어졌습니다.");
42:    }
43: }
```

다음의 Disconnection() 메서드는 서버 모드를 종료하는 작업을 수행하며, 클라이언트 모드에서 생성된 개체의 리소스를 해제한다.

```
01:  private void Disconnection()
02:  {
03:    this.ClientCon = false;
04:    try
05:    {
06:      if (!(myRead == null))
07:      {
08:        myRead.Close(); // StreamReader 클래스의 개체 리소스 해제
09:      }
10:      if (!(myWrite == null))
11:      {
12:        myWrite.Close(); // StreamWriter 클래스의 개체 리소스 해제
13:      }
14:      if (!(myStream == null))
15:      {
16:        myStream.Close(); // NetworkStream 클래스의 개체 리소스 해제
17:      }
18:      if (!(client == null))
19:      {
```

```
20:      client.Close(); // TcpClient 클래스의 개체 리소스 해제
21:    }
22:    if (!(myReader == null))
23:    {
24:      myReader.Abort(); // 외부 스레드 종료
25:    }
26:  }
27:  catch
28:  {
29:    return;
30:  }
31: }
```

다음의 txtMessage_TextChanged() 이벤트 핸들러는 txtMessage 컨트롤을 더블클릭하여 생성한 프로시저로 상대방이 데이터 입력 창에 문자를 입력하는지를 체크하여 상대방에게 정보를 보내준다.

```
01:  private void txtMessage_TextChanged(object sender, EventArgs e)
02:  {
03:    if (TextChange -- false && TextSend != false)
04:    {
05:      TextChange = true;
06:      myWrite.WriteLine("S001" + "&" +
              "상대방이 메시지 입력중입니다." + "&" + " ");
07:      myWrite.Flush();
08:    }
09:    else if (this.txtMessage.Text == "" &&
              TextChange == true && TextSend == true)
10:    {
11:      TextChange = false;
12:    }
13:  }
```

03~08행	TextChange 컨트롤에 문자가 입력되면 상대방에게 정보를 보내는 작업을 수행한다.
06행	구분자 '&'를 이용하여 구분 코드와 문자열을 WriteLine() 메서드를 이용하여 myWrite 개체에 쓰는 작업을 수행한다. 일반 메시지일 때는 명칭, 문자열, 일시를 보내지만, 상대방의 메시지 입력 정보를 나타내는 것으로 구분 코드 'S001'을 입력하여 메시지를 받을 때는 tsslblTime 컨트롤에 출력된다.
07행	StreamWriter.Flush() 메서드를 이용하여 현재 writer의 모든 버퍼를 지우면 버퍼링된 모든 데이터가 내부 스트림에 써진다.

1.3 예제 실행

이 예제는 관리자로 실행해야 하며 관리자로 실행하는 방법은 [TIP 6-2 관리자로 실행하기]를 참고하기 바란다.

서버 용도와 클라이언트 용도로 두 번을 실행해야 한다. 각각의 실행 순서는 다음과 같다.

서버 실행 순서	클라이언트 실행 순서
툴바에서 첫 번째 버튼인 [환경설정] 버튼을 클릭하여 [설정] 메뉴를 선택한다. IP 주소와 ID 그리고 Port 정보를 입력하고 [서버실행] 체크 박스를 체크한 뒤에 [설 정] 버튼을 눌러 입력된 설정을 저장한다.	툴바에서 첫 번째 버튼인 [환경설정] 버튼을 클릭하여 [설정] 메뉴를 선택한다. IP 주소와 ID 그리고 Port 정보를 입력하고 [서버실행] 체크 박스를 체크하지 않고 [설 정] 버튼을 눌러 입력된 설정을 저장한다.

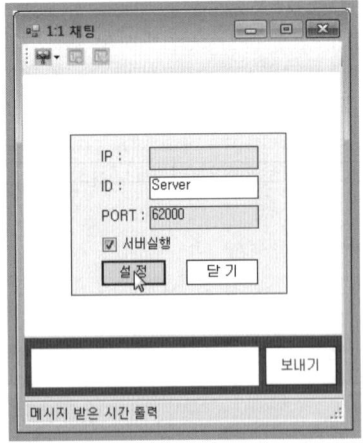 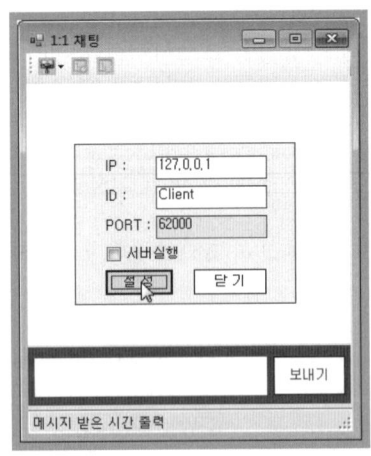

툴바의 [연결] 버튼을 눌러 서버를 시작한다.	툴바의 [연결] 버튼을 눌러 클라이언트를 시작한다.

서버가 시작되면 "서버 실행 : 챗 상대의 접속을 기다립니다." 메시지를 나타낸다.
이후 클라이언트가 접속되면 "챗 상대 접속.." 메시지를 표시한다. 이제 문자를 입력하고 [보내기] 버튼을 클릭하여 입력된 내용을 전송한다.

서버에 접속되면 "서버에 접속 했습니다." 메시지를 나타낸다. 서버에 연결되었으면 문자를 입력하고 [보내기] 버튼을 클릭하여 입력된 내용을 전송한다.

O2 원격 문자 복사

이 절에서 살펴볼 원격 문자 복사는 서버 클라이언트 구조로 구현되며 클라이언트 어플리케이션에서 입력되는 문자를 서버 어플리케이션에서 그대로 확인할 수 있도록 구현한 예제이다.

이는 .Net Remoting이라는 기능을 이용하여 구현하며, 이러한 방식은 보안카드 번호나 비밀번호를 탈취하기 위해 구현된 해킹 도구에서도 많이 활용되고, 네트워크를 이용하여 상대방과의 회의에서 의견 교환을 위해 동일한 화면 및 문자를 공유하기 위한 어플리케이션 구현을 위해서도 사용된다.

다음 그림은 원격 문자 복사 어플리케이션을 구현하고 실행한 결과 화면으로 그림과 같이 폼을 디자인한다.

[결과 미리 보기]

2.1 서버 모드 인터페이스 디자인

프로젝트 이름을 'mook_RemoteServer'로 하여 'C:\NetworkCS\Chap7' 경로에 프로젝트를 생성한다. 다음 그림과 같이 윈도우 폼에 각 컨트롤을 위치시키고 표를 참고하여 각 컨트롤의 속성값을 설정한다.

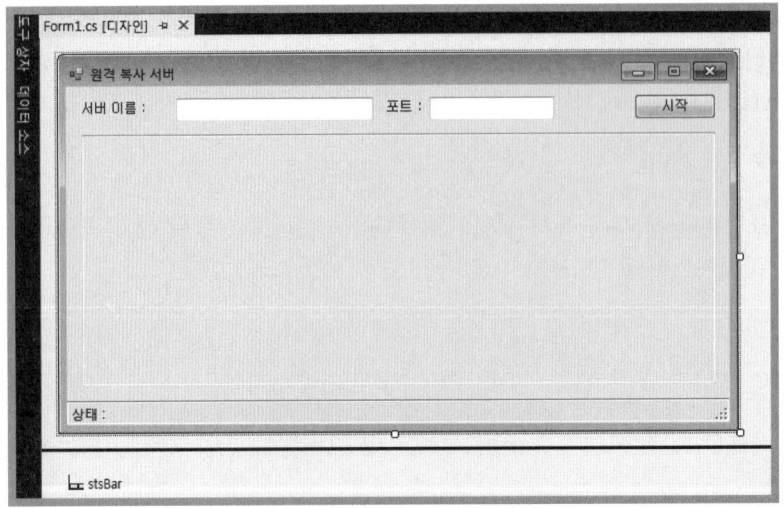

폼 컨트롤	속성	값
Form1	Name	Form1
	Text	원격 복사 서버
	FormBorderStyle	FixedSingle
	MaximizeBox	False
Label1	Name	lblServerName
	Text	서버 이름 :
Label2	Name	lblPort
	Text	포트 :
TextBox1	Name	txtServerName
TextBox2	Name	txtPort
TextBox3	Name	txtView
	Multiline	True
	ReadOnly	True
Button1	Name	btnStart
	Text	시작
StatusStrip1	Name	stsBar

다음 그림과 표에서 제공하는 정보를 이용하여 stsBar 컨트롤에 멤버를 추가하고 속성을 설정한다.

폼 컨트롤	속성	값
ToolStripStatusLabel1	Name	tsslblStatus
	Text	상태 :

솔루션 탐색기에서 [참조] 항목을 마우스 오른쪽 버튼으로 눌러 'RemoteTableObjects.dll' 클래스 라이브러리를 참조 추가한다. 이는 원격 문자 복사 프로젝트의 "Server 모드" 절 뒤에서 다룰 것이므로 "RemoteTableObjects" 프로젝트를 생성하고 빌드한 뒤에 참조 추가한다.

2.2 서버 모드 코드 구현

다음과 같이 using 키워드를 이용하여 필요한 네임스페이스를 추가한다.

```
using System.Runtime.Remoting;
using System.Runtime.Remoting.Channels;
using System.Runtime.Remoting.Channels.Tcp;
using RemoteTableObjects;
```

System.Runtime.Remoting 네임스페이스는 분산 응용 프로그램을 만들고 구성할 수 있는 클래스와 인터페이스를 제공한다.

System.Runtime.Remoting.Channels 네임스페이스는 클라이언트가 원격 개체의 메서드를 호출할 때 전송 매체로 사용하는 채널 및 채널 싱크를 지원하는 처리하는 클래스 및 인터페이스를 제공한다.

다음과 같이 멤버 개체를 클래스 내부 상단에 추가한다.

```
01:  private delegate void OnTextView(string str);
02:  private OnTextView OnText = null;

03:  TcpServerChannel tcl = null; // TcpServerChannel 연결 채널 개체 생성
```

다음의 Form1_Load() 이벤트 핸들러는 폼을 더블클릭하여 생성한 프로시저로 델리게이트 개체를 초기화하는 작업을 수행한다.

```
01:  private void Form1_Load(object sender, EventArgs e)
02:  {
03:    OnText = new OnTextView(MessageView);
04:  }
```

다음의 MessageView() 메서드는 델리게이트에 의해 수행되는 메서드로 txtView 컨트롤에 문자열을 나타내는 작업을 수행한다.

```
01:  private void MessageView(string str)
02:  {
03:    this.txtView.Text = str;
04:  }
```

다음의 btnStart_Click() 이벤트 핸들러는 [시작] 버튼을 더블클릭하여 생성한 프로시저로 서버 채널을 생성하는 작업을 수행한다.

```
01:  private void btnStart_Click(object sender, EventArgs e)
02:  {
03:    this.txtServerName.Enabled = false;
04:    this.txtPort.Enabled = false;
05:    tcl = new TcpServerChannel(Convert.ToInt32(this.txtPort.Text));
06:    ChannelServices.RegisterChannel(tcl, true);
07:    RemotingConfiguration.RegisterWellKnownServiceType(
          typeof(MyRemotableObject),
          this.txtServerName.Text, WellKnownObjectMode.Singleton);

08:    RemoteTableObjects.Cache.Attach(this);

09:    this.tsslblStatus.Text =
        "상태 : 채널(" + this.tcl.ChannelName + "), 수신중...";
10:  }
```

03–04행	서버 이름과 포트 번호를 입력하는 입력 컨트롤의 Enabled 속성을 false로 지정하는 구문이다.
05행	TcpServerChannel 클래스의 개체 tcl를 초기화하는 작업을 수행하는데 매개변수로 포트를 대입한다.
06행	ChannelServices.RegisterChannel() 메서드를 이용하여 통신을 위해 채널을 채널 서비스에 등록하는 작업을 수행하는데 매개변수에 05행에서 초기화한 채널 개체를 입력하고, 두 번째 매개변수에는 보안을 설정하기 위한 true를 대입한다.
07행	RemotingConfiguration.RegisterWellKnownServiceType() 메서드(TIP 7-1 참고)를 이용하여 WellKnownServiceTypeEntry의 새 개체를 초기화하여 typeof(MyRemotableObject)를 서비스에 등록하는 작업을 수행한다.
08행	RemoteTableObjects.Cache.Attach() 메서드를 호출하는 작업을 수행하는데 매개변수에 Form1을 대입한다.

[TIP 7-1] RemotingConfiguration.RegisterWellKnownServiceType() 메서드

**RemotingConfiguration.RegisterWellKnownServiceType (
   Type, ObjectUri, WellKnownObjectMode)**

지정된 매개변수를 사용하여 WellKnownServiceTypeEntry의 새 인스턴스를 초기화하여 개체 Type을 서비스 쪽에 등록한다.

- Type : 개체 Type
- ObjectUri : 개체 URL
- WellKnownObjectMode : 등록 중인 잘 알려진 개체 형식의 활성화 모드

WellKnownObjectMode 열거형

잘 알려진 개체를 활성화하는 방법을 정의

멤버 이름	설명
SingleCall	모든 수신 메시지는 새 개체 인스턴스가 서비스
Singleton	모든 수신 메시지는 동일한 개체 인스턴스가 서비스

다음의 Notify() 메서드는 델리게이트를 호출하는 작업을 수행한다.

```
01:  public void Notify(string text)
02:  {
03:    Invoke(OnText, text);
04:  }
```

2.3 서버 모드 라이브러리 생성 및 코드 구현

(1) MyRemotableObject.cs

솔루션 탐색기에서 솔루션 이름을 마우스 오른쪽 버튼으로 눌러 [추가]–[새 프로젝트] 메뉴를 클릭하고 'RemoteTableObjects'라는 이름으로 클래스 라이브러리 타입의 프로젝트를 추가한다.

생성된 클래스 라이브러리 프로젝트의 클래스 이름을 'MyRemotableObject.cs'로 변경하고 다음과 같이 using 키워드를 이용하여 필요한 네임스페이스를 추가한다.

```
using System.Runtime.Remoting;
using System.Runtime.Remoting.Channels;
```

다음과 같이 MyRemotableObject 클래스의 코드를 추가한다.

```
01:  namespace RemoteTableObjects
02:  {
03:    public class MyRemotableObject : MarshalByRefObject
04:    {
05:      public void SetMessage(string message)
06:      {
07:        Cache.GetInstance().MessageString = message;
08:      }
09:    }
10:  }
```

03행   ':' 키워드 옆 MarshalByRefObject 클래스로부터 원격 처리 기능을 지원하는 응용 프로그램에서 응용 프로그램 도메인 간 경계를 넘어 개체에 액세스하는 기능을 상속받는 작업을 수행한다.

07행   Cache.GetInstance().MessageString Set 접근자에 문자열을 입력하는 작업을 수행한다.

(2) Cache.cs

솔루션 탐색기에서 'RemoteTableObjects' 프로젝트 이름을 마우스 오른쪽 버튼으로 눌러 [추가]–[클래스] 메뉴를 클릭한 후 'Cache.cs' 클래스를 생성하고 다음과 같이 코드를 추가한다.

```
01:  namespace RemoteTableObjects
02:  {
03:    public class Cache
04:    {
05:      private static Cache myInstance;
06:      public static IObserver Observer;

07:      public static void Attach(IObserver observer)
08:      {
09:        Observer = observer;
10:      }
11:      public static Cache GetInstance()
12:      {
13:        if (myInstance == null)
14:        {
15:          myInstance = new Cache();
16:        }
17:        return myInstance;
18:      }
19:      public string MessageString
20:      {
21:        set
22:        {
23:          Observer.Notify(value);
24:        }
25:      }
26:    }
27:  }
```

05–06행	Cache와 IObserver 클래스에 대한 static 타입의 개체를 생성하는 구문이다.
07–10행	IObserver 클래스 타입의 매개변수를 전달받아 개체에 저장하는 작업을 수행한다.
11–18행	GetInstance() 메서드는 이 메서드를 호출할 때 Cache 클래스의 개체를 반환하는 작업을 수행한다.
19–25행	set 접근자를 IObserver 클래스의 Notify() 메서드를 호출하는 작업을 수행한다.

(3) IObserver.cs

솔루션 탐색기에서 'RemoteTableObjects' 프로젝트 이름을 마우스 오른쪽 버튼으로 눌러 [추가]–[클래스] 메뉴를 클릭한 후 'IObserver.cs' 클래스를 생성하고 다음과 같이 코드를 추가한다.

```
01:   namespace RemoteTableObjects
02:   {
03:     public interface IObserver
04:     {
05:       void Notify(string text);
06:     }
07:   }
```

03행 interface는 파생 클래스에서 구현해야 하는 메서드를 정의해 놓은 것이다. 이는 앞서 생성한 클래스에서 사용되는 공통적인 기능을 interface를 이용해 구현하는 것이다.

2.4 서버 모드 예제 실행

서버 모드 예제 실행은 다음의 순서에 따라 실행한다.

① 'RemoteTableObjects' 프로젝트 이름을 마우스 오른쪽 버튼으로 클릭하고 [시작 프로젝트로 설정] 메뉴를 선택한 다음 단축키 (Shift)+(Ctrl)+(B)를 눌러 프로젝트를 빌드한다.
② ①의 과정을 통해 생성된 'RemoteTableObjects.dll' 클래스 라이브러리를 'mook_RemoteServer' 프로젝트에서 참조 추가한다.
③ 'mook_RemoteServer' 프로젝트를 시작 프로젝트로 설정하고 (F5) 키를 눌러 프로젝트를 실행한다.

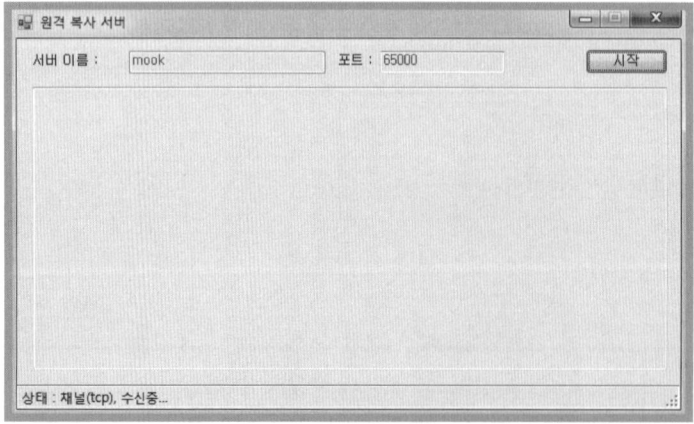

2.5 클라이언트 모드 인터페이스 디자인

프로젝트 이름을 'mook_RemoteClient'로 하여 'C:\NetworkCS\Chap7' 경로에 프로젝트를 생성한다. 다음 그림과 같이 윈도우 폼에 각 컨트롤을 위치시키고 표를 참고하여 각 컨트롤의 속성값을 설정한다.

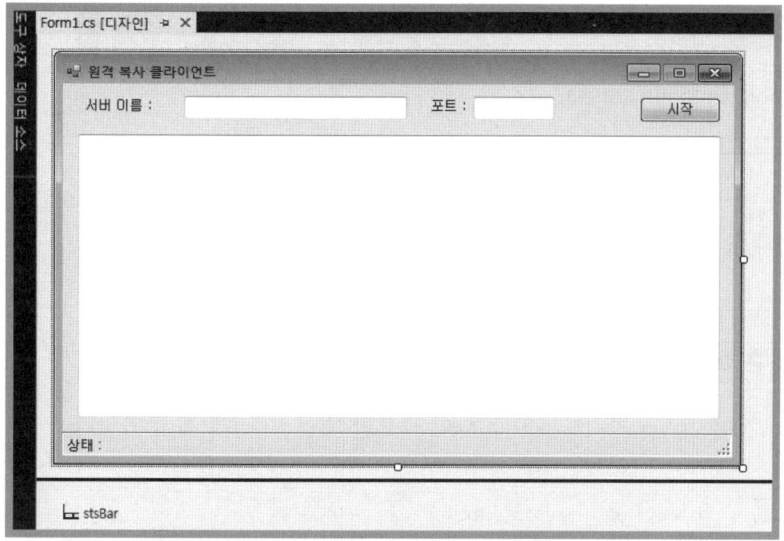

폼 컨트롤	속성	값
Form1	Name	Form1
	Text	원격 복사 클라이언트
	FormBorderStyle	FixedSingle
	MaximizeBox	False
Label1	Name	lblServerName
	Text	서버 이름 :
Label2	Name	lblPort
	Text	Port :
TextBox1	Name	txtServerName
TextBox2	Name	txtPort
TextBox3	Name	txtView
	Multiline	True
Button1	Name	btnStart
	Text	시작
StatusStrip1	Name	stsBar

다음 그림과 표에서 제공하는 정보를 이용하여 stsBar 컨트롤에 멤버를 추가하고 속성을 설정한다.

폼 컨트롤	속성	값
ToolStripStatusLabel1	Name	tsslblStatus
	Text	상태 :

솔루션 탐색기에서 [참조] 항목을 마우스 오른쪽 버튼으로 눌러 'RemoteTableObjects. dll' 클래스 라이브러리를 참조 추가한다.

2.6 클라이언트 모드 코드 생성

다음과 같이 using 키워드를 이용하여 필요한 네임스페이스를 추가한다.

```
using System.Runtime.Remoting;
using System.Runtime.Remoting.Channels;
using System.Runtime.Remoting.Channels.Tcp;
using RemoteTableObjects;
```

다음과 같이 멤버 개체를 클래스 내부 상단에 추가한다.

```
01:  MyRemotableObject remoteObject; // 클래스 라이브러리개체 생성
02:  TcpClientChannel tcl = null;       // Remoting 통신을 위한 TcpClientChannel 개체
```

다음의 btnStart_Click() 이벤트 핸들러는 [시작] 버튼을 더블클릭하여 생성한 프로시저로 클라이언트 채널을 생성하고 통신을 하기 위한 작업을 수행한다.

```
01:  private void btnStart_Click(object sender, EventArgs e)
02:  {
03:    tcl = new TcpClientChannel();
04:    ChannelServices.RegisterChannel(tcl, true);

05:    remoteObject = (MyRemotableObject)Activator.GetObject(
         typeof(MyRemotableObject),
         "tcp://localhost:" + this.txtPort.Text + "/" + this.txtServerName.Text + "");

06:    this.txtServerName.Enabled = false;
07:    this.txtPort.Enabled = false;

08:    this.tsslblStatus.Text =
         "상태 : 채널(" + this.tcl.ChannelName + "), 연결...";
09:  }
```

04행	서버 모드에서 보안 설정을 하였기 때문에 클라이언트 모드에서도 두 번째 매개변수를 true로 지정한다.
05행	Activator.GetObject() 메서드를 이용하여 지정된 URL로 표시되는 개체의 프록시를 만드는 작업을 수행한다. 첫 번째 매개변수는 앞서 서버 모드에서 생성한 텍스트를 보여주는 개체 MyRemotableObject를 대입하고, 두 번째 매개변수에는 통신을 위한 URL을 대입한다.

> URL : tcp://localhost:[설정포트]/[서버이름]

다음의 txtView_TextChanged() 이벤트 핸들러는 txtView 컨트롤을 더블클릭하여 생성한 프로시저로 remoteObject.SetMessage() 메서드를 호출하여 txtView 컨트롤에 입력된 문자열을 서버에 전송하는 작업을 수행한다.

```
01: private void txtView_TextChanged(object sender, EventArgs e)
02: {
03:    remoteObject.SetMessage(this.txtView.Text);
04: }
```

2.7 클라이언트 모드 예제 실행

다음 그림은 원격 문자 복사(클라이언트 모드) 예제를 F5 키를 눌러 실행한 화면이다.

이 예제는 다음과 같은 순서로 실행해야 한다.

첫 번째, 원격 복사 서버를 실행하고 서버 이름과 포트 번호를 입력하고 [시작] 버튼을 누른다.

> 서버 이름 : mook, 포트 번호 : 65000

두 번째, 원격 복사 클라이언트를 실행하고 서버 실행 때와 같은 서버 이름과 포트 번호를 입력하고 [시작] 버튼을 누른다.

세 번째, 원격 복사 클라이언트의 입력창에 텍스트를 입력하면 입력되는 문자열이 그대로 원격 복사 서버에 나타나는 것을 확인한다.

이 예제를 실행할 때는 다음과 같은 사항에 주의한다.
• 원격 복사 서버와 클라이언트는 같은 PC에서 실행해야 한다.
• 원격 복사 서버와 클라이언트의 서버 이름과 포트 번호는 같아야 한다.
• 원격 복사 서버를 먼저 실행한 후 클라이언트를 실행하여 접속한 후 텍스트를 입력해야 한다.

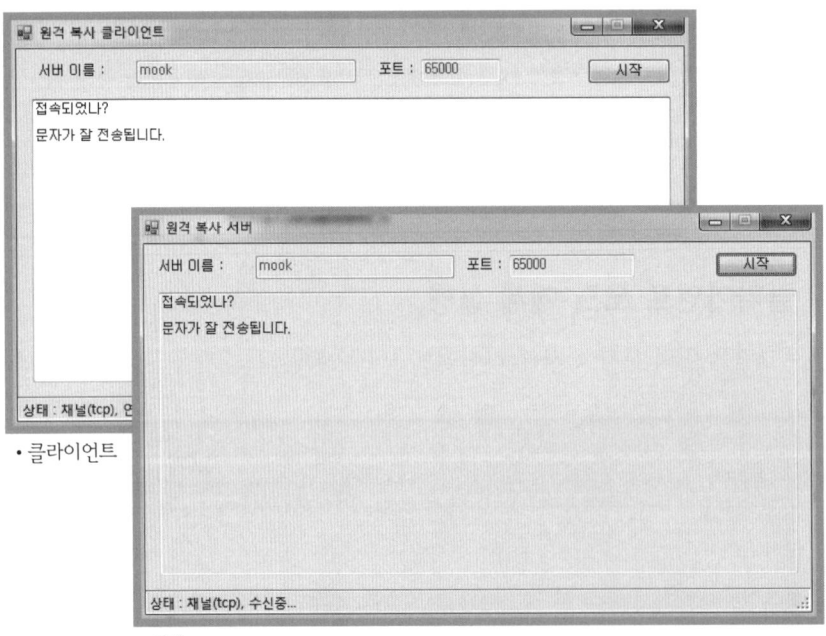

• 클라이언트

• 서버

03 원격 전원 제어

이 절에서 살펴볼 원격 전원 제어는 서버 클라이언트 구조로 구성된 어플리케이션으로 관리자 어플리케이션이 에이전트 어플리케이션에 접속하고 접속에 성공하면 명령 옵션에 따라 원격의 시스템에 대한 전원을 끄거나 재부팅, 로그오프 등의 기능을 수행하는 어플리케이션이다.

다음 그림은 원격 전원 제어 어플리케이션을 구현하고 실행한 결과 화면으로 그림과 같이 폼을 디자인한다.

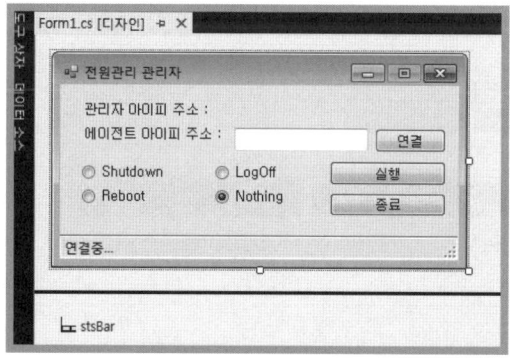

[결과 미리 보기]

3.1 관리자 모드 인터페이스 디자인

프로젝트 이름을 'mook_ShutdownManager'로 하여 'C:\NetworkCS\Chap7' 경로에 프로젝트를 생성한다. 다음 그림과 같이 윈도우 폼에 각 컨트롤을 위치시키고 표를 참고하여 각 컨트롤의 속성값을 설정한다.

폼 컨트롤	속성	값
Form1	Name	Form1
	Text	전원관리 관리자
	FormBorderStyle	FixedSingle
	MaximizeBox	False
Label1	Name	lblManager
	Text	관리자 아이피 주소 :

Label2	Name	lblAgent
	Text	에이전트 아이피 주소 :
Label3	Name	lblServerIP
TextBox1	Name	txtAgentIP
Button1	Name	btnConn
	Text	연결
Button2	Name	btnRun
	Text	실행
Button3	Name	btnExit
	Text	종료
RadioButton1	Name	rbShutdown
	Text	Shutdown
RadioButton2	Name	rbLogOff
	Text	LogOff
RadioButton3	Name	rbReboot
	Text	Reboot
RadioButton4	Name	rbNothing
	Text	Nothing
StatusStrip1	Name	stsBar

다음 그림과 표에서 제공하는 정보를 이용하여 stsBar 컨트롤에 멤버를 추가하고 속성을 설정한다.

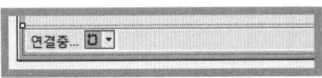

폼 컨트롤	속성	값
ToolStripStatusLabel1	Name	tsslblConnect
	Text	연결중...

3.2 관리자 모드 코드 구현

다음과 같이 using 키워드를 이용하여 필요한 네임스페이스를 추가한다.

```
using System.Threading;
using System.IO;
using System.Net.Sockets;
```

다음과 같이 멤버 개체 및 변수를 클래스 내부 상단에 추가한다.

```
05:  GetIPAddress gip = new GetIPAddress();
06:  const int port = 63000;  // 포트 정보

07:  TcpClient tClient;      // 네트워크 연결
08:  NetworkStream ns;       // 네트워크 스트림
09:  StreamReader sr;        // 스트림 읽기
10:  StreamWriter sw;        // 스트림 쓰기

11:  Thread MessageThre = null;
12:  delegate void OnMessageDelegate(string s);
13:  OnMessageDelegate OnMessage = null;

14:  bool Run = true;        // 스트림 읽기 설정 정보
```

다음의 Form1_Load() 이벤트 핸들러는 폼을 더블클릭하여 생성한 프로시저로 델리게이트를 초기화하고 로컬 IP를 lblManagerIP 컨트롤에 나타내는 작업을 수행한다.

```
01:  private void Form1_Load(object sender, EventArgs e)
02:  {
03:    OnMessage = new OnMessageDelegate(OnMessageView);
04:    this.lblManagerIP.Text = gip.GetRealIpAddress().ToString();
05:  }
```

다음의 OnMessageView() 메서드는 델리게이트에 의해 수행되며 tsslblConnect 컨트롤에 문자열을 나타내는 작업을 수행한다.

```
01:  private void OnMessageView(string text)
02:  {
03:    this.tsslblConnect.Text = text;
04:  }
```

다음의 btnConn_Click() 이벤트 핸들러는 [연결] 버튼을 더블클릭하여 생성한 프로시저로 TcpClient 클래스의 개체를 이용하여 서버에 접속하는 작업을 수행한다.

```
01:  private void btnConn_Click(object sender, EventArgs e)
02:  {
03:    try
04:    {
05:      tClient = new TcpClient(this.txtAgentIP.Text, port);
06:      ns = tClient.GetStream();
```

```
07:    sr = new StreamReader(ns);
08:    sw = new StreamWriter(ns);

09:    MessageThre = new Thread(MessageReceive);
10:    MessageThre.Start();
11:  }
12:  catch
13:  {
14:    Invoke(OnMessage, "접속 실패");
15:    return;
16:  }
17: }
```

05행	TCP 네트워크 서비스에 대한 클라이언트 연결을 제공하는데, 생성자를 이용하여 연결할 원격 호스트의 DNS 이름(아이피)을 첫 번째 매개변수로 대입하고, 두 번째 매개변수에는 연결할 원격 호스트의 포트 번호를 대입한다.
06행	데이터를 보내고 받는 데 사용하는 NetworkStream을 반환하여 ns 개체에 대입한다.
07-08행	스트림을 읽고 쓸 수 있도록 StreamReader, StreamWriter 개체를 초기화하는 작업을 수행한다.

다음의 MessageReceive() 메서드는 while 루프를 수행하면서 네트워크 스트림에서 받은 데이터를 수신하는 작업을 수행한다.

```
01: private void MessageReceive()
02: {
03:   try
04:   {
05:     while (Run)
06:     {
07:       Thread.Sleep(1);
08:       if (ns.CanRead)
09:       {
10:         string msg = sr.ReadLine();
11:         if (msg != null)
12:         {
13:           Invoke(OnMessage, msg);
14:         }
15:       }
16:     }
17:   }
18:   catch { }
19: }
```

05-16행	while 루프를 수행하면서 네트워크 스트림에서 데이터를 수신하는 작업을 수행한다.
08행	ns.CanRead 속성값이 true이면 스트림에서 데이터를 읽을 수 있는 경우이기 때문에 09행 ~15행을 수행하여 스트림을 읽는 작업을 수행한다.

10행	sr.ReadLine() 메서드를 이용하여 스트림을 행 단위로 읽고 13행의 Invoke() 메서드를 이용하여 읽은 스트림 값을 나타내는 작업을 수행한다.

다음의 btnRun_Click() 이벤트 핸들러는 [실행] 버튼을 더블클릭하여 생성한 프로시저로 전원 옵션에 따라 명령을 스트림에 쓰고 전송하는 작업을 수행한다.

```
01:   private void btnRun_Click(object sender, EventArgs e)
02:   {
03:     if (rbShutdown.Checked == true)
04:     {
05:       sw.WriteLine("###SHUTDOWN###");
06:     }
07:     if (rbReboot.Checked == true)
08:     {
09:       sw.WriteLine("###REBOOT###");
10:     }
11:     if (rbLogOff.Checked == true)
12:     {
13:       sw.WriteLine("###LOGOFF###");
14:     }
15:     if (rbNothing.Checked == true)
16:     {
17:       sw.WriteLine("###Nothing###");
18:     }
19:     sw.Flush();
20:   }
```

05, 09행 13, 17행	sw.WriteLine() 메서드를 이용하여 전원 옵션 명령을 스트림에 쓰는 작업을 수행한다.
19행	sw.Flush() 메서드를 이용하여 스트림에 쓴 데이터를 네트워크 스트림에 보내는 작업을 수행한다.

다음의 btnExit_Click() 이벤트 핸들러는 [종료] 버튼을 더블클릭하여 생성한 프로시저로 폼을 종료하는 작업을 수행한다.

```
01:   private void btnExit_Click(object sender, EventArgs e)
02:   {
03:     this.Close();
04:   }
```

다음의 Form1_FormClosing() 이벤트 핸들러는 폼을 선택한 뒤에 이벤트 목록 창에서 [FormClosing] 란을 더블클릭하여 생성한 개체의 리소스를 해제하는 작업과 어플리케 이션을 종료하는 작업을 수행한다.

```
01:  private void Form1_FormClosing(object sender, FormClosingEventArgs e)
02:  {
03:    if (tClient != null) tClient.Close();
04:    Run = false;
05:    if (sr != null) sr.Close();
06:    if (sw != null) sr.Close();
07:    if (ns != null) ns.Close();
08:    if (MessageThre != null) MessageThre.Abort();
09:    Application.ExitThread();
10:  }
```

3.3 GetIPAddress.cs 클래스 생성 및 코드 구현

솔루션 탐색기에서 프로젝트 이름을 마우스 오른쪽 버튼으로 눌러 [추가]–[클래스] 메뉴 를 클릭하고 'GetIPAddress.cs' 클래스를 생성한다. 이 클래스는 로컬 컴퓨터에서 실제 사용하는 IPv4의 IP 주소를 찾는 역할을 한다.

다음과 같이 using 키워드를 이용하여 필요한 네임스페이스를 추가한다.

```
using System.Net;
using System.Net.NetworkInformation;
```

다음의 GetRealIpAddress() 메서드는 로컬 컴퓨터에서 실제 사용하는 IPv4 IP를 반환 하는 작업을 수행한다.

```
01:  public IPAddress GetRealIpAddress()
02:  {
03:    IPAddress gateway = FindGetGatewayAddress();

04:    if (gateway == null)
05:      return null;

06:    IPAddress[] pIPAddress = Dns.GetHostAddresses(Dns.GetHostName());

07:    foreach (IPAddress address in pIPAddress)
08:      if (IsAddressOfGateway(address, gateway))
09:        return address;
10:    return null;
11:  }
```

06행　Dns.GetHostName() 메서드를 이용하여 로컬 컴퓨터의 DNS 호스트 이름을 포함된 문자열을 매개변수로 Dns.GetHostAddresses() 메서드에 대입하고 지정된 호스트의 IP 주소를 반환한다. 이는 IP 주소가 포함된 IPAddress 형식의 배열이다.

07–09행　foreach 구문을 이용하여 pIPAddress 개체 컬렉션에 저장된 IPAddress 개체를 반환받아 08행 IsAddressOfGateway() 메서드를 이용하여 실제 사용하는 IPv4 아이피를 반환하는 작업을 수행한다.

다음의 FindGetGatewayAddress() 메서드는 네트워크 게이트웨이에 대한 주소 정보가 들어 있는 개체를 반환하는 작업을 수행한다.

```
01:  private IPAddress FindGetGatewayAddress()
02:  {
03:    IPGlobalProperties ipGlobProps =
         IPGlobalProperties.GetIPGlobalProperties();
04:    foreach (NetworkInterface ni in NetworkInterface.GetAllNetworkInterfaces())
05:    {
06:      IPInterfaceProperties ipInfProps = ni.GetIPProperties();
07:      foreach (GatewayIPAddressInformation gi in ipInfProps.GatewayAddresses)
08:        return gi.Address;
09:    }
10:    return null;
11:  }
```

03행　IPGlobalProperties.GetIPGlobalProperties() 메서드를 이용하여 로컬 컴퓨터의 네트워크 연결 및 트래픽 통계에 대한 정보를 제공하는 개체를 가져와 ipGlobProps 개체에 저장한다.

04행　foreach 구문은 NetworkInterface.GetAllNetworkInterfaces() 메서드를 이용하여 로컬 컴퓨터의 네트워크 인터페이스를 설명하는 개체를 반환하는데, 이 반환된 개체는 사용 가능한 네트워크 인터페이스를 설명하는 개체가 들어 있는 NetworkInterface 배열이다.

06행　ni.GetIPProperties() 메서드를 이용하여 해당 네트워크 인터페이스를 설명하는 IPInterfaceProperties 개체를 반환한다.

07–08행　foreach 구문은 IPInterfaceProperties.GatewayAddresses 속성을 이용하여 해당 인터페이스에 대한 IPv4 네트워크 게이트웨이 주소를 가져오는데, 네트워크 게이트웨이에 대한 주소 정보가 들어 있는 GatewayIPAddressInformationCollection이거나, 게이트웨이를 찾을 수 없는 경우 빈 배열을 가져와 IPAddress 타입으로 반환한다.

다음의 IsAddressOfGateway() 메서드는 로컬 컴퓨터에서 사용하는 IP와 게이트웨이 주소일 때 true 값을 반환하는 작업을 수행한다.

```
01:  private bool IsAddressOfGateway(IPAddress address, IPAddress gateway)
02:  {
03:    if (address != null && gateway != null)
04:      return IsAddressOfGateway(address.GetAddressBytes(),
                 gateway.GetAddressBytes());
05:    return false;
06:  }
```

다음의 IsAddressOfGateway() 메서드는 로컬 컴퓨터에서 사용하는 아이피와 게이트웨이 아이피의 길이가 같은 경우 true 값을 반환하는 작업을 수행한다.

```
01: private bool IsAddressOfGateway(byte[] address, byte[] gateway)
02: {
03:   if (address != null && gateway != null)
04:   {
05:     int gwLen = gateway.Length;

06:     if (gwLen > 0)
07:     {
08:       if (address.Length == gateway.Length)
09:       {
10:         --gwLen;
11:         int counter = 0;
12:         for (int i = 0; i < gwLen; i++)
13:         {
14:           if (address[i] == gateway[i])
15:             ++counter;
16:         }
17:         return (counter == gwLen);
18:       }
19:     }
20:   }
21:   return false;
22: }
```

3.4 에이전트 모드 인터페이스 디자인

프로젝트 이름을 'mook_ShutdownAgent'로 하여 'C:\NetworkCS\Chap7' 경로에 프로젝트를 생성한다. 다음 그림과 같이 윈도우 폼에 각 컨트롤을 위치시키고 표를 참고하여 각 컨트롤의 속성값을 설정한다.

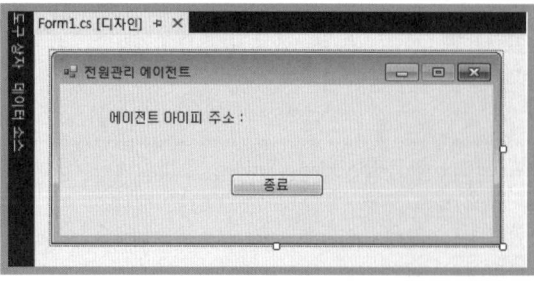

폼 컨트롤	속성	값
Form1	Name	Form1
	Text	전원관리 에이전트
	FormBorderStyle	FixedSingle
	MaximizeBox	False
Label1	Name	lblAgent
	Text	에어전트 아이피 주소 :
Button1	Name	btnClose
	Text	종료

솔루션 탐색기에서 [참조] 마우스 오른쪽 버튼으로 눌러 [참조 추가] 메뉴를 누르고 'System.Management'를 참조 추가한다.

3.5 에이전트 모드 코드 구현

다음과 같이 using 키워드를 이용하여 필요한 네임스페이스를 추가한다.

```
using System.Net;
using System.Threading;
using System.IO;
using System.Net.Sockets;
using System.Management;
```

다음과 같이 멤버 개체 및 변수를 클래스 상단에 추가한다.

```
01:  public enum ShutDown // 전원 옵션 열거형
02:  {
03:    LogOff = 0,
04:    Shutdown = 1,
05:    Reboot = 2,
06:    ForcedLogOff = 4,
07:    ForcedShutdown = 5,
08:    ForcedReboot = 6,
09:    PowerOff = 8,
10:    ForcedPowerOff = 12
11:  }
12:
13:  GetIPAddress gip = new GetIPAddress();
14:  const int port = 63000; // 포트 정보
15:
16:  NetworkStream ns;
```

```
17:  StreamWriter sw;
18:  StreamReader sr;
19:
20:  Thread ListenThre = null;
21:  Thread MsgThre = null;
22:
23:  TcpClient tClient;
24:  TcpListener tListen;
25:
26:  bool Run = true; // 스트림 읽기 설정 정보
```

다음의 Form1_Load() 이벤트 핸들러는 폼을 더블클릭하여 생성한 프로시저로 실제 IP를 가져와 lblAgentIP에 나타내는 작업과 TcpListener 개체를 생성해 연결을 기다리는 작업을 수행하기 위한 스레드를 생성하는 작업을 수행한다.

```
01:  private void Form1_Load(object sender, EventArgs e)
02:  {
03:    this.lblAgentIP.Text = gip.GetRealIpAddress().ToString();
04:
05:    ListenThre = new Thread(ListenConnect);
06:    ListenThre.Start();
07:  }
```

다음의 ListenConnect() 메서드는 TcpListener 클래스의 개체를 생성하여 네트워크 연결을 기다리는 작업을 수행한다.

```
01:  private void ListenConnect()
02:  {
03:    IPAddress addr = new IPAddress(0);
04:    tListen = new TcpListener(addr, port);
05:    tListen.Start();
06:    while(Run)
07:    {
08:      Thread.Sleep(1);
09:      tClient = tListen.AcceptTcpClient();
10:      ns = tClient.GetStream();
11:      sw = new StreamWriter(ns);
12:      sr = new StreamReader(ns);
13:      sw.WriteLine("접속 완료");
14:      sw.Flush();
15:      MsgThre = new Thread(MessageReceive);
16:      MsgThre.Start();
17:    }
18:  }
```

03행	로컬 컴퓨터의 기본 아이피를 가져오는 작업을 수행한다.
04행	TcpListener 클래스의 개체 tListen을 초기화하는데 매개변수로 03행에서 생성한 addr 개체를 첫 번째 매개변수에 대입하고, 두 번째는 포트 번호를 대입하여 초기화한다.
05행	tListen.Start() 메서드를 이용하여 IP와 포트로 들어오는 네트워크 연결을 수신을 시작한다.
06–17행	while 구문을 연결 요청을 받아들이는 작업을 수행한다.
09행	tListen.AcceptTcpClient() 메서드를 이용하여 보류 중인 네트워크 연결 요청을 받아들이고 데이터를 보내고 받는 데 사용하는 TcpClient 개체를 반환한다.
10행	tClient.GetStream() 메서드를 이용하여 데이터를 보내고 받는데 사용되는 NetworkStream을 반환받고, 11행과 12행의 StreamReader, StreamWriter 개체를 이용하여 스트림을 받고 쓴다.
13–14행	문자열 메시지로 "접속 완료"라고 스트림에 쓰고 sw.Flush() 메서드를 이용하여 네트워크 스트림을 통해 메시지를 전송한다.

다음의 MessageReceive() 메서드는 네트워크 스트림을 통해 받은 전원 옵션 명령에 따라 명령을 처리하는 작업을 수행한다.

```
01:  private void MessageReceive()
02:  {
03:    try
04:    {
05:      while (Run)
06:      {
07:        Thread.Sleep(1);
08:        if (ns.CanRead)
09:        {
10:          string msg = sr.ReadLine();
11:          if (msg != null)
12:          {
13:            bool Flag = false;
14:            if (msg == "###SHUTDOWN###")
15:            {
16:              Flag = shutDown(ShutDown.ForcedShutdown);
17:            }
18:            if (msg == "###REBOOT###")
19:            {
20:              Flag = shutDown(ShutDown.ForcedReboot);
21:            }
22:            if (msg == "###LOGOFF###")
23:            {
24:              Flag = shutDown(ShutDown.ForcedLogOff);
25:            }
26:            if (msg == "###Nothing###")
27:            {
28:              Flag = true;
29:            }
30:            if(Flag == true)
```

```
31:          {
32:            sw.WriteLine(msg + " 성공");
33:            sw.Flush();
34:          }
35:          else
36:          {
37:            sw.WriteLine(msg + " 실패");
38:            sw.Flush();
39:          }
40:        }
41:      }
42:    }
43:  }
44:  catch { };
45: }
```

08행	ns.CanRead 속성을 이용하여 네트워크 스트림에 읽을 스트림이 있다면 09행~41행을 수행하는 작업을 수행한다.
10행	sr.ReadLine() 메서드를 이용하여 스트림의 문자열을 행 단위로 읽는 작업을 수행한다.
16, 20, 24행	전원 옵션 명령에 따라 shutDown() 메서드를 호출하여 컴퓨터 전원 옵션을 실행하는 작업을 수행한다.
32, 33행 37, 38행	sw.WriteLine() 메서드를 이용하여 스트림에 문자열을 쓰고 sw.Flush() 메서드를 이용하여 네트워크로 전송하는 작업을 수행한다.

다음의 shutDown() 메서드는 전원 옵션에 따라 컴퓨터의 전원 옵션 명령을 수행하는 작업을 수행한다.

```
01:  public bool shutDown(ShutDown flag)
02:  {
03:    try
04:    {
05:      ManagementBaseObject outParam = null;
06:      ManagementClass sysOS =
              new ManagementClass("Win32_OperatingSystem");
07:      sysOS.Get();
08:      sysOS.Scope.Options.EnablePrivileges = true;
09:      ManagementBaseObject inParams =
              sysOS.GetMethodParameters("Win32Shutdown");
10:      inParams["Flags"] = flag;
11:      inParams["Reserved"] = "0";
12:      foreach (ManagementObject manObj in sysOS.GetInstances())
13:      {
14:        outParam = manObj.InvokeMethod("Win32Shutdown", inParams, null);
15:      }
16:      return true;
```

```
17:     }
18:     catch
19:     {
20:         return false;
21:     }
22: }
```

06행	ManagementClass 생성자를 통해 개체를 초기화하는 작업을 수행하는데 매개변수에 WMI 클래스의 경로를 입력한다.
07행	sysOS.Get() 메서드를 이용하여 OS 시스템에 대한 관리 개체에 WMI 클래스 정보를 바인딩한다.
08행	sysOS.Scope.Options.EnablePrivileges 속성을 true로 지정하여 특수 사용자 권한을 사용할 수 있게 지정한다.
09행	sysOS.GetMethodParameters() 메서드를 이용하여 입력 매개변수 목록을 나타내는 ManagementBaseObject를 반환한다.
10행	매개변수 flag의 값에 따라 전원 옵션의 명령을 입력한다.
12행	foreach 구문을 이용하여 10행, 11행의 입력된 전원 옵션에 따라 manObj.InvokeMethod() 메서드의 두 번째 매개변수에 입력하여 전원 옵션 명령을 수행한다.

다음의 tnClose_Click() 이벤트 핸들러는 [종료] 버튼을 더블클릭하여 생성한 프로시저로 폼을 종료하는 작업을 수행한다.

```
01: private void btnClose_Click(object sender, EventArgs e)
02: {
03:     this.Close();
04: }
```

다음의 Form1_FormClosing() 이벤트 핸들러는 폼을 선택한 뒤에 이벤트 목록 창에서 [FormClosing] 란을 더블클릭하여 생성한 프로시저로 개체의 리소스를 해제하고 어플리케이션을 종료하는 작업을 수행한다.

```
01: private void Form1_FormClosing(object sender, FormClosingEventArgs e)
02: {
03:     if (tClient != null) tClient.Close();
04:     if (tListen != null) tListen.Stop();
05:     Run = false;
06:     if (sr != null) sr.Close();
07:     if (sw != null) sr.Close();
08:     if (ns != null) ns.Close();
09:     if (ListenThre != null)
10:         ListenThre.Abort();
11:     if (MsgThre != null)
12:         MsgThre.Abort();
13:     Application.ExitThread();
14: }
```

3.6 GetIPAddress.cs 클래스 생성 및 코드 구현

솔루션 탐색기에서 프로젝트 이름을 마우스 오른쪽 버튼으로 눌러 [추가]-[클래스] 메뉴를 클릭한 후 GetIPAddress.cs 클래스를 생성하고, 다음과 같이 using 키워드를 이용하여 네임스페이스를 추가한다.

```
using System.Net;
using System.Net.NetworkInformation;
```

다음의 GetRealIpAddress() 메서드는 로컬 컴퓨터에서 실제 사용하는 IPv4 IP를 반환하는 작업을 수행한다.

```
01:  public IPAddress GetRealIpAddress()
02:  {
03:    IPAddress gateway = FindGetGatewayAddress();
04:
05:    if (gateway == null)
06:      return null;
07:
08:    IPAddress[] pIPAddress = Dns.GetHostAddresses(Dns.GetHostName());
09:
10:    foreach (IPAddress address in pIPAddress)
11:      if (IsAddressOfGateway(address, gateway))
12:        return address;
13:    return null;
14:  }
```

다음의 FindGetGatewayAddress() 메서드는 네트워크 게이트웨이에 대한 주소 정보가 들어 있는 개체를 반환하는 작업을 수행한다.

```
01:  private IPAddress FindGetGatewayAddress()
02:  {
03:    IPGlobalProperties ipGlobProps =
            IPGlobalProperties.GetIPGlobalProperties();
04:    foreach (NetworkInterface ni in NetworkInterface.GetAllNetworkInterfaces())
05:    {
06:      IPInterfaceProperties ipInfProps = ni.GetIPProperties();
07:      foreach (GatewayIPAddressInformation gi in 04: ipInfProps.GatewayAddresses)
08:        return gi.Address;
09:    }
10:    return null;
11:  }
```

다음의 IsAddressOfGateway() 메서드는 로컬 컴퓨터에서 사용하는 아이피와 게이트웨이 주소일 경우 true 값을 반환하는 작업을 수행한다.

```
01:  private bool IsAddressOfGateway(IPAddress address, IPAddress gateway)
02:  {
03:    if (address != null && gateway != null)
04:      return IsAddressOfGateway(address.GetAddressBytes(),
05:    gateway.GetAddressBytes());
06:    return false;
07:  }
```

다음의 IsAddressOfGateway() 메서드는 로컬 컴퓨터에서 사용하는 IP와 게이트웨이 IP 길이가 같으면 true 값을 반환하는 작업을 수행한다.

```
01:  private bool IsAddressOfGateway(byte[] address, byte[] gateway)
02:  {
03:    if (address != null && gateway != null)
04:    {
05:      int gwLen = gateway.Length;
06:
07:      if (gwLen > 0)
08:      {
09:        if (address.Length == gateway.Length)
10:        {
11:          --gwLen;
12:          int counter = 0;
13:          for (int i = 0; i < gwLen; i++)
14:          {
15:            if (address[i] == gateway[i])
16:              ++counter;
17:          }
18:          return (counter == gwLen);
19:        }
20:      }
21:    }
22:    return false;
23:  }
```

3.7 원격 전원 제어 예제 실행

이 예제는 다음과 같은 순서로 실행해야 한다.

첫 번째, 원격 PC에 저장되어 있는 전원관리 에이전트를 실행한 후 전원관리 관리자가 접속하도록 기다린다.

두 번째, 전원관리 에이전트를 관리하는 관리자 PC에 저장되어 있는 전원관리 관리자를 실행한 후 에이전트의 아이피 주소를 입력하고 [연결] 버튼을 눌러 에이전트에 접속한다.

세 번째, 수행하려는 전원관리의 종류를 선택하는 라디오 버튼(Shutdown, LogOff, Reboot, Nothing)을 선택하고 [실행] 버튼을 누르면 전원관리 에이전트는 명령을 받고 수행한다.

이 예제를 실행할 때는 다음과 같은 사항에 주의한다.
- 전원관리 관리자와 에이전트가 같은 PC에서 실행해도 관계없지만, 전원관리를 위해 원격 PC를 이용한다.
- 전원관리 에이전트를 먼저 실행하고 관리자를 실행하여 접속해야 한다.

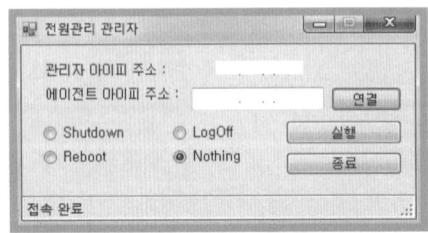

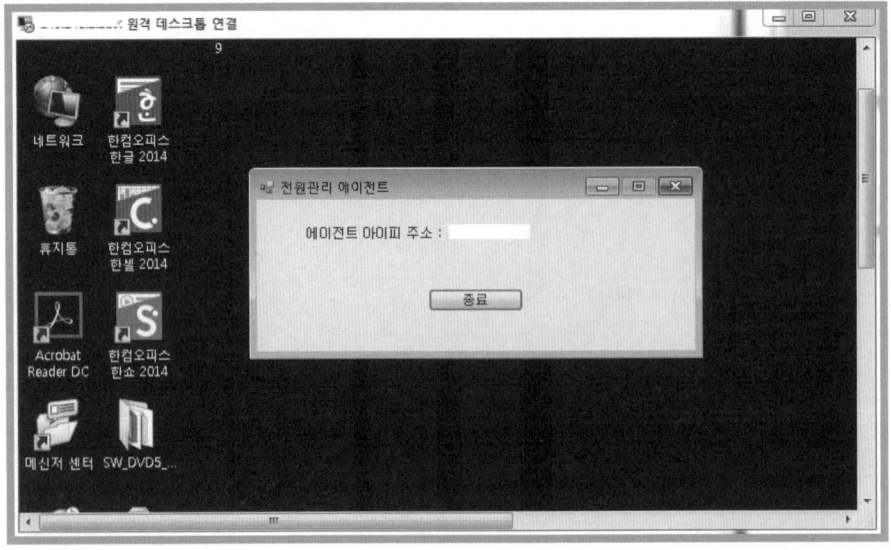

04 IPv6 통신 프로그램

이 절에서 살펴볼 IPv6 통신 프로그램 예제는 서버와 클라이언트로 구현된 콘솔 어플리케이션이다.

6장과 이 절의 앞에서는 IPv4를 이용하여 네트워크 프로그램을 구현하였는데, 이 절에서는 IPv6를 이용하여 통신하는 프로그램을 구현한다.

다음 그림은 IPv6 통신 프로그램 어플리케이션을 구현하고 실행한 결과 화면이다.

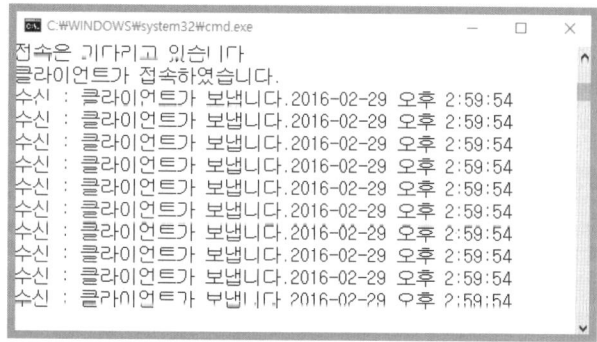

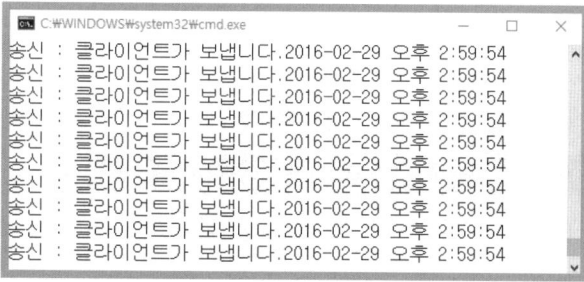

[결과 미리 보기]

4.1 서버 모드 프로젝트 생성 및 코드 구현

프로젝트 이름을 'mook_IPv6Server'로 하여 'C:\NetworkCS\Chap7' 경로에 콘솔 어플리케이션 유형으로 프로젝트를 생성한다.

다음과 같이 using 키워드를 이용하여 필요한 네임스페이스를 추가한다.

```
using System.Net;
using System.Net.Sockets;
```

다음과 같이 프로그램을 실행할 때 클라이언트와 통신을 위한 코드를 Main() 메서드에 추가한다.

```
01:  static void Main(string[] args)
02:  {
03:    int port = 65006;

04:    Socket SocListener = new Socket(AddressFamily.InterNetworkV6,
           SocketType.Stream, ProtocolType.Tcp);
05:    SocListener.Bind(new IPEndPoint(IPAddress.IPv6Any, port));
06:    SocListener.Listen(1);
07:    Console.WriteLine("접속을 기다리고 있습니다....");
08:    Socket Soc = SocListener.Accept();
09:    SocListener.Close();
10:    Console.WriteLine("클라이언트가 접속하였습니다.");

11:    byte[] rec = new byte[48];
12:    while(Soc.Receive(rec) > 0)
13:    {
14:      Console.WriteLine("수신 : " +
             ASCIIEncoding.Default.GetString(rec, 0, 48));
15:    }
16:    Soc.Close();
17:  }
```

03행　통신을 위한 포트 정보를 변수에 저장한다.

04행　Socket 클래스 생성자를 이용하여 SocListener 개체를 생성하고 IPv6 통신을 위한 준비 작업을 수행한다. 생성자의 첫 번째 매개변수를 유의하여 살펴보아야 하는데, 이는 IPv6를 위한 AddressFamily 열거형의 InterNetworkV6를 대입한다.

구문	설명
AddressFamily.InterNetworkV6	IP 버전 6에 대한 주소

05행　Socket.Bind() 메서드를 이용하여 Socket을 로컬 끝점과 연결하는 작업으로 통신 준비를 완료한다. 매개변수로 IPEndPoint 개체를 가진다.

06행　Socket.Listen() 메서드를 이용하여 Socket을 수신 상태로 만든다.

12-15행　while 문을 이용하여 클라이언트에서 수신되는 데이터를 정보를 가져와 화면에 출력하는 작업을 수행한다.

16행　Socket 개체의 Close() 메서드를 이용하여 리소스를 해제하고 연결을 종료한다.

[TIP 7-1] IPEndPoint(IPAddress, Int32) 생성자

IPEndPoint(IPAddress address, Int32 port) 생성자
지정된 주소와 포트 번호를 사용하여 IPEndPoint 클래스 개체 생성
– address : 인터넷 주소 체계
– port : address와 연결된 포트 번호이거나, 사용할 수 있는 포트

Socket(addressFamily, socketType, protocolType) 생성자
지정된 주소 패밀리, 소켓 종류 및 프로토콜을 사용하여 Socket 클래스의 개체를 생성한다.

– addressFamily : AddressFamily 값 중 하나
– socketType : SocketType 값 중 하나
– protocolType : ProtocolType 값 중 하나

AddressFamily 열거형

멤버 이름	설명
InterNetworkV6	IP 버전 6에 대한 주소

ProtocolType 열거형

멤버 이름	설명
IcmpV6	IPv6용 Internet Control Message Protocol
IPSecAuthenticationHeader	IPv6 Authentication 헤더
IPSecEncapsulatingSecurityPayload	IPv6 Encapsulating Security Payload 헤더
IPv6	IPv6(인터넷 프로토콜 버전 6)
IPv6DestinationOptions	IPv6 Destination Options 헤더
IPv6FragmentHeader	IPv6 Fragment 헤더
IPv6HopByHopOptions	IPv6 Hop-by-Hop Options 헤더
IPv6NoNextHeader	IPv6 No Next 헤더
IPv6RoutingHeader	IPv6 Routing 헤더

4.2 클라이언트 모드 프로젝트 생성 및 코드 구현

프로젝트 이름을 'mook_IPv6Client'로 하여 'C:\NetworkCS\Chap7' 경로에 콘솔 어플리케이션 유형으로 프로젝트를 생성한다.

다음과 같이 using 키워드를 이용하여 필요한 네임스페이스를 추가한다.

```
using System.Net;
using System.Net.Sockets;
using System.Threading;
```

클라이언트 프로그램을 실행할 때 서버와 통신을 위한 코드를 다음과 같이 Main() 메서드에 추가한다.

```
01:   static void Main(string[] args)
02:   {
03:      int port = 65006;
04:      string Ipv6_addr = "fe81::2175:de13:d19:48ab%16";

05:      IPAddress ipa = IPAddress.Parse(Ipv6_addr);
06:      IPEndPoint ipe = new IPEndPoint(ipa, port);
07:      Socket Soc = new Socket(AddressFamily.InterNetworkV6,
                  SocketType.Stream, ProtocolType.Tcp);
08:      Soc.Connect(ipe);

09:      var sen =
            ASCIIEncoding.Default.GetBytes("클라이언트가 보냅니다." + DateTime.Now);

10:      for (int i=0; i<10;i++)
11:      {
12:        Console.WriteLine("송신 : "
                  + ASCIIEncoding.Default.GetString(sen));
13:        Soc.Send(sen);
14:        Thread.Sleep(1000);
15:      }
16:      Soc.Close();
17:   }
```

03행	통신에 필요한 포트를 지정하는 구문이다.
04행	IPv6 체제의 로컬 IP 주소를 저장하는 구문이다. 자신이 사용하는 컴퓨터의 로컬 IPv6 주소를 사용해야 한다. 사용하는 컴퓨터의 네트워크 카드에 할당된 IPv6 주소를 확인하는 방법은 [TIP 7-2]를 참고한다.
05행	IPAddress 클래스의 개체 ipa를 생성하는 구문으로 IPv6 IP 주소를 매개변수로 대입한다.
06행	IPEndPoint 클래스의 개체 ipe를 생성하는 구문으로 05행에서 생성한 IPAddress 클래스의 개체와 03행에서 정의한 포트 정보를 매개변수로 대입한다.
07행	Socket 클래스의 개체 Soc을 생성하고 서버와 IPv6 체계를 이용하여 통신할 준비를 한다.
08행	Soc.Connect() 메서드를 이용하여 원격 호스트에 연결을 설정하는 작업을 수행한다.
09행	송신할 문자형 데이터를 ASCIIEncoding.Default.GetBytes() 메서드를 이용하여 byte 타입의 배열로 변환하여 저장한다.
10-15행	for 문을 이용하여 매초 날짜 및 시간 정보를 서버에 전송하는 작업을 수행한다. 이때 시간 정보를 매초 다르게 전송하고 싶다면 09행을 for 문 내부의 12행 앞으로 이동하면 된다.
13행	Soc.Send() 메서드를 이용하여 09행에서 생성한 바이트 배열 개체를 매개변수로 대입한다.
16행	Soc.Close() 메서드를 이용하여 Socket 클래스 개체 Soc의 리소스를 해제한다.

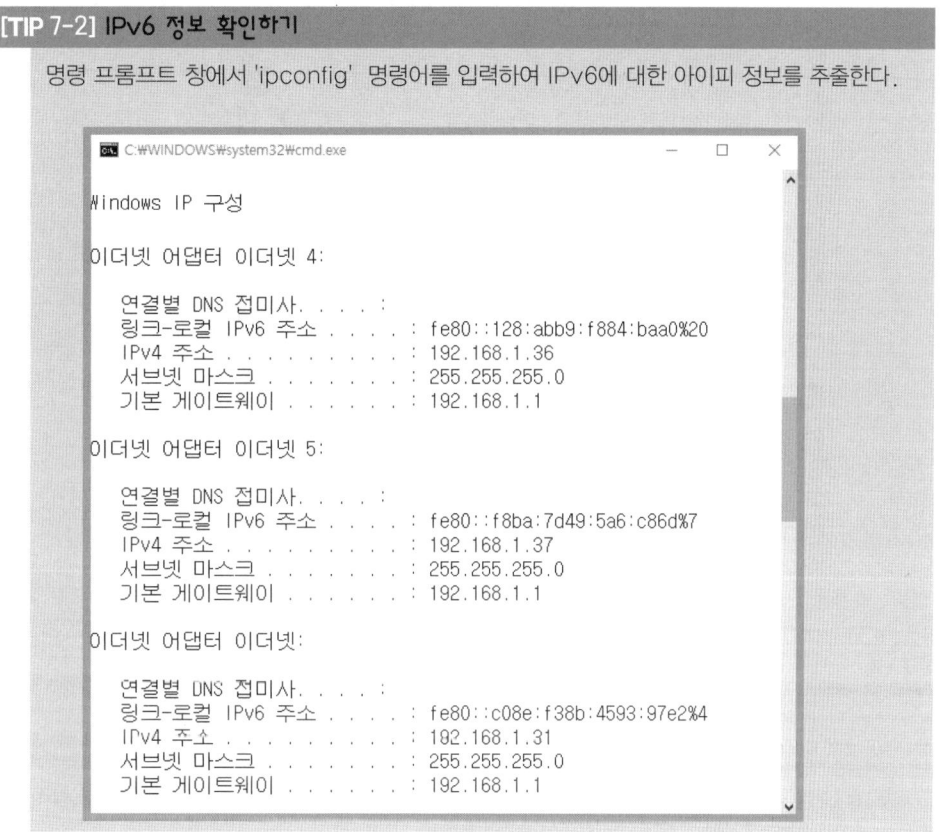

[TIP 7-2] IPv6 정보 확인하기

명령 프롬프트 창에서 'ipconfig' 명령어를 입력하여 IPv6에 대한 아이피 정보를 추출한다.

```
C:\WINDOWS\system32\cmd.exe                                    —    □    ×

Windows IP 구성

이더넷 어댑터 이더넷 4:

    연결별 DNS 접미사. . . . :
    링크-로컬 IPv6 주소 . . . . : fe80::128:abb9:f884:baa0%20
    IPv4 주소 . . . . . . . . : 192.168.1.36
    서브넷 마스크 . . . . . . . : 255.255.255.0
    기본 게이트웨이 . . . . . . : 192.168.1.1

이더넷 어댑터 이더넷 5:

    연결별 DNS 접미사. . . . :
    링크-로컬 IPv6 주소 . . . . : fe80::f8ba:7d49:5a6:c86d%7
    IPv4 주소 . . . . . . . . : 192.168.1.37
    서브넷 마스크 . . . . . . . : 255.255.255.0
    기본 게이트웨이 . . . . . . : 192.168.1.1

이더넷 어댑터 이더넷:

    연결별 DNS 접미사. . . . :
    링크-로컬 IPv6 주소 . . . . : fe80::c08e:f38b:4593:97e2%4
    IPv4 주소 . . . . . . . . : 192.168.1.31
    서브넷 마스크 . . . . . . . : 255.255.255.0
    기본 게이트웨이 . . . . . . : 192.168.1.1
```

4.3 예제 실행

다음 그림은 IPv6 통신 프로그램(서버, 클라이언트)을 실행한 화면이다.

이 예제를 실행할 때는 다음과 같은 순서로 실행한다.

첫 번째, IPv6 서버 기능을 제공하는 'mook_IPv6Server.exe'를 먼저 실행한다.

두 번째, IPv6 클라이언트 기능을 제공하는 'mook_IPv6Client.exe'를 실행한다.

이 예제는 클라이언트를 실행하기 전에 반드시 서버 프로그램의 IPv6 주소 정보를 수정해야 한다. 자신의 컴퓨터에서 IPv6 주소 정보를 확인하는 방법은 [TIP 7-2 IPv6 정보 확인하기]를 참고한다. IPv6 주소 정보를 수정하지 않고 실행하면 SocketException 에러가 발생한다.

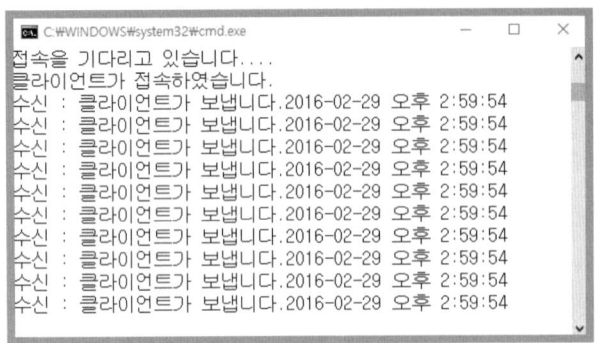

CHAPTER 08

네트워크 모니터링 시스템

이 장에서 살펴볼 네트워크 모니터링 시스템(Network Monitoring System : NMS)은 전산실과 같은 곳에서 여러 시스템으로 구성되는 네트워크 및 장비의 상태를 모니터링 하기 위해서 사용하는 어플리케이션이다. 네트워크 모니터링 시스템은 다양한 형태와 기능으로 구성되지만, 그 기능에 대해 모두 다루기는 제약이 많으므로 이 장에서 살펴볼 네트워크 모니터링 시스템은 1장부터 7장까지 살펴본 기능을 통합적으로 사용하여 시스템을 구현한다.

O1　네트워크 모니터링 시스템 구조도

이 절의 네트워크 모니터링 시스템(NMS)은 다음과 같은 구조로 구현되었다. NMS의 Network Dashboard는 네트워크가 이상이 있는지 검사하는 기능과 네트워크에 문제가 발생할 때 가시적으로 확인할 수 있도록 장비별로 대응되는 시스템 아이콘이 Dashboard 위에 위치하는 데, 시스템 아이콘 관리는 Network Items Manager가 수행한다. Network Analyzer는 네트워크의 이상 유무를 확인하기 위한 네트워크를 검사한다. External App Connector는 관리 대상의 시스템과 네트워크로 연결되어 메시지를 주고받거나, 전원 관리, 특정 명령 수행 그리고 대상 시스템의 CPU 사용량을 확인할 수 있도록 기능별 관리자 프로그램을 실행시키는 작업을 수행한다.

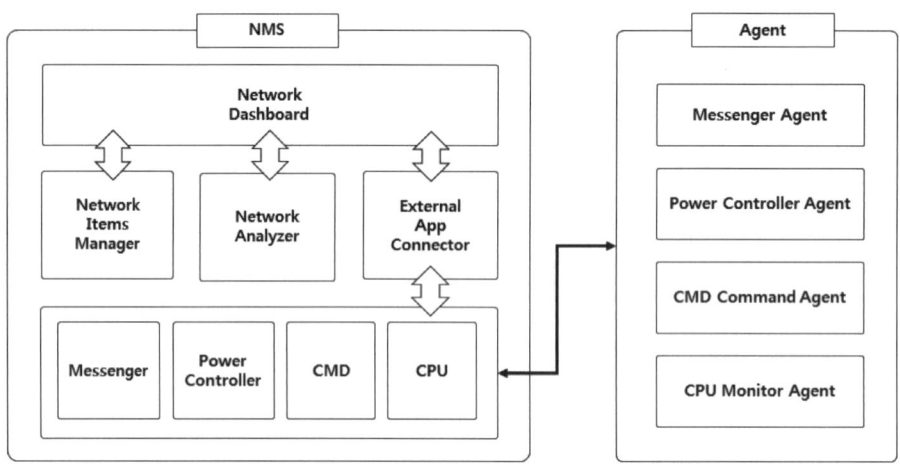

다음 그림은 네트워크 모니터링 시스템을 구현하고 실행한 결과 화면으로 그림과 같이 폼을 디자인한다.

[결과 미리 보기]

O2 인터페이스 디자인

프로젝트 이름을 'mook_NMS'로 하고 'C:\NetworkCS\Chap8' 경로에 프로젝트를 생성한다. 다음 그림과 같이 윈도우 폼에 각 컨트롤을 위치시키고 표를 참고하여 각 컨트롤의 속성값을 설정한다.

폼 컨트롤	속성	값
Form1	Name	Form1
	Text	Network Monitor System
	FormBorderStyle	FixedSingle
	MaximizeBox	False
Panel1	Name	plMap
	BackColor	White
Panel2	Name	plGA
Panel3	Name	plGB
GroupBox1	Name	gbItem
	Text	아이템 설정
GroupBox2	Name	gbMonitor
	Text	모니터 설정
Label1	Name	lblId
	Text	아이디 :

Label2	Name	lblName
	Text	이름 :
Label3	Name	lblIp
	Text	아이피 :
Label4	Name	lblInterval
	Text	주기 :
TextBox1	Name	txtId
	ReadOnly	True
TextBox2	Name	txtName
TextBox3	Name	txtIp
Button1	Name	btnItemConfig
	Text	적용
Button2	Name	btnMonitorConfig
	Text	적용
Button3	Name	btnStart
	Text	NMS 시작
Button4	Name	btnStop
	Text	NMS 정지
RadioButton1	Name	rbLogOn
	Text	Log On
RadioButton2	Name	rbLogOff
	Text	Log Off
RadioButton3	Name	rbSoundOn
	Text	Sound On
RadioButton4	Name	rbSoundOff
	Text	Sound Off
ComboBox1	Name	cbInterval
	DropDownStyle	DropDownList
ToolStrip1	Name	tsMenu
StatusStrip1	Name	stsBar
ImageList1	Name	ImgListError
	Images	[설정]
ImageList2	Name	ImgListNormal
	Images	[설정]
Timer1	Name	Timer
	Interval	5000

다음 그림과 표에서 제공하는 정보를 이용하여 tsMenu 컨트롤에 멤버를 추가하고 속성을 설정한다.

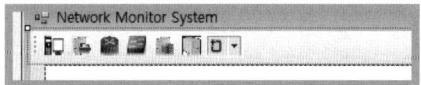

폼 컨트롤	속성	값
ToolStripButton1	Name	tsbtnPC
	DisplayStyle	Image
	Image	[설정]
	Tag	0
	ToolTipText	UserPC
ToolStripButton2	Name	tsbtnSVF
	DisplayStyle	Image
	Image	[설정]
	Tag	1
	ToolTipText	FileServer
ToolStripButton3	Name	tsbtnR
	DisplayStyle	Image
	Image	[설정]
	Tag	2
	ToolTipText	Router
ToolStripButton4	Name	tsbtnS
	DisplayStyle	Image
	Image	[설정]
	Tag	3
	ToolTipText	Switch
ToolStripButton5	Name	tsbtnD
	DisplayStyle	Image
	Image	[설정]
	Tag	4
	ToolTipText	DBServer
ToolStripButton6	Name	tsbtnW
	DisplayStyle	Image
	Image	[설정]
	Tag	5
	ToolTipText	WorkStation

cbInterval 컨트롤을 선택하고 Items 속성에 다음 표와 같이 문자열을 추가한다. 네트워크 모니터링을 위한 시간 간격을 설정하는 것이다.

```
30 초
60 초
2 분
5 분
```

다음 그림과 표에서 제공하는 정보를 이용하여 stsBar 컨트롤에 멤버를 추가하고 속성을 설정한다.

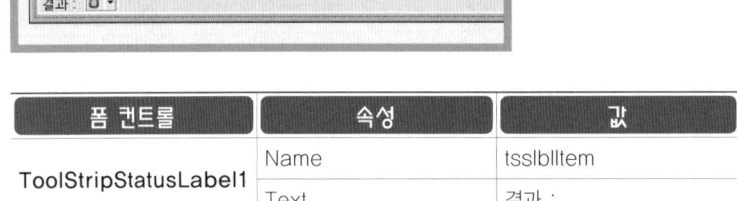

폼 컨트롤	속성	값
ToolStripStatusLabel1	Name	tsslblItem
	Text	결과 :

다음 그림과 같이 에러가 발생했을 때 에러 이미지를 출력하기 위해서 ImgListError 컨트롤을 선택하고 Images 속성에 이미지 멤버를 추가한다.

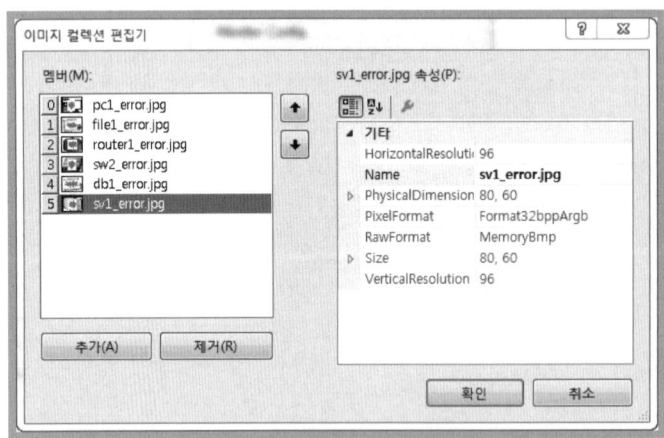

에러 발생 후 네트워크가 정상화되면 이미지를 출력하기 위해서 ImgListNormal 컨트롤을 선택하고 Images 속성에 이미지 멤버를 다음 그림과 같이 추가한다.

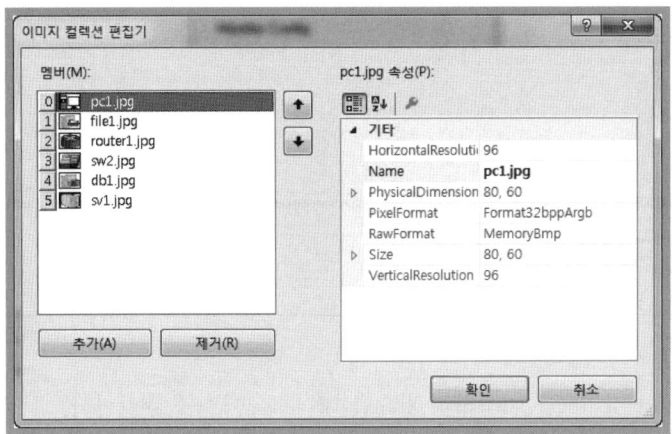

솔루션 탐색기에서 프로젝트 이름을 마우스 오른쪽 버튼으로 눌러 [추가]-[새 폴더] 메뉴를 클릭하고 이미지 아이콘에 사용할 이미지와 에러가 발생할 때 실행할 사운드 파일을 저장할 폴더로 'img'와 'sound' 폴더를 생성하고, 로그 파일을 저장할 'Logs' 폴더를 생성한 다음 이미지와 사운드 파일(Wav)을 저장한다. 그리고 'sound', 'Logs' 폴더는 bin\Debug 하위의 실행 파일과 같은 경로에 복사하여 생성한다.

03 데이터베이스 설계

이 장에서 살펴볼 네트워크 모니터링 시스템은 MS Access 데이터베이스를 이용한다. MS Access를 실행하여 다음 표와 같이 테이블을 디자인하고 프로젝트의 실행 파일 위치인 bin\Debug 폴더 하위에 'NMS.accdb' 파일로 저장한다.

- 데이터베이스 : NMS.accdb
- 테이블 : ItemManage

필드 이름	데이터 형식	비고
N_ID	일련번호	증분
N_ItemID	짧은 텍스트(10)	
N_ItemName	짧은 텍스트(50)	
N_ItmeIp	짧은 텍스트(25)	

원래 네트워크 모니터링 시스템에서는 데이터베이스를 이용하여 관리하는 네트워크 시스템에 대한 정보를 저장하고 재실행시 정보를 불러와 화면에 나타내는 등 정보를 재사용하지만, 이 예제에서는 네트워크 시스템의 간단한 정보만 저장하고 그 정보를 이용하여 네트워크 이상 유무를 검사하는 작업을 구현한다.

O4 코드 구현

다음과 같이 using 키워드를 이용하여 필요한 네임스페이스를 추가한다.

```
using System.IO;
using System.Threading;
using System.Data.OleDb;
```

다음과 같이 멤버 개체 및 변수를 클래스 내부 상단에 추가한다.

```
01:  PictureBox frmPic = null; // Item 관리를 위한 개체
02:  bool Dragging = false;    // 드래그 여부
03:  int mouseX, mouseY;       // 마우스 포인터 좌표
04:  int ItemNum = 0;

05:  List<string> IPList = new List<string>(); // IP 관리

06:  int MonitorConfA = 0;     // Log 관리
07:  int MonitorConfB = 0;     // Sound 관리

08:  string ConSql = "";       // MS ACCESS 연결문
```

다음의 Form1_Load() 이벤트 핸들러는 폼을 더블클릭하여 생성한 프로시저로 시스템 설정 파일을 읽어 옵션을 설정하고 데이터베이스 연결문을 정의하는 작업을 수행한다.

```
01:  private void Form1_Load(object sender, EventArgs e)
02:  {
03:    if(File.Exists("MonitorConfig.ini") == false)
04:      this.cbInterval.Text = "30 초";
```

```
05:    else
06:    {
07:      StreamReader sr = new StreamReader("MonitorConfig.ini");
08:      for(int i = 0; i < 3; i++)
09:      {
10:        string str = sr.ReadLine();
11:        if (i == 0)
12:          if (str.Split(':')[1] == "0") rbLogOn.Checked = true;
            else rbLogOff.Checked = true;
13:        else if (i == 1)
14:          if (str.Split(':')[1] == "0") rbSoundOn.Checked = true;
            else rbSoundOff.Checked = true;
15:        else if (i == 2)
16:          this.cbInterval.Text = str.Split(':')[1];
17:      }
18:      sr.Close();

19:      if (this.rbLogOn.Checked == true)
20:        MonitorConfA = 0;
21:      else if (this.rbLogOff.Checked == true)
22:        MonitorConfA = 1;

23:      if (this.rbSoundOn.Checked == true)
24:        MonitorConfB = 0;
25:      else if (this.rbLogOff.Checked == true)
26:        MonitorConfB = 1;
27:    }
28:    string DbPath = Application.StartupPath;
29:    ConSql = "Provider=Microsoft.ACE.OLEDB.12.0;Data Source=" +
           DbPath + @"\NMS.accdb;Mode=ReadWrite";
30: }
```

03행	네트워크 모니터링 시스템의 설정 정보를 담고 있는 'MonitorConfig.ini' 파일이 없으면 04행을 수행하여 cbInterval 컨트롤에 값을 30초로 설정한다.
07행	StreamReader 클래스의 개체 sr을 생성하고 매개변수에 읽을 시스템 파일 이름을 대입한다.
12행	로그를 남길 것인지 남기지 않을 것인지를 결정하는 옵션 설정으로, 0일 때는 rbLogOn 컨트롤을 체크하고, 0이 아닌 경우 rbLogOff 컨트롤을 체크하여 로그를 남기지 않는다.
14행	네트워크 장애가 발생할 때 알람을 실행할지를 결정하는 옵션 설정으로, 0인 경우 rbSoundOn 컨트롤을 체크하고, 0이 아닌 경우 rbSoundOff 컨트롤을 체크하여 알람을 실행하지 않는다.
16행	cbInterval 컨트롤의 Text 속성값을 설정하는 작업을 수행한다.
28–29행	데이터베이스 연결문을 생성하는 구문으로 MS ACCESS 연결문을 생성한다.

다음의 tsMenu_ItemClicked() 이벤트 핸들러는 tsMenu 컨트롤을 더블클릭하여 생성한 프로시저로 이미지 아이콘을 클릭하였을 때 발생하는 이벤트를 처리하는 작업을 수행한다.

```
01:  private void tsMenu_ItemClicked(object sender, ToolStripItemClickedEventArgs e)
02:  {
03:    if (this.tsMenu.Items.Count > 0)
04:    {
05:      PictureBox myPicBox = new PictureBox();
06:      myPicBox.MouseDown += new MouseEventHandler(MyMouseClick);
07:      myPicBox.MouseMove += new MouseEventHandler(MyMouseMove);
08:      myPicBox.MouseUp += new MouseEventHandler(MyMouseUp);
09:      myPicBox.MouseDoubleClick +=
                 new MouseEventHandler(MyMouseDoubleClick);

10:      this.plMap.Controls.Add(myPicBox);
11:      myPicBox.Location =
                 new Point(plMap.Location.X, plMap.Location.Y);
12:      myPicBox.BringToFront();
13:      myPicBox.BackgroundImageLayout = ImageLayout.Stretch;

14:      int tagId = Convert.ToInt32(e.ClickedItem.Tag);
15:      myPicBox.BackgroundImage = tsMenu.Items[tagId].Image;
16:      myPicBox.Name = tsMenu.Items[tagId].ToolTipText;
17:      myPicBox.Tag = ItemNum.ToString() + "_" + tagId.ToString();
18:      myPicBox.Size = new System.Drawing.Size(80, 60);
19:      myPicBox.Invalidate();
20:      IPList.Add("0.0.0.0");
21:      ItemNum++;
22:    }
23:  }
```

03행	메뉴 클릭 여부를 판단하기 위한 구문으로 0보다 크면 메뉴를 클릭한 것으로 판단한다.
05행	PictureBox 컨트롤의 개체를 생성하는 구문으로 이 컨트롤에 이미지 아이템을 출력하는 작업을 수행한다.
06–09행	05행에서 생성한 PictureBox 컨트롤의 개체에 이벤트를 설정하는 구문으로 마우스 클릭, 드래그, 더블클릭 등의 이벤트를 등록하는 작업을 수행한다.
10행	plMap.Controls.Add() 메서드를 이용하여 05행에서 생성한 myPicBox 개체를 plMap 컨트롤에 추가하는 작업을 수행한다.
11행	myPicBox 컨트롤의 Location 속성을 설정하는 구문이다.
13행	myPicBox 컨트롤의 BackgroundImageLayout 속성값을 ImageLayout.Stretch로 설정하는 작업을 수행한다.
14행	선택한 이미지 아이콘 메뉴의 Tag 값을 가져와 int 타입의 변수에 저장하는 작업을 수행한다.
15–18행	myPicBox BackgroundImage, Name, Tag, Size의 설정값을 설정하는 작업을 수행한다. 이는 선택된 이미지 아이콘을 새로 추가된 myPicBox로 설정하는 작업이다.

17행	myPicBox 컨트롤의 Tag 속성을 설정하는 구문으로 설정값에는 아이템이 추가될 때마다 번호가 추가하고 이 값에 14행의 tagId 값을 '_' 연결하여 설정한다. 이는 plMap 컨트롤에 추가된 아이템을 식별하기 위한 식별 번호로 사용된다.
19행	myPicBox.Invalidate() 메서드를 이용하여 컨트롤을 plMap에 그리는 작업을 수행한다.
20행	IPList.Add() 메서드를 이용하여 아이템의 초기 IP를 설정하는 작업을 수행한다.

다음의 MyMouseClick() 이벤트 핸들러로 작업 영역에서 마우스를 클릭할 때 발생하는 이벤트를 처리한다.

```
01:  private void MyMouseClick(object sender, MouseEventArgs e)
02:  {
03:    PictureBox pic = (PictureBox)sender;
04:    if (e.Button == MouseButtons.Right)
05:    {
06:      int X = pic.Location.X + pic.Width + 50 + Location.X;
07:      int Y = pic.Location.Y + Location.Y;

08:      Form2 frm2 = new Form2();
09:      frm2.ItemIp =
             IPList[Convert.ToInt32(pic.Tag.ToString().Split('_')[0])];
10:      frm2.Itemxy = new Point(X, Y);
11:      frmPic = pic;
12:      frm2.ShowDialog();
13:    }
14:    else if (e.Button == MouseButtons.Left)
15:    {
16:      pic.Cursor = Cursors.Hand;
17:      Dragging = true;
18:      mouseX = -e.X;
19:      mouseY = -e.Y;
20:      int clipleft = this.plMap.PointToClient(MousePosition).X - pic.Location.X;
21:      int cliptop = this.plMap.PointToClient(MousePosition).Y - pic.Location.Y;
22:      int clipwidth = this.plMap.ClientSize.Width - (pic.Width - clipleft);
23:      int clipheight = this.plMap.ClientSize.Height - (pic.Height - cliptop);
24:      Cursor.Clip = this.plMap.RectangleToScreen(
             new Rectangle(clipleft, cliptop, clipwidth, clipheight));
25:      pic.Invalidate();
26:    }
27:  }
```

03행	myPicBox에 설정된 이미지를 클릭했을 때 받은 sender 변수를 (PictureBox) 키워드를 통해 PictureBox 개체로 명시적 변환을 한다.
04행	마우스 오른쪽 버튼을 눌렀을 때 if 구문을 내부 블록을 수행하기 위한 구문이다.
06–07행	frm2의 Location 값을 설정하기 위해 X, Y 좌표값을 구하는 구문이다. 이 코드는 이미지를 마우스 오른쪽 버튼으로 클릭했을 때 항상 이미지 오른쪽 위치에서 나타난다.

09행	set 접근자를 통해 ItemIp 값을 설정하여 frm2의 TextBox에 나타내도록 하는 작업을 수행한다. IP는 IPList 멤버 변수 개체에 저장되어 있으며 저장된 순서 정보는 pic.Tag의 값에 저장되어 있어 split() 메서드를 이용하여 '_' 구분자로 분리하여 첫 번째 배열에서 가져온다.
14-26행	마우스 왼쪽 버튼을 클릭할 때 수행되는 작업 내용이다.
17행	마우스 왼쪽 버튼을 클릭할 때 드래그를 수행할 수 있도록 bool 타입의 Dragging 변수를 true로 설정한다.
18-23행	이미지의 Location 및 Size를 설정하는 것으로 이는 plMap 컨트롤 범위에서 움직여야 하기 때문에 범위를 한정하는 작업이다.
24행	plMap.RectangleToScreen() 메서드를 이용하여 마우스 커서를 plMap 범위에서 움직이도록 하는 작업을 수행한다.
25행	pic.Invalidate() 메서드를 호출하여 pic를 다시 그리는 작업을 수행한다.

다음의 MyMouseMove() 이벤트 핸들러는 이미지를 클릭하고 마우스를 움직이면 이미지가 움직이도록 하는 작업을 수행한다.

```
01:  private void MyMouseMove(object sender, MouseEventArgs e)
02:  {
03:    PictureBox pic = (PictureBox)sender;
04:    if (Dragging)
05:    {
06:      Point MPostion = new Point();
07:      MPostion = this.plMap.PointToClient(MousePosition);
08:      MPostion.Offset(mouseX, mouseY);
09:      pic.Location = MPostion;
10:    }
11:  }
```

04행	Dragging 변수의 값이 true일 때 즉, 마우스가 드래그될 때 if 구문 내부 블록 코드를 수행한다.
07행	plMap.PointToClient() 메서드를 이용하여 특정 화면 위치를 클라이언트 좌표로 계산하는 구문이다.
09행	이미지의 위치를 07행에서 얻은 좌표의 위치로 설정하는 작업을 수행한다.

다음의 MyMouseUp() 이벤트 핸들러는 마우스 버튼을 놓을 때 발생하는 이벤트를 처리하는 작업을 수행한다.

```
01:  private void MyMouseUp(object sender, MouseEventArgs e)
02:  {
03:    PictureBox pic = (PictureBox)sender;
04:    if (Dragging)
05:    {
06:      Dragging = false;
07:      Cursor.Clip = Rectangle.Empty;
08:      pic.Invalidate();
09:    }
```

```
10:    pic.Cursor = Cursors.Arrow;
11: }
```

06행	Dragging 변수의 값을 false로 설정하여 드래그 기능을 해제하는 작업을 수행한다.
07행	Cursor.Clip 속성의 범위를 해제하여 범위가 화면 전체가 되도록 한다.
08행	이미지 개체를 다시 그리는 작업을 수행한다.

다음의 MyMouseDoubleClick() 이벤트 핸들러는 이미지를 더블클릭하였을 때 발생하는 이벤트를 처리하는 작업을 수행한다.

```
01: private void MyMouseDoubleClick(object sender, MouseEventArgs e)
02: {
03:    PictureBox pic = (PictureBox)sender;
04:    Dragging = false;
05:    Cursor.Clip = Rectangle.Empty;
06:    this.tsslblItem.Text = "아이디 : " + pic.Tag.ToString() +
           " 이름 : " + pic.Name.ToString();
07:    this.txtId.Text = pic.Tag.ToString();
08:    this.txtName.Text = pic.Name;
09:    this.txtIp.Text = IPList[Convert.ToInt32(pic.Tag.ToString().Split('_')[0])];
10: }
```

04행	Dragging 변수를 false로 설정하여 마우스를 드래그하지 못하도록 하는 구문이다.
05행	Cursor.Clip을 무효화하는 작업을 수행한다.
06행	이미지 정보를 tsslblItem에 나타내는 작업을 수행한다.
07–09행	화면 오른쪽의 입력 컨트롤에 아이템의 정보를 출력하는 작업을 수행한다. 아이템의 아이디는 pic.Tag 정보로, 아이템의 이름은 pic.Name 정보로 설정하고, 아이템의 아이피 정보는 IPList 멤버 변수 개체에서 가져온다.

다음의 btnItemConfig_Click() 이벤트 핸들러는 [아이템 설정] 그룹 박스에 있는 [적용] 버튼을 더블클릭하여 생성한 프로시저로 아이템의 정보를 수정하는 작업을 수행한다.

```
01: private void btnItemConfig_Click(object sender, EventArgs e)
02: {
03:    if(this.txtId.Text == "")
04:    {
05:      MessageBox.Show("수정할 아이템을 먼저 더블클릭하세요.", "알림",
             MessageBoxButtons.OK, MessageBoxIcon.Error);
06:    }
07:    else
08:    {
09:      if (this.txtName.Text == "")
10:      {
11:        MessageBox.Show("이름을 입력하세요", "알림",
```

```
                      MessageBoxButtons.OK, MessageBoxIcon.Error);
12:        this.txtName.Focus();
13:        return;
14:     }
15:     if (this.txtIp.Text == "")
16:     {
17:       MessageBox.Show("아이피를 입력하세요.", "알림",
                      MessageBoxButtons.OK, MessageBoxIcon.Error);
18:       this.txtIp.Focus();
19:       return;
20:     }
21:     if (IPList.Contains(this.txtIp.Text) == true)
22:     {
23:       MessageBox.Show("동일한 아이피가 존재합니다.", "알림",
                      MessageBoxButtons.OK, MessageBoxIcon.Error);
24:       this.txtIp.Focus();
25:       return;
26:     }
27:     var dlg = MessageBox.Show("적용하시겠습니까?", "알림",
                      MessageBoxButtons.YesNo, MessageBoxIcon.Question);
28:     if (dlg == DialogResult.Yes)
29:     {
30:       int n = Convert.ToInt32(this.txtId.Text.Split('_')[0]);
31:       this.plMap.Controls[(this.plMap.Controls.Count - 1) -
                      Convert.ToInt32(this.txtId.Text.Split('_')[0])].Name =
                      this.txtName.Text;
32:       IPList[n] = this.txtIp.Text;
33:       MessageBox.Show("적용되었습니다.", "알림",
                      MessageBoxButtons.OK, MessageBoxIcon.Information);
34:       this.txtIp.Text = "";
35:       this.txtId.Text = "";
36:       this.txtName.Text = "";
37:     }
38:   }
39: }
```

03~26행	입력 컨트롤의 데이터에 대한 입력 유효성 검사를 하는 구문으로 입력이 바르지 않으면 메시지 대화 상자를 호출한다.
30행	아이템 식별을 위한 식별자 정보를 가져오는 구문으로 txtId 컨트롤의 Text 속성값에서 split() 메서드를 이용하여 '_' 구분자를 기준으로 첫 번째 정보를 가져와 int형 변수에 저장한다. 이 번호를 이용하여 plMap 컨트롤에 추가된 번호와 매치하여 아이템의 정보를 수정한다.
31행	this.plMap.Controls 속성(TIP 8-1 참고)을 이용하여 아이템의 Name 정보를 수정한다.
32행	IPList 멤버 변수 개체에 저장된 해당 IP 정보를 수정한다.

[TIP 8-I] Map 개체에 저장된 아이템의 순서

아이템이 추가되는 순서는 오른쪽부터 차례로 추가되지만, plMap.Contorls 속성값은 마지막 추가된 아이템부터 순서가 처리된다.

– plMap.Controls.Count : 3
– Convert.ToInt32(txtId.Text.Split('_')[0]) : 2
– Item2 : plMap.Controls[(3 – 1) – 2]

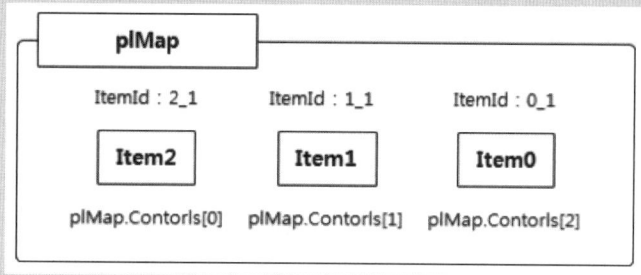

※ 다른 방법으로 아이템 순서 얻기
2장에서 Item이 순서를 얻는 방법에 대해 살펴보았는데, plMap 컨트롤에 있는 컨트롤의 TabIndex를 구하는 것이다. 각 아이템의 TabIndex를 기준으로 아이템 순서를 정할 수 있다.

다음의 btnMonitorConfig_Click() 이벤트 핸들러는 [모니터 설정] 그룹 바스에 있는 [적용] 버튼을 더블클릭하여 생성한 프로시저로 현재 시스템 옵션에 대해 시스템 파일로 실징값을 저장하는 직업을 수행힌다.

```
01:  private void btnMonitorConfig_Click(object sender, EventArgs e)
02:  {
03:    var dlg = MessageBox.Show("적용하겠습니까?", "알림",
            MessageBoxButtons.YesNo, MessageBoxIcon.Question);
04:    if (dlg == DialogResult.Yes)
05:    {
06:      if (this.rbLogOn.Checked == true)
07:        MonitorConfA = 0;
08:      else if (this.rbLogOff.Checked == true)
09:        MonitorConfA = 1;

10:      if (this.rbSoundOn.Checked == true)
11:        MonitorConfB = 0;
12:      else if (this.rbLogOff.Checked == true)
13:        MonitorConfB = 1;

14:      if (this.cbInterval.Text.Split(' ')[0] == "30")
15:        this.Timer.Interval = 30000;
16:      else if (this.cbInterval.Text.Split(' ')[0] == "60")
17:        this.Timer.Interval = 60000;
18:      else if (this.cbInterval.Text.Split(' ')[0] == "2")
```

```
19:       this.Timer.Interval = 120000;
20:     else if (this.cbInterval.Text.Split(' ')[0] == "5")
21:       this.Timer.Interval = 300000;

22:     StreamWriter sw = new StreamWriter("MonitorConfig.ini");
23:     sw.WriteLine("[Log Config]:" + MonitorConfA.ToString());
24:     sw.WriteLine("[Sound Config]:" + MonitorConfB.ToString());
25:     sw.WriteLine("[Interval Config]:" + this.cbInterval.Text);
26:     sw.Close();
27:     MessageBox.Show("적용되었습니다.", "알림",
       MessageBoxButtons.OK, MessageBoxIcon.Information);
28:   }
29: }
```

22행	StreamWriter 클래스의 개체 sw를 생성하고 매개변수에는 저보를 저장할 파일의 이름으로 'MonitorConfig.ini'를 대입한다.
23-25행	sw.WriteLine() 메서드를 이용하여 시스템 설정 파일에 문자열을 쓰는 작업을 수행한다.
26행	sw.Close() 메서드를 이용하여 sw 개체 리소스를 해제하여 스트림 쓰기를 종료한다.

다음의 Timer_Tick() 이벤트 핸들러는 Timer 컨트롤을 더블클릭하여 생성한 프로시저로 네트워크 체크하는 클래스를 호출하는 작업을 수행한다.

```
01:   private void Timer_Tick(object sender, EventArgs e)
02:   {
03:     NetworkCheck ntc = new NetworkCheck();
04:     ntc.OnError += new NetworkCheck.ErrorEventHandler(ItemChange);
05:     ntc.LogConf = MonitorConfA;
06:     ntc.SoundConf = MonitorConfB;
07:     ntc.NetCheckRun();
08:   }
```

03행	NetworkCheck 클래스의 개체 ntc를 생성하는 작업을 수행한다.
04행	NetworkCheck 클래스에 정의된 이벤트를 초기화하는 구문으로 대리자 ItemChange 메서드를 대입하고 이벤트를 등록한다.
05-06행	시스템 옵션 로그 생성 및 알람 실행에 대한 옵션 값을 set 접근자를 통해 전달한다.
07행	NetCheckRun() 메서드를 호출하여 네트워크 이상 유무를 검사한다.

다음의 ItemChange() 메서드는 NetworkCheck 클래스에 정의된 이벤트에 의해 수행되는 메서드로 매개변수 f의 값에 따라 아이템의 이미지를 나타내는 작업을 수행한다.

```
01:   private void ItemChange(int i, int n, bool f)
02:   {
03:     if (f == false)
04:       this.plMap.Controls[(this.plMap.Controls.Count - 1) - i].BackgroundImage
           = (Bitmap)ImgListError.Images[n];
```

```
05:   else
06:     this.plMap.Controls[(this.plMap.Controls.Count − 1) − i].BackgroundImage
          = (Bitmap)ImgListNormal.Images[n];
07: }
```

03-04행	해당 아이템의 네트워크 장애 발생에 따라 이미지와 매칭되는 ImgListError 컨트롤의 Images 속성값 즉, 이미지를 아이템의 BackgroundImage 속성에 나타내는 작업을 수행한다.
05-06행	정상적인 네트워크일 경우 ImgListNormal 컨트롤의 Images 속성값을 나타내는 작업을 수행한다.

다음의 btnStart_Click() 이벤트 핸들러는 [NMS 시작] 버튼을 더블클릭하여 아이템의 네트워크 이상 유무를 검사한다.

```
01: private void btnStart_Click(object sender, EventArgs e)
02: {
03:   if (this.plMap.Controls.Count == 0)
04:   {
05:     MessageBox.Show("저장할 아이템이 없습니다.", "알림",
          MessageBoxButtons.OK, MessageBoxIcon.Error);
06:     return;
07:   }
08:   if (IPList.Contains("0.0.0.0") == true)
09:   {
10:     MessageBox.Show("IP 정보를 수정하세요.", "알림",
          MessageBoxButtons.OK, MessageBoxIcon.Error);
11:     return;
12:   }
13:   ItemSave();
14: }
```

03-06행	검사할 아이템이 없다면 에러 메시지를 출력하는 작업을 수행한다.
08-12행	검사할 아이템 중 초기 IP를 갖는 아이템이 있다면 에러 메시지를 출력하는 작업을 수행한다.
13행	ItemSave() 메서드를 호출하여 아이템의 정보를 데이터베이스에 저장하는 작업을 수행한다.

다음의 ItemSave() 메서드는 아이템 정보를 데이터베이스에 저장하는 작업을 수행한다.

```
01: private void ItemSave()
02: {
03:   var Conn = new OleDbConnection(ConSql);
04:   Conn.Open();

05:   string Sql = "Delete from ItemManage";
06:   var Comm = new OleDbCommand(Sql, Conn);
07:   Comm.ExecuteNonQuery();
```

```
08:    int p = 0;
09:    for (int n = this.plMap.Controls.Count -1; n >= 0; n--)
10:    {
11:      Sql = "Insert into ItemManage(N_ItemID, N_ItemName, N_ItemIp)";
12:      Sql += "values('" + this.plMap.Controls[n].Tag.ToString() + "', '" +
               this.plMap.Controls[n].Name + "', '" + IPList[p] + "')";
13:      var iComm = new OleDbCommand(Sql, Conn);
14:      iComm.ExecuteNonQuery();
15:      p++;
16:    }

17:    Conn.Close();
18:    for(int k=0; k < this.Controls.Count; k++)
19:    {
20:      this.Controls[k].Enabled = false;
21:    }

22:    if (this.cbInterval.Text.Split(' ')[0] == "30")
23:      this.Timer.Interval = 30000;
24:    else if (this.cbInterval.Text.Split(' ')[0] == "60")
25:      this.Timer.Interval = 60000;
26:    else if (this.cbInterval.Text.Split(' ')[0] == "2")
27:      this.Timer.Interval = 120000;
28:    else if (this.cbInterval.Text.Split(' ')[0] == "5")
29:      this.Timer.Interval = 300000;

30:    this.Timer.Enabled = true;
31:    this.btnStop.Enabled = true;
32:  }
```

03행	OleDbConnnection 클래스의 개체 Conn을 초기화하고 04행의 Conn.Open() 메서드를 이용하여 데이터베이스에 연결한다.
06행	OleDbCommand 클래스의 개체를 생성하고 매개변수에 03행의 Conn 개체와 데이터베이스의 내용을 삭제하는 DELETE 쿼리문을 대입한다.
07행	Comm.ExecuteNonQuery() 메서드를 이용하여 05행의 DELETE 쿼리문을 실행하여 데이터베이스의 데이터를 삭제한다.
09-16행	for 문을 이용하여 plMap 컨트롤에 추가된 아이템에 대해 INSERT 쿼리문을 이용하여 아이템의 아이디와 아이템의 이름 그리고 아이템의 IP를 저장하는 작업을 수행한다.
18-21행	for 문을 이용하여 폼에 추가된 전체 컨트롤에 대한 Enabled 속성을 false로 설정한다.
22-29행	사용자에 의해 설정된 모니터링 주기의 값을 이용하여 Timer 컨트롤의 Interval 속성값을 설정한다.
30행	Timer 컨트롤의 Enabled 속성값을 true로 설정하여 네트워크 체크를 위한 작업을 수행한다.

다음의 btnStop_Click() 이벤트 핸들러는 [NMS 정지] 버튼을 더블클릭하여 생성한 프로시저로 네트워크 체크를 종료하는 작업을 수행한다.

```
01:  private void btnStop_Click(object sender, EventArgs e)
02:  {
03:    for (int k = 0; k < this.Controls.Count; k++)
04:    {
05:      this.Controls[k].Enabled = Enabled;
06:    }
07:    this.Timer.Enabled = false;
08:    this.btnStop.Enabled = false;
09:  }
```

03-06행   for 문을 이용하여 폼에 정의되어 있는 컨트롤의 Enabled 속성을 모두 true로 설정한다.
07행   Timer 컨트롤의 Enabled 속성을 false로 설정하여 네트워크 체크를 종료한다.

05 Option Menu 생성 및 인터페이스 디자인

솔루션 탐색기에서 프로젝트 이름을 마우스 오른쪽 버튼으로 눌러 [추가]-[Windows Form] 클릭하고, 다음 그림과 같이 윈도우 폼에 각 컨트롤을 위치시키고 표를 참고하여 각 컨트롤의 속성값을 설정한다.

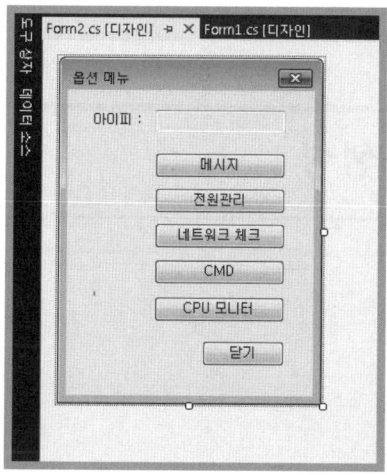

폼 컨트롤	속성	값
Form2	Name	Form2
	Text	옵션 메뉴
	FormBorderStyle	FixedSingle
	MaximizeBox	False
	MinimumBox	False
	ShowIcon	False
	ShowInTaskbar	False
Label1	Name	lblIp
	Text	아이피 :
TextBox1	Name	txtIp
	ReadOnly	True
Button1	Name	btnMessage
	Text	메시지
Button2	Name	btnPower
	Text	전원관리
Button3	Name	btnNetCheck
	Text	네트워크 체크
Button4	Name	btnCMD
	Text	CMD
Button5	Name	btnCPU
	Text	CPU 모니터
Button6	Name	btnClose
	Text	닫기

O6　Option Menu 코드 생성

다음과 같이 using 키워드를 이용하여 필요한 네임스페이스를 추가한다.

```
using System.Diagnostics; // Process 클래스 사용
using System.Runtime.InteropServices;
using System.Threading;
```

다음과 같이 'user32.dll' 라이브러리에 정의되어 있는 WinAPI 함수 선언문을 클래스 내부 상단에 추가한다.

```
01: private const int WM_CHAR = 0x0102;

02: [DllImport("user32.dll")]
03: public static extern int FindWindow(string lpClassName, string lpWindowName);

04: [DllImport("user32.dll")]
05: public static extern int FindWindowEx(int parentHandle,
        IntPtr childAfter, string className, string lpsz2);

06: [DllImport("user32.dll")]
07: public static extern int SendMessage(int hWnd, uint Msg,
        int wParam, int lParam);
```

다음과 같이 멤버 개체 및 변수를 클래스 내부 상단에 추가한다.

```
01: int iHandle = 0;  // 윈도우 핸들 정보

02: Thread TextThre = null;
03: string ItemIpT = "";

04: Thread MessageThre = null;
05: Point LocationXY = new Point();  // Form2의 Location 설정을 위한 Point
```

다음과 같이 Form1에서 Form2의 멤버 변수에 접근하기 위해서 set 접근자를 클래스 내부 상단에 추가한다.

```
01: public string ItemIp // Item의 IP를 설정
02: {
03:   set
04:   {
05:     this.txtIp.Text = value;
06:     ItemIpT = value;
07:   }
08: }

09: public Point Itemxy // Location 설정을 위한 Set 접근자
10: {
11:   set
12:   {
13:     LocationXY = value;
14:   }
15: }
```

다음의 Form2_Load() 이벤트 핸들러는 폼을 더블클릭하여 생성한 프로시저로 set 접근 자를 이용하여 Form1에서 전달받은 좌표를 이용하여 폼의 위치를 설정하는 작업을 수 행한다.

```
01:  private void Form2_Load(object sender, EventArgs e)
02:  {
03:    this.Location = LocationXY;
04:  }
```

다음의 Form2_FormClosing() 이벤트 핸들러와 btnClose_Click() 이벤트 핸들러는 폼 을 종료하기 위한 작업을 수행한다.

```
01:  private void Form2_FormClosing(object sender, FormClosingEventArgs e)
02:  {
03:    e.Cancel = true;  // [X] 버튼으로 폼 닫기 방지
04:  }

05:  private void btnClose_Click(object sender, EventArgs e)
06:  {
07:    this.Dispose();
08:  }
```

다음의 btnMessage_Click() 이벤트 핸들러는 [메시지] 버튼을 더블클릭하여 생성한 프 로시저로 Process 클래스의 개체를 이용하여 'mook_RemoteMessage.exe'를 실행하는 작업을 수행한다.

```
01:  private void btnMessage_Click(object sender, EventArgs e)
02:  {
03:    if (IPCheck(ItemIpT) == true)
04:    {
05:      Process ps = new Process();
06:      ps.StartInfo.FileName = "mook_RemoteMessage.exe";
07:      ps.Start();

08:      MessageThre = new Thread(MessageSend);
09:      MessageThre.Start();
10:    }
11:    else
12:    {
13:      MessageBox.Show("유효한 IP가 아닙니다.", "알림",
                MessageBoxButtons.OK, MessageBoxIcon.Error);
14:    }
15:  }
```

05행	Process 클래스의 개체 ps를 생성하는 구문이다.
06행	ps.StartInfo.FileName 속성을 이용하여 실행할 파일 이름을 저장한다.
07행	ps.Start() 메서드를 이용하여 06행에서 저장된 파일을 실행하는 작업을 수행한다.

다음의 IPCheck() 메서드는 유효한 IP인지 검사하는 작업을 수행하는 메서드이다.

```
01:  private bool IPCheck(string StrIp)
02:  {
03:    if (StrIp == "0.0.0.0")
04:      return false;
05:    else
06:      return true;
07:  }
```

다음의 MessageSend() 메서드는 접속할 아이피 정보를 "1:1 채팅 Manager"의 입력 컨트롤에 입력하는 작업을 수행한다.

```
01:  private void MessageSend()
02:  {
03:    Thread.Sleep(500);
04:    iHandle = FindWindow(null, "1:1 채팅 Manager");
05:    Thread.Sleep(300);
06:    int childHandle1 = FindWindowEx(iHandle, IntPtr.Zero,
         "WindowsForms10.Window.8.app.0.141b42a_r14_ad1", "ToolStrip1");
07:    Thread.Sleep(300);
08:    int childHandle2 = FindWindowEx(childHandle1, IntPtr.Zero,
         "WindowsForms10.EDIT.app.0.141b42a_r14_ad1", "");
09:    Thread.Sleep(300);
10:    for (int i = 0; i < ItemIpT.Length; i++)
11:    {
12:      char c = (char)ItemIpT[i];
13:      SendMessage(childHandle2, WM_CHAR, c, 1);
14:      Thread.Sleep(50);
15:    }
16:    MessageThre.Abort();
17:  }
```

04행	FindWindow() 메서드를 이용하여 '1:1 채팅 Manager' 어플리케이션의 핸들 값을 구하는 작업을 수행한다.
06행	FindWindowEx() 메서드를 이용하여 ToolStrip1의 핸들 값을 구하는 작업을 수행한다.
08행	FindWindowEx() 메서드를 이용하여 'WindowsForms10.EDIT.app.0.141b42a_r14_ad1' 클래스의 핸들 값을 구하는 작업을 수행한다.
10-15행	for 문을 이용하여 접속할 IP를 SendMessage() 메서드를 이용하여 입력 컨트롤에 입력하는 작업을 수행한다.

다음의 btnPower_Click() 이벤트 핸들러는 [전원관리] 버튼을 더블클릭하여 생성한 프로시저로 'mook_RemoteShutdownManager.exe' 어플리케이션을 실행하는 작업을 수행한다.

```
01:  private void btnPower_Click(object sender, EventArgs e)
02:  {
03:    if (IPCheck(ItemIpT) == true)
04:    {
05:      Process ps = new Process();
06:      ps.StartInfo.FileName = "mook_RemoteShutdownManager.exe";
07:      ps.Start();
08:
09:      TextThre = new Thread(TextSend);
10:      TextThre.Start();
11:    }
12:    else
13:    {
14:      MessageBox.Show("유효한 IP가 아닙니다.", "알림",
15:        MessageBoxButtons.OK, MessageBoxIcon.Error);
16:    }
17:  }
```

다음의 TextSend() 메서드는 접속할 IP 정보를 "NMS Shutdown Manager"의 입력 컨트롤에 입력하는 작업을 수행한다.

```
01:  private void TextSend()
02:  {
03:    Thread.Sleep(500);
04:    iHandle = FindWindow(null, "NMS Shutdown Manager");
05:    Thread.Sleep(500);
06:    int childHandle1 = FindWindowEx(iHandle, IntPtr.Zero,
          "WindowsForms10.EDIT.app.0.141b42a_r14_ad1", "");
07:    for (int i = 0; i < ItemIpT.Length; i++)
08:    {
09:      char c = (char)ItemIpT[i];
10:      SendMessage(childHandle1, WM_CHAR, c, 1);
11:      Thread.Sleep(50);
12:    }
13:    TextThre.Abort();
14:  }
```

04행   FindWindow() 메서드를 이용하여 'NMS Shutdown Manager' 어플리케이션의 핸들 값을 구하는 작업을 수행한다.

06행 FindWindowEx() 메서드를 이용하여 'WindowsForms10.EDIT.app.0.141b42a_r14_ad1' 클래스의 핸들 값을 구하는 작업을 수행한다.

07-12행 for 문을 이용하여 접속할 IP를 SendMessage() 메서드를 이용하여 입력 컨트롤에 입력하는 작업을 수행한다.

다음의 btnCMD_Click() 이벤트 핸들러는 [CMD] 버튼을 더블클릭하여 생성한 프로시저로 'mook_RemoteCMD.exe' 어플리케이션을 실행하는 작업을 수행한다.

```
01:  private void btnCMD_Click(object sender, EventArgs e)
02:  {
03:    if (IPCheck(ItemIpT) == true)
04:    {
05:      Process ps = new Process();
06:      ps.StartInfo.FileName = "mook_RemoteCMD.exe";
07:      ps.Start();

08:      CmdThre = new Thread(CommandCmd);
09:      CmdThre.Start();
10:    }
11:    else
12:    {
13:      MessageBox.Show("유효한 IP가 아닙니다.", "알림",
14:        MessageBoxButtons.OK, MessageBoxIcon.Error);
15:    }
16:  }
```

다음의 CommandCmd() 메서드는 접속할 아이피 정보를 "CMD 명령 관리자"의 입력 컨트롤에 입력하는 작업을 수행한다.

```
01:  private void CommandCmd()
02:  {
03:    Thread.Sleep(500);
04:    iHandle = FindWindow(null, "CMD 명령 관리자");
05:    Thread.Sleep(500);
06:    int childHandle1 = FindWindowEx(iHandle, IntPtr.Zero,
         "WindowsForms10.EDIT.app.0.141b42a_r29_ad1", "아이피");
07:    for (int i = 0; i < ItemIpT.Length; i++)
08:    {
09:      char c = (char)ItemIpT[i];
10:      SendMessage(childHandle1, WM_CHAR, c, 1);
11:      Thread.Sleep(50);
12:    }
13:    CmdThre.Abort();
14:  }
```

다음의 btnCPU_Click() 이벤트 핸들러는 [CPU 모니터] 버튼을 더블클릭하여 생성한 프로시저로 'mook_RemoteCPU.exe' 어플리케이션을 실행하는 작업을 수행한다.

```
01:  private void btnCPU_Click(object sender, EventArgs e)
02:  {
03:    if (IPCheck(ItemIpT) == true)
04:    {
05:      Process ps = new Process();
06:      ps.StartInfo.FileName = "mook_RemoteCPU.exe";
07:      ps.Start();

08:      CpuThre = new Thread(CPUMonitor);
09:      CpuThre.Start();
10:    }
11:    else
12:    {
13:      MessageBox.Show("유효한 IP가 아닙니다.", "알림",
14:          MessageBoxButtons.OK, MessageBoxIcon.Error);
15:    }
16:  }
```

다음의 CPUMonitor() 메서드는 접속할 아이피 정보를 "CPU 모니터 관리자" 항목의 입력 컨트롤에 입력하는 작업을 수행한다.

```
01:  private void CPUMonitor()
02:  {
03:    Thread.Sleep(500);
04:    iHandle = FindWindow(null, "CPU 모니터 관리자");
05:    Thread.Sleep(500);
06:    int childHandle1 = FindWindowEx(iHandle, IntPtr.Zero,
          "WindowsForms10.EDIT.app.0.141b42a_r29_ad1", "");
07:    for (int i = 0; i < ItemIpT.Length; i++)
08:    {
09:      char c = (char)ItemIpT[i];
10:      SendMessage(childHandle1, WM_CHAR, c, 1);
11:      Thread.Sleep(50);
12:    }
13:    CpuThre.Abort();
14:  }
```

다음의 btnNetCheck_Click() 이벤트 핸들러는 [네트워크 체크] 버튼을 더블클릭하여 생성한 프로시저로 Form3를 호출하여 개별 네트워크 이상 유무를 검사하는 작업을 수행한다.

```
01:  private void btnNetCheck_Click(object sender, EventArgs e)
02:  {
03:    if (IPCheck(ItemIpT) == true)
04:    {
05:      Form3 frm3 = new Form3();
06:      frm3.ItemIp = this.txtIp.Text;
07:      frm3.Show();
08:    }
09:    else
10:    {
11:      MessageBox.Show("유효한 IP가 아닙니다.", "알림",
12:        MessageBoxButtons.OK, MessageBoxIcon.Error);
13:    }
14:  }
```

07 네트워크 검사 인터페이스 디자인

솔루션 탐색기에서 프로젝트 이름을 마우스 오른쪽 버튼으로 눌러 [추가]-[Windows Form] 클릭하여 폼을 추가하고, 다음 그림과 같이 추가된 윈도우 폼에 각 컨트롤을 위치시키고 표를 참고하여 각 컨트롤의 속성값을 설정한다.

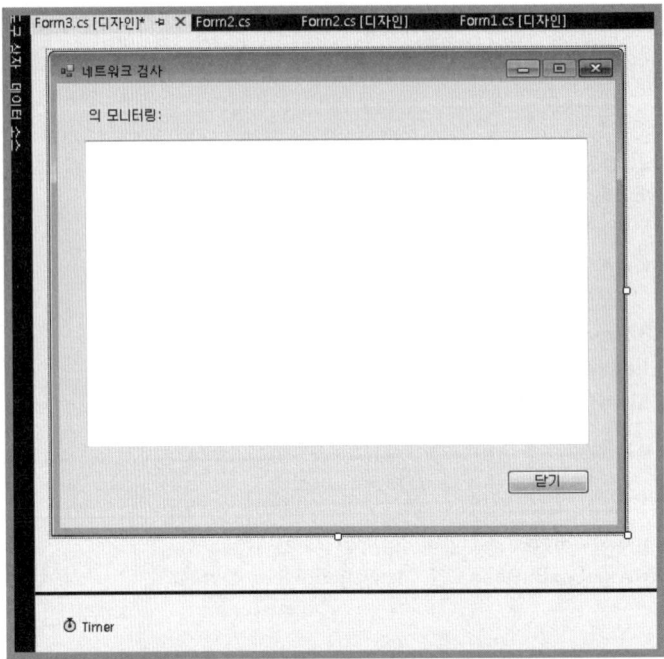

폼 컨트롤	속성	값
Form3	Name	Form3
	Text	네트워크 검사
	FormBorderStyle	FixedSingle
	MaximizeBox	False
Label1	Name	lbllp
	Text	의 모니터링 :
TextBox1	Name	txtView
	ReadOnly	True
Button1	Name	btnclose
	Text	닫기
Timer1	Name	Timer
	Interval	1000

08 네트워크 검사 코드 생성

다음과 같이 using 키워드를 이용하여 필요한 네임스페이스를 추가한다.

```
using System.Net.NetworkInformation;
using System.IO;
using System.Threading;
```

다음과 같이 멤버 개체 및 변수를 클래스 내부 상단에 추가한다.

```
01: string ItemIpS = "";

02: public string ItemIp
03: {
04:   set
05:   {
06:     this.lblIp.Text = value + this.lblIp.Text;
07:     ItemIpS = value;
08:   }
09: }

10: Ping pingSender = new Ping();
11: PingOptions options = new PingOptions();
12: string data = "aaaaaaaaaaaaaaaaaaaaaaaaaaaaaaaaa";
13: const int timeout = 120;
```

다음의 Form3_Load() 이벤트 핸들러는 폼을 더블클릭하여 생성한 프로시저로 Timer 컨트롤의 Enabled 속성값을 true로 설정하여 네트워크 검사를 실행한다.

```
01: private void Form3_Load(object sender, EventArgs e)
02: {
03:   this.Timer.Enabled = true;
04: }
```

다음의 Timer_Tick() 이벤트 핸들러는 Timer 컨트롤을 더블클릭하여 생성한 프로시저로 주기적으로 네트워크 검사를 하는 작업을 수행한다.

```
01:  private void Timer_Tick(object sender, EventArgs e)
02:  {
03:    Byte[] buffer = Encoding.ASCII.GetBytes(data);
04:    options.DontFragment = true;
05:    string strLog = "";

06:    PingReply reply = pingSender.Send(ItemIpS, timeout, buffer, options);

07:    if (reply.Status == IPStatus.Success)
08:    {
09:      strLog += ItemIpS + " : " + DateTime.Now.ToString() + "  " +
               reply.Buffer.Length.ToString() + " Bytes  " +
               reply.RoundtripTime.ToString() + " ms  " +
               reply.Options.Ttl.ToString();
10:    }
11:    else
12:    {
13:      strLog += ItemIpS + " : 실패";
14:    }
15:    this.txtView.AppendText(strLog + "\n");
16:  }
```

04행	PingOptions.DontFragment 속성은 원격 호스트로 보낼 데이터의 조각화를 제어하는 Boolean 값을 설정하는 것으로 패킷을 전송하는 데 사용되는 라우터 및 게이트웨이의 MTU(최대 전송 단위)를 테스트하려는 경우에 유용하게 사용된다. 이 값을 true로 설정하는 것은 데이터를 여러 패킷으로 보낼 수 없도록 설정한다.
06행	pingSender.Send() 메서드를 이용하여 지정된 컴퓨터에 ICMP(Internet Control Message Protocol) Echo 메시지와 지정된 데이터 버퍼를 보내고 해당 컴퓨터로부터 이에 대응하는 ICMP Echo Reply 메시지를 받는 작업을 수행하기 위하여 ICMP Echo Reply 메시지를 받는 경우 이 메시지에 대한 정보를 제공하고 메시지를 받지 못한 경우는 오류의 원인을 제공하는 PingReply 클래스의 reply 개체에 정보를 저장한다.
07행	PingReply.Status 속성을 이용하여 ICMP(Internet Control Message Protocol) Echo Request를 보내고 이에 대응하는 ICMP Echo Reply 메시지를 받으려고 시도한 결과 상태를 가져온다. 만약, ICMP Echo Reply 메시지를 받으려고 시도한 결과 상태가 성공적이라면 08행~10행을 실행하여 정보를 변수 strLog에 저장한다.

다음의 btnClose_Click() 이벤트 핸들러는 [닫기] 버튼을 더블클릭하여 생성한 프로시저로 폼을 종료하는 작업을 수행한다.

```
01:  private void btnClose_Click(object sender, EventArgs e)
02:  {
03:    this.Close();
04:  }
```

09 NetworkCheck.cs 클래스 코드 구현

솔루션 탐색기에서 프로젝트 이름을 마우스 오른쪽 버튼으로 눌러 [추가]–[클래스] 메뉴를 클릭하여 클래스를 추가하고 이름을 'NetworkCheck.cs'로 하여 클래스를 생성한다.

다음과 같이 using 키워드를 이용하여 필요한 네임스페이스를 추가한다.

```
using System.Data.OleDb;
using System.Net.NetworkInformation;
using System.IO;
using System.Threading;
using System.Windows.Forms;
```

다음과 같이 멤버 개체 및 변수를 클래스 상단에 추가한다.

```
01:  public delegate void ErrorEventHandler(int i, int n, bool f);
02:  public event ErrorEventHandler OnError;
03:  string ConSql = "";

04:  string ItemId = "";
05:  string ItemName = "";
06:  string ItemIp = "";

07:  int LogConfig = 0;
08:  int SoundConfig = 0;

09:  public int LogConf
10:  {
11:    set { LogConfig = value; }
12:  }

13:  public int SoundConf
14:  {
15:    set { SoundConfig = value; }
16:  }

17:  Thread ListThre = null;
18:  Thread NetCheckThre = null;
19:  Thread SoundPlayThread = null;

20:  bool FlagA = false;
```

```
21: Ping pingSender = new Ping();
22: PingOptions options = new PingOptions();
23: string data = "aaaaaaaaaaaaaaaaaaaaaaaaaaaaaaaa";
24: const int timeout = 120;
25: string strLog = "";
```

다음의 NetworkCheck() 메서드는 MS ACCESS 데이터베이스 연결문을 생성하는 작업을 수행한다.

```
01: public NetworkCheck()
02: {
03:   string DbPath = Application.StartupPath;
04:   ConSql = "Provider=Microsoft.ACE.OLEDB.12.0;Data Source=" + DbPath +
          @"\NMS.accdb;Mode=ReadWrite";
05: }
```

다음의 NetCheckRun() 메서드는 네트워크 검사를 진행할 수 있도록 스레드를 생성하고 실행하는 작업을 수행한다.

```
01: public void NetCheckRun()
02: {
03:   ListThre = new Thread(NetCheckList);
04:   ListThre.Start();
05: }
```

다음의 NetCheckList() 메서드는 데이터베이스에서 아이템의 정보를 가져와 네트워크 검사를 하는 작업을 수행한다.

```
01: private void NetCheckList()
02: {
03:   strLog = "";
04:   var Conn = new OleDbConnection(ConSql);
05:   Conn.Open();

06:   var Comm = new OleDbCommand("Select N_ItemID, N_ItemName,
          N_ItemIp from ItemManage order by N_ID Desc", Conn);
07:   var myRead = Comm.ExecuteReader();

08:   while (myRead.Read())
09:   {
10:     FlagA = false;
```

```
11:      ItemId = myRead[0].ToString();
12:      ItemName = myRead[1].ToString();
13:      ItemIp = myRead[2].ToString();

14:      object[] ob = new object[] { ItemId, ItemName, ItemIp };
15:      NetCheckThre = new Thread(new ParameterizedThreadStart(NetCheck));
16:      NetCheckThre.Start(ob);

17:      while (true)
18:      {
19:        Thread.Sleep(1);
20:        if (FlagA == true) break;
21:      }
22:    }
23:    myRead.Close();
24:    Conn.Close();

25:    if (LogConfig == 0)
26:    {
27:      string fPath = Application.StartupPath + @"\Logs\" +
          DateTime.Now.ToString().Replace(":", "").Replace(" ", "") + ".txt";
28:      StreamWriter sw = new StreamWriter(fPath);
29:      sw.WriteLine(strLog);
30:      sw.Close();
31:    }

32:    ListThre.Abort();
33:  }
```

06행	OleDbCommand 클래스의 개체를 생성하고 SELECT 쿼리문을 실행하는 작업을 통해 아이템의 정보를 가져오는 작업을 준비한다.
08-22행	while 구문을 이용하여 데이터베이스에서 06행의 SELECT 쿼리문을 이용하여 아이템의 정보를 가져오고 15행의 스레드를 실행시켜 네트워크를 검사한다.
17-21행	하나의 아이템의 네트워크 검사를 완료할 때까지 다음 아이템 정보를 가져오지 못하도록 방지하는 구문이다.
25-31행	StreamWriter 클래스를 이용하여 네트워크 검사한 로그를 파일로 저장하는 작업을 수행한다.

다음의 NetCheck() 메서드는 데이터베이스에서 아이템의 정보를 가져와 네트워크 검사를 하는 작업을 수행한다.

```
01: private void NetCheck(object o)
02: {
03:   object[] ob = (object[])o;
04:   string ItemId = (string)ob[0];
05:   string ItemName = (string)ob[1];
```

```
06:    string ItemIp = (string)ob[2];

07:    Byte[] buffer = Encoding.ASCII.GetBytes(data);
08:    options.DontFragment = true;

09:    PingReply reply = pingSender.Send(ItemIp, timeout, buffer, options);
10:    if (reply.Status == IPStatus.Success)
11:    {
12:      strLog += ItemIp + " : " + DateTime.Now.ToString() + "\t" +
                 reply.Buffer.Length.ToString() + " Bytes\t" +
13:              reply.RoundtripTime.ToString() + " ms\t" +
                 reply.Options.Ttl.ToString() + "\n\r";
14:      OnError(Convert.ToInt32(ItemId.Split('_')[0]),
                 Convert.ToInt32(ItemId.Split('_')[1]), true);
15:    }
16:    else
17:    {
18:      strLog += ItemIp + " : 실패\n\r";
19:      OnError(Convert.ToInt32(ItemId.Split('_')[0]),
                 Convert.ToInt32(ItemId.Split('_')[1]), false);

20:      if (SoundConfig == 0)
21:      {
22:        SoundPlayThread = new Thread(SoundPlayGo);
23:        SoundPlayThread.Start();
24:      }
25:    }
26:    FlagA = true;
27:    Thread.Sleep(1);
28:    NetCheckThre.Abort();
29: }
```

10행	PingReply.Status 속성을 이용하여 ICMP(Internet Control Message Protocol) Echo Request를 보내고 이에 대응하는 ICMP Echo Reply 메시지를 받으려고 시도한 결과 상태를 가져온다. 만약, ICMP Echo Reply 메시지를 받으려고 시도한 결과 상태가 성공적이라면 12행의 로그 생성을 위한 변수에 네트워크 검사 결과를 저장하는 작업을 수행한다.
14행	OnError 이벤트를 호출하여 Form1에서 정상적인 아이템 이미지가 보이도록 한다.
16-25행	네트워크 검사가 성공적이지 못하는 경우 실패에 대해 로그 파일 생성을 위해 18행의 네트워크 검사 결과를 변수에 저장한다.
19행	OnError 이벤트를 호출하여 Form1에서 장애에 대한 아이템 이미지가 보이도록 한다.
20-24행	장애가 발생할 때 알람을 실행할 수 있도록 SoundPlayThread 스레드를 생성하고 Start() 메서드를 이용하여 Wav 파일이 실행되도록 하는 작업을 수행한다.
26행	데이터베이스에서 다음 아이템의 정보를 가져올 수 있도록 FlagA 변수의 값을 true로 지정한다.

다음의 SoundPlayGo() 메서드는 Wav 파일을 재생할 수 있도록 PlaySoundStart() 메서드를 호출하는 작업을 수행한다.

```
01:  private void SoundPlayGo()
02:  {
03:     SoundPlay.PlaySoundStart(Application.StartupPath +
             @"\sound\siren.wav",
             new System.IntPtr(), SoundPlay.PlaySoundFlags.SND_SYNC);
04:     SoundPlayThread.Abort();
05:  }
```

03행　　SoundPlay 클래스에 정의되어 있는 PlaySoundStart() 메서드를 호출하는 작업을 수행한다.

10 　 SoundPlay.cs 클래스 코드 구현

솔루션 탐색기에서 프로젝트 이름을 마우스 오른쪽 버튼으로 누른 후 [추가]-[클래스] 메뉴를 클릭하여 클래스를 추가하고 이름을 'SoundPlay.cs'로 하여 클래스를 생성한다.

다음과 같이 using 키워드를 이용하여 필요한 네임스페이스를 추가한다.

```
using System.Runtime.InteropServices;
```

다음과 같이 Wav 파일을 재생할 수 있도록 'winmm.dll' 라이브러리에 정의되어 있는 선언문을 클래스 내부에 추가한다.

```
01:  [DllImport("winmm.DLL", EntryPoint = "PlaySound", SetLastError = true)]
02:  public static extern bool PlaySoundStart(
         string szSound, System.IntPtr hMod, PlaySoundFlags flags);
03:  public enum PlaySoundFlags : int
04:  {
05:     SND_SYNC = 0x0000,
06:     SND_ASYNC = 0x0001,
07:     SND_NODEFAULT = 0x0002,
08:     SND_LOOP = 0x0008,
09:     SND_NOSTOP = 0x0010,
10:     SND_NOWAIT = 0x00002000,
```

```
11:    SND_FILENAME = 0x00020000,
12:    SND_RESOURCE = 0x00040004
13: }
```

11   채팅 관리자 인터페이스 디자인

솔루션 탐색기에서 솔루션 이름을 마우스 오른쪽 버튼으로 눌러 [추가]-[새 프로젝트]
메뉴를 클릭하고 'mook_RemoteMessage'라는 이름으로 프로젝트를 생성한다. 다음 그
림과 같이 윈도우 폼에 각 컨트롤을 위치시키고 표를 참고하여 각 컨트롤의 속성값을 설
정한다.

폼 컨트롤	속성	값
Form1	Name	Form1
	Text	1:1 채팅 관리자
	FormBorderStyle	FixedSingle
	MaximizeBox	False
ToolStrip1	Name	tsBar
StatusStrip1	Name	ssBar

RichTextBox1	Name	rtbText
	BackColor	White
	BorderStyle	None
	ReadOnly	true
	TabStop	false
Panel1	Name	plGroup
	BackColor	RoyalBlue
Panel2	Name	plMessage
	BackColor	White
TextBox1	Text	txtMessage
	BackColor	White
	BorderStyle	None
	Enabled	false
Button1	Name	btnSend
	Text	보내기
	BackColor	white
	FlatStyle	Flat
	Enabled	false

다음 그림과 같이 tsBar 컨트롤을 선택 후 툴 아이콘을 추가하고 [항목 컬렉션 편집기] 대화 상자 속성 창에서 속성값을 다음 표와 같이 수정한다.

폼 컨트롤	속성	값
ToolStripButton1	Name	tsbtnConn
	Text	연결
	Enabled	False
	DisplayStyle	Image
	Image	*[설정]*
	ToolTipText	연결
ToolStripButton2	Name	tsbtnDisconn
	Text	끊기
	Enabled	False
	DisplayStyle	Image
	Image	*[설정]*
	ToolTipText	끊기
ToolStripTextBox1	Name	tlstxtlp

다음 그림과 같이 ssBar 컨트롤을 선택 후 툴 아이콘을 추가하고 [항목 컬렉션 편집기] 대화 상자 속성 창에서 속성값을 다음 표와 같이 수정한다.

폼 컨트롤	속성	값
ToolStripStatusLabel1	Name	tsslblTime
	Text	메시지 받은 시간 출력

1:1 채팅 어플리케이션에서 사용할 이미지를 저장하기 위해 솔루션 탐색기에서 프로젝트 이름을 마우스 오른쪽 버튼으로 눌러 [추가-[새 폴더] 메뉴를 클릭하고 'img' 폴더를 생성하고 사용할 이미지를 저장한다.

12   채팅 관리자 코드 구현

다음과 같이 using 키워드를 이용하여 필요한 네임스페이스를 추가한다.

```
using System.Net;           // IPAddress
using System.Net.Sockets;   // TcpListener 클래스 사용
using System.Threading;     // 스레드 클래스 사용
using System.IO;            // 파일 클래스 사용
using System.Runtime.InteropServices;  // 폼 깜박임 구현
```

다음과 같이 멤버 개체 및 변수를 클래스 내부 상단에 추가한다.

```
01:  private TcpClient client;  // TCP 네트워크 서비스에 대한 클라이언트 연결 제공
02:  private NetworkStream myStream;   // 네트워크 스트림
03:  private StreamReader myRead;      // 스트림 읽기
04:  private StreamWriter myWrite;     // 스트림 쓰기
05:  private Boolean ClientCon = false;  // 클라이언트 시작
06:  private int myPort = 62000;       // 포트
07:  private string myName = "관리자";  // 별칭
08:  private Thread myReader;          // 스레드
09:  private Boolean TextChange = false; // 입력 컨트롤의 데이터 입력 체크
```

```
10:   private delegate void AddTextDelegate(string strText); // 델리게이트 개체 생성
11:   private AddTextDelegate AddText = null;                 // 델리게이트 개체 생성
```

메시지를 수신할 때 윈도우 깜박임을 위해 'user32.dll' 라이브러리에 정의되어 있는 선언문을 클래스 내부 상단에 추가한다.

```
01:   [DllImport("User32.dll")]
02:   private static extern bool FlashWindow(IntPtr hwnd, bool bInvert);
```

다음의 tsbtnConn_Click() 이벤트 핸들러는 [연결] 이미지 아이콘을 더블클릭하여 생성한 프로시저로 에이전트에 접속할 수 있도록 ClientConnection() 메서드를 호출한다.

```
01:   private void tsbtnConn_Click(object sender, EventArgs e)
02:   {
03:     if (this.tlstxtIp.Text == "")
04:     {
05:       MessageBox.Show("접속할 아이피가 입력되지 않았습니다.", "알림",
06:          MessageBoxButtons.OK, MessageBoxIcon.Error);
07:       this.tlstxtIp.Focus();
08:     }
09:     else
10:     {
11:       AddText = new AddTextDelegate(MessageView);
12:       ClientConnection();    // ClientConnection() 함수 호출
13:     }
14:   }
```

다음의 MessageView() 메서드는 델리게이트에 의해 수행되는 메서드로 rtbText 컨트롤에 데이터를 나타내는 작업을 수행한다.

```
01:   private void MessageView(string strText)
02:   {
03:     this.rtbText.AppendText(strText + "\r\n");
04:     this.rtbText.Focus();
05:     this.rtbText.ScrollToCaret();
06:     this.txtMessage.Focus();
07:     FlashWindow(this.Handle, true);
08:   }
```

다음의 ClientConnection() 메서드는 1:1 채팅을 위해 클라이언트 모드를 실행하는 메서드이다.

```
01:  private void ClientConnection()
02:  {
03:    try
04:    {
05:      client = new TcpClient(this.tlstxtIp.Text, this.myPort);
06:      Invoke(AddText, "서버에 접속했습니다.");
07:      myStream = client.GetStream();

08:      myRead = new StreamReader(myStream);
09:      myWrite = new StreamWriter(myStream);
10:      this.ClientCon = true;
11:      this.tsbtnConn.Enabled = false;
12:      this.tsbtnDisconn.Enabled = true;
13:      this.txtMessage.Enabled = true;
14:      this.btnSend.Enabled = true;
15:      this.txtMessage.Focus();

16:      myReader = new Thread(Receive);
17:      myReader.Start();
18:    }
19:    catch
20:    {
21:      this.ClientCon = false;
22:      Invoke(AddText, "서버에 접속하지 못했습니다.");
23:    }
24:  }
```

05행 TcpClient 클래스의 개체를 초기화하고 지정된 호스트의 지정된 포트에 연결한다. 호스트 및 포트는 레지스트리 값을 가져오거나 입력 컨트롤의 입력 값이다.

07행 TcpClient.GetStream() 메서드를 이용하여 데이터를 보내고 받는 데 사용한 NetworkStream을 반환하고 myStream 개체에 대입한다.

08행 지정된 네트워크 스트림에 대한 StreamWriter 클래스의 개체를 초기화하고 스트림에 문자를 쓸 준비를 한다.

다음의 Receive() 메서드는 서버 및 클라이언트 모드에서 myReader 스레드 개체에서 실행되는 메서드로 메시지를 받은 데이터를 화면에 출력하는 작업을 수행한다.

```
01:  private void Receive()
02:  {
03:    try
04:    {
05:      while (this.ClientCon)
06:      {
07:        Thread.Sleep(1);
08:        if (myStream.CanRead)
09:        {
10:          var msg = myRead.ReadLine();
11:          var Smsg = msg.Split('&');
12:          if (Smsg[0] == "S001")
13:          {
14:            this.tsslblTime.Text = Smsg[1];
15:          }
16:          else
17:          {
18:            if (msg.Length > 0)
19:            {
20:              Invoke(AddText, Smsg[0] + " : " + Smsg[1]);
21:            }
22:            this.tsslblTime.Text = "마지막으로 받은 시각:" + Smsg[2];
23:          }
24:        }
25:      }
26:    }
27:    catch { }
28:  }
```

05행	while 문을 이용하여 ClientCon 변수값이 false가 될 때까지 무한 루프를 돌면서 메시지를 수신하는 작업을 수행한다.
07행	NetworkStream.CanRead 속성은 NetworkStream이 읽기를 지원하는지를 나타내는 값을 가져오는 구문으로 스트림에서 데이터를 읽을 수 있으면 true이고, 그렇지 않으면 false 값을 반환한다.
09행	StreamReader.ReadLine() 메서드를 이용하여 myRead 개체에 값을 줄 단위로 string 타입의 변수에 저장한다.
11행	읽을 데이터가 있고 첫 번째 구분자가 'S001'이라면 상대방의 입력 여부 정보를 tsslblTime 컨트롤에 출력하고, 그렇지 않으면 구분자 '&'를 기준으로 명칭과 메시지를 화면에 출력하고 날짜는 tsslblTime 컨트롤에 출력한다. 명칭과 메시지 출력은 20행의 Invoke() 메서드를 호출하여 메시지 출력을 담당하는 MessageView() 메서드를 대신 호출하는 델리게이트 대리자를 실행하여 화면에 출력시킨다.
19행	FlashWindow() 메서드를 호출하여 메시지가 수신되었을 때 폼을 상태바에 있는 폼이 깜박이게 하는 구문이다.

다음의 tsbtnDisconn_Click() 이벤트 핸들러는 tsbtnDisconn 컨트롤을 더블클릭하여 생성한 프로시저로 연결된 개체를 끊는 작업을 수행한다.

```
01:   private void tsbtnDisconn_Click(object sender, EventArgs e)
02:   {
03:    if (this.client.Connected)
04:    {
05:      var dt = Convert.ToString(DateTime.Now);
06:      myWrite.WriteLine(this.myName + "&" +
              "채팅 APP가 종료되었습니다." + "&" + dt);
07:      myWrite.Flush();
08:      Disconnection();
09:    }
10:   }
```

05행   TcpClient.Connected 속성을 이용하여 TcpClient의 연결되어 있는지를 나타내는 값을 가져와 연결되어 있으면 05행~09행을 실행하여 서버에 클라이언트가 종료되었다는 메시지를 출력한다.

다음의 txtMessage_KeyPress() 이벤트 핸들러는 txtMessage 컨트롤을 선택한 후 이벤트 목록 창의 [KeyPress] 란을 더블클릭하여 생성한 프로시저로 메시지 입력 후 엔터 키를 눌렀을 때 메시지를 전송하는 작업을 수행한다.

```
01:   private void txtMessage_KeyPress(object sender, KeyPressEventArgs e)
02:   {
03:    if (e.KeyChar == (char)13) // 엔터키를 누를 때
04:    {
05:      e.Handled = true; // 소리 없앰
06:      if (this.txtMessage.Text == "")
07:      {
08:        this.txtMessage.Focus();
09:      }
10:      else
11:      {
12:        Msg_send(); // Msg_send() 함수 호출
13:      }
14:    }
15:   }
```

다음의 Msg_send() 메서드는 StreamWriter 클래스를 이용하여 내부의 스트림을 전송하는 작업을 수행한다.

```
01:  private void Msg_send()
02:  {
03:    try
04:    {
05:      var dt = Convert.ToString(DateTime.Now);
06:      myWrite.WriteLine(this.myName + "&" + this.txtMessage.Text + "&" + dt);
07:      myWrite.Flush();
08:      MessageView(this.myName + ": " + this.txtMessage.Text);
09:      this.txtMessage.Clear();

10:    }
11:    catch
12:    {
13:      Invoke(AddText, "데이터를 보내는 동안 오류가 발생하였습니다.");
14:      this.txtMessage.Clear();
15:    }
16:  }
```

06행	구분자 '&'를 이용하여 명칭, 메시지, 일시를 WriteLine() 메서드를 이용하여 myWrite 개체에 쓰는 작업을 수행한다.
07행	StreamWriter.Flush() 메서드를 이용하여 현재 writer의 모든 버퍼를 지우면 버퍼링된 모든 데이터가 내부 스트림에 쓰인다. 내부 스트림은 NetworkStream으로 myStream 개체에 써지면 외부 스레드에서 실행되고 있는 Receive() 메서드에 의하여 전송 및 화면에 출력된다.

다음의 btnSend_Click() 이벤트 핸들러는 [보내기] 버튼을 더블클릭하여 생성한 프로시저로 입력된 메시지를 전송하는 작업을 수행한다.

```
01:  private void btnSend_Click(object sender, EventArgs e)
02:  {
03:    if (this.txtMessage.Text == "")
04:    {
05:      this.txtMessage.Focus();
06:    }
07:    else
08:    {
09:      Msg_send(); // Msg_send() 함수 호출
10:    }
11:  }
```

다음의 Form1_FormClosing() 이벤트 핸들러는 폼을 선택 후 이벤트 목록 창에서 [FormClosing] 란을 더블클릭하여 생성한 프로시저로 종료 메서드를 호출하여 어플리케이션을 종료하는 작업을 수행한다.

```csharp
01: private void Form1_FormClosing(object sender, FormClosingEventArgs e)
02: {
03:   if (ClientCon)
04:   {
05:     try
06:     { Disconnection(); }
07:     catch { Application.ExitThread(); }
08:   }
09:   else
10:   {
11:     Application.ExitThread();
12:   }
13: }
```

다음의 Disconnection() 메서드는 클라이언트 모드에서 생성된 개체의 리소스를 해제한다.

```csharp
01: private void Disconnection()
02: {
03:   this.ClientCon = false;
04:   try
05:   {
06:     if (!(myRead == null))
07:     {
08:       myRead.Close();    // StreamReader 클래스의 개체 리소스 해제
09:     }
10:     if (!(myWrite == null))
11:     {
12:       myWrite.Close();   // StreamWriter 클래스의 개체 리소스 해제
13:     }
14:     if (!(myStream == null))
15:     {
16:       myStream.Close(); // NetworkStream 클래스의 개체 리소스 해제
17:     }
18:     if (!(client == null))
19:     {
20:       client.Close();        // TcpClient 클래스의 개체 리소스 해제
21:     }
22:     if (!(myReader == null))
23:     {
24:       myReader.Abort(); // 외부 스레드 종료
25:     }
```

```
26:    }
27:    catch
28:    {
29:      return;
30:    }
31:    this.tsbtnConn.Enabled = true;
32:    this.tsbtnDisconn.Enabled = false;
33:    Invoke(AddText, "연결이 끊어졌습니다.");
34: }
```

13 전원제어 관리자 인터페이스 디자인

솔루션 탐색기에서 솔루션 이름을 마우스 오른쪽 버튼으로 눌러 [추가]–[새 프로젝트]
메뉴를 클릭하고 'mook_RemoteShutdownManager'라는 이름으로 프로젝트를 생성한
다. 다음 그림과 같이 윈도우 폼에 각 컨트롤을 위치시키고 표를 참고하여 각 컨트롤의
속성값을 설정한다.

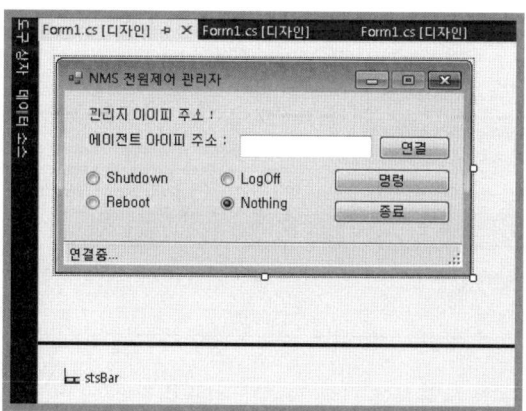

폼 컨트롤	속성	값
Form1	Name	Form1
	Text	NMS 전원제어 관리자
	FormBorderStyle	FixedSingle
	MaximizeBox	False
Label1	Name	lblManager
	Text	관리자 아이피 주소 :

Label2	Name	lblAgent
	Text	에이전트 아이피 주소 :
Label3	Name	Name
TextBox1	Name	txtAgentIP
Button1	Name	btnConn
	Text	연결
Button2	Name	btnRun
	Text	명령
Button3	Name	btnExit
	Text	종료
RadioButton1	Name	rbShutdown
	Text	Shutdown
RadioButton2	Name	rbLogOff
	Text	LogOff
RadioButton3	Name	rbReboot
	Text	Reboot
RadioButton4	Name	rbNothing
	Text	Nothing
StatusStrip1	Name	stsBar

다음 그림과 표에서 제공하는 정보를 이용하여 stsBar 컨트롤에 멤버를 추가하고 속성을 설정한다.

폼 컨트롤	속성	값
ToolStripStatusLabel1	Name	tsslblConnect
	Text	연결중...

NMS 전원제어 관리자의 코드는 7장의 "03 원격 전원제어(관리자 모드)" 코드와 동일하니 참고하기 바란다.

14 CMD 명령 관리자

CMD 명령 관리자는 원격으로 명령 프롬프트에 명령어를 입력하고 실행하는 작업을 수행한다. 이는 관리자 모드와 에이전트 모드로 구현되어 원격지의 에이전트에 접속하여 명령이 수행되도록 한다.

14.1 CMD 명령 관리자(관리자 모드) 인터페이스 디자인

솔루션 탐색기에서 솔루션 이름을 마우스 오른쪽 버튼으로 눌러 [추가]–[새 프로젝트] 메뉴를 클릭하여 'mook_RemoteCMD'라는 이름으로 프로젝트를 추가한다. 다음 그림과 같이 윈도우 폼에 각 컨트롤을 위치시키고 표를 참고하여 각 컨트롤의 속성값을 설정한다.

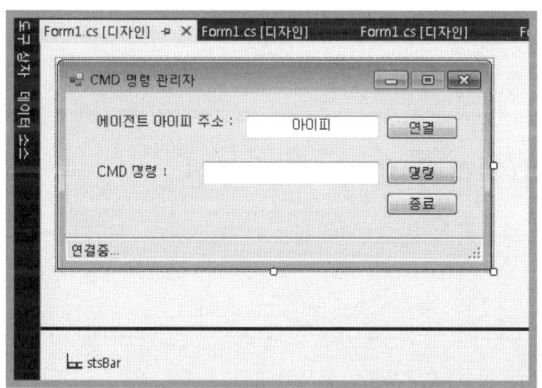

폼 컨트롤	속성	값
Form1	Name	Form1
	Text	CMD 명령 관리자
	FormBorderStyle	FixedSingle
	MaximizeBox	False
Label1	Name	lblAgent
	Text	에이전트 아이피 주소 :
Label2	Name	lblCMD
	Text	CMD 명령 :
TextBox1	Name	txtAgentIP
	Text	아이피
TextBox2	Name	txtCMD

Button1	Name	btnConn
	Text	연결
Button2	Name	btnRun
	Text	명령
Button3	Name	btnExit
	Text	종료
StatusStrip1	Name	stsBar

다음 그림과 표에서 제공하는 정보를 이용하여 stsBar 컨트롤에 멤버를 추가하고 속성을 설정한다.

폼 컨트롤	속성	값
ToolStripStatusLabel1	Name	tsslblConnect
	Text	연결중...

14.2 CMD 명령 관리자(관리자 모드) 코드 구현

다음과 같이 using 키워드를 이용하여 필요한 네임스페이스를 추가한다.

```
using System.Threading;
using System.IO;
using System.Net.Sockets;
using System.Net;
```

다음과 같이 멤버 개체와 변수를 클래스 내부 상단에 추가한다.

```
01:  const int port = 64000; // 포트

02:  TcpClient tClient;        // TCP 연결 클라이언트
03:  NetworkStream ns;         // 네트워크 스트림
04:  StreamReader sr;          // 스트림 읽기
05:  StreamWriter sw;          // 스트림 쓰기

06:  Thread MessageThre = null; // 메시지 받기 보내기 스레드
07:  delegate void OnMessageDelegate(string s); // 델리게이트
08:  OnMessageDelegate OnMessage = null;

09:  bool Run = true;          // 스트림 받기 플래그
```

다음의 Form1_Load() 이벤트 핸들러는 폼을 더블클릭하여 생성한 프로시저로 델리게이트 개체를 초기화하는 구문으로 string 타입의 매개변수를 받는 메서드를 대입하여 초기화한다. OnMessageView() 메서드는 델리게이트에 매개변수로 대입되며 tsslblConnect 컨트롤에 원격지에 메시지를 받은 문자열을 나타내는 작업을 수행한다.

```
01:  private void Form1_Load(object sender, EventArgs e)
02:  {
03:    OnMessage = new OnMessageDelegate(OnMessageView);
04:  }

05:  private void OnMessageView(string text)
06:  {
07:    this.tsslblConnect.Text = text;
08:  }
```

다음의 btnConn_Click() 이벤트 핸들러는 [연결] 버튼을 더블클릭하여 생성한 프로시저로 'CMD 에이전트'에 접속하는 작업을 수행한다.

```
01:  private void btnConn_Click(object sender, EventArgs e)
02:  {
03:    try
04:    {
05:      tClient = new TcpClient(this.txtAgentIP.Text, port);
06:      ns = tClient.GetStream();
07:      sr = new StreamReader(ns);
08:      sw = new StreamWriter(ns);

09:      MessageThre = new Thread(MessageReceive);
10:      MessageThre.Start();
11:    }
12:    catch
13:    {
14:      Invoke(OnMessage, "접속 실패");
15:      return;
16:    }
17:  }
```

05행   자동 입력된 에이전트의 아이피와 포트 정보를 매개변수로 대입하여 TcpClient 클래스의 개체 tClient를 생성하는 구문이다.

06행   tClient.GetStream() 메서드를 이용하여 네트워크 스트림을 반환하는데, 이는 메시지를 주고받는 작업을 준비한다.

07-08행   네트워크 스트림을 이용하여 메시지를 주고받기 위해 StreamReader와 StreamWriter 클래스의 개체를 초기화하는 작업을 수행한다.

다음의 MessageReceive() 메서드는 스레드 초기화를 위한 대입되는 메서드로 'CMD 에이전트'에서 전달되는 메시지를 수신하는 작업을 수행한다.

```
01:  private void MessageReceive()
02:  {
03:    try
04:    {
05:      while (Run)
06:      {
07:        Thread.Sleep(1);
08:        if (ns.CanRead)
09:        {
10:          string msg = sr.ReadLine();
11:          if (msg != null)
12:          {
13:            Invoke(OnMessage, msg);
14:          }
15:        }
16:      }
17:    }
18:    catch { }
19:  }
```

다음의 btnRun_Click() 이벤트 핸들러는 [명령] 버튼을 더블클릭하여 생성한 프로시저로 sw.WriteLine() 메서드와 sw.Flush() 메서드를 이용하여 스트림에 문자열을 작성하고 네트워크로 작성된 스트림에 보내 'CMD 에이전트'에 전달되도록 한다.

```
01:  private void btnRun_Click(object sender, EventArgs e)
02:  {
03:    sw.WriteLine(this.txtCMD.Text);
04:    sw.Flush();
05:  }
```

다음의 이벤트 핸들러는 폼을 종료할 때 네트워크, 스레드 관련 클래스 개체의 리소스를 해제하는 작업을 수행한다.

```
01:  private void btnExit_Click(object sender, EventArgs e)
02:  {
03:    this.Close();
04:  }

05:  private void Form1_FormClosing(object sender, FormClosingEventArgs e)
06:  {
```

```
07:    if (tClient != null) tClient.Close();
08:    Run = false;
09:    if (sr != null) sr.Close();
10:    if (sw != null) sr.Close();
11:    if (ns != null) ns.Close();
12:    if (MessageThre != null) MessageThre.Abort();
13:    Application.ExitThread();
14: }
```

14.3 CMD 명령 관리자(에이전트 모드) 인터페이스 디자인

프로젝트 이름을 'mook_RemoteCMDAgent'로 하여 'C:\NetworkCS\Chap8' 프로젝트를 생성한다. 다음 그림과 같이 윈도우 폼에 각 컨트롤을 위치시키고 표를 참고하여 각 컨트롤의 속성값을 설정한다.

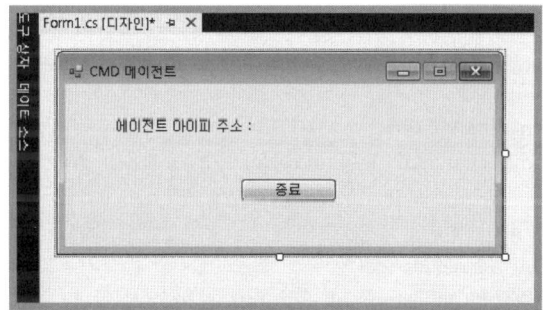

폼 컨트롤	속성	값
Form1	Name	Form1
	Text	CMD 에이전트
	FormBorderStyle	FixedSingle
	MaximizeBox	False
Label1	Name	lblAgent
	Text	에이전트 아이피 주소 :
Label2	Name	lblAgentIP
Button1	Name	btnClose
	Text	종료

※ CMD 명령 관리자(에이전트 모드)는 관리자 권한으로 빌드해야 한다.

14.4 CMD 명령 관리자(에이전트 모드) 코드 생성

다음과 같이 using 키워드를 이용하여 필요한 네임스페이스를 추가한다.

```
using System.Net;
using System.Threading;
using System.IO;
using System.Net.Sockets;
using System.Runtime.InteropServices;
using System.Diagnostics;
```

다음과 같이 CMD 윈도우 창을 제어하기 위한 라이브러리와 정의 함수를 선언하는 구문을 클래스 내부의 상단에 추가한다.

```
01: private const int WM_CHAR = 0x0102;
02: private const int WM_KEYDOWN = 0x100;
03: private const int VK_RETURN = 0x0D;

04: [DllImport("user32.dll")]
05: public static extern int FindWindow(
        string lpClassName, string 07: lpWindowName);  // 핸들값 조회

06: [DllImport("user32.dll")]
07: public static extern int SendMessage(
        int hWnd, uint Msg, int wParam, int lParam);     // 문자 입력

08: [DllImport("user32.dll")]
09: public static extern int PostMessage(
        int hwnd, int wMsg, int wParam, int lParam);     // 엔터
```

다음과 같이 멤버 개체 및 변수를 클래스 내부 상단에 추가한다.

```
01: Process cmdprocess = new Process();   // 프로세스 생성을 위한 개체 생성

02: int iHandle;
03: GetIPAddress gip = new GetIPAddress(); // 실제 아이피 구하기
04: const int port = 64000; // 포트 정보

05: NetworkStream ns;        // 네트워크 스트림 개체
06: StreamWriter sw;         // 스트림 쓰기
07: StreamReader sr;         // 스트림 읽기

08: Thread ListenThre = null;
09: Thread MsgThre = null;
```

```
10:  TcpClient tClient;
11:  TcpListener tListen;

12:  bool Run = true;        // 스트림 읽기 설정 정보

13:  Thread CmmThre = null;
```

다음의 Form1_Load() 이벤트 핸들러는 폼을 더블클릭하여 생성한 프로시저로 실제 아이피를 구하여 lblAgentIP에 나타내고 스레드를 초기화하고 실행하는 작업을 수행한다.

```
01:  private void Form1_Load(object sender, EventArgs e)
02:  {
03:    this.lblAgentIP.Text = gip.GetRealIpAddress().ToString();

04:    ListenThre = new Thread(ListenConnect);
05:    ListenThre.Start();
06:  }
```

다음의 ListenConnect() 메서드는 'CMD 명령 관리자(관리자 모드)'의 연결을 받아들이고 명령 프롬프트를 실행하는 작업을 수행한다.

```
01:  private void ListenConnect()
02:  {
03:    IPAddress addr = new IPAddress(0);
04:    tListen = new TcpListener(addr, port);
05:    tListen.Start();
06:    while (Run)
07:    {
08:      Thread.Sleep(1);
09:      tClient = tListen.AcceptTcpClient();
10:      ns = tClient.GetStream();
11:      sw = new StreamWriter(ns);
12:      sr = new StreamReader(ns);
13:      sw.WriteLine("접속 완료");
14:      sw.Flush();

15:      cmdprocess.StartInfo.FileName = "cmd.exe";
16:      cmdprocess.Start();
17:      Thread.Sleep(500);
18:      iHandle = FindWindow(
          null, @"관리자: C:\Windows\system32\cmd.exe");

19:      MsgThre = new Thread(MessageReceive);
```

```
20:     MsgThre.Start();
21:   }
22: }
```

03행	서버의 아이피 주소를 가져오는 작업을 수행한다.
04행	IPAddress 클래스의 개체 및 포트를 매개변수로 대입하여 TcpListener 클래스의 개체 tListen 을 초기화하는 작업을 수행한다.
05행	tListen.Start() 메서드를 이용하여 아이피 주소와 포트로 수신하는 작업을 수행한다.
15-18행	명령 프롬프트 창을 실행시키고, FindWindow() 메서드를 이용하여 실행된 명령 프롬프트 창의 핸들 값을 가져오는 작업을 수행한다.

다음의 MessageReceive() 메서드는 'CMD 명령 관리자(관리자 모드)'에서 전달받은 명령을 수신하는 작업을 수행하며, 수신된 명령은 CmmThre 스레드 개체를 이용하여 CommandThre() 메서드에 전달되어 실행된다.

```
01:  private void MessageReceive()
02:  {
03:    try
04:    {
05:      while (Run)
06:      {
07:        Thread.Sleep(1);
08:        if (ns.CanRead)
09:        {
10:          string msg = sr.ReadLine();
11:          if (msg != null)
12:          {
13:            CmmThre = new Thread(
                    new  ParameterizedThreadStart(CommandThre));
14:            CmmThre.Start(msg);

15:            sw.WriteLine(msg + " 성공");
16:            sw.Flush();
17:          }
18:        }
19:      }
20:    }
21:    catch { };
22: }
```

다음의 CommandThre() 메서드는 전달받은 문자열을 명령 프롬프트에 반영하고 실행하는 작업을 수행한다.

```
01:  private void CommandThre(object o)
02:  {
03:    string cmdstr = (string)o;
04:    foreach (var stra in cmdstr)
05:    {
06:      SendMessage(iHandle, WM_CHAR, stra, 0);
07:    }
08:    PostMessage(iHandle, WM_KEYDOWN, VK_RETURN, 0);
09:  }
```

다음의 이벤트 핸들러는 폼을 종료하는 작업을 수행하며, 폼이 종료될 때 생성한 개체의 리소스를 해제하는 작업을 수행한다.

```
01:  private void btnClose_Click(object sender, EventArgs e)
02:  {
03:    this.Close();
04:  }

05:  private void Form1_FormClosing(object sender, FormClosingEventArgs e)
06:  {
07:    if (tClient != null) tClient.Close();
08:    if (tListen != null) tListen.Stop();
09:    Run = false;
10:    if (sr != null) sr.Close();
11:    if (sw != null) sr.Close();
12:    if (ns != null) ns.Close();
13:    if (ListenThre != null)
14:      ListenThre.Abort();
15:    if (MsgThre != null)
16:      MsgThre.Abort();
17:    if (CmmThre != null)
18:      CmmThre.Abort();
19:    Application.ExitThread();
20:  }
```

14.5 GetIPAddress.cs 클래스 코드 구현

프로젝트 이름 마우스 오른쪽 버튼으로 누른 후 [추가]—[클래스] 메뉴 항목을 선택하여 GetIPAddress.cs 클래스를 추가한다. GetIPAddress.cs 클래스는 로컬 머신이 실제 사용하는 아이피 주소를 가져오는 작업을 수행하며, 7장에서 자세히 살펴보았기 때문에 코드의 설명은 생략한다.

```
01:  using System;
02:  using System.Collections.Generic;
03:  using System.Linq;
04:  using System.Text;
05:  using System.Threading.Tasks;

06:  using System.Net;
07:  using System.Net.Sockets;
08:  using System.Net.NetworkInformation;

09:  namespace mook_RemoteCMDAgent
10:  {
11:    class GetIPAddress
12:    {
13:      public IPAddress GetRealIpAddress()
14:      {
15:        IPAddress gateway = FindGetGatewayAddress();

16:        if (gateway == null)
17:          return null;

18:        IPAddress[] pIPAddress = Dns.GetHostAddresses(Dns.GetHostName());

19:        foreach (IPAddress address in pIPAddress)
20:          if (IsAddressOfGateway(address, gateway))
21:            return address;
22:        return null;
23:      }

24:      private bool IsAddressOfGateway(IPAddress address, IPAddress gateway)
25:      {
26:        if (address != null && gateway != null)
27:          return IsAddressOfGateway(
                 address.GetAddressBytes(),  gateway.GetAddressBytes());
28:        return false;
29:      }

30:      private bool IsAddressOfGateway(byte[] address, byte[] gateway)
31:      {
```

```
32:      if (address != null && gateway != null)
33:      {
34:        int gwLen = gateway.Length;

35:        if (gwLen > 0)
36:        {
37:          if (address.Length == gateway.Length)
38:          {
39:            --gwLen;
40:            int counter = 0;
41:            for (int i = 0; i < gwLen; i++)
42:            {
43:              if (address[i] == gateway[i])
44:                ++counter;
45:            }
46:            return (counter == gwLen);
47:          }
48:        }
49:      }
50:    return false;
51:    }

52:    private IPAddress FindGetGatewayAddress()
53:    {
54:      IPGlobalProperties ipGlobProps =
         IPGlobalProperties.GetIPGlobalProperties();
55:      foreach (NetworkInterface ni in  NetworkInterface.GetAllNetworkInterfaces())
56:      {
57:        IPInterfaceProperties ipInfProps = ni.GetIPProperties();
58:        foreach (GatewayIPAddressInformation gi in  ipInfProps.GatewayAddresses)
59:          return gi.Address;
60:      }
61:      return null;
62:    }
63:  }
64: }
```

15 CPU 모니터링 관리자

CPU 모니터 관리자는 원격 에이전트에 접속하면 원격 에이전트의 CPU 사용량을 관리자에게 전달하고 전달된 CPU 사용자는 2장에서 살펴본 그래프 그리기를 이용하여 CPU 사용량을 나타내는 기능을 수행한다.

15.1 CPU 모니터링 관리자(관리자 모드) 인터페이스 디자인

솔루션 탐색기에서 솔루션 이름을 마우스 오른쪽 버튼으로 눌러 [추가]−[새 프로젝트] 메뉴를 클릭하고 'mook_RemoteCPU'라는 이름으로 프로젝트를 추가한다. 다음 그림과 같이 윈도우 폼에 각 컨트롤을 위치시키고 표를 참고하여 각 컨트롤의 속성값을 설정한다.

폼 컨트롤	속성	값
Form1	Name	Form1
	Text	CPU 모니터 관리자
	FormBorderStyle	FixedSingle
	MaximizeBox	False
Label1	Name	lblAgent
	Text	에이전트 아이피 주소 :
Label2	Name	lblCPU
	Text	CPU 사용 :
TextBox1	Name	txtAgentIP
Button1	Name	btnConn
	Text	연결

Button2	Name	btnClose
	Text	종료
mook_RemoteCPUCore1	Name	CPUMonitor

[TIP 8-2] mook_RemoteCPUCore.dll (사용자 컨트롤)

mook_RemoteCPUCore.dll(사용자 컨트롤) 생성 및 코드 구현은 2장의 "04 그래프 그리기"를 참고하길 바란다.

'mook_NMS' 프로젝트의 솔루션 탐색기에서 솔루션 이름을 마우스 오른쪽 버튼으로 누른 후 [추가]-[새 프로젝트] 메뉴를 선택하여 'mook_RemoteCPUCore'라는 이름으로 프로젝트를 추가한 뒤에 사용자 정의 컨트롤을 만들기 위해 솔루션에 새 프로젝트를 추가한다.

솔루션을 마우스 오른쪽 버튼으로 클릭하여 [추가]-[새 프로젝트] 메뉴를 선택한다. 다음 그림과 같이 [새 프로젝트 추가] 대화 상자가 나타나면 [Visual C#]-[클래스 라이브러리]를 차례로 누르고 mook_RemoteCPUCore'라는 이름으로 사용자 컨트롤을 만들기 위한 프로젝트를 추가하여 다음과 같이 디자인하여 컨트롤의 속성값을 설정한다.

다음 표와 같이 디자인한다.

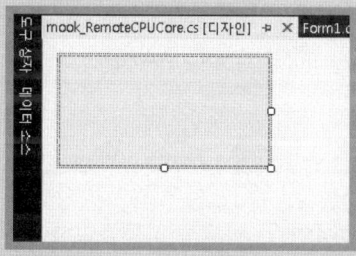

폼 컨트롤	속성	값
UserControl1	Name	mook_RemoteCPUCore
	Size	192, 101
Panel1	Name	plChart
	Dock	Fill

소스 코드는 2장의 "04 그래프 그리기"의 소스 코드를 참고하기 바란다. 소스 코드의 주요 변경 내용은 다음과 같다.

(plChart.Size.Height / 2) → plChart.Size.Height

15.2 CPU 모니터링 관리자(관리자 모드) 코드 구현

다음과 같이 using 키워드를 이용하여 필요한 네임스페이스를 추가한다.

```
using System.Threading;
using System.IO;
using System.Net.Sockets;
using System.Net;
```

다음과 같이 멤버 개체와 멤버 변수를 클래스 내부 상단에 추가한다.

```
01:   const int port = 64100; // 포트

02:   TcpClient tClient;
03:   NetworkStream ns;        // 네트워크 스트림
04:   StreamReader sr;         // 스트림 읽기

05:   Thread MessageThre = null;               // 메시지 수신 스레드
06:   delegate void OnMessageDelegate(string s); // 델리게이트
07:   OnMessageDelegate OnMessage = null;

08:   bool Run = true;
09:   string lblMsg = "";
```

다음의 btnConn_Click() 이벤트 핸들러는 [연결] 버튼을 더블클릭하여 생성한 구문으로 'CPU 에이전트'에 원격으로 접속하고 네트워크 스트림을 통해 전달받을 문자열을 수신할 스레드를 생성하는 작업을 수행한다.

```
01:   private void btnConn_Click(object sender, EventArgs e)
02:   {
03:     try
04:     {
05:       tClient = new TcpClient(this.txtAgentIP.Text, port);
06:       ns = tClient.GetStream();
07:       sr = new StreamReader(ns);

08:        MessageThre = new Thread(MessageReceive);
09:       MessageThre.Start();
10:     }
11:     catch
12:     {
13:       Invoke(OnMessage, "접속 실패&0");
14:       return;
15:     }
16:   }
```

다음의 MessageReceive() 메서드는 네트워크 스트림을 통해 전달되는 데이터를 수신하는 작업을 수행한다. 수신된 데이터는 CPU 사용량 등에 대한 정보로 델리게이트를 통해 값을 그래프로 표현한다.

```
01:  private void MessageReceive()
02:  {
03:    try
04:    {
05:      while (Run)
06:      {
07:        Thread.Sleep(1);
08:        if (ns.CanRead)
09:        {
10:          string msg = sr.ReadLine();
11:          if (msg != null)
12:          {
13:            Invoke(OnMessage, msg);
14:          }
15:        }
16:      }
17:    }
18:    catch { }
19:  }
```

다음의 Form1_Load() 이벤트 핸들러는 폼을 더블클릭하여 생성한 프로시저로 델리게이트를 초기화하는 작업을 수행한다.

```
01:  private void Form1_Load(object sender, EventArgs e)
02:  {
03:    lblMsg = this.lblCPU.Text;
04:    OnMessage = new OnMessageDelegate(OnMessageView);
05:  }
```

다음의 OnMessageView() 메서드는 델리게이트에 의해 실행되는 메서드로 그래프에 CPU 사용량을 나타내는 작업을 수행한다.

```
01:  private void OnMessageView(string text)
02:  {
03:    if (text.Split('&')[1] == "0")
04:    {
05:      this.lblCPU.Text = "상태 : " + text.Split('&')[0];
06:    }
07:    else
```

```
08:   {
09:     this.lblCPU.Text = lblMsg + text.Split('&')[0] + "%";

10:     double ValueAdd = Convert.ToDouble(text.Split('&')[0]);
11:     CPUMonitor.AddValue((float)ValueAdd);
12:     CPUMonitor.RefreshControl();
13:   }
14: }
```

03~06행	"접속 성공", "접속 실패" 등 기본적인 상태를 나타내는 작업을 수행한다.
07~13행	lblCPU 컨트롤과 CPUMonitor 사용자 컨트롤에 원격지 CPU의 사용량을 나타내는 작업을 수행한다.
11행	CPUMonitor.AddValue() 메서드를 이용하여 네트워크 스트림을 통해 전달받은 원격지 CPU 사용량을 사용자 컨트롤에 대입한다.
12행	CPUMonitor.ResfreshControl() 메서드를 이용하여 11행의 값을 적용하여 그래프가 표현되도록 한다.

다음의 이벤트 핸들러는 폼을 종료하는 작업을 수행하며, 생성한 네트워크 및 스레드 개체의 리소스를 해제한다.

```
01: private void btnClose_Click(object sender, EventArgs e)
02: {
03:   this.Close();
04: }

05: private void Form1_FormClosing(object sender, FormClosingEventArgs e)
06: {
07:   if (tClient != null) tClient.Close();
08:   Run = false;
09:   if (sr != null) sr.Close();
10:   if (ns != null) ns.Close();
11:   if (MessageThre != null) MessageThre.Abort();
12:   Application.ExitThread();
13: }
```

15.3 CPU 모니터링 관리자(에이전트 모드) 인터페이스 디자인

프로젝트 이름을 'mook_RemoteCPUAgent'로 하여 'C:\NetworkCS\Chap8' 경로에 프로젝트를 생성한다. 다음 그림과 같이 윈도우 폼에 각 컨트롤을 위치시키고 표를 참고하여 각 컨트롤의 속성값을 설정한다.

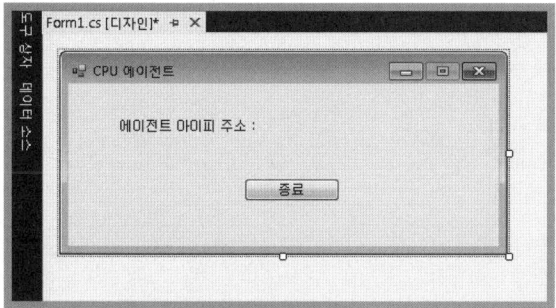

폼 컨트롤	속성	값
Form1	Name	Form1
	Text	CPU 에이전트
	FormBorderStyle	FixedSingle
	MaximizeBox	False
Label1	Name	lblAgent
	Text	에이전트 아이피 주소 :
Label2	Name	lblAgentIP
Button1	Name	btnClose
	Text	종료

15.4 CPU 모니터링 관리자(에이전트 모드) 코드 생성

다음과 같이 using 키워드를 이용하여 필요한 네임스페이스를 추가한다.

```
using System.Net;
using System.Threading;
using System.IO;
using System.Net.Sockets;
using System.Diagnostics;
```

다음과 같이 멤버 개체 및 멤버 변수를 클래스 내부 상단에 추가한다.

```
01:  // 시스템 성능 카운터
02:  private PerformanceCounter oCPU =
          new PerformanceCounter("Processor", "% Processor Time", "_Total");
03:  private bool bExit = false;    // 실시간 체크를 위한 While 조건
04:  private int iCPU = 0;          // CPU 초기 사용률

05:  GetIPAddress gip = new GetIPAddress();
06:  const int port = 64100;       // 포트 정보
```

```
07:  NetworkStream ns;
08:  StreamWriter sw;

09:  Thread ListenThre = null;
10:  Thread MsgThre = null;

11:  TcpClient tClient;
12:  TcpListener tListen;

13:  bool Run = true;              // 스트림 읽기 설정 정보
14:  private Thread checkThread;   // 스레드 개체 생성
```

다음의 Form1_Load() 이벤트 핸들러는 폼을 더블클릭하여 생성한 프로시저로 실제 아이피를 가져오고 스레드를 생성 및 실행하는 작업을 수행한다.

```
01:  private void Form1_Load(object sender, EventArgs e)
02:  {
03:    this.lblAgentIP.Text = gip.GetRealIpAddress().ToString();

04:    checkThread = new Thread(getCPU_Info);
05:    checkThread.Start();  // checkThread 스레드 프로세스 시작

06:    ListenThre = new Thread(ListenConnect);
07:    ListenThre.Start();
08:  }
```

다음의 getCPU_Info() 메서드는 CPU 전체 사용량을 while 루프에 의해 주기적으로 가져와 변수 iCPU에 저장하는 작업을 수행한다.

```
01:  private void getCPU_Info()
02:  {
03:    while (!bExit)
04:    {
05:      iCPU = (int)oCPU.NextValue();
06:      Thread.Sleep(500);
07:    }
08:  }
```

다음의 ListenConnect() 메서드는 원격으로 'CPU 모니터 관리자(관리자 모드)'가 접속
되는 것을 기다리고 접속되면 접속이 완료되었다는 메시지를 전달하는 작업을 수행한다.

```
01:  private void ListenConnect()
02:  {
03:    IPAddress addr = new IPAddress(0);
04:    tListen = new TcpListener(addr, port);
05:    tListen.Start();
06:    while (Run)
07:    {
08:      Thread.Sleep(1);
09:      try
10:      {
11:        tClient = tListen.AcceptTcpClient();
12:        ns = tClient.GetStream();
13:      }
14:      catch { }
15:      sw = new StreamWriter(ns);
16:      sw.WriteLine("접속 완료&0");
17:      sw.Flush();
18:      MsgThre = new Thread(MessageSend);
19:      MsgThre.Start();
20:    }
21:  }
```

다음의 MessageSend() 메서드는 네트워크 스트림을 이용하여 'CPU 모니터 관리자(관
리자 모드)'에 에이전트의 전체 CPU 사용량을 전달하는 작업을 수행한다.

```
01:  private void MessageSend()
02:  {
03:    try
04:    {
05:      while (Run)
06:      {
07:        Thread.Sleep(1000);
08:        sw.WriteLine(iCPU.ToString() + "&1");
09:        sw.Flush();
10:      }
11:    }
12:    catch { };
13:  }
```

다음의 이벤트 핸들러는 폼을 종료하는 작업을 수행하며, 폼이 종료될 때 스레드 및 네트워크 관련 개체의 리소스를 해제하는 작업을 수행한다.

```
01:  private void btnClose_Click(object sender, EventArgs e)
02:  {
03:    this.Close();
04:  }

05:  private void Form1_FormClosing(object sender, FormClosingEventArgs e)
06:  {
07:    if (tClient != null) tClient.Close();
08:    if (tListen != null) tListen.Stop();
09:    Run = false;
10:    if (sw != null) sw.Close();
11:    if (ns != null) ns.Close();
12:    if (ListenThre != null)
13:        ListenThre.Abort();
14:    if (MsgThre != null)
15:        MsgThre.Abort();
16:    if (checkThread != null)
17:        checkThread.Abort();
18:    Application.ExitThread();
19:  }
```

이 절의 GetIPAddress.cs 클래스는 앞에서 구현한 GetIPAddress.cs 클래스와 동일한 코드로 구성되었기 때문에 설명은 생략한다.

16 예제 실행

다음은 네트워크 모니터링 시스템(NMS) 예제를 F5 키를 눌러 실행한 화면이다. 예제를 실행하기 전에 다음과 같은 사항을 점검하여 올바르게 설정하도록 한다.

1. 'mook_RemoteMessage', 'mook_RemoteShutdownManager', 'mook_RemoteCMD', 'mook_RemoteCPU' 프로젝트의 빌드 출력 경로를 mook_NMS\bin\Debug 하위로 설정한다.

위와 같이 출력경로를 변경하여 각 프로젝트를 빌드하면 다음 그림과 같이 5개의 프로젝트가 빌드되면서 실행 파일이 한 경로에 저장되는 것은 확인할 수 있다.

NMS에서 관리되는 'mook_NMS.exe', 'mook_RemoteMessage.exe' 등 5개 프로젝트의 실행 파일에서 사용하는 IP 주소는 NMS에서 관리되는 장비의 IP 주소와 매칭되어 접속되기 때문에 별도의 설정이 필요하지 않으며, External App Connector를 통해 각 프로그램이 실행된다.

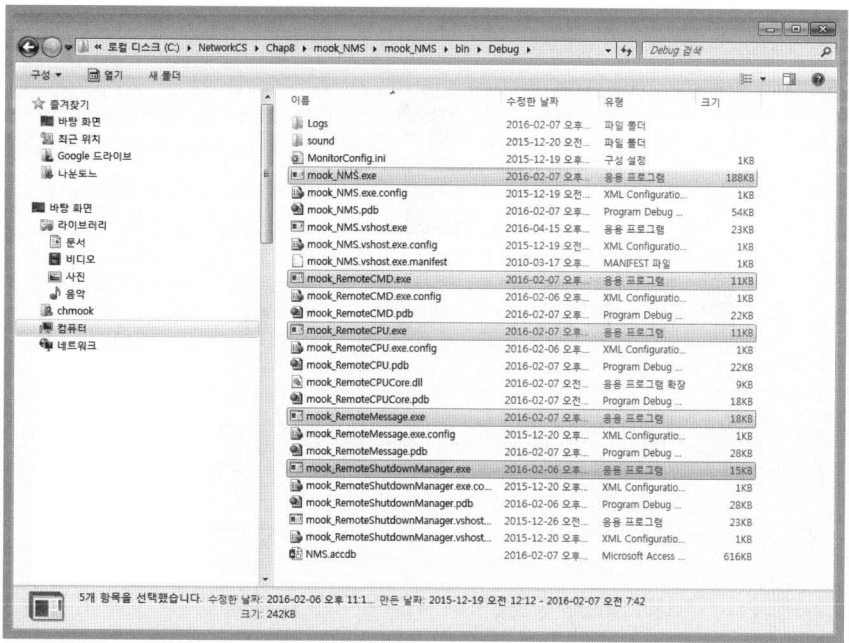

2. 7장의 'mook_Message.exe', 'mook_ShutdownAgent.exe' 파일과 8장의 'mook_RemoteCMDAgent.exe', 'mook_RemoteCPUAgent.exe' 파일을 복사하여 접속될 대상 PC(관리되는 PC)에 복사하여 실행하면 되고, 'mook_Message'는 서버 모드(7장 참고)로 실행하면 된다.

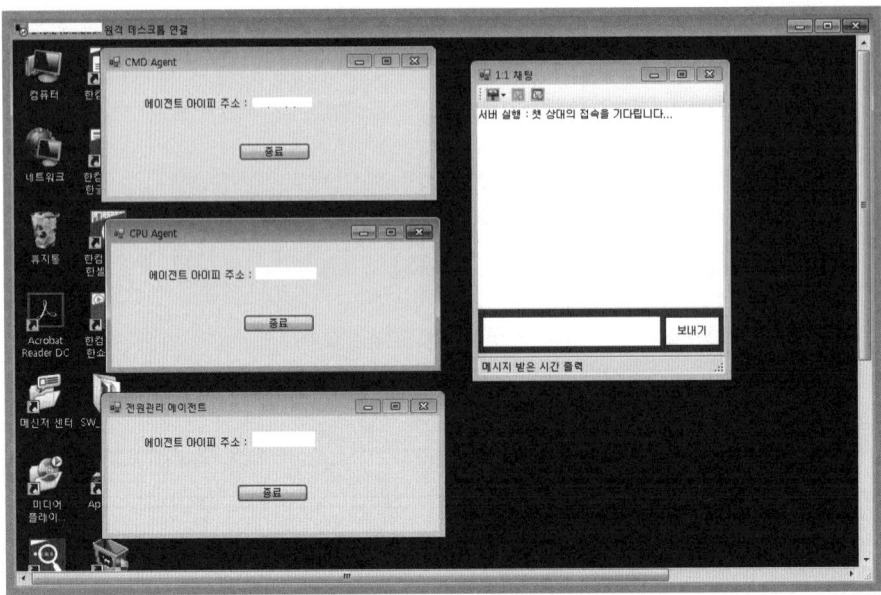

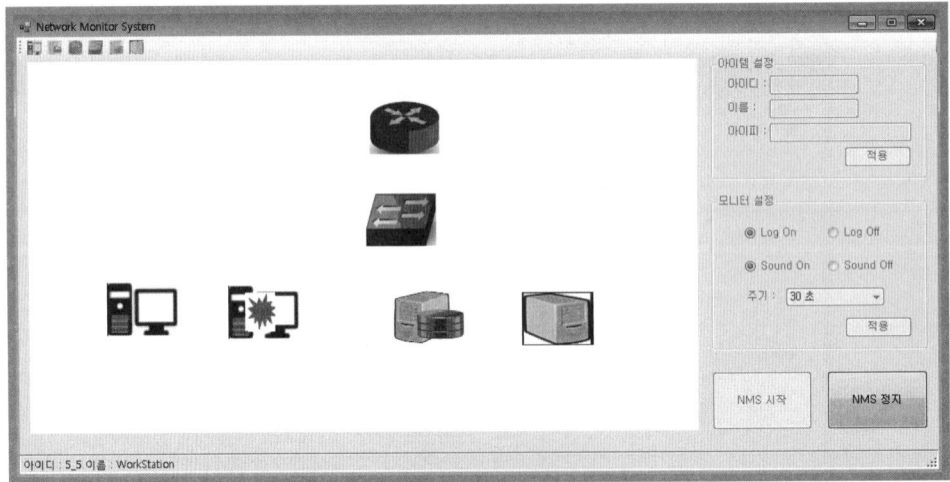

다음과 같이 로그가 정상적으로 생성되는 것을 확인할 수 있다.

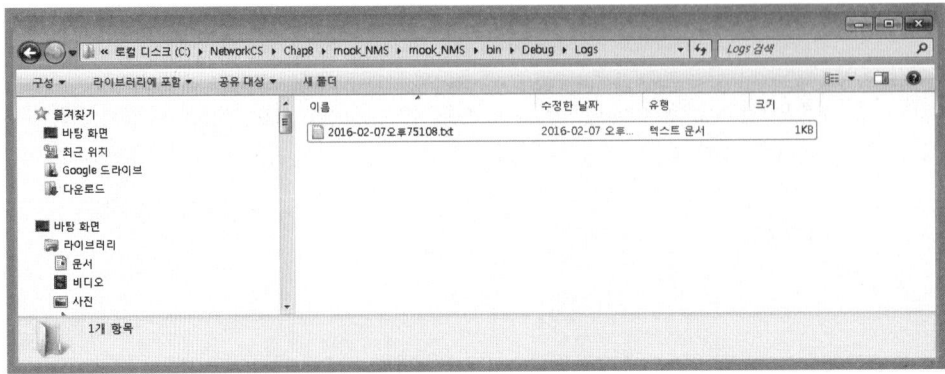

맵에 위치한 시스템 아이콘을 마우스 오른쪽 버튼으로 클릭하면 다음과 같이 Option Menu 대화 상자가 나타나며, [메시지] 버튼을 누르면 'mook_RemoteMessage.exe' 어플리케이션이 실행되며 자동으로 클라이언트 IP가 입력된다.

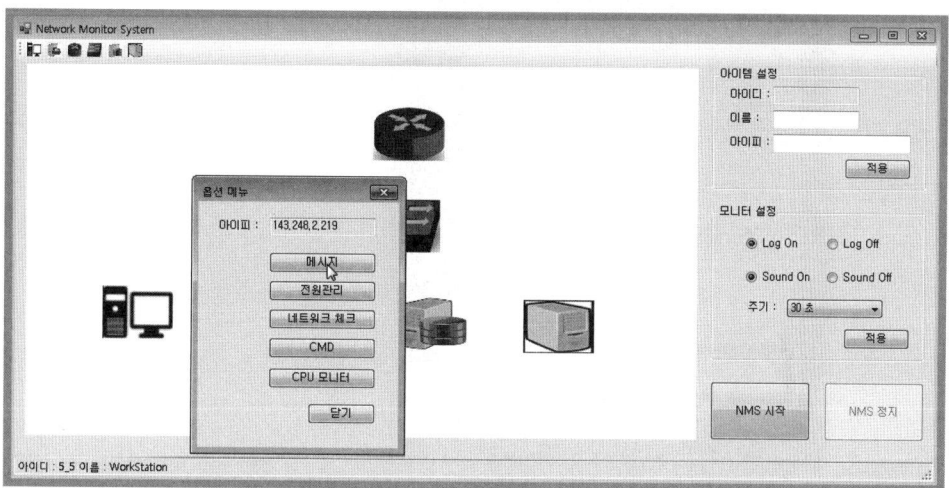

다음과 같이 1:1 채팅 Manager 어플리케이션이 실행되면 [연결] 아이콘을 눌러 관리 대상 시스템과 메시지를 주고받는다.

다음은 관리자와 에이전트의 1:1 채팅 과정을 캡처한 것이다.

에이전트 시스템에서는 실행되는 1:1 채팅 어플리케이션은 7장 7.1절에서 살펴본 1:1 채팅 어플리케이션의 서버 모드를 이용한다.

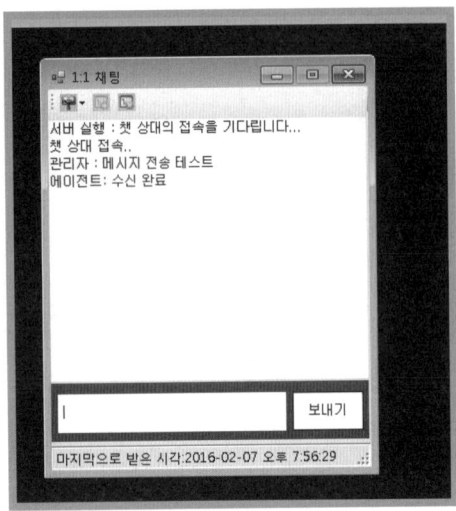

다음 그림과 같이 [전원관리] 버튼을 누르면 NMS 전원제어 관리자 어플리케이션이 실행된다. 자동으로 입력된 아이피 정보를 이용하여 [연결] 버튼으로 눌러 에이전트 어플리케이션에 접속한다. 이 에이전트 어플리케이션은 7.3절에서 살펴본 원격 전원 제어의 에이전트 어플리케이션을 이용한다.

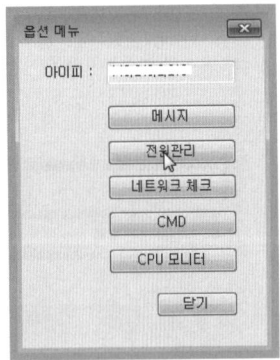

성공적으로 접속이 완료되면 [LogOff] 옵션을 선택 후 [명령] 버튼을 누르면 에이전트 시스템이 다음 그림과 같이 로그오프 되는 것을 확인할 수 있다.

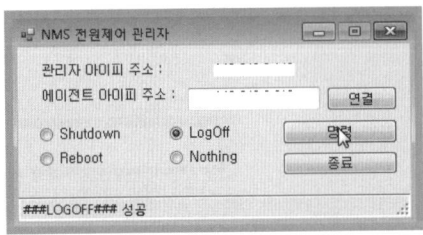

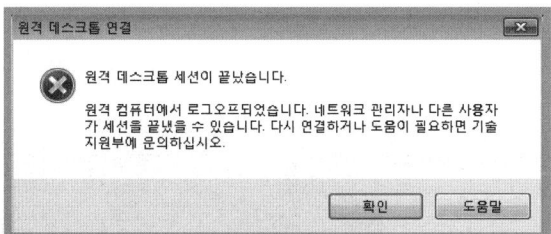

다음 그림과 같이 [CMD] 버튼을 누르면 CMD 명령 관리자 어플리케이션이 실행된다. 자동으로 입력된 아이피 정보를 이용하여 [연결] 버튼으로 눌러 에이전트 어플리케이션에 접속한다.

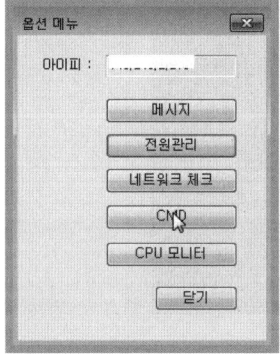

다음 그림과 같이 CMD 명령 관리자 어플리케이션이 실행되면, 자동으로 입력된 에이전트의 아이피에 [연결] 버튼을 눌러 접속하고 명령어를 입력하고 [명령] 버튼을 누른다.

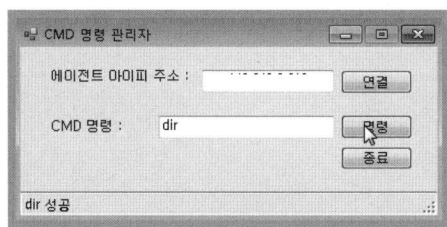

다음 그림과 같이 원격지에 명령 프롬프트 화면이 나타나고 'dir' 명령어가 수행된 것을 확인할 수 있다.

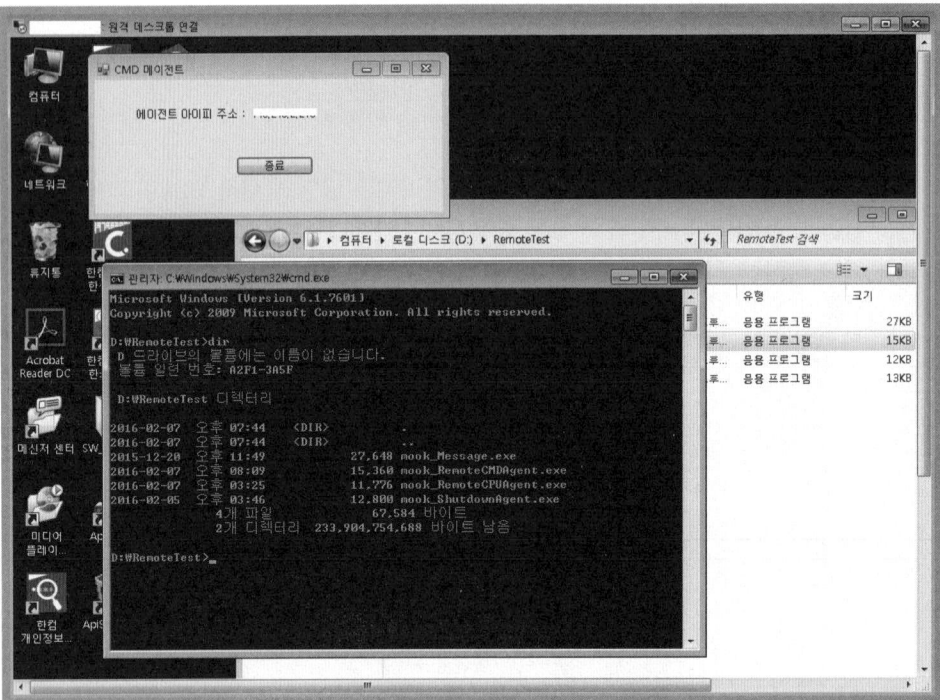

다음 그림과 같이 [CPU 모니터] 버튼을 누르면 CPU 모니터 관리자 어플리케이션이 실행된다. 자동으로 입력된 아이피 정보를 이용하여 [연결] 버튼으로 눌러 에이전트 어플리케이션에 접속한다.

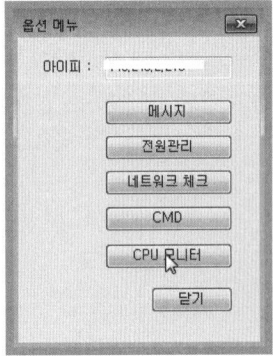

다음 그림과 같이 CPU 모니터 관리자 어플리케이션이 실행되면, 자동으로 입력된 에이전트의 아이피에 [연결] 버튼을 눌러 접속하고 변화되는 CPU 사용량의 그래프 변화를 확인할 수 있다.

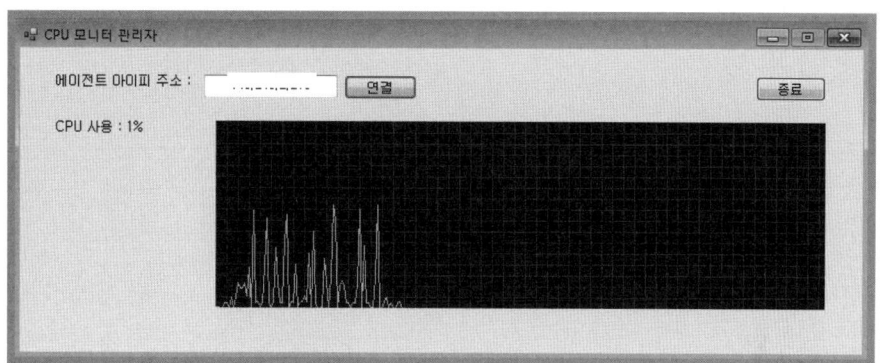

네트워크 모니터링 시스템 구현을 끝으로 이 책을 마무리하려고 한다. 상용으로 사용되는 네트워크 모니터링 시스템을 실제 사용해 본 독자라면 예제에서 다룬 네트워크 모니터링 시스템은 아주 간단하다고 느꼈을 것이다.

또한, 방식이 단순히 ICMP 프로토콜을 이용하는 것이 아니라 SNMP 프로토콜을 이용하여 네트워크를 모니터링한다. 그러한 기능을 모두 다루는 것은 이 책에서 제약사항이 많다.

이 책의 예제를 기반으로 더욱 기능이 다양한 네트워크 모니터링 시스템이나 네트워크 프로그램 구현하는 것은 여러분의 몫으로 남기며, 마지막까지 열심히 공부한 독자 여러분께 박수를 보낸다.

C#으로 배우는

네트워크
프로그래밍

인쇄 일자 : 2016년 6월 7일 초판 인쇄

발행 일자 : 2016년 6월 10일 초판 발행

펴낸곳 : 가메출판사(http://www.kame.co.kr)

발행인 : 성만경

지은이 : 조호묵 · 이정호

주 소 : 서울시 마포구 서교동 394-25 동양한강트레벨 504호

전 화 : 031)923-8317

팩 스 : 031)923-8327

ISBN : 978-89-8078-282-6

등록번호 : 제313-2009-264호

정가 : 23,000원
